畜禽粪便污染的农业系统控制模拟及系统防控对策

RESEARCH ON PREVENTION AND CONTROL SYSTEM OF LIVESTOCK AND POULTRY EXCRETA

柳建国　编著

合肥工业大学出版社

图书在版编目(CIP)数据

畜禽粪便污染的农业系统控制模拟及系统防控对策/柳建国编著．—合肥：合肥工业大学出版社，2013.9

ISBN 978-7-5650-1522-9

Ⅰ.①畜… Ⅱ.①柳… Ⅲ.①畜禽—粪便处理—控制系统—研究 Ⅳ.①X713

中国版本图书馆CIP数据核字(2013)第218841号

畜禽粪便污染的农业系统控制模拟及系统防控对策

柳建国 编著　　　　责任编辑 金 伟 张 燕

出 版	合肥工业大学出版社	版 次	2013年9月第1版
地 址	合肥市屯溪路193号	印 次	2013年9月第1次印刷
邮 编	230009	开 本	710毫米×1010毫米 1/16
电 话	总 编 室：0551—62903038	印 张	9.75
	市场营销部：0551—62903198	字 数	160千字
网 址	www.hfutpress.com.cn	印 刷	合肥现代印务有限公司
E-mail	hfutpress@163.com	发 行	全国新华书店

ISBN 978-7-5650-1522-9　　　　定价：30.00元

1996 年 8 月与导师合影

左 1:柳建国

左 2:柯建国　博导/教授　成都农业委员会副主任

左 3:黄丕生　博导/教授　南京农业大学

左 4:章熙谷　博导/教授　南京农业大学

左 5:张桃林　博导/研究员　农业部副部长

左 6:卞新民　博导/教授　南京农业大学区域农业研究所所长

左 7:张卫建　博导/教授　中国农业科学院

建国:

新 年 快 乐

Happy New Year

江苏省人民政府 张桃林

Jiangsu Provincial People's Government

江苏泰州河横村

河横村污水处理实验照片

南京农业大学实验照片

序

伴随全面建成小康社会的催人步伐，加快改变农村面貌到了一个关键时期。按照党的十八大提出的“推动城乡发展一体化”要求，必须下更大的决心、花更大的气力，加快改善农村生产生活条件，合力建设农民安居乐业的美丽乡村。加强农村生态建设、环境保护和综合整治的步伐要整体推进，使美丽乡村成为美丽中国的坚实基础。

以往对畜禽粪便处理的研究多停留在局部和技术层面上，对畜禽粪便处理研究也是以定性为主，定量化的研究主要停留在对某些因素之间关系的研究上，主观性强，不利于对系统运行的整体理解和把握。因此建立畜禽粪便农业处理系统动力学模型，通过计算机仿真，并把仿真结果以图形的形式直观地表现出来，从而为系统的优化和系统最佳发展道路的选择提供准确的量化参考依据，显得十分必要。《畜禽粪便污染的农业系统控制模拟及系统防控对策》研究发现，农田畜禽粪便安全经济承载力为 $35t \cdot hm^{-2} \cdot a^{-1}$ 至 $60t \cdot hm^{-2} \cdot a^{-1}$ 猪粪当量，用作物秸秆吸附净化养殖污水经济有效。该研究具有一定的创新性和实用性。

柳建国博士先后从师于南京农业大学柯建国教授、中国科学院张桃林研究员、南京农业大学卞新民教授，长期从事农业和农村环境研究，参与了《江苏省农村环境综合整治“十一五”规划》起草工作。他积多年研学功力，集科学、工程、管理多专业跨学科之综合学识，不仅熟稔专业理论，而且深入实际，运作专题研究，既付旷日之功，方得今日之绩。《畜禽粪便污染的农业系统控制模拟及系统防控对策》一书的问世，对于农村环境保护和生态经济建设既是一个重要贡献，也是一次强有力的推动。

我国正处于工业化、城镇化、农业现代化的过程之中。即使已经经历了30余年的高速发展，以中国人口之众多和疆土之辽阔，发展可持续性的挑战和机遇依然是无比巨大的。农业现代化是中国经济进一步向纵深健康发展并保持强劲动力的必由之路。希望本书在这样一个波澜壮阔的历史进程中做出自己独特而有意义的贡献。

是为序。

中国人民大学环境学院院长教授、博导 马中

2013年5月5日

要点导读

本文立足于江苏农业面源污染成因调查与农户行为分析，基于农田畜禽粪便安全经济承载力和畜禽养殖污水生态处理技术，用循环经济的理念，建立了畜禽粪便污染的农业系统控制的动力学模型，运用 MATLAB 和计算机仿真技术对姜堰市河横村畜禽粪便污染进行了农业系统控制模拟，从系统的角度提出畜禽粪便污染防控对策。

In line with pollution condition of livestock and poultry excreta in Jiangsu province, dynamic model of control on agricultural system of livestock and poultry excreta was built with circular economy idea as key point by using of safety economic bearing—capacity on field's livestock and poultry excreta as well as ecological treatment of breeding sewage; control on agricultural system of pollution by livestock and poultry excreta in Heheng village of Jiangyan City was simulated by using of MatLab and computer simulation; strategies of prevention and control were put forward from the point of system. The main research contents and results are as follows:

1 农田畜禽粪便安全经济承载力

在大田生产条件下，重点研究水稻、大麦对氮、磷养分的利用吸收，通过测定和估算氮磷的富余量和富余率，分析土壤—作物系统处理粪便的能力。试验结果表明，在一定范围内，随着畜禽粪便施用量的增加，作物对氮磷的吸收量也随之增加，但是相邻处理间氮磷吸收量相差较小，因此随着畜禽粪便施用量的成倍增加，氮磷的损失量、损失率也在成倍增加。在一年时间里，两季作物最高带走氮 368.4kg·hm^{-2}、磷 81.98kg·hm^{-2}，为不让过多的氮磷流入周围水体造成二次污染，全年农田猪粪施用量不超过 34.6t·hm^{-2} 比较合理；不同施肥量的产值分析表明，猪粪年施用量 60—120t·hm^{-2} 产值较高。综合生态环境、肥料利用效率、产量等多种因素，在不使用化肥的情况下，农田畜禽粪便安全经济承载力为35t·hm^{-2}·a^{-1} 至 60t·hm^{-2}·a^{-1} 猪粪当量。

Field—experiment was adopted to conduct research on the capability of rice and barley absorbing N and P. We analyzed the livestock and poultry dejeet disposal capability of crop by determining and estimating losing amount and ratio of N and P in soil. The result showed that, in a certain range, amount of crop absorbing N and P rose with increasing of livestock and poultry deject using. But there was no significant difference between each treatment, which means losing amount and ratio of N and P increased by times with increase of livestock and poultry deject using. Crop absorbed368. 4kg/hm^2 N and 81. 98kg/hm^2 P from soil at most in one year, under 34. 6t • hm^{-2} pig feces using amount per year was suitable to prevent secondary pollution that caused by the influx of excessive N and P to around water system. Basing on the analysis of production value of different fertilizer using amount, 60－120t • hm^{-2} per year was optimal. Therefore, considering integrated factors including ecological environment and fertilizer using ratio as well as yield, the safety economic bearing－capacity on field's livestock and poultry excreta was 35－60t • hm^{-2} • a^{-1} • a pig feces equivalent on the precondition that no other fertilizer was used.

2 江苏省畜禽粪便污染负荷及评价

1997－2006年，江苏省养殖业发展有明显的两个阶段，1997－2003年是养殖业快速发展期，苏州、无锡2003年养殖规模比1997年分别扩大346％、300％，增加最少的南通市养殖规模也扩大了44％；2003年以后，江苏省养殖规模进入调整期，常州、南通、镇江三地市养殖规模有小幅度增长，南京、无锡、苏州等10个地市养殖规模呈下降趋势。2006年耕地年畜禽粪便污染实际负荷，无锡市最高(46.75t • hm^{-2})，其次是南京(41.59t • hm^{-2})，苏州以34.44t • hm^{-2}居第三位，淮安、扬州、镇江、宿迁负荷量较低，只有20t • hm^{-2}左右。

以农田畜禽粪便安全经济最大承载力60t • hm^{-2}猪粪当量为标准，对2006年江苏省各地市耕地污染负荷进行评价，结果显示，无锡市警报值为0.78，畜禽粪便产生量对环境构成威胁，淮安、扬州、镇江、宿迁和泰州的警报值分别为0.31、0.34、0.34、0.34和0.38，畜禽粪便产生量对环境不构成威胁，其余地市处于稍有威胁状态。

从江苏省省域范围来看，2006年江苏省畜禽粪便污染负荷为28.59t • hm^{-2}，其警报值为 0.47,处于稍有威胁状态低线。

Development of raising industry inJiangsu province consisted of two phases. During the first speed development phase from 1997 to 2003, breeding scale of Suzhou and Wuxi in 2003 expanded 346% and 300% compared to 1997, respectively, even 44% in least expanded Nantong. In adjustment phase after 2003, breeding scale in Changzhou, Nantong, and Zhenjiang increased in small range, while declined in 10 cities like Nanjing, Wuxi and Suzhou. Wuxi's 46.75t/hm^2 ranked the foremost real load of farmland livestock and poultry excreta in 2006, following as Nanjing (41.59t · hm^{-2}) and Suzhou (34.44t · hm^{-2}). Load value around 20t · hm^{-2} of Huaian, Yangzhou, Zhenjiang and Suqiang were relatively lower than that of other cities.

Pollution load of each city inJiangsu province were evaluated with 60t · hm^{-2} as the alarm value of the safety economic bearing—capacity on field's livestock and poultry excreta. Results showed that environment of Wuxi(0.78) was in danger with livestock and poultry excreta volume, Huaian (0.31), Yangzhou(0.34), Zhenjiang(0.34), Suqiang(0.34) and Lianyungang(0.38) were out of danger and the rest cities were in less polluted position.

Pollution load of livestock and poultry excreta of overallJiangsu province in 2006 was 28.59t · hm^{-2}, warning value was 0.47, being in less threatened position.

3 畜禽养殖污水生态处理技术

在试验室条件下,用 4 种不同长度的小麦秸秆吸附过滤畜禽养殖污水,吸附截留率一般在 10%—20%,分层状秸秆比整体状、棍断状、粉碎状三种形式秸秆能更好地吸附养殖污水中的氮磷。采用分层处理,处理 90 分钟时可以达到最佳处理效率,每 kg 秸秆对总氮和总磷的最佳吸附容量分别为 286.42mg 和 110.81mg。

水葫芦(饲料植物)、水花生(饲料植物)、香根草(湿地护坡植物)、水稻(农作物)四种水生植物漂浮生长在养殖污水中,30d 对污水的净化率,水葫芦 76%—90%,水花生 51%—65%,香根草 42%—67%,水稻 66%—88%,净化能力大小顺序为:水葫芦>水稻>水花生>香根草。在高浓度污水(N

含量 97.3mg·L^{-1}、P 含量 39.7mg·L^{-1})中,30d 植物体重量增加率,水葫芦 82.1%,水花生 37.5%,香根草-3.2%,水稻 4.6%,说明水葫芦适宜用于对高浓度养殖污水的净化,香根草不能用于对高浓度畜禽养殖污水的净化。

30d 试验表明,水稻、水葫芦和水花生每增加 1kg 生物量,平均净化污水中氮磷总量分别为 48g、2.9g 和 2.5g。

Treatment combined with grain straw and hydrophytes was adopted to purify breeding sewage in this study.

Under laboratoryconditions, livestock excrement waste water was purified by adsorbing on 4 different length Straws of wheat. The results showed that they have interception rates 10 - 20%, among which absorption of N and P in layer form was better than those of in whole, fracture, or ground form. When using the layer form, the optimum treatment time is 90 min, at which point the best absorption quantity of total N and total P in per Kg straw are 286.42mg and 110.81mg respectively.

Four hydrophytes, *Eichhornia crassipes*, *Alternanthera philoxeroides*, *Vetiveria zizanioides* and *rice*, were planted in breeding solid water to research their purification capacity. The result showed that purification ratio of *Eichhornia crassipes*, *Alternanthera philoxeroides*, *Vetiveria zizanioides* and *rice* were 76-90%, 51-65%, 42-67% and 66-88%, respectively in 30 days. The purification capacity of these 4 hydrophytes was arranged as follow: *Eichhornia crassipes* > *rice* > *Alternanthera philoxeroides* > *Vetiveria zizanioides*. In high concentration sewage (97.3mg · L^{-1} N, 39.7mg · L^{-1} P) absorption, the increasing ratio of *Eichhornia crassipes*, *Alternanthera philoxeroides*, Vetiveria zizanioides and rice were 82.1%, 37.5%, -3.2% and 4.6%, respectively in 30 days, which showed that *Eichhornia crassipes* was suitable for purifying high concentration solid water while *Vetiveria zizanioides* was not.

The experimental in 30 daysshowed that when the biomass of rice, *Eichhornia crassipes*, *Alternanthera philoxeroides* increased 1Kg, the mean purification quantity of total NP were 48g, 2.9g, 2.5g respectively.

4 畜禽粪便污染农业系统控制模拟

通过对农田畜禽粪便安全经济承载力及畜禽养殖污水生态技术处理的研究，运用系统动力学的建模方法，对畜禽粪便污染的农业系统控制的过程假定和系统分析，利用 MATLAB 工具和计算机仿真技术对模型进行了基于仿真实验的结构设计、参数和性能优化。通过对河横村畜禽粪便污染农业系统控制模型合理地进行结构设计与参数优化，设定系统的状态变量 6 个，并分别赋予其理想的系统工作点值，以 2007 年为基准年，进行系统仿真实验。结果表明，系统可以从目前不太理想的初值，经过不到 20 年的时间和较小的波动，达到理想的稳定状态，即河横村从 2007 年开始，经过不到 20 年的时间，就可以达到协调可持续发展的要求。

利用河横村历史数据(1991—2007)对系统模型进行有效性检验，6 个状态变量的 R2 最小为 0.8，最大为 0.94，平均为 0.855，STD 均较小，说明建立的畜禽粪便污染的农业系统控制模型是科学可行的。

原发展模式(未加入生态工程)系统 2030 年的终值与加入生态工程并优化后的系统 2030 年的终值相比，未加入生态工程的系统比加入生态工程的系统不仅经济指标明显下降，而且环境指标也较差，比如，未加入生态工程的系统在比加入生态工程的系统养殖规模小 5.6%的情况下，周围水体中的氮磷是后者的 14 倍。可见未加入生态工程的系统经济发展不足，环境保护欠缺，不符合循环发展要求，而加入生态工程并优化后的系统符合可持续发展的要求。

Based on the study of safety economic bearing－capacity on field's livestock and poultry excreta as well as ecological treatment of breeding sewage, researches such as optimizing construction, parameter and performance of simulation model and self－motion were conducted with MATLAB and computer simulation by using dynamic model, process hypothesis, and system analysis. System simulation was experimented by optimizing construction and parameter of control model of agricultural system of livestock and poultry excreta in Heheng village when hypothesized 6 State Variables, an ideal working－point－value of system, basic year 2007 for comparison. The results showed that the system had become an ideal Stability state from an unsatisfied initial－value when experienced less than 20 years and little fluctuation, that is to say, the development of Heheng village can reach a requirement of sustainable development before 2027.

Text of model efficiency by earlier data (1991－2007) of Heheng village demonstrated that it is feasible to establish the control model of agricultural system of livestock and poultry excreta (R^2 min＝0.8, R^2 max＝0.94, v＝0.855, n＝6).

Compared to optimizing system, economic index in 2030 predicted by former model system declined significantly, breeding scale of former system was smaller than optimizing system, and crop yield reduced 15%. On the precondition of 5.6% reduction of breeding scale, NP in water of former system was 14 times higher than optimizing system. Development system without ecological project brought less economic interests and more environmental pollution, which couldn't meet requirement of circular agriculture. On the other hand optimizing system with ecological project was an ideal development model that met requirement of sustainable development.

5　农业面源污染原因调查与行为分析

对江苏省高淳县、江阴市、江都市、姜堰市、阜宁县、灌南县等市县农村环境存在的问题和原因进行实地考察，并召开由政府相关部门、当地农民参加的座谈会。调查表明，苏中苏北农业面源污染与经济因素有关，尤其是苏北，环境保护意识不强和经济总量不足是造成农业面源污染的重要原因。

通过对195户农户调查后发现，100%的农户都使用化肥，只有62.3%的农户愿意使用有机肥。对畜禽粪便处理方式，29%的农户随意抛弃，61%农户还田，10%的农户卖给有机肥厂。对于环境保护与污染治理的责任，62.1%的农户认为是政府的责任，33.8%的农户认为是企业的责任，4.1%的农户认为是个人责任，说明环境保护与治理，政府承担主要责任。

农户对环境保护支付意愿，4%的农户不愿意出资，46.9%的农户表示看情况而定，49.1%的农户愿意为治理环境出资，最高可承受的费用是年收入的2%，平均支付意愿是年收入的0.798%。

生态意识度与农户年收入相关度0.928，与居民文化水平相关度0.94。因此，发展地方经济，加强环境保护教育，提高人们的文化水平，使农民具有环保意愿的驱动力，对畜禽粪便污染的控制具有重要的意义。

The problems and factors existing in ruralenvironment of Gaocun, Jiangyin, jiangdu, jiangyan, Funing, Guannan in Jiangsu were analyzed by the on－site investigation and the informal discussion meeting. The results showed that factors of agricultural non－point source pollution in Mid－Jiangsu or north－Jiangsu were relation with socioeconomic, especially the absence of environment protection and Economic aggregate in north－Jiangsu.

Questionnaires covering 195 farmers showed that all the farmers used chemical fertilizer, only 62.3% farmers preferred organic manure. 29% farmers abandoned livestock and poultry excreta, 61% farmers returned them to fields, 10% farmers sold them to organci fertilizer factory. 62.1% farmers thought government should be responsible for rural environmental control, 33.8% farmers thought it is enterprise's responsibility, 49.1%, only 4.1% farmers thought it is them－selves responsibility. The above results showed that government should abandon the main responsible for rural environmental control.

4% farmers were unWillingness to pay for environment protection; 46.9% farmers depended on the pay situation is; 49.1% farmers were Willingness to Pay for environmental control, of which the highest bearing pay is about 2% total annual income and the mean pay is about 0.798% total annual income. The correlation between farmer's environmental awareness and average net income per year was 0.928, and the correlation between environmental awareness of rural residents and their educational level was 0.94 that higher than correlation of their income level. Therefore, several measures, such as developing local economy, enhancing environmental education, raising people's educational level, would make farmers be willing to protect environment, which was important to control livestock and poultry excreta pollution.

6 畜禽粪便污染的防控对策

基于畜禽粪便污染原因及农户环保行为分析和畜禽粪便污染的农业系统控制模拟，从系统动力学出发，提出"政策引导、规模协调、技术配套、机制完善"的畜禽粪便污染防控对策。

Based on the pollution factors oflivestock and poultry excreta, the behaviors analysis of farmers' environmental protection, and the control simulations of agricultural system, strategies of prevention and control on pollution of livestock and poultry excreta of "policy—guidance, scale—harmonious, matching—technology, mechanism—perfection" were put forward from the point of system dynamic.

缩 略 语

N	总氮
P	总磷(P_2O_5)
NP	物质或系统内总氮总磷之和

目　录

第1章　背景分析 …………………………………………… (1)

1　农业面源污染 ………………………………………… (1)

1.1　面源污染 ……………………………………………… (1)

1.2　农业面源污染 ………………………………………… (2)

2　养殖与畜禽粪便产生 ………………………………… (4)

3　畜禽粪便利用方式 …………………………………… (5)

3.1　国外畜禽粪便处置利用方式 ………………………… (5)

3.2　国内畜禽粪便处置利用方式 ………………………… (6)

4　农田畜禽粪便容量负荷 ……………………………… (9)

5　畜禽粪便污染控制研究 ……………………………… (12)

5.1　沼气工程 ……………………………………………… (12)

5.2　人工湿地 ……………………………………………… (14)

5.3　循环农业 ……………………………………………… (14)

6　计算机系统仿真 ……………………………………… (17)

6.1　计算机仿真的概念 …………………………………… (17)

6.2　计算机仿真的研究进展 ……………………………… (18)

7　防治畜禽粪便污染面临的问题与挑战 ……………… (19)

第2章　研究方法和技术路线 …………………………… (21)

1　研究方法 ……………………………………………… (21)

1.1　养殖规模 ……………………………………………… (21)

1.2 畜禽粪便产生量估算 …………………………………………… (21)
1.3 畜禽粪便中NP含量计算 ………………………………………… (23)
1.4 农田畜禽粪便安全经济承载力研究 ……………………………… (24)
1.5 畜禽养殖污水生态处理 …………………………………………… (25)
1.6 畜禽粪便污染农业系统控制模型 ………………………………… (25)
1.7 农业面源污染现状及原因调查 …………………………………… (25)
1.8 农户环保意识与行为分析 ………………………………………… (26)
2 研究技术路线 ………………………………………………………… (26)

第3章 农田畜禽粪便安全经济承载力研究 ……………………… (27)

1 农田畜禽粪便承载力试验 …………………………………………… (28)
1.1 材料与方法 ………………………………………………………… (28)
1.2 试验设计 …………………………………………………………… (28)
1.3 结果与分析 ………………………………………………………… (29)
2 江苏省耕地畜禽粪便污染负荷及评价 ……………………………… (34)
2.1 江苏省养殖业发展总体状况 ……………………………………… (34)
2.2 耕地畜禽粪便污染负荷 …………………………………………… (39)
3 结论 …………………………………………………………………… (42)

第4章 畜禽养殖污水生态处理技术研究 ………………………… (44)

1 作物秸秆预处理养殖污水机制研究 ………………………………… (45)
1.1 材料与方法 ………………………………………………………… (45)
1.2 试验设计 …………………………………………………………… (46)
1.3 秸秆过滤降低总氮、总磷的吸附动力学分析 …………………… (47)
2 四种植物净化养殖污水能力研究 …………………………………… (50)
2.1 材料与方法 ………………………………………………………… (53)
2.2 试验设计 …………………………………………………………… (53)
2.3 结果与分析 ………………………………………………………… (53)

3 结论 …………………………………………………………………………… (57)

第5章 畜禽粪便农业处理系统模型 ……………………………………………… (59)

1 模型目标 ………………………………………………………………………… (59)
2 模型构建原则 …………………………………………………………………… (59)
3 模型表达 ………………………………………………………………………… (59)
4 氮磷循环动力学模型 …………………………………………………………… (61)
4.1 系统动力学概念 ……………………………………………………………… (61)
4.2 系统动力学对系统的描述 …………………………………………………… (62)
4.3 系统动力学的建模方法 ……………………………………………………… (64)
5 畜禽粪便农业处理的过程假定和系统分析 ……………………………………… (64)
5.1 模型适用条件与假定 ………………………………………………………… (64)
5.2 模型变量 ……………………………………………………………………… (66)
5.3 模型参数 ……………………………………………………………………… (70)

第6章 河横畜禽粪便污染农业系统控制计算机仿真 …………………………… (74)

1 研究区域 ………………………………………………………………………… (74)
1.1 河横基本情况 ………………………………………………………………… (74)
1.2 河横村生态环境质量 ………………………………………………………… (75)
2 "畜禽粪便农业处理系统"结构设计与参数优化的方法 ……………………… (76)
3 "畜禽粪便农业处理系统"优化设计的仿真实验 ……………………………… (79)
3.1 工作点的设定 ………………………………………………………………… (79)
3.2 结构与参数优化和系统仿真实验 …………………………………………… (80)
4 未加入生态工程河横畜禽粪便农业处理系统模拟预测 ………………………… (87)
4.1 未加入生态工程情况下系统的历史动态 …………………………………… (88)
4.2 在未加入生态工程情况下系统的未来动态 ………………………………… (96)
5 结论 ……………………………………………………………………………… (99)

第7章　农业面源污染原因调查与行为分析 …………………………… (101)
1　农业面源污染原因调查 ………………………………………… (101)
1.1　调查方法 ………………………………………………… (101)
1.2　调查结果 ………………………………………………… (102)
2　农户环保意识与行为分析 ……………………………………… (103)
2.1　研究区域 ………………………………………………… (103)
2.2　研究方法 ………………………………………………… (104)
2.3　结果与分析 ……………………………………………… (106)
3　结论 ……………………………………………………………… (110)
第8章　畜禽粪便污染的防控对策 …………………………………… (111)
1　对策的原则 ……………………………………………………… (111)
2　对策系统构成 …………………………………………………… (111)
3　对策 ……………………………………………………………… (111)
参考文献 ……………………………………………………………… (115)
附录　农村环境安全评价体系探讨 …………………………………… (130)

第1章　背景分析

1　农业面源污染

1.1　面源污染

环境污染分为点源污染与面源污染，点源污染指有固定排放点的污染源，如企业。面源污染则没有固定污染排放点，如没有排污管网的生活污水的排放。

面源污染物来源主要有以下几种：

(1)农业污染源，包括水土流失、农药化肥的施用、畜禽粪便、农村生活污水、生活垃圾、农业生产固体废弃物等。主要污染物为可溶的氮磷养分、有机及无机的农药成分、可降解的作物秸秆、残茬、难降解的废弃农膜及成分多样的生活垃圾等；

(2)城市污染源，主要指城市地表如商业区、街道和停车场等地方聚集的一系列降水径流污染物，如油类、盐分、氮、磷、有毒物质和城市垃圾等；

(3)林业污染源，包括由于林业活动导致的道路的维修和使用、森林的砍伐、化肥农药的使用及烧荒等，主要污染物为可溶的氮磷养分、流失的土壤颗粒等；

(4)矿山污染源，包括由于采矿带来的矿渣、颗粒物以及废水等；

(5)大气沉降污染源，主要包括由于大气活动(雨、雪、风、尘等)带来的酸类、有毒金属、有机物及氮磷物质等(王晓燕，2003)。

随着点源污染防治水平的不断提高，面源污染现已成为导致水体污染的主要原因，其中造成水源地污染的主要是农业源污染。

1.2 农业面源污染

1.2.1 概念及危害

农业污染源在目前面源污染中污染范围最大、程度最深、分布最广泛，也是世界范围内面源污染控制的中心和重点。

农业面源污染，主要是指农业生产中使用的化肥、农药，畜禽养殖业、水产养殖业造成的污染，以及农用薄膜、农作物秸秆、人畜粪便、农村生活污水、生活垃圾等造成的污染。

农业面源污染对环境质量和人的健康危害严重，主要表现在：

(1)影响农产品和饮用水质量，危害人类健康。由于化肥农药的超量和不合理施用，污水灌溉和废弃物在农业上的使用，造成农产品质量下降；化肥农药流失和废弃物排放污染饮用水源，对人类健康构成威胁。

(2)造成河流和湖泊的污染以及对生态系统的损害。由于污染物的排放导致湖泊和河流中的藻类过量繁殖(藻华)，致使水体中的氧气减少，最终导致鱼类数量减少甚至全部死亡。中国将近一半的湖泊处于严重的富营养化状态。

(3)对气候变化的影响。由于 CO_2、N_2O 等温室气体的逸失，对气候变化产生影响。

(4)土壤结构的破坏及由此造成的农业生产能力下降。化肥农药的超量和不合理施用，污染土壤，破坏土壤物化结构和微生态结构，降低土壤的生产能力；农药的残留还会使农产品质量下降，化肥和农药的过量使用通常会导致生产成本不必要的增加，从而降低了中国农产品在国际市场的竞争力，最终导致农民收入损失。

1.2.2 农业面源污染总体趋势

直至 20 世纪 60 年代，中国水体污染问题尚不突出，70 年代以后各大湖泊、重要水域的水体污染，特别是水体的氮、磷富营养化问题急剧恶化。重要的湖泊水质持续下降，五大湖泊中太湖、巢湖已进入富营养化状态，水质总氮、磷指标等级已达劣五类(国家环境保护总局，2001)。洪泽湖、洞庭湖、鄱阳湖和一些主要的河流水域如淮河、汉江、珠江、葛洲坝水库、三峡库区也同样面临着富营养化的威胁。

这些流域是中国人口最为密集、经济最为发达的区域，而水质下降造成的水质性缺水，已经对这些地区人民的生活用水构成威胁，对生产和经济发展造成巨大损失，对南水北调和三峡水库等国家重大工程的作用构成影响。根据世界银行和中国有关专家的研究，水污染在中国造成的经济损失约占GDP的1.46％－2.84％（曲格平，2002）。

1.2.3　农业面源污染的核心问题

中国水污染的核心问题是水体的氮、磷富营养化。如太湖、巢湖水质按COD指标评价，多数可达到地面水三类标准，全国其他主要湖泊、水系，制约水体水质的主要原因基本上也是总氮、总磷浓度（金相灿，1995；国家环保总局，2002）。

根据中国国家环保局在太湖、巢湖、滇池、三峡库区等流域的调查，工业废水对总氮、总磷的贡献率仅占10％－16％，而生活污水和农田的氮、磷流失是水体富营养化的主要原因（李贵宝，2001）。

中国农业科学院土壤肥料研究所的研究结果显示：在中国水体污染严重的流域，农田、农村畜禽养殖和城乡接合部地带的生活排污是造成流域水体氮、磷富营养化的主要原因，其贡献大大超过来自城市地区的生活点源污染和工业点源污染。对中国重要流域如滇池、五大湖泊、三峡库区的分析结果显示，自20世纪60年代以来，随着这些水域农田氮、磷肥料用量和畜禽养殖业的大幅度增加，氮、磷富营养化程度逐步升级。自60年代以来，由于化肥用量的增长和畜禽养殖业的发展，被称为水体污染元凶的磷素发生量在这些流域平均增加了12倍，折合为每公顷耕地平均发生量达243kg（国家环境保护总局，2002）。

中国农业科学院土壤肥料研究所在太湖流域、滇池流域的多点长期定位试验，在江苏、浙江、云南、山东、北京、上海等十多个省市上百个县的实地考察和5000余个田间采样调查显示，在中国流域面积大的水域，如滇池、五大湖泊、三峡库区等，水体富营养化最主要的驱动因素有以下3点（张维理，2004）：

（1）高氮、磷肥料用量的菜果花（蔬菜、水果、花卉）农田面积大幅度增长；

（2）流域农村地区畜禽养殖业密集发展；

（3）基础设施差的城乡接合部地带城镇建设快速扩展。

农业面源污染是最为重要且分布最为广泛的面源污染，是指以降雨为载体并在降雨冲击和淋溶作用下，通过地表径流和地下渗漏过程将农田和畜牧用地中的污染物质包括土壤颗粒、土壤有机物、化肥、有机肥、农药等污染物质携入受纳水体而引起的水质污染(陈洪深,1997;卞有生,2004;董克虞,1998;黄炎坤,2001;井艳文,1998;罗良国,1999;马强,2003)。它具有随机性强、污染物排放点不固定、污染负荷的时间空间变化幅度大、发生相对滞后性和模糊性以及潜在性强等特点,使得面源污染的监测、控制与管理更加困难与复杂(陈斌,1997;付时丰,2002;李荣刚,2000;刘经荣,1994;谢蓉,1999)。

目前,国内外普遍认为,磷是水体富营养化的主要限制因子(舒金华,2002;高锡芸,1997;Andrew et al,1999;Chad et al,2002;Johnsona,2004)。在磷含量很低的情况下,水体不易发生富营养化。欧洲城市废水处理协会认为水体平均可溶解磷的浓度超过 100μg P·L^{-1}时,将可能导致富营养化:爱沙尼亚地表水主要受磷浓度的限制,全磷浓度超过 100μg P·L^{-1}时会导致富营养化(Loigu 1994),我国如太湖流域则认为总磷超过 200ug P·L^{-1},水体受到污染(刘元昌,1984)。

2 养殖与畜禽粪便产生

畜禽养殖业的发达程度已成为衡量一个国家或地区农业发达水平的标志,许多欧洲发达国家畜禽养殖业产值已占其农业总产值的 50%以上(Oh kuma N,et al. 1994;Jefferson B,et al. 2001)。我国从改革开放和菜篮子工程实施以来,畜禽养殖业的迅速发展,已成为我国农业经济中最为活跃的增长点和主要的支柱产业(甘露等,2006)。2002 年我国就已成为世界第一大畜产品生产国(江传杰等,2004),2005 年全国大家畜和家禽存栏数为家禽 53.33 亿只,猪 5.03 亿头、羊 3.73 亿只,均居世界第 1 位;牛 1.4 亿头,居世界第 3 位。目前,全国年出栏 50 头以上生猪的规模化养殖比重达 34%,比 2000 年提高 11.1%,出栏 2000 只以上肉鸡的规模化养殖比重达 74.2%,提高 15.8 个百分点,饲养 5 头以上奶牛的规模化比重达 55.2%,提高 5.1%。全国各类畜禽规模化养殖小区达 4 万多个(杨亚丽,2008)。2007 年末,我国家禽出栏量为 114 亿只,比 2006 年的 101.8 亿只增加了 12.2 亿只,畜禽养殖规模和产值每年的递增速度超过 10%。

农村人和畜禽粪便的氮磷养分量约占全国有机肥料氮磷养分总量的 75%—80%,其中畜禽粪便的氮磷量又远多于人粪便的氮磷量。近 20 多年来,随着养殖业的快速发展,畜禽粪便的氮磷量迅速增多,但农业利用的比率明显降低。1980 年以来,全国畜禽存栏数以猪当量表示每 10 年增加约 3 亿头,畜禽粪便产生量从 1980 年的 6.9 亿 t 增加到 2002 年的 27.5 亿 t,其中总氮和总磷(以 P_2O_5 计)的产生量分别为 1530 万—1680 万 t 和 640 万—948 万 t。但是,全国 90%以上的畜禽养殖场没有污水处理系统,其畜禽粪便大多直接排入地表水,而很少作为肥料重新利用。根据估算,1998 年,我国的人和畜禽粪便的氮和磷资源总量分别为 1256 万 t 和 524 万 t,而作为肥料利用的数量分别仅为 396 万 t 和 311 万 t,未作为肥料使用而直接或间接进入环境(主要是进入水体)的却分别高达 860 万 t 和 213 万 t,远高于当年化肥氮自农田可能进入水体的最高量(约 450 万 t)。不仅如此,即使是作为肥料利用,其中也有一部分不可避免地会因为损失自农田而进入水体。据估计,2002 年我国未被利用而直接进入水体的畜禽粪便氮和磷量分别达到 87 万 t 和 34.5 万 t。因此,就全国范围来看,直接或间接进入地表水的畜禽粪便是地表水中氮磷的主要来源(朱兆良,2008)。

随着农业产业结构的不断调整,畜禽养殖已经从农户分散养殖向规模化方向发展,为农业增效、农民增收作出了重要贡献,但是,规模养殖在带来饲养畜禽技术水平提高以及畜产品总量和经济效益增加的同时,也带来了畜禽粪便相对集中和处理难的问题。规模集约化养殖的迅猛发展,使许多畜禽养殖场的废弃物得不到及时处理,长期堆放,任其日晒雨淋,导致圈舍内蚊虫滋生,瘟疫蔓延,家禽的产蛋率下降,畜禽死亡率增加,企业损失惨重。更为严重的是下雨天粪水大量溢出,对地表水、地下水、土壤和空气造成污染。

综上所述,畜牧业已成为不可忽视的污染源,其危害已经超过了工业污染,解决畜禽养殖业环境污染问题已成为我国现阶段环境保护和可持续发展的紧迫任务和重要内容(甘露等,2006;高定等,2006;王方浩等,2006)。

3 畜禽粪便利用方式

3.1 国外畜禽粪便处置利用方式

国外对畜禽粪便的开发研究始于 20 世纪 40 年代初,在上个世纪 50 年代以前,各国的大量小型畜禽养殖场中,畜禽粪便都以传统的固态粪方式进行收集贮存，并作为肥料施入土壤；60 年代以后，由于大型畜禽饲养场的建立，为了实现机械化和高效率，大量采用了水力清除的方法，从而形成了大容量的液态粪，大大增加了施入农田的运输负荷。畜禽养殖污染问题在国际上亦引起普遍的关注，许多国家迅速采取措施加以干预和限制，并通过立法进行规范化管理。到上个世纪 60 年代中后期，养殖场的畜禽粪便无害化处理技术已基本成熟，目前欧美、日本等经济发达国家基本上不主张用粪便作饲料，东欧和独联体国家主张粪水分离，固体粪渣用作饲料，液体部分用于生产沼气或灌溉农田。

美国加利福尼亚州将牛粪在焚化炉里燃烧，得到的热量驱动发电机发电，每天可以处理牛粪 900t，足以供应当地 2 万户居民的用电，但存在的问题是，对于集约化养殖场来说，所产生的粪便量大且含水量高，干燥起来很困难，这就需要耗费大量的能量将其进行转化才能用作燃料(李兵，2004；马强等，2007)。

日本畜产业小规模经营时代，养殖与耕作一体进行，家畜的粪便以及农作物的残渣是农作物生产不可缺少的有机肥料。在日本畜禽粪便堆肥已实现工厂化，他们研制的卧式转筒式和立式多层式快速堆肥装置，发酵时间约 1—2 周，具有占地少、发酵快、质地优等特点；俄罗斯研制的有机发酵装置每天生产 100t 有机肥，最后成品肥每吨中约含氮磷钾 45kg；韩国采用槽式发酵和螺旋式搅拌在国际上属于较先进的粪便发酵技术(孙振钧等，2006)。排泄物堆肥后回用于农田和绿地是一种基本方法(徐开钦，1997)，但是经济的发展及饲养规模的扩大，以及农作物肥料施用由有机肥转变为化肥，导致畜禽养殖场的畜禽粪便由宝变为废物。特别是畜禽粪便含水量多，气味大，造成处理、运输、施用中的一系列问题，加剧了畜禽粪直接还田的难度。

在畜禽粪便处理的政策上，由于超载放牧导致大量的畜禽粪便不能得到及时处理，因此欧洲国家已开始通过在立法上制定政策法规来限制最大载畜量，以减少畜禽粪便对环境的污染(Milne，2005)。国外的养殖场建设规模已经向中小型发展，并且必须和一定的消纳土地或处理设施相配套才能获得批准，并且全部实施全程治理，包括产前的饲料、产中的养殖工艺和方法、产后的粪污处置与处理(孙振钧等，2006)。

3.2 国内畜禽粪便处置利用方式

从能源和肥料角度初步测算，我国每年产生的畜禽粪便，相当于 700 多万 t 标煤或近 1 亿 t 有机肥料，开发利用畜禽粪便不仅能变废为宝，解决农村用能问题，而且可减少环境污染，防止疫病蔓延，具有较高的社会效益和一定的经济效益，是保证我国农业可持续发展的重要资源。

目前国内畜禽粪便利用方式主要是用作肥料、燃料和饲料。

3.2.1 畜禽粪便肥料化技术

我国农民自古以来就有用畜禽粪便做农家肥的传统，畜禽粪便中含有大量有机物及丰富的氮、磷、钾等营养物质，是农业可持续发展的宝贵资源。数千年来，农民一直将它作为提高土壤肥力的主要来源。过去采用填土、垫圈的方法或堆肥方式将畜禽粪便制成农家肥。但由于畜禽粪便中含有大量的病原菌、虫卵、杂草种子等有害物质，可能会引起作物的病虫草害，且随着农业技术的发展，各种化肥以其快速肥效，大批量出现在农民面前，对农家肥的施用造成了巨大的冲击，因此出现了畜禽粪便大量产生却无人处理的现象。这对农村环境污染是十分巨大的，并且长期施用化肥造成的土壤板结现象日趋严重，同时化肥中含有的有害化学物质在农作物中残留造成了食品安全隐患。因此，针对目前的情况，向农田施用有机肥与复合肥的必要性与意义日益重大，开发出效果明显、可行性高的畜禽粪便肥料化处理技术迫在眉睫。目前畜禽粪便肥料化技术主要有土地还原技术、堆肥化技术、制复合肥技术以及生物处理技术。

如今，伴随着集约化养殖场的发展，人们开展了对畜禽粪便肥料化技术的研究。当前研究最多的是堆肥法。堆肥存在的问题是处理过程中有 NH_4^+ 损失，不能完全控制臭气，而且堆肥需要的场地大，处理所需要的时间长。

我国利用发酵、添加生物增益环等方法，使畜禽粪便工厂化处理技术和规模得到快速发展。经过堆放，畜禽粪便无臭无害，可快速制成高效有机肥。随着我国越来越重视商品有机肥料的开发和使用，有机肥料的利用方式也发生显著变化，工厂化生产在我国迅速兴起。但是，商品有机肥出现叫好不叫座的现象。

结合我国国情来看，我国的畜禽粪便只有将具体技术与生态农业模式结合才能产生事半功倍的效果。在我国，畜禽粪便资源化发展趋势是在完善和研发新的资源化处理技术的同时，遵循生态学原理和循环经济的要求，结合具体地区的自然环境与经济发展状况来建立生态农业工程和区域发展模式，并可以根据不同的生态模式来建立相应的示范基地，力争实现资源的可持续利用和生态环境的改善，全面建设社会主义新农村（孙振钧等，2006）。

3.2.2 畜禽粪便能源化技术

畜禽粪便与有机垃圾等的能源化处理途径主要是用畜禽粪便生产沼气和焚烧产热（朱海生等，2004；相俊红等，2004；马强等，2007）。

畜禽干粪便直接燃烧产热，由于该方法只适合草原地区的牛、马粪便的处理，本文在这里不做叙述。

畜禽粪便制作沼气真正开始推广应用是在20世纪20年代后期。一位叫罗国瑞的人，在广东的潮梅地区建成了我国第一个有实际使用价值的混凝土沼气池，并成立了"中国国瑞瓦斯总行"（当时称"沼气"为"瓦斯"），专门建造沼气池和生产沼气灯具等，推广沼气实用技术。

沼气工程是我们国家一直推广使用的，开始时以农户为单位，但是这种以户为单位的沼气池，经常因原料短缺造成做饭中断而不受农民欢迎，同时，一家一户的沼气池废渣液的处理存在二次污染的问题，尤其是污染村庄空气和周围的水体。随着新农村建设的推进，相对于一家一户的沼气池，集约养殖、规模养殖场的沼气工程更具有可操作性。

沼气工程的环境效益体现在输入部分和输出部分两个方面，在输入部分，通过对畜禽粪便进行厌氧消化，减少了畜禽粪便对土壤、水体和空气的污染，对社会和环境保护做出了贡献，承担了社会成本，或者说减少了社会负担，应当得到一定的补偿。在输出部分，沼气热利用或用沼气发电可以替代常规电力，减少有害气体排放，减轻空气污染，也有利于减缓气候变化，同样应该得到支持和鼓励。

我国"十一五"时期经济社会发展的主要目标中重点提出了"十一五"末单位国内生产总值能源消耗比"十五"末降低20%左右的目标。我国目前制定了一些政策法规来支持生物质能的开发与推广，例如财政专项拨款用于农村小型沼气池建设，对燃料乙醇项目进行补贴1800 yuan · t^{-1}，国家制定的能源长期战略中，也把可再生能源摆到了优先发展的位置。2006年1月1日正式实施的《可再生能源法》中规定"国家鼓励清洁、高效地开发利用生物质燃料，鼓励发展能源作物"，这是生物质能源发展的重要政策保障（刘荣章等，2006；胡仁华等，2005）。

3.2.3 畜禽粪便的饲料化技术

畜禽粪便含有大量未消化的蛋白质、B族维生素、矿物质元素、粗脂肪和一定数量的碳水化合物，特别是粗蛋白质含量较高（刁治民等，2004），1t 干鸡粪可替代 0.35t 饲料粮（朱海生等，2004；胡明秀，2004）。因此，多年来，我们一直提倡把粪便用作饲料，其中使用最广泛的就是把鸡鸭等的粪便用来养鱼，还有些养殖场（户）采取畜禽混合养殖，用某种畜禽的粪便饲喂另一种畜禽。但需要强调的是畜禽粪便的成分比较复杂，畜禽废弃物中也含有一些潜在的有害物质，如重金属（铜、锌、砷等）、药物（抗虫药、磺胺等）、抗生素、激素以及大量病原微生物或寄生虫等（黄鸿翔等，2006），必须注意，这样的食物链存在很大的风险，极易造成畜禽交叉感染或传染病的爆发。因此，欧美、日本等经济发达国家基本上不主张用粪便作饲料，东欧和独联体国家主张粪水分离，固体粪渣无害化处理后用作饲料，液体部分用于生产沼气或灌溉农田（相俊红等，2004）。

4 农田畜禽粪便容量负荷

容量是一定空间容纳某种物质的能力。环境容量是指某一环境区域内对人类活动造成影响的最大容纳量。

环境容量的概念最早出现于 1838 年，是由比利时的数学生物学家 P. E. 弗胡斯特（P. E. Forest）提出的，1968 年日本学者首先采用这个概念来控制污染物排放总量。至今环境容量在环境保护工作中已有广泛应用，特别是应用于区域污染物总量控制和区域环境规划。欧美国家学者较少使用这一术语，而是用同化容量、最大容许纳污量和水体容许纳污水平等用语，其内涵是一致的（周孝德，1999）。

土壤自净作用（Soil self－purification）即土壤的自然净化作用，是指进入土壤的污染物，在土壤微生物、土壤动物、土壤有机和无机胶体等土壤自身的作用下，经过一系列的物理、化学和生物化学过程，使污染物在土壤环境中的数量、浓度或毒性、活性降低的过程。

土壤自净作用的机理既是土壤环境容量的理论依据，又是选择环境污染调控与防治措施的理论基础。按其作用机理不同，可分为物理净化作用、物理化学净化作用、化学净化作用和生物净化作用。这 4 种土壤自净作用的过程相互交错，其强度的总和构成了土壤环境容量的基础。影响自净作用的因素有土壤环境的物质组成，土壤环境条件，水、热条件，生物学特性和人类活动。虽然可以通过多种措施来提高土壤的自净作用，但是这种提高是有限的。

土壤环境容量最早提出于上个世纪70年代，土壤环境容量是环境容量的定义延伸，系指土壤环境单元所容许承纳的污染物质的最大数量或负荷量。我国曾把土壤环境容量的研究列为“六五”“七五”科技攻关项目。

就环境污染而言，污染物存在的数量超过最大容纳量，这一环境的生态平衡和正常功能就会遭到破坏。对土壤而言，土壤对外界侵入物（污染物）具有某种能使之无害的净化能力。土壤的这种净化能力是有一定限度的，污染物侵入在一定的限度内，这种功能得以正常发挥，并能被人们循环持续利用，但超过一定的限度后，即污染物存在的数量超过最大容纳量，这一土壤环境的生态平衡和正常功能就会遭到破坏。

土壤环境容量（Soil environmental capacity）是一个发展的概念。夏增禄（1991）等认为“土壤环境容量是在一定区域与一定时限内，遵循环境质量标准，既保证农产品生物学质量，也不使环境遭到污染时，土壤所能容纳污染物的最大负荷量”；张从（2001）将“土壤在环境质量标准的约束下所能容纳污染物的最大数量”称为土壤环境容量；王淑莹（2004）等认为“土壤环境容量是在人类生存和自然生态条件不受破坏的前提下，土壤环境所能容纳的污染物的最大负荷量”；卢升高（2004）等认为“土壤环境容量是在区域土壤指标标准的前提下，土壤免遭污染所能接受的污染物最大负荷”。由此可知，土壤环境容量属于一种控制指标，随环境因素的变化以及人们对环境目标期望值的变化而变化。

土壤环境容量研究，在国外报道很少。近十几年来，随着国外土地处理污水系统工作的开展，土壤环境容量的研究已受到了极大的重视。美国、澳大利亚等国根据土地处理系统对污水的净化能力，计算出了某一时间，单元处理区的水力负荷与灌溉量；德国根据处理区的土壤理化性质与吸附性能，研究重金属的化学容量与渗漏容量；澳大利亚 Leeper 等还提出了安全“锌当量”（D. 宾克利，1993）。这些都从不同角度、不同程度上促进了土壤环境容量研究的发展。

我国在区域环境质量评价中，曾根据单一作物的试验提出了土壤临界含量，结合土壤背景值计算出土壤容量。1983年，我国将“土壤环境容量”研究列入国家科技攻关项目，至此，土壤环境容量进入了较系统的专题研究阶段。根据对土壤环境容量历时近十年的系统研究，夏增禄等（1992）分别于

1988年和1992年出版了《土壤环境容量及其应用》《中国土壤环境容量》等专著，论述了我国主要土壤类型有关环境容量的研究成果，揭示了土壤环境容量研究的一般内容和方法，涉及某些污染物的生态效应、环境效应、吸附解吸、分组形态和有效态提取剂的筛选，污染物的净化规律与物流，各主要土类、部分亚类、土种的临界含量和环境容量，归纳分析了我国几种重金属生态效应、土壤临界含量和环境容量的地带性分异规律及其影响因素，并进行了分区。

1984年，北京师范大学杨居荣、车宇瑚等(1984)发表了《北京地区土壤重金属容量的研究》一文，通过重金属对农作物、土壤微生物、土壤动物的影响试验，探索了重金属污染对土壤生态系统的综合影响，并以土壤生产力(农作物产量)的降低作为土壤生态系统稳定性受到破坏的主要标志拟定土壤容量。在建立土壤容量的数学模式上，利用图论工具建立了土壤容量的结构模型，将已有的等比级数的模型作为一个特例包括在内，为土壤容量模型的研究探索了一条新途径。该文以As为重点，提出了北京地区农田土壤中As、Hg、Cd、Cr的土壤容量范围值，并对污染发展趋势进行了预测，为北京地区环境质量的控制与治理提供了依据。1988年，中国科学院林业土壤研究所张学询、熊先哲等(1988)开展了辽河下游草甸棕壤重金属环境容量及其应用研究。该研究以土壤生态为研究中心、以污水灌溉为研究对象，基于草甸棕壤基本性质，通过污染现状调查，敏感作物盆栽试验依据土壤—植物、土壤—微生物、土壤—水体系各项指标，提出了汞、镉、铅、砷、铬的土壤临界含量；结合田间物质平衡试验，建立土壤容量数学模型，综合计算出草甸棕壤的五种重金属环境容量；根据土壤容量，在污灌地区，制定了水质标准和污泥施用量，并进行了土壤环境的预测。

值得注意的是，畜禽粪便NP导致的污染和重金属等造成的污染有着本质的不同，对人类的危害也没后者大，其实质是环境无法利用或消除本来是营养物质的NP，多余的NP进入水体导致水体富营养化。采用农田畜禽粪便负荷量这一量化指标可以间接衡量当地畜禽饲养密度及畜禽养殖业布局的合理(朱有为等，1998)。

荷兰为了防止畜禽粪便污染，1971年立法规定，直接将粪便排到地表水中为非法行为。从1984年起，荷兰不再允许养殖户扩大经营规模，并通过立法规定每公顷2.5个畜单位，超过该指标农场主必须交纳粪便费。英国限制建立大型畜牧场，规定1个畜牧场最高头数限制指标为奶牛200头、肉牛

1000头、种猪500头、肥猪3000头、绵羊1000只和蛋鸡7000只。德国则规定畜禽粪便不经处理不得排入地下水源或地面。凡是与供应城市或公用饮水有关的区域，每公顷土地上家畜的最大允许饲养量不得超过规定数量，即牛3—9头、马3—9匹、羊18只、猪9—15头、鸡1900—3000只、鸭450只。

丹麦为了减少畜禽粪便污染，也规定了每公顷土地可容纳的粪便量，确定畜禽最高密度指标，并规定施入裸露土地上的粪肥必须在施用后12h内犁入土壤中，在冻土或被雪覆盖的土地上不得施用粪便，每个农场的储粪能力要达到储纳9个月的产粪量。

目前我国稻田单季氮肥用量平均为180kg·hm^{-2}，比世界单位面积用量高出75%。太湖稻区部分高产田单季使用氮肥量高达270—300kg·hm^{-2}(周大川，2004；李虎，2006)。2004年中国农田生态系统单位面积耕地氮养分损失负荷的平均值是87.1kg·hm^{-2}。单位面积耕地氮养分损失负荷超过全国平均值的有16个省(市、区)，污染潜势最高的地区是江苏、福建和广东三个省，都超过了125.0kg·hm^{-2}(王激清，2007)。

我国对土壤畜禽粪便容量研究不多。刘培芳等(2002)研究指出，长江三角洲产粮区，在化肥习惯施用量为225kg·hm^{-2}·a^{-1}纯氮的基础上，猪粪当量以15—30t·hm^{-2}·a^{-1}为宜，最大施用量以45t·hm^{-2}·a^{-1}为上限。

5 畜禽粪便污染控制研究

近年来对畜禽粪便污染防控的研究主要集中在循环农业、沼气工程、湿地处理、生产有机肥等几个方面。

5.1 沼气工程

沼气工程不仅能大大地消解畜禽场粪便的产生量，而且也是一种清洁能源。

以沼气为纽带的循环农业技术，是按照循环经济、生态学和工程学原理建立起来的社会、经济和循环三种效益相统一的农业生产体系，系统内部多种组分相互协调和相互促进的功能原理，以沼气建设为纽带，将养殖业、种植业等科学技术合理地结合在一起，实现物质和能量多层次多途径的利用和转化，从而合理地利用自然资源，达到高产、优质、高效、低耗的目的。

我国规模畜禽场沼气工程兴建于上个世纪70年代末和80年代初，是受已大量推广的户用水压式沼气池能源、肥料及环境效益的激励和启迪。早期的沼气工程工艺简单，管理粗放，处理效率和装置产气率较低，池内易形成较厚的浮壳和沉渣，妨碍运行，出料困难。80年代以后，针对上述问题，国家组织科技攻关，使规模畜禽场沼气工程技术有了很大的发展。厌氧装置单池容积从数十立方米发展到上千立方米。

沼气循环技术模式从规模上来看，主要有三种形式：养殖场循环模式、庭院循环模式、循环家园模式。庭院循环模式，基本建设单元为"一池三改"，人畜粪便和污水进入沼气池发酵产生沼气，使厨房、圈舍和厕所功能得到改善，庭院得到绿化、美化与净化，从而实现节约生活用能、提高生活质量及改善居住环境的目标。农户可以全部利用清洁的沼气作为饮食、照明、洗浴和取暖用能。农户将成为家居温暖、清洁化的小康之家。利用沼液或沼渣发展庭院高效种植，可提高经济作物的产量和品质，增加农户的经济收入。养殖场循环模式，人畜混居的农户养殖模式已不适应农村社会的发展，集约化养殖场和养殖小区将成为今后畜牧养殖发展的主要方向。养殖场和养殖小区可对畜牧粪便进行人工收集，减少冲洗水的使用量，干粪部分堆沤成商品固体有机肥，废水进入沼气池发酵产生沼气，统一铺设输气管网对村民供气。处理后的污水可种植水生饲料，为养殖提供饲料，也可通过自流或污泥泵直接浇灌田地。在规模化畜禽养殖发达的地区，建设大中型沼气工程，以村民组、中心村为单元进行集中供气，有利于保护和改善循环环境。循环家园模式，这种模式以无养殖习惯的村镇为主，以生活污水沼气净化池为中心，可几户或是一个村建设一个沼气净化池仅将生活污水集中处理，沼气供农民使用。污水处理后，可以浇灌田地，与种植业结合起来，实现资源化利用，也可以并入城镇生活污水管网。

在生态模式的选取上，构建了以沼气池、太阳能畜圈（暖圈）、卫生户厕（看护房及厕所）、集水系统（蓄水窖）、滴灌系统（节水设施）为特征的西北果园"五配套"生态养畜模式（西北模式）；以沼气池、畜舍、厕所、日光温室为特征的北方"四位一体"生态养畜模式（北方模式）；以畜舍、沼气池、果园为特征的南方"三结合"生态养畜模式（南方模式）；先利用畜粪生产沼气，再对沼气生产的产物沼气、沼液、沼渣（简称"三沼"）进行综合利用的畜粪综合利用模式（王惠生等，2007）。沼气工程已成为处理畜禽粪便的有效方式。

5.2 人工湿地

湿地在提供水资源、调节气候、涵养水源、促淤造陆、降解污染物、保护生物多样性和为人类提供生产、生活资源方面发挥了重要作用。

人工湿地是人工建造的、可控制的和工程化的湿地系统，其设计和建造原理是通过对湿地自然生态系统中物理、化学和生物作用的优化组合来进行废水处理。人工湿地是一种人为地将石、砂、土壤、煤渣等一种或几种介质按一定的比例构成基质，并有选择性地植入植物的污水处理生态系统。人工湿地具有一定的污水处理能力，对氮、磷、有机物、悬浮物等的去除有良好的效果。当富营养化水流过人工湿地时，经砂石、土壤过滤，植物根际的多种微生物活动，水质得到净化。人工湿地处理污水的运行成本非常低廉，一般为每吨污水0.1—0.2元，它是传统二级处理的1/10—1/5。此外，基建投资也少得多，通常为每吨污水150—800元，是传统二级污水处理厂的1/5—1/2，同时，湿地植物还可以作为工业原料和生活资源。

植物在污水中吸收大量的无机氮、磷等营养物质，供其生长发育。污水中氨氮作为植物生长过程中不可缺少的营养物质被植物直接摄取，合成植物蛋白质和有机氮，再通过植物的收割从废水中去除，污水中其余的大部分氮通过系统中微生物的降解而除去，最后氮在系统中的残留并不明显；污水中无机磷在植物吸收及同化作用下可转化为植物的ATP、DNA、PNA等有机成分，然后通过植物的收割而从系统中去除（张鸿等，1999）。

但是，人工湿地净化污水也存在明显不足，那就是占地面积大，水力负荷低，去污能力有限，受气候影响较大，夏季负荷过大还会滋生蚊蝇、散发臭味。为克服这些缺点，人们研究潜流型人工湿地及漂浮栽培植物。

潜流型人工湿地虽然克服了占地大的弊端，但是，对地形地质等环境要求较高，造价也明显高于一般人工湿地，因此，理论上可行，实际推广困难重重。正因为如此，人们把目光投向漂浮栽培植物净化养殖污水。

5.3 循环农业

循环型农业（recycle or recycling agriculture）一词出自国内的一些学者文章中。张元浩（1985）较早地提出了“循环农业”概念，他主要从农业生产过程是物质循环和能量转化的过程定义了循环农业。文启胜（1986）提出了较为狭义的循环农业定义：“农业生产是一个极其复杂的生态经济系统，其生产过程是一个周而复始的循环往复过程。农业生产的这种周期性循环是以营养物质的循环为基础，在农业环境、农业生物和人类社会之间进行的。我们把这种以营养物质的循环为基础的周期性的农业生产循环，暂且叫做‘循环农业’。”

1991年，在荷兰召开的国际农业与环境会议上，国际粮农组织(FAO)把农业可持续发展定义为：“采取某种使用和维护自然资源的方式，实行技术变革和体制改革，以确保当代人类及其后代对农产品的需求得到满足，这种可持续的农业能持续利用土地、水和动植物的遗传资源，是一种环境永不退化、技术上应用恰当、经济上能维持下去、社会能够接受的农业。”《中国21世纪议程》对中国农业可持续发展进一步定义为：保持农业生产率稳定增长，提高食物生产和保障食物安全，发展农村经济，增加农民收入，改变农村贫困落后状况，保护和改善农业生态环境，合理和持续地利用自然资源，以满足逐年增长的国民经济发展和人民生活的需要。从农业资源来理解，农业可持续发展就是将目前的农业资源开发与长期的资源保护结合起来，既能做到不断满足当代人和后代人对农产品的需要，又能做到保护好农业生态环境，遵循农业资源所具有的有限人口承载能力的客观规律，使农业资源在时间上和空间上优化配置，以达到农业资源的持续利用。

循环农业的核心是对可持续发展思想、循环经济理论与产业链延伸理念的运用，是针对人口、资源、环境相互协调发展的农业经济增长新方式，即在农业生产过程和产品生命周期中延伸产业链条，提高农业系统物质能量的多级循环利用，最大限度地利用农业生物质能资源(尹昌斌，2006)。它利用生产中每一个物质环节，倡导清洁生产和节约消费，严格控制外部有害物质的投入和农业废弃物的产生，最大限度地减轻环境污染和生态破坏，同时实现农业生产各个环节的价值增值和生活环境优美，使农业生产和生活真正纳入农业生态系统循环中，实现生态的良性循环与农村建设的和谐发展(胡晓兵，2006)。

循环农业有着一般循环经济的特点，即以资源循环利用为途径，以保护环境、节约资源、能源为重点，以减量化、再利用、再循环为原则，实现经济的循环发展。德国1998年修订的《循环经济和废物清除法》第4条规定，首先要避免产生废物，特别重要的是减少废物的量及其危害性；其次是利用和用来获取能源。这些原则在国际上被简化为4R原则，即Reduce(减量)，Recover(再生)、Reuse(再用)和Recycle(循环)。

我国在农作物秸秆和畜禽粪便资源化方面也做了大量的工作。尤其是最近10多年来，各地政府和科研部门对作物秸秆、畜禽粪便的资源化利用十分重视，投入了大量资金，而且制定了相应的法律法规。如：1999年国家环境保护总局、农业部、财政部、铁道部、交通部、国家民航总局联合制定了《秸秆禁烧和综合利用管理办法》，2000年颁布了中华人民共和国国家标准——《粪便无害化卫生标准》，2001年5月颁布了《畜禽养殖污染防治管理办法》，对解决作物秸秆和畜禽粪便污染问题起到了一定的控制作用。江苏省政府和省环保厅对作物秸秆和畜禽粪便的资源化利用也极为重视，1998年12月29日，江苏省九届人大常委会七次会议通过《江苏省农业生态环境保护条例》，1999年5月25日，江苏省环境保护局、农林厅制定关于贯彻国家环保总局、农业部、财政部、铁道部、交通部、中国民航总局《秸秆禁烧和综合利用管理办法》的意见，2000年5月12日，江苏省政府办公厅发布《关于加强秸秆焚烧和综合利用工作的通知》。这些都有力地推动了农业废弃物资源化技术的研制、应用和推广。在循环农业研究方面，江苏省环保厅于2005年完成了《江苏省姜堰市河横农业循环经济建设规划研究》。

综合目前我国循环农业发展特点，根据循环农业的定义与内涵，可以把我国现存的循环农业模式分为以下三种类型。

◆ 以生态农业模式提升和整合为基础的循环农业模式

这种模式在生产流程中自始至终贯穿着经济、生态、社会三大效益统一的基本思想，是生态农业模式的精华部分。它强调农业发展的生态整合效应，通过建立"资源—产品—再利用—再生产"的循环机制，实现经济发展与生态平衡的协调，实现"两低一高"(资源低消耗、污染物的低排放、物质和能量的高利用)。它通过"企业＋基地＋农户"或农民专业协会等组织形式将散户农民集中管理，扩大生产规模，实行种养加一条龙的生产模式(周颖等，2006)。

◆ 以农业废弃物资源的多级循环利用为目标的循环农业模式

以农业废弃物资源为原料的生物质产业在以往任何一种农业经济模式中都没有被列入整个农业生产系统的循环路径当中。然而随着国际上对于生物质能开发利用的广泛关注，以及各种生物质能转化技术的成熟和发展，作为一种有效缓解全球能源危机问题的途径，生物质产业应该引起高度重视(王贤华，2004)。这种模式的特点是将生物质产业作为一个重要的子系统引入到整个农业生产系统的循环路径当中，寻求农业废弃物资源，特别是农产品加工业产生的废水、废气、废渣的综合利用途径。在整个循环路径的物流中,没有废物的概念,只有资源的概念。

◆ 以循环农业园区为方向的整体循环农业模式

从美国生态工业区发展模式中得到启示,借鉴北美发展生态工业园区(ecolog－ical industrial park)的成功经验(邓南圣,2001),以循环农业园区为方向的整体循环农业模式,是将种植业、养殖业、农产品加工业和生物质产业四个子系统纳入整个循环农业产业体系的闭合循环路径中来,通过外循环(实现由生产到消费过程的转化)及内循环(实现废弃物资源再生产和再利用过程的转化)两条循环流程的物质流动,实现了区域内不同产业系统的物流与价值流的共生耦合及相互依存,最大化延伸产业链条。

6 计算机系统仿真

6.1 计算机仿真的概念

计算机仿真技术是一门利用计算机软件模拟实际环境进行科学实验的技术。它具有经济、可靠、实用、安全、灵活、可多次重复使用的优点,已成为对许多复杂系统(工程的、非工程的)进行分析、设计、试验、评估的必不可少的手段。它是以数学理论,以及相似性原理、控制论、信息技术及相关领域的有关知识为基础,以计算机和各种专用物理设备为工具,利用系统模型对实际的或设想的系统进行试验仿真研究的一门综合技术;它利用物理或数学方法来建立模型,类比模拟现实过程或者建立假想系统,以寻求过程的规律,研究系统的动态特性,从而达到认识和改造实际系统的目的。系统仿真涉及相似论、控制论、计算机科学、系统工程理论、数值计算、概率论、数理统计、时间序列分析等多种学科。相似性原理是计算机仿真技术的主要理论依据。所谓相似,是指各类事物或对象间存在的某些共性。相似性是客观世界的一种普遍现象。它反映了客观世界不同事物之间存在着某些共同的规律。采用相似性技术建立实际系统的相似模型就是仿真的本质过程。因为系统本身具有内部结构和外部行为,所以系统相似性分为两个层次:结构层次和行为层次。具有相同的内部结构必然具有行为等价的特性,但是行为上的等价并不能说明两个系统具有同构关系。一般而言,对现实世界的模拟都归结为或体现在外部行为的等价，即模型有效性的主要检验方法是行为上的等价（王正中等，1991；康凤举，2001）。

6.2 计算机仿真的研究进展

早期的计算机仿真技术大致经历了以下几个阶段：20 世纪 40 年代模拟计算机仿真；50 年代初数学仿真；60 年代早期仿真语言的出现；80 年代出现的面向对象仿真技术为系统仿真方法注入了活力。我国早在 50 年代就开始研究仿真技术了，当时主要用于国防领域，以模拟计算机的仿真为主。70 年代开始应用数学计算机进行仿真。随着数字计算机的普及，近 20 年以来，国际、国内的计算机数学仿真语言与工具大量涌现，如 CSMP，ACSL，SIMNON，MATLAB/Simulink，MatrixX/System Build，CSMP－C 等。但我们认为 MATLAB/Simulink 是这些仿真语言中功能最强大的，因为它依托的是强大的 MATLAB 平台，有丰富的 MATLAB 资源作为后盾，所以它可以解决许多其他语言无法解决的问题。因此本文选择以 MATLAB 为平台的 Simulink 作为仿真的语言和工具（王正中等，1991；康凤举，2001）。

社会、经济、生态和环境等都是巨系统，对它们的研究不可能通过实际实验去改造，只能通过数学模型和计算机仿真实验来对它们进行定性和定量的研究。目前国内外对这个问题的研究大都采用动态数值模拟的方法，运用动力学的手段来建立数学模型，并通过数值模拟来进行研究。因为社会、经济、生态和环境等高阶次复杂时变系统往往表现出反直观的、千姿百态的动力学特性，已引起人们的高度重视。系统动力学正是这样一门可用于分析研究社会、经济、生态和生物等复杂大系统问题的学科。系统动力学模型可作为实际系统，特别是社会、经济、生态复杂大系统的"实验室"。系统动力学的建模过程就是一个学习、调查研究的过程，模型的主要功能在于向人们提供一个进行学习与决策分析的工具。它集系统论、控制论和信息论于一身，采用计算机模拟技术，主要采用微分方程或差分方程来建立系统模型，对于认识和处理那些高阶次、非线性、多重反馈的时变系统是一种极为有效的工具。自创立以来，它被广泛地用于经济、交通、机械制造、流体力学以及生命科学之中。目前，系统动力学应用范围日益扩大，特别是用来研究极为复杂的宏观问题，如研究区域系统的发展轨迹，这是一个涉及自然资源、地理位置、交通条件、人口迁移、环境容量、投资与贸易等相互关系的复杂的系统问题。系统动力学的发展所取得的成就使人们相信它是研究和处理诸如人口、自然资源、生态环境、经济和社会连带的复杂系统问题的有效工具。1972年罗马俱乐部在《增长的极限》中提出的关于世界未来和人类前途的观点引发了全球性的大论战，该报告就是用系统动力学分析和模拟世界的人口、粮食、自然资源和能源、环境、生活质量等人类所面临的重大基本问题的初步尝试，是系统动力学的模拟实验报告。该报告根据系统动力学的模拟实验结果指出：如果世界人口、资本、自然资源消耗等按照20世纪初，特别是20世纪中期以来的快速增长模式继续下去，那么世界将面临一场"灾难性的崩溃"，可以说，《增长的极限》是将宏观巨系统的研究与系统动力学结合在一起的开山力作。从此以后，运用系统动力学对社会、经济、生态和环境问题进行的研究越来越深入，该方法已经成为模拟和仿真复杂系统的一个重要手段。

7 防治畜禽粪便污染面临的问题与挑战

我国畜禽粪便的总体土地负荷警戒值已经达到0.49(正常值应小于0.4)(刘其芳，2005)，已体现出一定的环境胁迫水平和比较严重的环境压力，因此，应杜绝粪便直接施撒的处理方式。造成畜禽粪便未能进行资源化处理的主要原因是缺乏实用的、具有一定回报率的畜禽粪便处理技术。由于资金与技术等问题，粪便无害化、资源化和商品化处置率不到20%，畜禽粪便是传统的有机肥料，养分齐全，有机质含量高，大量施用可改良土壤，提高农产品品质与产量。随着生活水平的不断提高，绿色食品备受青睐，但是使用有机肥导致投入增加，有机肥出现叫好不叫座的现象。

沼气工程一直被认为是解决畜禽粪便污染十分有效的措施，但是，有两个问题限制了大中型畜禽养殖场沼气工程发展：一是基建投资高，一个万头猪场一次性基建投资在100万元左右，以存栏5000头，每头每天提供0.5 TS计，每天产沼气近900m^3，折合人民币约1000元，年收入约35万元，除去运行成本、贷款利息，靠沼气回收投资是多数养殖场承受不了的；二是沼气出水浓度太高，以COD(化学需氧量)计通常超过1000mg·m^{-3}，达不到排放标准，沼渣的处理也困难重重。

畜禽粪便造成的环境污染是制约畜禽饲养发展的主要因素，而固液分离是畜禽粪便处理的重要手段。运用物理方法过滤干燥，经处理生产有机复合肥后，入地还田可有效地恢复地力，也为生产有机食品奠定了基础；生物处理法采用厌氧处理生产沼气，为人类生产生活提供能源。处理后的废液流入人工湿地又可发展养鱼业；利用高温堆肥法、粪肥生产饲料等方法也起到了较好的效果。科研人员应因地制宜，研究适宜我省北方寒冷地区的粪便处理方法，加大交流、合力攻关，重点在养殖业、种植业、加工业等方面配套应用技术，研究低投入方法进行粪便处理。

从以上分析可以看出，防治畜禽粪便污染面临三个问题。第一，养殖业的发展是社会进步的标志之一，未来养殖规模还会进一步扩大，然而，经验告诉我们，耕地面积不会扩大，如何利用有限的土地消解养殖业带来的畜禽粪便？第二，大规模效益好的养殖企业，利用经济优势和沼气等方式避免畜禽粪便可能造成的污染，而在广大农村分布较广的小规模养殖场如何避免污染？第三，畜禽粪便不可避免地会有一部分进入水体，对养殖污水应如何生态而又经济地处理？

第2章　研究方法和技术路线

1　研究方法

采用调查统计、试验分析和计算机仿真技术相结合的综合研究分析方法。

1.1　养殖规模

本文叙述的养殖规模与畜禽养殖规模同义，表示的内容也相同。一个地区养殖规模包括该地区区域内猪、马、牛、驴、羊、鸭、鹅、鸡等的总数，不包括兔、水产类等。

为方便计算，根据《畜禽养殖业污染物排放标准》(国家环保总局、国家质量监督检验检疫局，2001)规定，统一换算成猪的养殖当量值分析。具体换算比例为：30只蛋鸡相当于1头猪，60只肉鸡相当于1头猪，1头奶牛相当于10头猪，1头肉牛相当于5头猪，3只羊相当于1头猪。《畜禽养殖业污染物排放标准》未规定的鸭、鹅按20只相当于1头猪换算。

1.2　畜禽粪便产生量估算

畜禽粪便以及氮磷含量的发生量因畜禽品种、养殖场的规模、饲养管理工艺、气候、季节等情况的不同会有很大差别。例如，牛粪便排泄量明显高于其他畜禽粪便排泄量；禽类粪便混合排出，故其总氮较其他家畜为高；夏季饮水量增加，禽粪便的含水率显著提高等(如表2-1所示)。

表 2-1 各种畜禽的粪便产量(鲜量)

Table 2-1 Production of domestic animal excreta(fresh weight)

种 类 Types	体重(kg) Body weight	每头(只)每天排泄量(kg) Daily Excretion per head			每头(只)每年排泄量(t) Daily Excretion per head		
		数 量 Number	尿 量 Urine volume	粪尿合计 Total Fecaluria	粪量 Feces level	尿量 Urine volum	粪尿合计 Total fecaluria
泌乳牛 Lactating cows	555-660 (550)	30-50 (40.0)	15-25 (20.0)	45-75 (60.0)	14.6	7.3	21.9
成 牛 Mature cattle	400-600 (500)	20-35 (27.5)	10-17 (13.5)	30-52 (41.0)	10.6	4.9	15.5
育成牛 Growing cattle	200-300 (250)	10-20 (15.0)	5-10 (7.5)	15-30 (22.5)	5.5	2.7	8.2
犊 牛 Calf	100-200 (150)	3-7 (5.0)	2-5 (3.5)	5-12 (8.5)	1.8	1.3	3.1
肉猪(大) Hog(big)	50-130 (90)	2.3-3.2 (2.7)	3.0-7.0 (5.0)	5.3-10.2 (7.7)	1.0	1.8	2.3
肉猪(中) Hog(middle)	30-90 (60)	1.9-2.7 (2.3)	2.0-5.0 (3.5)	3.9-7.7 (5.8)	0.8	1.3	2.1
肉猪(小) Hog(small)	20-40 (30)	1.1-1.6 (1.3)	1.0-3.0 (2.0)	2.1-4.6 (3.3)	0.5	0.7	1.2
繁殖猪(母) Breeding pig(female)	160-300 (230)	2.1-2.8 (2.4)	4.0-7.0 (5.5)	6.1-9.8 (7.9)	0.9	2.0	2.9
繁殖猪(哺乳期) Breeding pig(lactation)	140-280 (210)	2.5-4.2 (3.3)	4.0-7.0 (5.5)	6.5-11.2 (8.8)	1.2	2.0	3.2
繁殖猪(公) Breeding pig(male)	200-300 (250)	2.0-3.0 (2.5)	4.0-7.0 (5.5)	6.0-10.0 (8.0)	0.9	2.0	2.9
产蛋鸡 Laying hens	1.4-1.8 (1.6)	0.14-0.16 (0.15)		0.14-0.16 (0.15)	55kg		55kg
肉用仔鸡 Broiler	0.2-2.8 (1.5)	0.13		0.13	到10周龄9.0kg		

注:本表为各种畜禽每日所产粪便的数量,数据整理自(王庆镐,2002;王惠生等,2007)。

畜禽粪便排泄系数及排污系数，我国尚没有相应的国家标准，目前虽然很多资料对各种畜禽的粪便发生总量和氮、磷产生系数都有报道，但是差异很大，牲畜日排粪便量因品种、年龄、体重、饲料、地区、季节等不同而有差异；另外取样方式和鲜样的含水量等对排泄系数及排污系数影响也很大（程全国，2000；董克虞，1998；徐谦等，2002；李民，2001；叶飞，2005；陈海霞等，2006）。

本文采用年排污量法来计算粪便的发生量及氮磷发生量。

年度粪便产生量计算公式为（王方浩等，2006）：

$$Q=N\cdot T\cdot P$$

式中：Q 为年度粪便产生量；N 为饲养量；T 为饲养期；P 为排泄系数。

猪：平均饲养期一般为 199d，以当年的出栏数表示饲养数量；

羊、牛、马、驴和骡的生长期一般长于一年，采用年末存栏量作为当年的饲养数量；

肉鸡生长期 55d，饲养量按出栏数计算；蛋鸡生长期长于一年，饲养量按年末存栏数量计算。

鸭、鹅生产期一般 210d，饲养量以当年出栏数量计算。

兔等其他畜禽不做统计。

另外，研究只考虑养殖整体规模粪便产生量，不考虑不同的养殖方式及人们对粪便的处置方式，以统计资料及主要养殖种类畜禽粪便的环境污染物产生量估算畜禽氮、磷排放总量。

1.3　畜禽粪便中 NP 含量计算

各种畜禽粪便中氮、磷含量见表 2-2（程全国，2000；董克虞，1998；徐谦等，刘培芳，2002；黄沈发 1994；李荣刚，2000；2002；李民，2001；叶飞，2005；陈海霞等，2006；王方浩等，2006；王惠生等，2007）。基于研究资料，并结合研究区域畜牧饲养的实际情况和计算方法等，确定猪年平均排泄粪便 1350kg，猪粪便（鲜）中平均污染物 NP 含量为 10.29g·kg^{-1}，其中，N 为 5.54g·kg^{-1}、P(P_2O_5)4.75g·kg^{-1}。建模和仿真试验中涉及河横养殖规模、粪便产生量等指标以实际调查和测定数据为准。

表 2-2 基于文献资料的畜禽个体年排放量及污染物含量

Table 2-2 Literature-based production of Domestic animal excreta(fresh)

类别 Types	排泄量(kg) Excretion	平均污染物含量(%) Average pollutant content	
		N	P_2O_5
猪粪 Pig manure	875—1825	0.554	0.475
牛粪 Cattle manure	4635—15658	0.337	0.241
马粪 Horse manure	2738—3468	0.493	0.300
羊粪 Sheep manure	438—548	1.015	0.494
鸡粪 Chiken manure	25.9—36.5	1.15	0.843
鸭粪 Duck manure	32.8—70.8	0.892	1.109

1.4 农田畜禽粪便安全经济承载力研究

农田畜禽粪便安全经济承载力是指在不污染水体、土壤及周围环境的条件下，农田经济产值最大时，农田对畜禽粪便的最大容纳量，是土壤环境自然与社会效益参数的多变量函数，反映满足特定功能条件下土壤环境对畜禽粪便中NP的承受能力。

畜禽粪便中NP主要是进入环境中的土壤、水体两种介质。

把农田作为一个系统，研究畜禽粪便主要成分NP在系统土壤一作物中的流动(如图2-1所示)。

本文通过农田畜禽粪便承载力试验，探讨耕地畜禽粪便的最大容量。

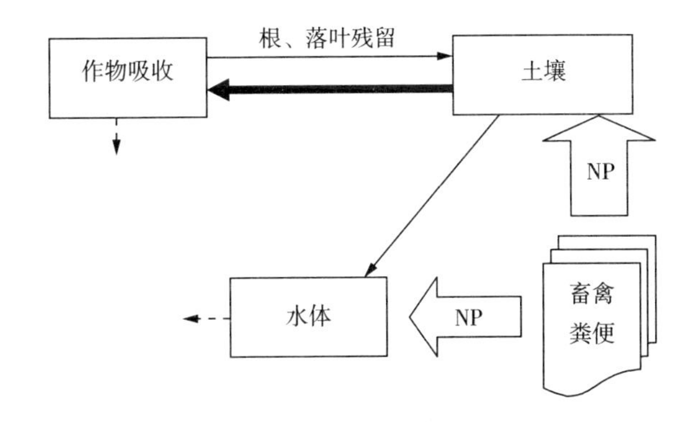

图 2－1　NP在农田系统中的流动示意图

Fig. 2－1　The schematic diagram of NP flow in farmland system

备注：箭头粗细表示流量大小，虚线箭头表示流出系统

1.5　畜禽养殖污水生态处理

在利用湿地处理的基础上加入作物秸秆处理环节，设计了室内小麦秸秆净化试验，通过试验了解并基本掌握秸秆对养殖污水中NP的吸附与截留能力；在大棚中进行水葫芦、水花生、水稻、香根草等4种植物漂浮栽培静水试验，分析不同水生植物对养殖污水的净化能力。

1.6　畜禽粪便污染农业系统控制模型

根据前面试验和调查得出的相关数据为参数，利用MATLAB软件，根据对系统内部变化过程的合理假定，运用状态空间法来建立基于小规模养殖的畜禽粪便污染农业系统控制系统的数学模型，建立NP所存在的各主要物质在各主要变化子过程中的一级动力学方程，通过将各个子过程耦合，构建整个系统的数学模型。

以姜堰河横为研究区域，通过对1990－2007年的历史数据模拟建立数学模型，并运用模型对系统未来20年的运行进行仿真试验，对畜禽粪便污染农业系统控制模型进行了验证性研究。

1.7　农业面源污染现状及原因调查

随同省环保厅同志到各市实地考察和召开座谈会，从宏观上了解农村面源污染状况及造成污染的原因。

1.8 农户环保意识与行为分析

选取江苏、安徽两省农户为调查对象，依次代表经济发达、经济欠发达地区。采取点面结合，随机入户调查方法，调查以问卷为主，座谈为辅。然后对调查结果进行统计分析，探讨引起农业面源污染认识领域存在的缺陷及造成畜禽粪便污染的行为。

2 研究技术路线

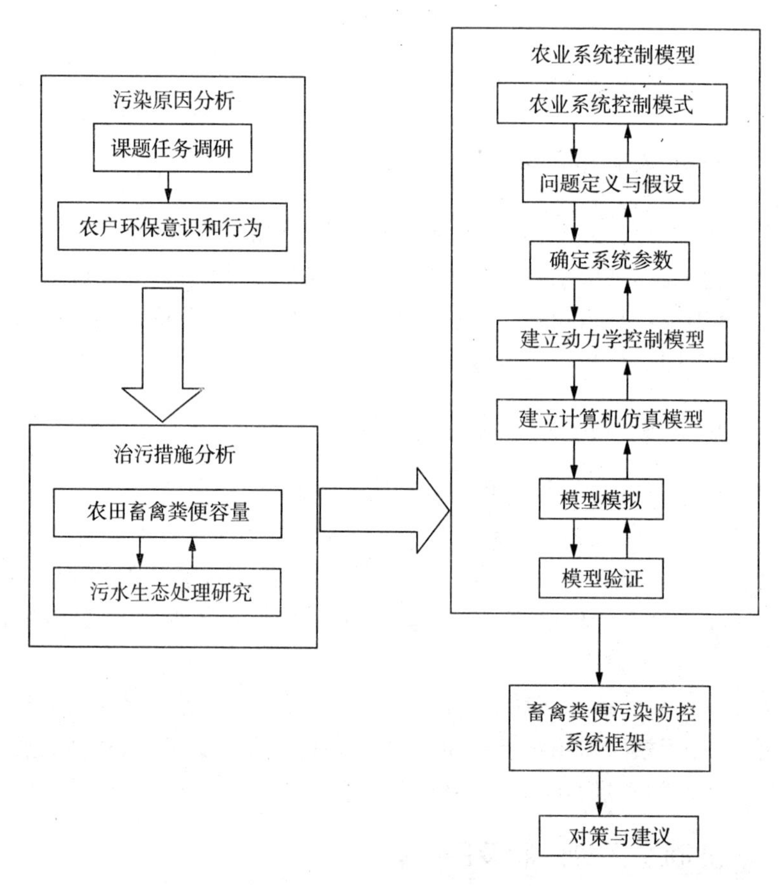

图 2-2 研究技术路线示意图

Fig. 2-2 Schematic diagram of technical route

第3章　农田畜禽粪便安全经济承载力研究

我国还没有全国性的单位面积耕地土壤的畜禽粪便氮、磷养分限量标准，只是在畜禽粪便还田限量上有少数报道。我国稻田单季氮肥用量平均为 180kg·hm^{-2}，比世界单位面积用量高出 75%。太湖稻区部分高产田单季使用氮肥量高达 270—300kg·hm^{-2}（周大川，2004；李虎，2006）。2004 年中国农田生态系统单位面积耕地氮养分损失负荷的平均值是 87.1kg·hm^{-2}，单位面积耕地氮养分损失负荷超过全国平均值的有 16 个省（市、区），污染潜势最高的地区是江苏、福建和广东三个省，都超过 125.0kg·hm^{-2}（王激清，2007）。土壤中氮来源主要有两个：一是施入的化肥，二是施入的畜禽粪便。

土壤能容纳多少畜禽粪便，在一定的时间范围内，主要取决于作物对进入土壤畜禽粪便中 NP 养分的吸收利用量，即带出农田系统的多少，作物吸收利用的越多，土壤畜禽粪便负荷容量越大，所以它与作物种类与产量有关。其次，与粪便的处理方式有关，如我们使用沼气工程，畜禽粪便中的 NP 一部分在沼气产生过程中被消耗，大大地降低了畜禽粪便中的 NP 含量，从而使土壤畜禽粪便负荷增加；第三，与畜禽粪便本身 NP 含量相关，不同动物，同一动物不同饲料养殖都会影响畜禽粪便 NP 含量，粪便的 NP 含量与畜禽品种、饲养方式、饲料成分等多种因素有关。

实际操作中，一个地区的适宜养殖业规模可以以土壤对 N 或 P 的容纳负荷换算。随着社会的发展，建设用地越来越多，通过扩大耕地面积增加对养殖规模的负荷几乎不可能，通过采取一些生态工程措施，间接加大土壤对养殖规模的负荷更具有实际意义。

农田畜禽粪便承载力是指在正常条件下土壤对畜禽粪便的承载能力。

土壤处理粪便的一个重要的制约因素是二次污染问题，因为一定面积的土壤吸收能力是一定的，如果处理过量，多余的养分一定会通过地表径流、地下渗透等方式流失，污染环境。

农田畜禽粪便安全经济承载力是指在不污染环境的条件下，经济效益最大值时的农田畜禽粪便的容纳量。

本文通过农田畜禽粪便承载力试验估算单位耕地畜禽粪便的最大容量，并对江苏省耕地畜禽粪便负荷容量进行评价。

1　农田畜禽粪便承载力试验

1.1　材料与方法

2006 年 11 月—2007 年 10 月在南京市六合区竹镇瑞宝生态农场进行耕地猪粪施用量试验。

供试土壤为黏土，耕层（0—20cm）全氮平均含量 $1.89g \cdot kg^{-1}$，全磷平均含量 $0.3g \cdot kg^{-1}$。供试作物：水稻和大麦，水稻品种为丰两优 1 号，大麦品种为苏啤 3 号。

猪粪全部作为基肥在土地耕翻时一次性施入，处理水平见表 3-1，在作物生产期间不再以任何形式人为投入肥料，栽培方法及管理同一般作物生产。

土样采用五点法取样，采样深度 0—40cm。

植株采样是在水稻成熟期选取具有代表性和可比性的植株个体，取样后，在 105℃恒温箱杀青烘干。

样品全氮采用凯氏定氮法测定，全磷采用 $H_2SO_4-H_2O_2$ 消煮，钼黄比色法测定。

植株氮（磷）含量为作（植）物收获时植株各器官（叶、茎、穗）氮磷含量与植株各器官干物质重乘积之和。作（植）物由于收获时根系留在土壤，因此，植株的植株氮（磷）含量不包括地下部分植株的氮（磷）含量。

土壤粪便负荷指单位时间内每公顷耕地可无污染消耗的最大粪便数量。这里指 1 年内作（植）物从土壤中带走的氮（磷）折合成的猪粪便当量，单位：$t \cdot hm^{-2} \cdot a^{-1}$。

1.2　试验设计

设 5 个处理水平，3 次重复，小区面积 $6.72m^2$。

表3-1 农田粪便(猪粪)容纳负荷试验设计

Table 3-1 The design of test containing dejection on farmland

处理代码 Handling code		A_1 (kg·hm^{-2})	A_2 (kg·hm^{-2})	A_3 (kg·hm^{-2})	A_4 (kg·hm^{-2})	A_5 (kg·hm^{-2})	猪粪NP含量 Pig manure NP content
冬季作物（大麦） Winter crop (barley)	猪粪 pig manure	0.75×10^4	1.5×10^4	3.0×10^4	6.0×10^4	12.0×10^4	N:9.2g·kg^{-1} P:3.87g·kg^{-1}
	N	69	138	276	552	1104	含水量:56%
	P	29	58	116	232	464	Water content
夏季作物（水稻） Summer crop (rice)	猪粪 pig manure	0.75×10^4	1.5×10^4	3.0×10^4	6.0×10^4	12.0×10^4	N:29.2g·kg^{-1} P:5.07g·kg^{-1}
	N	219	438	876	1752	3504	含水量:35.6%
	P	38	75	150	302	604	Water content

1.3 结果与分析

1.3.1 土壤—作物系统中氮素迁移和流失

施入土壤后的氮有三个去向，一部分氮素被当季作物吸收利用；一部分残留于土壤中；还有一部分则离开土壤—作物系统而损失。残留于土壤中的氮可以平衡养分并为以后作物生长所利用，为清楚地表明土壤系统中氮的流入和流出，把这部分氮计入富余量中。富余量是指当年（季）施入的没有被当年（当季）作物吸收利用的氮，即施入氮量与作物中氮量的差值。富余率指N富余量与施入氮百分比率。为便于研究，假定降雨（灌水）等其他形式进入土壤中的氮与地表径流、挥发、地下渗透等流失的氮数量相等，不考虑氮在转移过程中的形式变化。

表3-2 土壤—作物系统中氮的迁移

Table 3-2 The migration of nitrogen in soil-crop system

	处理代码 Handling code	施入氮量 Nitrogen application amount (kg·hm^{-2})	植株含氮量 Nitrogen content of plant (kg·hm^{-2})	氮富余量 Nitrogen surplus amount (kg·hm^{-2})	氮富余率(%) Nitrogen surplus rate
冬季作物（大麦） Winter crop (barley)	A_1	69	100.53	-31.53	0.00
	A_2	138	116.70	21.30	0.15
	A_3	276	158.08	117.92	0.43
	A_4	552	188.12	363.88	0.66
	A_5	1104	225.04	878.96	0.80

（续表）

	处理代码 Handling code	施入氮量 Nitrogen application amount $(kg \cdot hm^{-2})$	植株含氮量 Nitrogen content of plant $(kg \cdot hm^{-2})$	氮富余量 Nitrogen surplus amount $(kg \cdot hm^{-2})$	氮富余率(%) Nitrogen surplus rate
夏季作物（水稻）Summer crop (rice)	A_1	219	82.08	136.92	0.63
	A_2	438	108.29	329.71	0.75
	A_3	876	121.12	754.88	0.86
	A_4	1752	136.91	1615.09	0.92
	A_5	3504	143.36	3360.64	0.96

富余的氮有两个去处，一是被土壤转化固定形成有机质，增加土壤养分中氮的含量；二是氮素通过氨挥发、硝酸盐淋失与反硝化等方式进入周围水体或大气中。

由表3－2可以看出，大麦氮富余量，A_5（氮施入量1104kg·hm^{-2}）处理比A_4（氮施入量552kg·hm^{-2}）处理高141%，A_4处理比A_3（氮施入量276kg·hm^{-2}）处理高208%，A_3处理比A_2（氮施入量138kg·hm^{-2}）处理高453%；水稻氮富余量，A_5（氮施入量3504kg·hm^{-2}）处理比A_4（氮施入量1752kg·hm^{-2}）处理高108%，A_4处理比A_3（氮施入量876kg·hm^{-2}）处理高114%，A_3处理比A_2（氮施入量438kg·hm^{-2}）处理高129%。综观冬夏两季氮素平衡分析结果可以得出，随着猪粪处理量的增加，高施肥水平带来了氮素的损失量成倍增加，可能给环境带来的污染风险加大。

大麦吸收氮量在A_1（氮施入量69kg·hm^{-2}）处理时为100.53kg·hm^{-2}，随着施肥量的增加，大麦吸收氮量也在增加，在A_5（氮施入量1104kg·hm^{-2}）处理时为225kg·hm^{-2}，比A_1处理高124%；水稻吸收氮量在A_1（氮施入量219kg·hm^{-2}）处理时为82.08kg·hm^{-2}，在A_5（氮施入量3504kg·hm^{-2}）处理时为143.36kg·hm^{-2}，比A_1处理高75%。这一现象说明，不同作物对氮的吸收利用的能力不同。

试验表明，无论是大麦还是水稻，随着施肥量成倍的递增，植株从土壤中吸氮量随之增加，但不是成倍增长，氮富余量的增加几乎是成倍的关系，氮富余率，大麦在120t·hm^{-2}高施肥水平下，损失80%，水稻是96%（如表3－2所示）。

综合冬夏两季考虑，在一年时间里，两季作物最多带走N 368.4kg·hm^{-2}，按照大麦施用猪粪含氮量 9.2g・kg^{-1} 计算，相当于 40t 猪粪氮含量，按照水稻施用猪粪含氮量 29.2g・kg^{-1} 计算，相当于 13t 猪粪氮含量，以设定的鲜猪粪标准 N 含量计算(见第 2 章，1.2)，相当于 66.5t 鲜猪粪(如图 3－1 所示)。

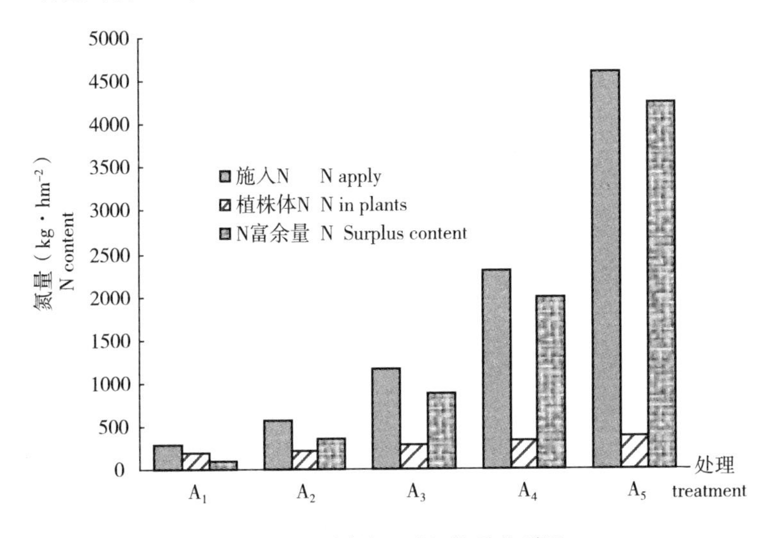

图 3－1　不同处理对氮的吸收利用

Fig. 3－1　Nitrogen absorption and utilization of different treatment

1.3.2　土壤—作物系统中磷的迁移和流失

大麦和水稻从土壤中吸收的磷也随着猪粪施用量的成倍增加而增加，增加不是成倍关系，但磷的富余量几乎是成倍增加。大麦、水稻在 120t・hm^{-2} 高施肥水平下，富余率分别为 94％和 91％(如表 3－3 所示)。

由表 3－3 可以看出，大麦磷富余量，A_5(磷施入量 464kg・hm^{-2})处理比 A_4(磷施入量 232kg・hm^{-2})处理高 116％，A_4 处理比 A_3(磷施入量 116kg・hm^{-2})处理高 124％，A_3 处理比 A_2(磷施入量 58kg・hm^{-2})处理高 135％；水稻磷富余量，A_5(磷施入量 604kg・hm^{-2})处理比 A_4(磷施入量 302kg・hm^{-2})处理高 122％，A_4 处理比 A_3(磷施入量 151kg・hm^{-2})处理高 135％，A_3 处理比 A_2(磷施入量 75kg・hm^{-2})处理高 203％。综观冬夏两季磷素平衡分析结果可以得出，随着猪粪处理量的增加，高施肥水平带来了磷素的损失量成倍增加，给环境带来的污染风险加大。

大麦吸收磷量在 A_1(磷施入量 29kg・hm^{-2})处理时为 15.94kg・hm^{-2}，随着施肥量的增加，大麦吸收磷量也在增加，在 A_5(磷施入量 464kg・hm^{-2})处理时为

29.33kg · hm^{-2},比 A_1 高 84%;水稻吸收氮量在 A_1(磷施入量 38kg · hm^{-2})处理时为 32.04kg · hm^{-2},在 A_5(磷施入量 604kg · hm^{-2})处理时为 56.65kg · hm^{-2},比 A_1 处理高 76%。这一现象说明,不同作物对氮的吸收利用的能力不同。

表 3-3 土壤—作物中磷的迁移

Table 3-3 The migration of phosphorus in soil-crop system

	处理代码 Handling code	施入土壤磷量 Phosphorus application amount (kg · hm^{-2})	植株含磷量 Phosphorus content of plant (kg · hm^{-2})	磷富余量 Phosphorus surplus amount (kg · hm^{-2})	磷富余率 Phosphorus surplus rate (%)
冬季作物(大麦) Winter crop (barley)	A_1	29	15.94	13.06	0.45
	A_2	58	19.87	38.13	0.66
	A_3	116	26.34	89.66	0.77
	A_4	232	31.21	200.79	0.87
	A_5	464	29.33	434.67	0.94
夏季作物(水稻) Summer crop (rice)	A_1	38	32.04	5.96	0.16
	A_2	75	40.21	34.79	0.46
	A_3	151	44.37	105.63	0.70
	A_4	302	53.21	248.79	0.82
	A_5	604	52.65	551.35	0.91

备注:富余量指当年(季)施入的没有被当年(当季)作物吸收利用的磷,即施入磷量与作物中磷的差值。富余率指磷富余量与施入磷百分比率。

试验表明,无论是大麦还是水稻,随着施肥量成倍的递增,植株从土壤中吸 P 相应增加,但不是成倍增长,P 富余量的增加几乎是成倍的关系,P 富余率,大麦在 120t · hm^{-2} 高施肥水平下,损失 94%,水稻是 91%(如表 3-2 所示)。

综合冬夏两季考虑,在一年时间里,两季作物最多带走 P 81.98kg · hm^{-2},按照大麦施用猪粪含磷量 3.87g · kg^{-1} 计算,相当于 22t 猪粪氮含量,按照水稻施用猪粪含磷量 5.07g · kg^{-1} 计算,相当于 17t 猪粪氮含量,以设定的鲜猪粪标准 P 含量计算(见第 2 章,1.2),相当于 17.3t 鲜猪粪(如图 3-2 所示)。

富余的磷除一部分被土壤固定外,其余部分通过以下两种途径流失,

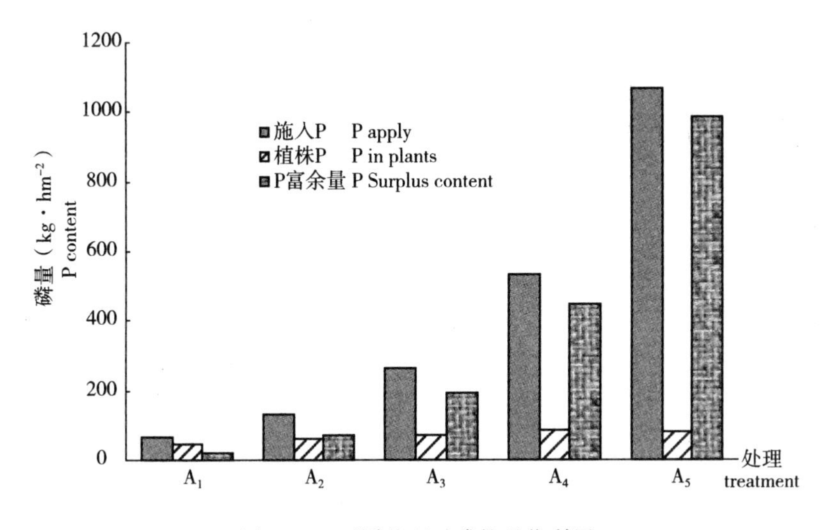

图 3-2　不同处理对磷的吸收利用

Fig. 3-2　Phosphorus absorption and utilization of different treatment

一是磷以可溶态和颗粒态形式随地表径流迁移，而以后者为主（Sharpley et al. 1987）。晏维金等（1999）人模拟试验证明，在特定的土壤和降雨径流条件下，颗粒态磷占磷流失总量的80%以上。磷的径流流失量与土地利用、管理措施、土壤质地、施肥时间和频次等有密切关系。二是磷通过渗漏作用流失，磷在土壤中以扩散的方式迁移，$H_2PO_4^-$ 离子的扩散系数只相当于 NO_3^- 的0.01%—0.1%，故磷较难进入地下水。如果地下水中磷的含量高，说明水已被污染。磷的高富余率可能还来自于粪便中养分N∶P的平均比例（3∶1）低于作物吸收的N∶P比例（8∶1），我们通常都会根据作物对N的需求施肥，就会造成P的过量。长期施用将会造成土壤中磷盈余并积聚在土壤表层。

1.3.3　不同处理年产值分析

2007年当地大麦收购价格为1800yuan·t^{-1}，稻谷收购价格为1720yuan·t^{-1}。每公顷年施用15t、30t、60t、120t、240t的猪粪，土地收获作物年产值分别为20371元、25024元、26168元、26668元、25799元。五种施肥水平，以120t·hm^{-2}经济产值最大，60t·hm^{-2}与120t·hm^{-2}经济产值相差不明显（如图3-3所示）。从经济产值的角度考虑，农田每年用60—120t·hm^{-2}猪粪当量较为合理。

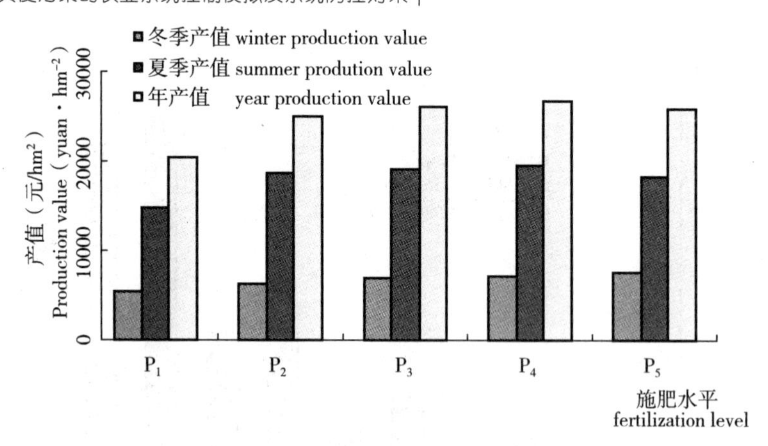

图 3－3　不同施肥水平下不同季作物的产值

Fig. 3－3　Theeconomic returns of different crop from farmland on different manuring

2　江苏省耕地畜禽粪便污染负荷及评价

2.1　江苏省养殖业发展总体状况

江苏省畜禽养殖业发展趋势表现为平稳态势。由图 3－4 可以看出，畜牧业产量总体发展呈上升趋势，猪牛羊肉和鲜蛋产量增长较为缓慢，但奶类产量近几年增长迅速，2006 年奶类产量 58.4 万 t，比 2000 年的 25.5 万 t 增长 229％。2007 年江苏省肉类总产量 347.6 万 t，比上年增长 1.8％，其中猪牛羊肉产量 239.6 万 t，下降 1.0％，禽肉产量 108.3 万 t，增长 4.2％；禽蛋总产量 186.7 万 t，增长 0.6％；牛奶总产量 58.6 万 t，增长 0.4％。

对江苏省 1996—2006 年 11 年的粮食播种面积及单位面积产量与养殖规模统计资料进一步分析（见表 3－4、3－5 和 3－6）可知，江苏省耕地面积及粮食作物播种面积整体呈下降趋势；每公顷产量表现为缓慢上升，2006 年为 $6100kg \cdot hm^{-2}$，比 1996 年的 $5914kg \cdot hm^{-2}$ 提高了 0.31％；以猪规模表示的养殖规模自 1997 年起也是逐年上升的，从 1997 年的 3497 万头到 2006 年的 5024 万头，10 年养殖规模扩大了 44％，养殖不仅规模扩大了，而且养殖方式也由零星养殖向规模养殖发展（如图 3－5 所示）。

江苏省“十一五”规划指出，畜牧业养殖比重每年提高 5 个百分点。“十

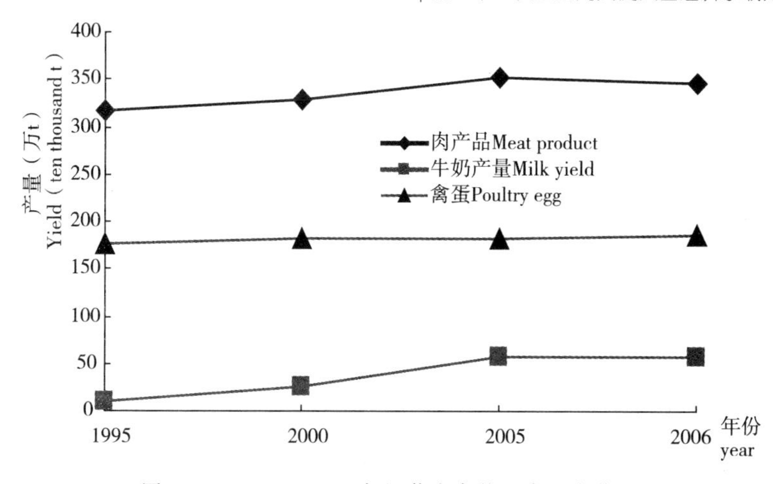

图 3-4 1990—2006年江苏省畜牧业产量变化图

Fig. 3-4 The change map of animal husbandry output of Jiangsu in 1996—2006

一五"期末，全省生猪出栏稳定在3000万头左右，家禽饲养稳定在10亿只左右，奶牛存栏稳定在25万头左右，羊出栏稳定在2100万只左右；全省肉类总产量达380万t，禽蛋产量达200万t，奶类产量达80万t，分别比2005年增长8%、8%和33%。畜产品结构继续调优，猪肉、禽肉和牛羊兔肉占肉类总产量的比重分别为60%、30%和10%。从"十一五"规划可以明显地看出，未来江苏省养殖业规模将进一步扩大。

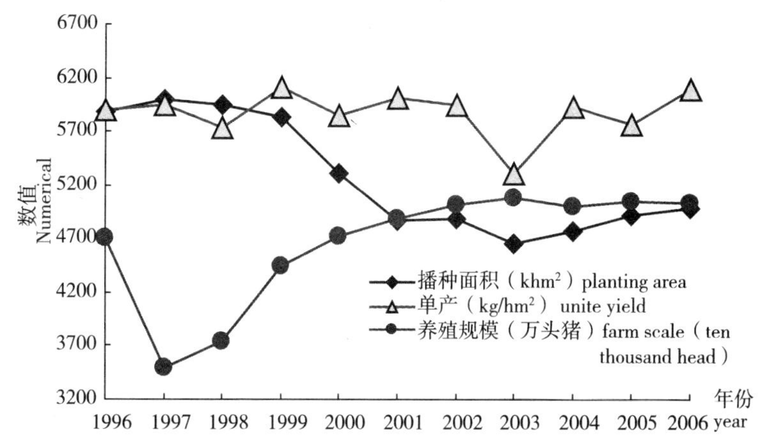

图 3-5 江苏省1996—2006年粮食生产与养殖规模变化图

Fig. 3-5 The charge map of domestic animal amount and provisionment of Jiangsu in 1996—2006

表 3-4　1996—2006 年江苏省各地养殖规模(万单位猪规模)

Table 3-4　The amount of pig inJiangsu in 1996—2006(ten thousand pigs)

	1996	1997	1998	1999	2000	2001	2002	2003	2004	2005	2006
江苏省 Jiangsu	4709.64	3497.56	3739.68	4448.1	4720.9	4891.1	5015.7	5078.5	4997.1	5043.9	5024.9
南京市 Nanjing	279.76	219.83	228.26	274.1	291.1	302.7	308	317.4	315.8	301.4	236.6
无锡市 Wuxi	159.82	115.55	115.84	179.3	204.6	216.3	216.5	221.7	215.7	212.5	206.1
徐州市 Xuzhou	819.72	667.64	486.99	473.8	504.8	514.4	565	589.5	597.6	658.1	685.1
常州市 Changzhou	148.18	129.46	135.03	136.3	145.9	153.5	156.3	142.3	152.7	165.7	157.3
苏州市 Suzhou	172.37	144.28	151	235.1	263.5	285.1	285.1	278.4	258.8	238.7	224.1
南通市 Nantong	508.91	456.06	463.29	481.4	502.3	517.5	538	564.8	582.4	600.5	604
连云港市 Lianyungang	426.17	332.92	364.78	409.2	389.9	380.5	395.8	407.5	409.2	468.8	439
淮安市 Huai'an	422.41	379.72	429.35	526.1	563.8	560.5	568.9	547.5	498.7	481.1	405.6
盐城市 Yancheng	764.12	600.27	665.12	891	919.1	947.4	985.5	1001.3	1015.8	1026.7	930.1
扬州市 Yangzhou	240.87	208.29	212.46	274.2	286.9	299.4	309.4	309.1	297.2	301.5	279.2
镇江市 Zhenjiang	150.11	90.01	95.8	94.5	99.6	96	98.3	99.6	103.6	104.8	119
泰州市 Taizhou	246.94	224.95	235.43	275.3	311.7	313.9	328	340.3	345.2	352.8	353.4
宿迁市 Suqian	370.26	375.51	392.83	464.5	430.2	449.4	474	469.8	435.5	442.8	405.9

表 3-5 1996—2006 年江苏省各地粮食面积(k·hm^2)

Table 3-5 The crops area of Jiangsu in 1996—2006(thousand hectare)

	1996	1997	1998	1999	2000	2001	2002	2003	2004	2005	2006
江苏省 Jiangsu	5877.42	5994.43	5946.26	5828.52	5304.31	4886.66	4882.58	4659.47	4774.59	4909.48	4985.08
南京市 Nanjing	289.29	291.08	284.18	254.61	203.9	170.26	150.25	125.84	140.12	148.23	153.65
无锡市 Wuxi	235	235.59	233.82	226.54	191.9	155.97	148.32	113.25	118.53	119.96	119.02
徐州市 Xuzhou	744.03	753.81	745.58	686.62	587.54	536.91	512.26	465.79	539.29	576.99	613.22
常州市 Changzhou	241.26	246.89	236.39	228.14	195.1	176.6	169.87	147.48	141.97	144.81	145.89
苏州市 Suzhou	399.25	401.03	371.31	343.52	290.33	234.05	219.07	173.56	167.61	169.85	175.68
南通市 Nantong	629.02	633.33	629.27	648.43	606.07	570.79	563.32	544.47	535	541.35	544.58
连云港市 Lianyungang	432.02	439.03	429.51	435.4	401.26	374.42	384.28	376.94	414.5	434.14	445.9
淮阴市 Huaiyin	535.41	560.96	562.12	552.07	502.16	483.32	503.69	507.41	550.55	574.91	594.23
盐城市 Yancheng	814.14	822.54	834.17	852.23	790.19	748.46	755.54	709.58	748.71	779.06	824.63
扬州市 Yangzhou	374.13	389.13	385.7	391.51	358.37	316.92	323.57	313.16	336.36	357.51	367.95
镇江市 Zhenjiang	204.44	206.47	205.33	200	180.76	166.1	164.06	151.52	152.88	155.58	159.28
泰州市 Taizhou	437.05	449.11	451.27	443.85	406.88	373.72	373.33	371.65	388.14	403.02	414.22
宿迁市 Suqian	542.38	565.46	577.61	565.6	526.31	481.22	476.26	459.06	499.89	518.36	534.85

表 3-6 1996—2006 年江苏省各地粮食产量（t）

Table 3-6 Theprovisionment of Jiangsu in 1996—2006(ton)

	1996	1997	1998	1999	2000	2001	2002	2003	2004	2005	2006
江苏省 Jiangsu	34763512	35637945	34151244	35590337	31066285	29420544	29070486	24718460	28290639	28345900	30414400
南京市 Nanjing	1794574	1825071	1769111	1697696	1433716	1249846	1105183	863135	1023906	965436	1059875
无锡市 Wuxi	1579143	1578332	1497729	1448994	1270258	1062798	962862	717016	812725	749851	778258
徐州市 Xuzhou	4230136	4365084	3860009	4189555	3194981	3094279	2975540	2104401	3190228	3141297	3578685
常州市 Changzhou	1663663	1707722	1532765	1548272	1362082	1261423	1228569	1035409	1060812	980629	1058300
苏州市 Suzhou	2790999	2799301	2396271	2258372	1939481	1594839	1464181	1127665	1177082	1107623	1235227
南通市 Nantong	3494798	3535579	3263631	3596345	3405998	3244868	3095336	2932121	3027034	2941939	3194764
连云港市 Lianyungang	2697228	2804005	2519267	2809787	2070303	2263384	2306397	2034749	2602870	2479957	2771803
淮阴市 Huaiyin	3382465	3454453	3459647	3632791	3026058	3015760	3119709	2386543	3337338	3453910	3814586
盐城市 Yancheng	4857005	4964579	4854141	5373761	4790145	4757056	4682779	3971906	4628522	4839627	5353292
扬州市 Yangzhou	2454532	2430082	2315132	2525667	2251555	2058843	2128747	1801319	2049691	2264346	2450810
镇江市 Zhenjiang	1344520	1362477	1268724	1256272	1180223	1091164	1094501	862505	990368	906834	995667
泰州市 Taizhou	2861501	2819218	2733532	2915367	2705164	2544923	2473725	2302572	2581182	2671810	2822500
宿迁市 Suqian	3000290	3157903	3164170	3412895	2920621	2808094	2730962	1766432	3056449	2866120	3176424

2.2　耕地畜禽粪便污染负荷

农田畜禽粪便负荷量分析采用农田畜禽粪便负荷量这一量化指标可以间接衡量当地畜禽饲养密度及畜禽养殖业布局的合理性，各类畜禽粪便的肥效养分差异较大，统一换成猪粪当量值计算。

为估算方便，将不同生长期、不同种类的禽畜，转换为已知排泄系数动物的相应量，进行畜禽粪便产生量推算。根据全年畜禽饲养总量、畜禽粪便及其污染物排泄系数得出本区畜禽粪便污染物的年产生量（具体见第2章计算方法）。

2.2.1　评价方法

对畜禽粪便污染源采用等标污染负荷法评价。

等标污染负荷是污染源评价中的一个经常使用的评价指标，它主要反映污染源本身潜在的污染水平，采用等标污染负荷法对污染源进行评价，用污染物的排放量除以环境中污染物的限量标准，把污染物的排放量转化为“把污染物全部稀释到评价标准所需的介质量”。统一转化之后，使同一污染源所排放污染物之间、不同污染源之间在对环境的潜在影响上进行比较成为可能。这大大增强了污染源评价的科学性，也给污染源科学管理带来很大方便（刘鹏飞等，1995；张大第等，1998；刘文立等，2000；王洪海等，2003；徐成汉，2004）。

采用此方法对各种污染源的污染负荷进行评价，评价因子为N（总氮）和P（总磷）。计算公式如下：

i 污染物的等标排放量为：

$$P_i = \frac{C_i}{C_0}$$

式中，P_i 为 i 污染物的等标排放量（m^3），C_i 为 i 污染物流失量（$t \cdot a^{-1}$），C_o 为污染物按GB3838－2002Ⅲ类标准系列的阈浓度（N为 $1mg \cdot L^{-1}$，P为 $0.2mg \cdot L^{-1}$）。

第 j 个污染源有 n 个污染物，其源内的等标排放量为：

$$P_j = \sum_{i=1}^{n} P_{ij}$$

某地区有 m 个污染源，则该地区等标排放量为：

$$P=\sum_{j=1}^{m}P_j=\sum_{j=1}^{m}\sum_{i=1}^{n}p_{ij}$$

该地区第 j 个污染源的等标污染负荷率为：

$$K_j=\sum_{i=1}^{n}P_{ij}/p\times 100\%$$

该地区 i 污染物的等标污染负荷率为：

$$K_i=\sum_{j=1}^{m}P_{ij}/p\times 100\%$$

K_j 中最大值表示该地区内主要污染源，其值从大到小排序可确定重点污染源；K_i 中最大值表示该地区主要污染物，根据其值从大到小排序可确定该地区主要污染物。

2.2.2 评价结果与分析

根据江苏省 2007 年统计年鉴和江苏省 2007 年农村统计年鉴的统计资料，对 1997—2006 年江苏省 13 个地级市畜禽粪便产生量进行估算，然后除以耕地面积，得出相应的市耕地污染负荷。由表 3－7 可以看出，从 1997 年到 2006 年，江苏省养殖业发展有明显的两个阶段，1997—2003 年是养殖业快速发展期，苏州、无锡 2003 年养殖规模比 1997 年分别扩大 346%、300%，增加最少的南通市养殖规模也扩大了 44%；2003 年以后，江苏省养殖规模进入调整期，常州、南通、镇江三地市养殖规模有小幅度增长，南京、无锡、苏州等 10 个地市养殖规模呈下降趋势，虽然这种趋势不明显。

2006 年耕地畜禽粪便污染负荷，无锡最高（$46.75\mathrm{t}\cdot\mathrm{hm}^{-2}$），其次是南京（$41.59\mathrm{t}\cdot\mathrm{hm}^{-2}$），苏州以 $34.44\mathrm{t}\cdot\mathrm{hm}^{-2}$ 居第三位，淮安、扬州、镇江、宿迁负荷量较低，仅 $20\mathrm{t}\cdot\mathrm{hm}^{-2}$ 左右。

为了更加清楚地表明畜禽粪便对各地市造成的污染程度，以便于比较，这里引进警报值的概念。

表 3-7 1997—2006 年江苏省耕地畜禽粪便污染负荷($t \cdot hm^{-2}$)

Table 3-7 The pollution load of unit cultivated land area of Jiangsu in 1997—2006($t \cdot hm^{-2}$)

区域 Regional	1997	1998	1999	2000	2001	2002	2003	2004	2005	2006		
										污染负荷 Pollution load	警报值 Alarm value	威胁程度 Threaten degree
南京市 Nanjing	20.39	21.69	29.07	38.55	48.00	55.35	68.09	60.86	54.89	41.59	0.69	稍有威胁 Little
无锡市 Wuxi	13.24	13.38	21.36	28.79	37.44	39.41	52.86	49.14	47.83	46.75	0.78	构成威胁 Threat
徐州市 Xuzhou	23.91	17.64	18.63	23.20	25.87	29.78	34.17	29.92	30.79	30.17	0.50	稍有威胁 Little
常州市 Changzhou	14.16	15.42	16.13	20.19	23.47	24.84	26.04	29.03	30.90	29.12	0.49	稍有威胁 Little
苏州市 Suzhou	9.71	10.98	18.48	24.50	32.89	35.14	43.32	41.68	37.95	34.44	0.57	稍有威胁 Little
南通市 Nantong	19.44	19.88	20.04	22.38	24.48	25.78	28.01	29.39	29.95	29.95	0.50	稍有威胁 Little
连云港 Lianyungang	20.47	22.93	25.37	26.24	27.44	27.81	29.19	26.65	29.16	26.58	0.44	稍有威胁 Little
淮安市 Huai'an	20.00	20.62	25.73	30.32	31.31	30.49	29.13	24.46	22.59	18.43	0.31	不构成威胁 No
盐城市 Yancheng	19.70	21.53	28.23	31.40	34.18	35.22	38.10	36.63	35.58	30.45	0.51	稍有威胁 Little
扬州市 Yangzhou	14.45	14.87	18.91	21.61	25.51	25.82	26.65	23.86	22.77	20.49	0.34	不构成威胁 No
镇江市 Zhenjiang	11.77	12.60	12.75	14.88	15.61	16.18	17.74	18.39	18.18	20.17	0.34	不构成威胁 No
泰州市 Taizhou	13.52	14.09	16.75	20.69	22.68	23.73	24.73	24.01	23.64	23.04	0.38	不构成威胁 No
宿迁市 Suqian	17.93	18.36	22.17	22.07	25.21	26.88	27.63	23.53	23.07	20.49	0.34	不构成威胁 No

警报值 r=各地畜禽粪便污染当量负荷 q/农田以污染物量计的粪便污染物最大适宜施用量 p，r<0.4 时对环境不构成威胁；r 介于 0.4—0.7，对环境稍有威胁；r 介于 0.7—1.0，对环境构成威胁；r 介于 1.0—1.5，对环境构成较严重的威胁(刘培芳，2002)。

依据前面的试验，以 60t·hm^{-2} 为农田粪便污染最大适宜施用量，对江苏省各地市 2006 年污染负荷进行评价。评价结果显示(如表 3-7 所示)，无锡市的畜禽粪便产生量对环境构成威胁，淮安、扬州、镇江、宿迁和连云港畜禽粪便产生量对环境不构成威胁，其余地市处于稍有威胁状态。从江苏省省域来看，2006 年江苏省畜禽粪便污染负荷为 28.59t·hm^{-2}，其警报值 0.47，处于稍有威胁状态低线。

综上分析，江苏省的养殖规模和耕地面积是适宜的，只要注意畜禽粪便收集和处理方式，控制化肥使用量，不会对环境造成污染。

3　结　论

(1)农田畜禽粪便安全经济承载力阈值

从上述结果分析可知，站在农田作物经济产值的角度，农田以 60—120t·hm^{-2} 猪粪当量产值较高，事实上作物带走的氮或磷单个营养元素最小值相当于 17.3t 鲜猪粪当量。发达国家肥料当年利用率一般为 50%—55%，从生态环境保护，防止二次污染的角度考虑，据此我们假定富余率低于 50% 为安全使用量，全年施入农田以不超过 34.6t·hm^{-2} 较为安全。由此可见，在不使用化肥的情况下，农田对畜禽粪便安全经济承载力为每年每公顷 35—60t 猪粪当量。

(2)江苏省耕地畜禽粪便污染负荷评价结果

评价结果显示(如表 3-7 所示)，无锡市的畜禽粪便产生量对环境构成威胁，淮安、扬州、镇江、宿迁和连云港畜禽粪便产生量对环境不构成威胁，其余地市处于稍有威胁状态。从江苏省省域来看，2006 年江苏省畜禽粪便污染负荷为 28.59t·hm^{-2}，其警报值为 0.47，处于稍有威胁状态低线。

江苏省养殖产生的粪便量总体上和土壤环境容纳量相适应。当然，评价结果基于三个前提：第一，各地市产生的畜禽粪便量完全由本地市耕地接纳并全部施于农田；第二，畜禽粪便不经过沼气等生态工程处理；第三，不使用化肥。因此，无锡畜禽粪便产生量对环境构成威胁，并不代表一定会污染环境，淮安、扬州、镇江、宿迁和连云港畜禽粪便产生量对环境不构成威胁，也不一定没造成环境污染。

综上所述，江苏省部分水体富营养化不是养殖规模过大造成的，而是畜禽粪便处置不当和使用化肥造成的。减少化肥使用量、采用生态工程等技术降低畜禽粪便产生量，可解除这种威胁。

第4章 畜禽养殖污水生态处理技术研究

水体富营养化问题正严重地影响着人类的生存环境，在许多地区，畜禽粪便污染物排放量已超过居民生活、乡镇工业等污染物排放总量，成为许多重要水源地、河流、水库严重污染和富营养化的主要原因。因此彻底解决养殖业环境污染问题，是改善农村生态环境的要求，是建设社会主义新农村的重要任务之一，同时迫切需要采取有效措施净化受污染水体，减少畜禽粪便对水体富营养化的压力。但是养殖业作为一种微利产业，利润空间小、行业风险大，必须寻求一种既可以达到低成本、高效率的生态处理要求，同时又能合理利用污染物的有效成分，实施资源化利用的根本途径。

目前，国内外已广泛开展利用水生植物净化富营养化水体的研究，取得了一些成果，并证实利用水生植物治理富营养化湖泊、河流是一项既行之有效又保护生态环境、避免二次污染的好方法（vander et al.，1995；李文朝，1996；QiuDR et al.，2001）。水生植物生态处理技术恰恰具有这种建设投资低、运行费用少、产出效益高、景观效果好的优势，该技术已成功应用于处理城市污水，在其他多种废水如工业废水、农业面源污染、垃圾渗出液、暴雨径流等的处理方面也已经开始应用。

本研究采用的是秸秆—水生植物复合生态处理系统，由预处理和湿地处理两个环节构成。具体来说，首先，利用禾本科作物秸秆间的缝隙，截留过滤养殖污水中明显的固体物质，被过滤的固体物质与作物秸秆混合作为堆肥原料，本环节只是截留 NP，并未利用 NP；营养物质与作物秸秆混合堆肥后归还农田生态系统。其次，对经过作物秸秆过滤后的污水，利用水生植物吸收净化。

1 作物秸秆预处理养殖污水机制研究

农作物秸秆是子实收获后剩下的作物残留物，包括禾谷类、豆类、薯类、油料类、麻类以及棉花、甘蔗、烟草、瓜果等多种作物的秸秆，我国每年农作物秸秆产量在6亿t以上。统计结果显示，我国年产农作物秸秆中，30%用作农用燃料，25%用作饲料，2%－3%作为工副业生产原料，6%－7%直接还田，还有35%约2.2亿t剩余秸秆未被合理利用(郑明亮，2006)。

目前大多数关于作物秸秆用作污水处理的研究，一般通过对秸秆的改性，使秸秆带有正电荷或者负电荷，用于吸附污水中的负离子或者正离子。这种方式虽然可以较快地吸收一定量的氮磷离子，但是该处理的缺点同样明显：一方面秸秆的改性增加了秸秆处理的成本；另一方面秸秆改性过程中需要添加一定量的化学物质，这就为用这种方式处理污水的秸秆的处理增加了难度，在后续利用上也增加了秸秆的二次化学污染风险。

畜禽养殖场污水中总氮、总磷的形成主要有两部分，一部分是溶解于水的溶解状态的含氮和含磷的铵盐、硝酸盐、正磷酸盐等盐类物质，另一部分是未溶解的固体悬浮物。这两部分物质对生物的生长具有明显不同的意义，氮、磷元素是植物生长需要的大量元素，溶解态的氮、磷盐类物质，可以直接用于植物生长。植物不能直接利用污水中的固体悬浮物，但是，将秸秆经过一定的处理，形成秸秆筛，则可以将污水中的固体悬浮物加以过滤。秸秆对固体悬浮物截留以后，可以有效减少养殖污水的总氮、总磷含量，同时增加了秸秆的总氮、总磷含量，用过滤后的秸秆制作的堆肥，养分含量更高。因此，本文采用了秸秆－水生植物复合生态处理系统，而在对养殖场污水的秸秆处理试验中，选择了使用不同长度的秸秆做成的秸秆筛，不做任何化学处理，直接过滤污水中的固体悬浮物，从而降低污水中总氮、总磷含量。

1.1 材料与方法

(1)材料

收获后放置一个月的小麦秸秆(材料来自江苏省农科院)；

养鸭(配制，鸭粪来自南京江宁区个体养鸭户)污水，污水中含氮(用N表示)42mg・L^{-1}、磷(五氧化二磷，用P表示)29.25mg・L^{-1}；

直径 20cm 的 UP 管、PU4X2 皮管等。

(2)方法

◆ 污水配制。鸭粪加自来水充分混合后放置 24h 备用。

◆ 小麦秸秆处理。

预处理:称取待处理的秸秆用自来水清洗一遍,防止灰尘、粪便等杂物夹带在秸秆中,晾干后备用。

秸秆形状制作:整体状,对秸秆形状不做任何处理;粉碎状,粉碎机粉碎形状;棍断状,把秸秆截成 10 厘米长度。

秸秆装桶:把不同形状秸秆按要求装桶,每桶 0.5kg,装桶之后,均匀加压 72h,避免由于紧实度不同带来的试验误差。

◆ 用过硫酸钾氧化—紫外分光光度法测定总氮,过硫酸钾消解—钼锑抗分光光度法测定总磷。

◆ 常温条件下,让污水缓慢地分别流经四种处理,每半小时为一处理时间单元,连续进行五个处理时间单元,把在单元时间内过滤后的污水单独收集,分别取样测定水中的 NP 含量。大约 27kg 养殖污水在 2.5h 内流经 0.5kg 小麦秸秆。

1.2 试验设计

本试验目的是使用不同长度的秸秆做成的秸秆筛探讨秸秆长度及处理时间对吸附效果的影响。

按照作物秸秆长短,设 4 种处理方式,整体状、棍断状、粉碎状、分层状(从上到下依次为整体状、截断状、粉碎状,各层干物质比例 40%:40%:20%),依次用 ZT、GD、FM、FC 表示,秸秆装桶。每种处理秸秆量 0.5kg,设 3 个重复。

表 4-1 作物秸秆对粪便污水的过滤吸收试验设计

Table 4-1 The experiment design of manure water absorption and filter of crop straw

处理 Threatments	1	2	3	4	5	备注 Note
ZT(整体状)						1、2、3、4、5 为过滤过程中依次每隔 30min 取的水样顺序号 1, 2, 3, 4, 5 is the order number of water sample which sampling per 30 minutes.
GD(棍断状)						
FM(粉碎状)						
FC(分层状)						

设计污水流量是每秒 1mg · cm^{-2}，过滤时以均匀流速通过秸秆表面。流量控制与计算：试验中通过水源高度、水管粗细控制流量；流量 Q=流速 V · 截面积 S；$v=\sqrt{2gh}$，g 为重力加速度，h 是水面和下出水口垂直距离。

1.3　秸秆过滤降低总氮、总磷的吸附动力学分析

不同长度的秸秆形成的秸秆筛过滤效果不同，秸秆越长，秸秆之间的接触越稀松，形成的筛孔越大，反之筛孔就越小。筛孔过大则使大量的固体悬浮物能够通过，而且吸附表面积较小，过滤效果就比较差；筛孔过小，虽然吸附表面积较大，但是固体悬浮物造成堵塞，污水迫于压力从容器的其他地方通过，则污水的处理效果也会较差。随着秸秆过滤污水时间的增加，秸秆对固体悬浮物的吸附容量渐趋饱和，达到秸秆的吸附容量后，秸秆将失去吸附净化的功能。因此，本文从秸秆的长度和秸秆吸附污水时间两个方面，进行秸秆对养殖污水净化处理的动力学研究。

1.3.1　秸秆长度对吸附效果的影响

本试验通过不同秸秆长度对总氮、总磷变化的影响，来表示不同秸秆长度形成的秸秆筛对污水的吸附效果。不同长度秸秆对污水中总氮、总磷的影响分别如图 4－1 和图 4－2 所示。

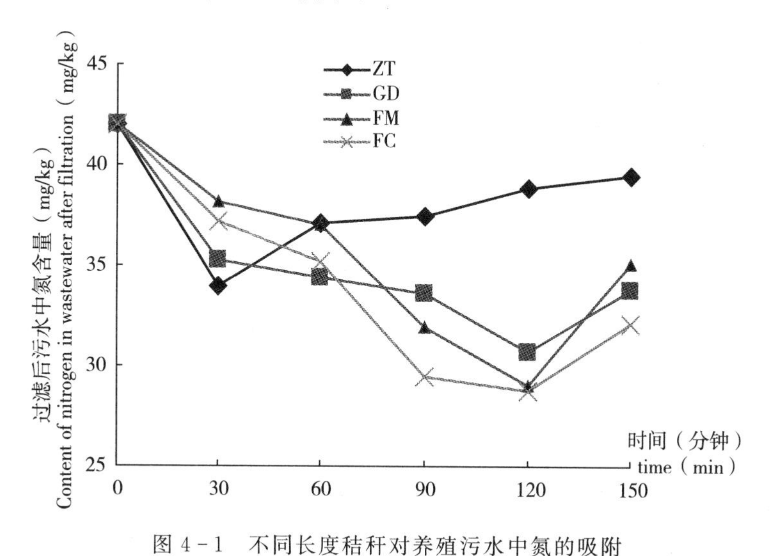

图 4－1　不同长度秸秆对养殖污水中氮的吸附

Fig. 4－1　The nitrogen purification of straw in different treatment

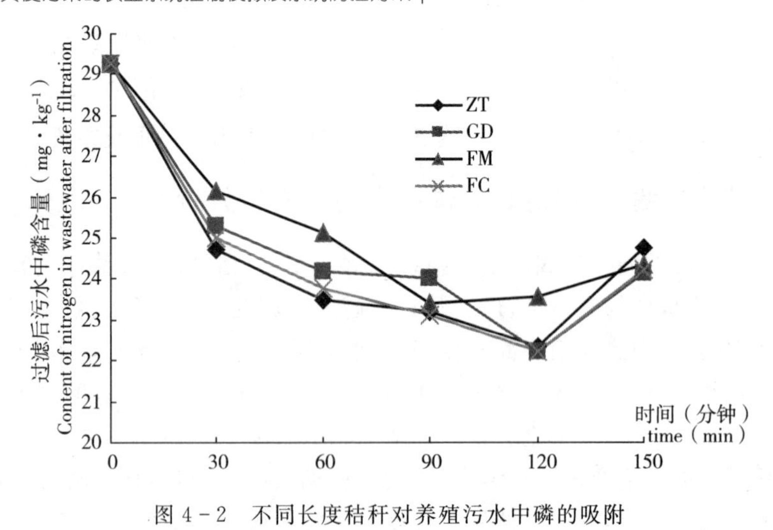

图 4－2　不同长度秸秆对养殖污水中磷的吸附

Fig. 4－2　The nitrogen phosphorus of straw in different treatment

从图 4－1 可知，不同长度的秸秆对污水中的氮都表现出很好的吸附截留能力，GD、FM、FC 三种处理表现出相同的趋势，随着时间的推移或者说截留量的增加，由于累积效应，这种能力逐渐下降。主要原因是秸秆净化实质上是秸秆表面吸附和空隙度截留，当表面吸附基本完成后，秸秆间空隙逐渐被堵塞，截留能力明显减弱。

从图 4－2 可以看出，不同粉碎程度的秸秆对污水中的磷都表现出很好的吸附截留能力，这种能力随着时间的推移表现出逐渐增强的趋势，和对污水中氮的吸附表现出相同的趋势，净化效果最好的时段也是在第四处理时间单元，拐点也是出现在第五处理时间单元，但是下降效果没有对氮的净化那么明显。这种差异可能是因为磷存在和散失的方式与氮不同造成的。

从对总氮的吸附效果来看，不同的处理间有较大的差异，经整体状的秸秆处理后的污水中总氮的前期浓度下降较快，后期浓度增加也较快，说明整体状秸秆前期有很好的过滤吸附污水中氮的效果，后期比较差。ZT、GD、FM 和 FC 四种不同粉碎程度的小麦秸秆在 2.5h 内对氮浓度为 42mg·L^{-1} 的养殖污水平均截留（氮）率分别为 11%、20.2%、18.5%、22.5%。ZT 处理效果最差，以 FC 分层状吸附截留的效果最好。而从对总磷的吸附效果来看，ZT、GD、FM 和 FC 四种不同粉碎程度的小麦秸秆对磷浓度 29.25mg·L^{-1} 的养殖污水平均截留（磷）率分别为 18.9%、18%、16.2%、19%，以 FC 分层状吸附拦截的效果最好，但是各处理差别不明显。

由上述分析可知，不同长度的秸秆形成的不同秸秆筛对总氮、总磷的吸附净化能力有所不同。虽然在对总氮和总磷的去除效果上，四个不同处理变化趋势不同，但是在这四种处理方式中，分层处理对总氮和总磷的拦截吸附效果均为最佳。因此在实际应用中，应该选择分层状的秸秆筛进行处理，而不是棍断状，更不是不做任何处理的整体秸秆，也没有必要费工费时全部粉碎。

1.3.2　处理时间对吸附效果的影响

本试验通过吸附速率来表示处理的时间长度对秸秆吸附污水的效果的影响。吸附速率是指单位时间内 1kg 秸秆截留吸附污水中总氮或者总磷的质量。通过对吸附速率的研究来分析秸秆净化养殖污水的最佳处理时间以及相对应的最佳吸附容量。不同时间处理对总氮和总磷吸附速率分别如图 4 - 3 和图 4 - 4 所示。

由图 4 - 3 可以看出，除了 ZT 处理对总氮的吸附速率一直下降外，GD、FM 和 FC 三种处理方式对总氮的吸收效率都有一个升高再降低的过程。GD、FM 和 FC 三种处理方式在第 90min 到 120min 这个时间段分别达到最大吸附速率 2.04mg · min^{-1}、2.33mg · min^{-1}、2.39mg · min^{-1}，此后又在 121min 到 150min 时间段内分别下降到 1.52mg · min^{-1}、1.39mg · min^{-1}、1.70mg · min^{-1}。而通过图 4 - 4 可以看出，ZT、GD、FM 和 FC 四种处理方式对总磷的吸附速率，均有先升高再降低的过程。FM 处理方式的最大吸附率出现在第 61 到 90min 之间，为 1.05mg · min^{-1}，随后一直下降到 121min 到 150min 的 0.89mg · min^{-1}；GD、ZT 和 FC 三种处理方式对总磷的最大吸附速率同时出现在第 91 到 120min，分别为 1.26mg · min^{-1}、1.24mg · min^{-1}、1.26mg · min^{-1}，随后又在 121min 到 150min 分别下降到 0.92mg · min^{-1}、0.81mg · min^{-1}、0.90mg · min^{-1}。

吸附速率反映的是秸秆对污水总氮、总磷的吸附效率，吸附效率增加，说明对污水的吸附效果越来越好；吸附效率减少，说明秸秆对污水的吸附效果越来越差。因此，吸附效率最大时，秸秆对污水中总氮、总磷的吸附效果最好，而吸附效率最大时的吸附量则是最佳吸附容量。从上述分析中可以看出，ZT 处理对总氮的吸附速率一直下降，没有出现最佳吸附容量，ZT 对总磷的最大吸附速率在第 61 到第 90min 出现外，其他的处理方式都分别在第 91 到第 120min 达到最大吸附效率，相应的各处理方式对总氮或总磷的吸附容量也达到最佳。每 kg 秸秆用 GD、FM 和 FC 三种方式处理的最佳总氮吸附容量分别为:244.73mg、279.50mg、286.42mg;每 kg 秸秆用 ZT、GD、FM 和 FC 四种方式处理的最佳总磷吸附容量分别为:96.77mg、108.43mg、83.11mg、110.81mg。

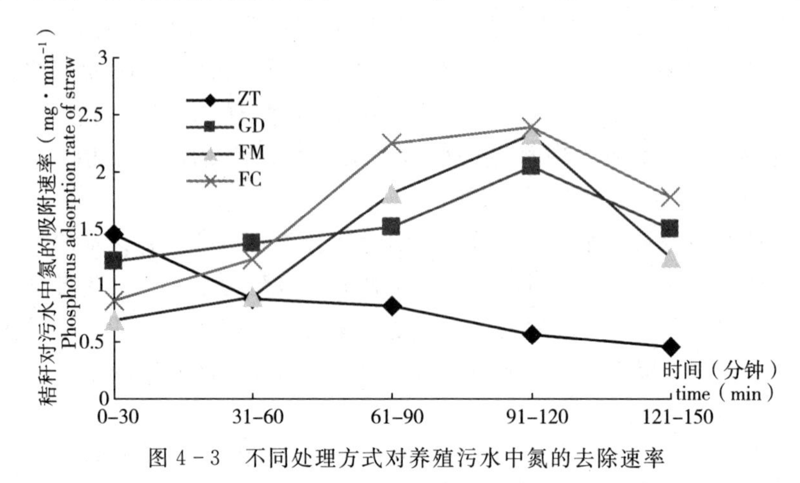

图 4-3 不同处理方式对养殖污水中氮的去除速率

Fig. 4-3 The removal rate of nitrogen cultured sewage in different treatment

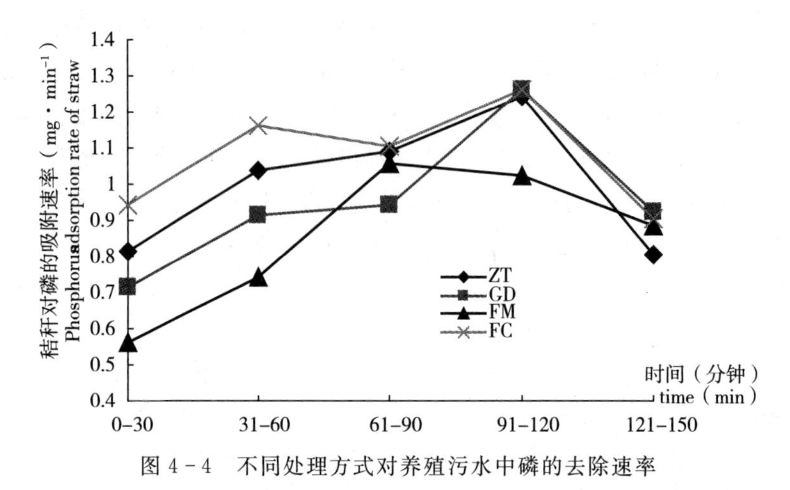

图 4-4 不同处理方式对养殖污水中磷的去除速率

Fig. 4-4 The removal rate of nitrogen cultured sewage in different treatment

2 四种植物净化养殖污水能力研究

控制水体富营养化的方法主要有化学、物理和生物方法(Li Puma et al,2001;Maurer et al,1999;Nugari et al,1999)。化学法是指投撒混凝剂或吸附剂等，效果只是暂时的，且有副作用；物理方法如底泥疏浚等，费用较高，技术难度大，掌握不好可能导致水体NP平衡的破坏，水质更加恶化；在生物方法方面，过去采用在水体中直接放养风眼莲等水生植物来净化水质（孙子浩等，1989；Gianluca et al，2001），虽有一定效果，但大部分水生植物难以产生直接的经济效益，且易产生后遗症，不提倡大面积应用。

由于适宜在温暖季节生长的植物品种繁多，且治理富营养化水体的效果显著，因此相应的研究较多，而对于寒冷季节水生植物净化水体的研究则较少。此外，夏季水生植物生长旺盛，对水体的去污效果好，但一到低温季节，夏季水生植物将枯萎死亡，不仅不能净化水体，反而引起新的污染。

近年来对如何净化畜牧养殖排放的废水，对水体中氮磷去除的机理做了大量的研究，通过建造人工湿地种植香根草、风车草来去除猪场废水中的氮、磷和有机污染物（廖新佛，2002）；利用无土栽培技术在水面上种植水稻、美人蕉，借助它们的吸收作用去除水体中的氮、磷（宋祥甫等，1998；吴伟明等，2000；李芳柏等，1997）；浮床栽培水葫芦、美人蕉、风车草、香根草对富营养化水体氮、磷去除动态及效率（马立珊等，2000；苏东海等，2004）等进行研究和探讨，这些技术的应用，为富营养化水体中氮磷的去除提供了参考。

按照研究频度等级来分，几十年来，国内外研究较多且对水体净化有显著作用的水生植物如表4-2（朱斌，2002）所示。

除水葫芦、黑麦草、喜旱莲子草、香蒲等饲料作物外，水芹、水蕹、茭白等蔬菜植物，美人蕉、荷花等景观植物，水稻等大面积栽培的作物，都成为研究的热门。这说明，人们对污水的治理，从注重单一的效果功能，向景观、经济效益等多功能转移。

业界在利用漂浮植物（水生植物漂浮栽培）净化养殖污水方面开展了较多的研究工作。漂浮植物修复系统的原理是在利用竹子或可降解的泡沫塑料板等制成的、能漂浮在水面上且可承受一定重量的浮床上种植植物，让根系伸入水体中吸收水体中的水分、氮、磷以及其他营养元素来满足植物生长需要，通过收获植物而把水中的氮、磷等污染物去除。其涉及的植物也由原来单一的饲料植物转向景观植物、水生蔬菜类多用途植物（刘士哲等，2005；Dai et al.，2005；蔡秋亮等，2005；黄蕾等，2005；黄延林等，2006；宋祥甫等，1998；Stephen et al.，1995；肖羽堂等，1999）延伸。

表 4-2 水生植物研究频度居于前 30 位统计名录

Table 4-2 Statistics on research frequency of aquatic macrophytes

序号 Number	水生植物名称 Names of aquatic plants	生态类型 Ecotype
1	凤眼莲(Eichhornia crassipesSolms)	浮水植物 Floating plants
2	芦苇(Phragmitis communisTrin)	挺水植物 Emerged plants
3	喜旱莲子草(Alternantharphiloxeroides)	挺水或湿生植物 Emerged plants or hygrophtes
4	香蒲(Typha minimaFunk. spp.)	挺水植物 Emerged plants
5	菹草(Potamogeton crispusL.)	沉水植物 Submerged plants
6	水蕹(Ipomoea aquaticaForsk)	挺水或湿生植物 Emerged plants or hygrophtes
7	茭白(Zizania Iatifolia[Griseb.] Stapf)	挺水植物 Emerged plants
8	浮萍(Lemna minorL.)	浮水植物 Floating plants
9	菱(Trapa quadrispinosaRoxb. spp.)	浮叶植物 Submersed plants
10	金鱼藻(Ceratophyllum demersumL.)	沉水植物 Submerged plants
11	伊乐藻(Elodea canadensis)	沉水植物 Submerged plants
12	荷花(Nelumbo nuciferaGaertn)	浮叶植物 Submersed plants
13	苦草(Vallisnerria spiralisL.)	沉水植物 Submerged plants
14	黑藻(Hydrilla verticillataRoyle)	沉水植物 Submerged plants
15	水芹(Oenanthe javanicaL.)	挺水或湿生植物 Emerged plants or hygrophtes
16	紫萍(Spirodela polyrhiza[Linn.] Schleid)	浮水植物 Floating plants
17	灯心草(Juncus effusesLinn.)	湿生植物 Hygrophtes
18	菖蒲(Acorus calamusL.)	挺水植物 Emerged plants
19	水葱(S. lacustrisL. var. tabernaemontaniTrauv)	挺水植物 Emerged plants
20	多花黑麦草(Lolium multiflorumLam.)	湿生植物 Hygrophtes
21	大茨藻(Najas marinaL.)	沉水植物 Submerged plants
22	睡莲(Nymphaea albalinnaLinn. spp.)	浮叶植物 Submersed plants
23	满江红(Azalla imbricate[Roxb] Nakai)	浮水植物 Floating plants
24	美人蕉(Cana generalisBailey)	栽培或陆生植物 Cultivated or terrestrial plants
25	聚草(Myriophyllum spiatumL.)	沉水植物 Submerged plants

（续表）

序号 Number	水生植物名称 Names of aquatic plants	生态类型 Ecotype
26	水鳖(Hydrocharis asiaticusMiq)	浮水植物 Floating plants
27	莼菜(Nymphoides peltata(Gmel.)O. Kuntze)	浮水植物 Floating plants
28	槐叶萍(Salvinia natans[L.]All)	浮水植物 Floating plants
29	石菖蒲(Acorus tatarinowiiSchott)	挺水植物 Emerged plants
30	稻(Oryza sativaLinn.)	挺水植物 Emerged plants

2.1　材料与方法

选用水葫芦(饲料植物)、水花生(饲料植物)、香根草(湿地护坡植物)、水稻(农作物)四种水生湿生植物(以下统称水生植物)。

用半干鸭粪统一配制养殖污水,鸭粪来自南京江宁湖熟镇某养殖场。

植物放养或栽培在周转箱内,周转箱规格 30cm×80cm×40cm。

试验时间 2007 年 8 月到 10 月。

每隔 10 天称植物重量,采水样 1 次,采样前称水重,用差减法计算每周耗水量及水质指标的去除率。总氮测定采用过硫酸钾氧化—紫外分光光度法,总磷测定采用 $H_2SO_4-H_2O_2$ 消煮,钼黄比色法。

2.2　试验设计

以污水中含氮量的高低,配置高、中、低三个浓度梯度的污水。高浓度污水 N 含量 97.3mg・L^{-1}、P 含量 39.7mg・L^{-1},中浓度污水 N 含量 78mg・L^{-1}、P 含量 38.2mg・L^{-1},低浓度污水 N 含量 55.4mg・L^{-1}、P 含量 33.6mg・L^{-1}。

按四因素(植物)三水平(浓度)随机设计,设三次重复。

水葫芦、水花生直接放养,放养密度分别为 30—50t・hm^{-2};水稻使用聚乙烯泡沫板定植,密度 10cm×20cm,漂浮栽培在水面上,根系在水中;香根草也用聚乙烯泡沫板固定,每个周转箱定植一株,只保持根系在水中。

2.3　结果与分析

2.3.1　植物对不同浓度污水的适应性

水葫芦和水花生的生长能力很强,在 8d 左右的时间内,放养各水样中的水葫芦、水花生单株茎端分出一个新的植株，在生长后期，水葫芦零星植株感病，水花生一直保持较好的生长趋势。水稻和香根草表现则不同，定植后有3—5天的生理适应期，个别叶片干枯，之后正常生长，后期由于温度和光照的原因，出现衰败的趋势，生长情况因水质不同而表现出一定的差异。表4-3表示的是植物定植30d生物量的变化。

结果表明，在高浓度水体、中浓度水体和低浓度水体中，30天后香根草生物量增重百分比分别为－3.2%、10.6%、22.6%，平均增重13.3%，第二、三种处理的污水浓度适合香根草的生长；水葫芦生物量增重百分比分别为82.1%、89.3%、37.2%，平均增重69.5%，水葫芦在三种不同浓度的水体中重量都有增加，而且这种增加随着浓度的增加而增加，高浓度水体处理的水葫芦重量增加与时间成显著正相关（R^2＝0.9768），说明高浓度的养殖污水更适合水葫芦的生长。水花生增重百分比分别为37.5%、46.1%、63.8%，平均增重49.1%，在高浓度水体、中浓度水体和低浓度水体三种水体中水花生重量虽然都有增加，但是这种增加随着浓度增加而减少，和水葫芦相比表现出相反的生长趋势。水稻增重百分比分别为4.6%、29.1%、19.1%，平均增重17.6%，这种增加以第二组试验增加得最多。

表4-3 四种植物在三种浓度污水下生物量的变化（鲜重）

Table 4-3 The fresh material amount of four plants in three different polluted levels

植物 Species	污水浓度 Concentration of wastewater	定值时(g) Beginning	收获时(g) At harvest	增加量(g) Increasing ammout	增重百分比(%) Weight gain percentage
香根草 Vetiver	高浓度 High	1381.3	1336.9	－44.4	－3.2
	中浓度 Middle	1244.2	1377.2	133.0	10.6
	低浓度 Low	1048.5	1285.2	236.7	22.6
水葫芦 Eichhornia crassipesSolms	高浓度 High	951.5	1733	781.5	82.1
	中浓度 Middle	994.0	1881.8	887.8	89.3
	低浓度 Low	106.1	1464.1	397.1	37.2
水花生 Alligator weed	高浓度 High	974.5	1339.7	365.2	37.5
	中浓度 Middle	936.0	1367.8	431.6	46.1
	低浓度 Low	951.6	1558.8	607.2	63.8
水稻 Rice	高浓度 High	130.0	135.8	5.8	4.6
	中浓度 Middle	133.8	172.7	38.9	29.1
	低浓度 Low	115.2	136.9	21.7	19.1

香根草、水葫芦、水花生、水稻四种植物在30d内平均增重10%、69.5%、49.1%、17.6%，增重大小顺序是：水葫芦＞水花生＞水稻＞香根草，表明水葫芦和水花生两种植物具有较快的生长能力。

2.3.2 植物对不同浓度污水的净化

为了便于比较，用净化率来表示植物对污水的净化效果。

净化率计算公式：

净化率＝(起始浓度×起始体积－最终浓度×最终体积)/(起始浓度×起始体积)×100%

(1)四种植物对污水中氮的净化

不同植物对污水中氮的净化能力不同。水稻、水葫芦、水花生、香根草四种植物30天对污水中氮的平均去除率依次为79.7%、85.3%、60.6%、57.9%，强弱顺序是：水葫芦＞水稻＞水花生＞香根草(如表4－4所示)。

表4－4 30d植物对三种浓度污水氮的净化率(%)

Table 4－4 Purification rate of N in 30 days under three wastewater concentration(%)

处 理 Treatment	水葫芦 Eichhornia crassipesSolms	水花生 Alligator weed	香根草 Vetiver	水稻 Rice
高浓度 High concentration	89.1 a	64.0 a	58.9 b	79.9b
中浓度 Middle concentration	90.5 a	63.6 a	67.7a	88.0a
低浓度 Low concentration	76.3 b	54.3 b	47.1 c	71.2 c

水葫芦对中、高浓度污水净化效果较好，二者不存在明显差异，对低浓度污水净化效果次之，差异显著；水花生和水葫芦表现出相似的净化能力；在三种浓度的污水中，香根草、水稻净化存在明显差异，表明这两种植物对高富营养化水体比较敏感。

(2)四种植物对污水中磷的净化

不同植物对污水中磷的净化能力不同。水葫芦、水花生、香根草、水稻四种植物对污水中氮的平均去除率依次为78.8%、57.7%、56.3%、72.8%，强弱顺序是：水葫芦＞水稻＞水花生＞香根草，趋势与对氮的吸收相同(如表4－5所示)。

表 4－5 30d 植物对三种浓度污水磷的净化率(％)

Table 4－5 Purification rate of P in 30 days under three wastewater concentration(％)

处 理 Treatment	水葫芦 Eichhornia crassipesSolms	水花生 Alligator weed	香根草 Vetiver	水稻 Rice
高浓度 High concentration	77.8b	65.5a	64.4a	72.5a
中浓度 Middle concentration	81.7a	56.3b	62.2a	79.8a
低浓度 Low concentration	77b	51.4b	42.3b	66.1b

水葫芦对中浓度污水净化效果较好，对高、低浓度污水净化效果次之，与对氮的净化略有不同，可能是由于快速生长的植物首先表现出对氮的吸收；水花生表现出对高浓度污水磷有较强的吸收能力，在中低浓度中不明显；香根草、水稻对高、中浓度污水净化表现出较强的能力。

(3)四种植物对污水中氮磷去除比率

污水中氮磷含量的减少，除了由于植物生长吸收外，还会因蒸发、化学反应等形式减少，植物吸收是主要的。为方便比较，我们把污水中氮磷减少量与植物增长量之比定义为该植物对污水的去除比率(如表 4－6 所示)。

表 4－6 四种植物 30d 对污水中氮磷去除比率

Table 4－6 The removal ratio of nitrogen and phosphorus in sewage for four plants in days

植物 Plants	污水浓度 Concentration of wastewater	氮减少量(mg) Nitrogen decrement	磷减少量(mg) Phosphorus decrement	植物体重增加量(kg) Plant weight increase	植物对污水 NP 去除比率($g \cdot kg^{-1}$) Plant removal NP rate
香根草 Vetiver	高浓度 High	1146.19	511.34	－0.0444	—
	中浓度 Middle	1056.12	475.21	0.1330	11.5
	低浓度 Low	521.87	264.25	0.2367	5.8
水葫芦 Eichhornia crassipesSolms	高浓度 High	1733.88	617.73	0.7815	3.0
	中浓度 Middle	1411.80	624.19	0.8878	2.3
	低浓度 Low	845.40	517.44	0.3971	3.4

（续表）

植物 Plants	污水浓度 Concentration of wastewater	氮减少量(mg) Nitrogen decrement	磷减少量(mg) Phosphorus decrement	植物体重增加量(kg) Plant weight increase	植物对污水NP去除比率($g\cdot kg^{-1}$) Plant removal NP rate
水花生 Alligator weed	高浓度 High	1245.44	520.07	0.3652	2.7
	中浓度 Middle	992.16	430.13	0.4316	3.3
	低浓度 Low	601.64	345.41	0.6072	1.6
水稻 Rice	高浓度 High	1554.85	575.65	0.0058	36.7
	中浓度 Middle	1372.80	609.67	0.0389	50.9
	低浓度 Low	788.89	444.19	0.0217	56.8

表4-6表明，不同植物每增加1kg生物量，污水中氮磷含量的减少是不同的，栽培水稻的污水氮磷减少得最多，香根草次之，水葫芦和水花生最少，分别为2.9g·kg^{-1}（平均）和2.5g·kg^{-1}（平均）。

3　结　论

作物秸秆处理养殖污水能力的大小与秸秆本身、秸秆形状、利用方式、温度等都密切相关。试验表明，表面积大的作物秸秆对养殖污水中NP有很好的吸附截留作用，吸附截留率一般在10%－20%。由于作物秸秆的净化实质上是一种截留与吸附，固体的粪便由于秸秆截留而吸附在秸秆上，这种能力除了与秸秆的比表面积有很大关系外，还与吸附的时间有关。综合试验结果，采用分层处理，处理90min时可以达到最佳处理效果，此时，每kg秸秆对总氮和总磷的最佳吸附容量分别为286.42mg和110.81mg。

秸秆的净化实质上是一种截留与吸附，固体的粪便由于被截留而吸附在秸秆上，这种吸附能力当然与秸秆的比表面积有很大的关系。综合分析试验结果，粉碎秸秆比其他三种形式能更好地净化养殖污水。

从植物生长的表现来看，水稻和香根草在高浓度污水中生长状况都不好，香根草在高浓度污水中生物量还出现了负增长。

四种植物对畜禽污水净化能力不同，同一种植物对氮磷的净化能力也存在差异。综合而言，水葫芦的净化率为76.3％－89.1％，水花生51.4％－65％，香根草42.3％－67.7％，水稻66.1％－88％。在试验条件下，不同植物每增加1kg生物量，污水中氮磷含量的减少是不同的，其中水葫芦和水花生平均每增重1kg，污水中氮磷分别减少2.9g和2.5g。

水葫芦适宜用于对高浓度养殖污水的净化，水花生、水稻适宜用于对中低浓度养殖污水的净化，香根草不适于用来净化畜禽养殖污水。

第 5 章　畜禽粪便农业处理系统模型

1　模型目标

基于土壤对畜禽粪便的容纳量，通过一定的生态工程处理措施，平衡养殖规模、种植规模及耕地面积，使一个区域内的种养和谐，既发展经济又保护环境，使区域发展具有可持续性。

2　模型构建原则

◆ 生态原则

系统中间产物全部被转化利用，即畜禽粪便中的 NP 在系统中全部转化成可利用的物质。

◆ 可持续原则

在强调生态效益的同时，注重经济效益和社会效益，实现三种效益的统一。

◆ 可操作原则

层次分明，操作步骤简单，每步具有很好的可操作性，模型经济实用，符合社会发展状态，有推广应用的价值。

3　模型表达

根据研究，我们创建畜禽粪便农业处理模型（如图 5－1 所示），定义及说明如下：

（1）在农业生态体系里，养分平衡模型主要包括三种。第一种是“农场

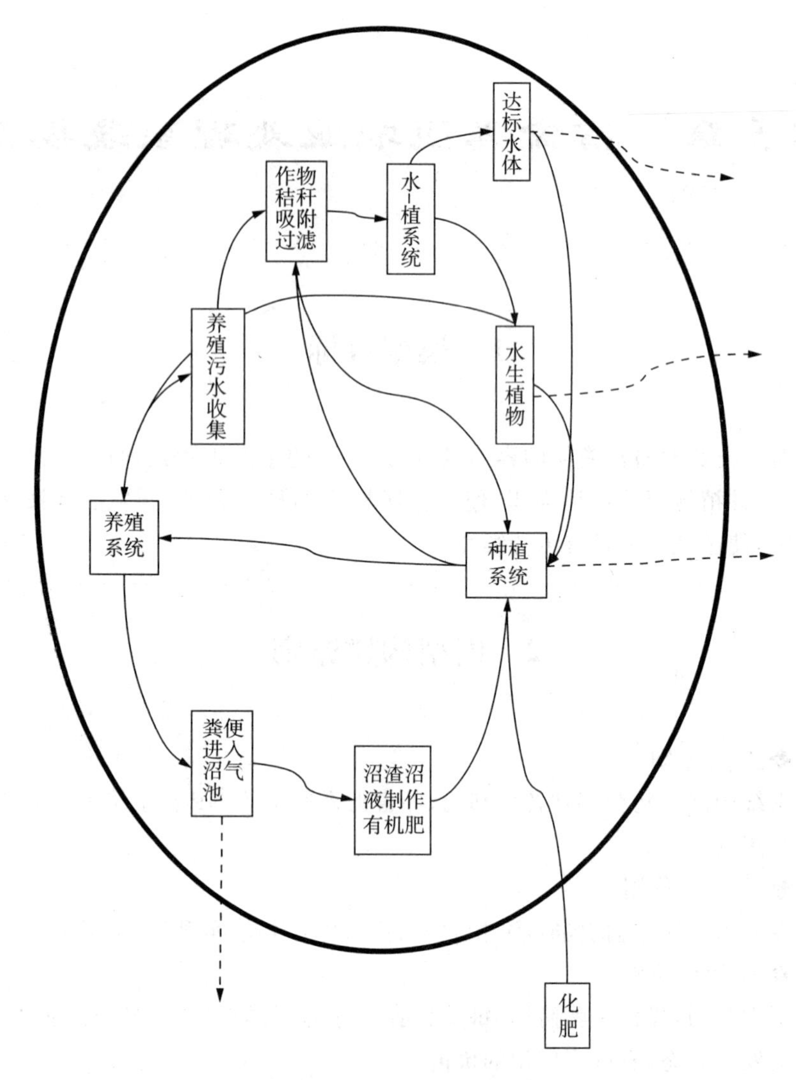

图 5-1　畜禽粪便农业处理模型

Fig. 5-1　The disposal mode of domestic animal of agriculture

门"模型或者叫黑箱模型，这种模型将农场里所有的养分的输入和支出都通过"农场门"这个假定的输入支出端口进行养分流动的核算；第二种是"土表"养分平衡模型，主要是用来计算土壤根层深度的养分平衡，输入量包括化肥、有机肥、生物固氮、大气沉降等，输出量主要是作物收获后带走的养分量；第三种是"土壤系统"养分平衡模型，该模型对土壤中养分的输入和支出划分更为仔细，多用来确定盈余养分的去向。“农场门”模型虽然忽略了养分之间的转换和变化，但是简单明了，比较适合畜禽粪便中NP循环模型的建立和分析。

(2)实线箭头表示在循环农业模式下，NP转移方向，虚线箭头表示流出系统。

(3)在传统农业模式下，粪便经过堆肥或直接还田，水中的粪便和畜禽尿直接进入水体流失；进入农田的粪便NP，超过土壤当年环境容量的一部分残留在土壤中，使土壤肥力增加，其余部分流失到周围水体中。

(4)除鸭子等水生畜禽本身就有一定比例粪便留在水体中外，农村畜禽粪便在堆放过程中因降雨和其他原因进入水体。研究表明，农村畜禽粪便的流失率在30%—40%(刘培芳等，2002)。因此，在循环农业模式下，假定80%畜禽粪便通过沼气工程能源化，沼渣沼液用做有机肥料；20%畜禽粪便(水中的粪便和畜禽尿)进入水体(1级养殖污水)，设置作物秸秆(工程)吸附截留，沉淀过滤后形成浓度相对较低的2级养殖污水，通过种植漂浮植物把2级养殖污水净化成正常水体。在这个过程中，(工程用)作物秸秆和吸附截留的NP一起堆肥发酵后进入土壤，漂浮植物体一部分做饲料用于养殖，一部分用做堆肥还田，还有一部分(如水生蔬菜等)流出系统。

(5)种植系统由土壤系统和作物系统组成，部分NP随收获的粮食流出该系统，转移到秸秆中的NP随秸秆被利用而参加系统循环。

(6)系统只考虑NP整体流动情况，不考虑过程中NP的存在形式及其转化的消耗；忽略蒸散、渗漏等形式的损失；上季土壤中残留的NP完全被下季作物吸收利用，年初土壤NP含量等于年末土壤NP含量。

(7)系统中损失的NP由施用化肥补充。

4　氮磷循环动力学模型

我们运用系统动力学来对“畜禽粪便农业处理系统”进行系统建模与模拟。

4.1　系统动力学概念

系统动力学(System Dynamics)是于1956年创立的一门分析和模拟动

态复杂系统的学科。它是一种将结构、功能和历史结合起来,通过计算机建模与仿真而定量地研究高阶次、非线性、多重反馈复杂时变系统的系统分析理论与方法,这一理论与方法对于可持续发展系统的研究是一种成功而重要的方法。它是一门分析研究信息反馈系统的学科,也是一门认识系统问题和解决系统问题交叉的综合性新学科。它是系统科学和管理科学中的一个分支,也是一门沟通自然科学和社会科学等领域的横向学科。从系统方法论来说,系统动力学的方法是结构方法、功能方法和历史方法的统一。系统动力学研究复杂系统问题的方法是定性与定量结合、系统综合推理的方法。按照系统动力学的理论与方法建立的模型,借助计算机模拟可以用于定性与定量地研究系统问题。系统动力学的模型模拟是一种结构功能的模拟。它适用于研究复杂系统的结构、功能与行为之间动态的辩证对立与统一的关系。系统动力学认为,系统的行为模式与特征主要取决于其内部的动态结构与反馈机制。

4.2 系统动力学对系统的描述

在系统的一般描述的基础上,系统动力学对系统还有其独特的具体的描述方法。根据系统的整体性与层次性,系统的结构一般自然地形成体系与层次。因此,系统动力学对系统的描述可归纳为如下两步:

(1)系统的分解

根据分解原理把系统 S 划分为 P 个相互关联的系统(子系统)S_i。

$$S=\{S_i \in S_{1-p}\} \tag{6-1}$$

然而在这些子系统中往往只有一部分是相对重要的,是为人们所感兴趣的。

(2)子系统 S_i 的描述

运用系统动力学的语言来描述子系统,它是由基本单元、一阶反馈回路(因果反馈环)所组成的。一阶反馈回路包含三种基本的变量:状态变量、速率变量和辅助变量。这种变量可分别由状态方程、速率方程与辅助方程表示。它们与其他一些变量方程、数学函数、逻辑函数、延迟函数和常数一起,能描述客观世界各种系统千姿百态的变化。不论系统是静态的还是动态的,时变的还是定常的,线性的还是非线性的,都可用这些变量方程来描述。下面根据系统动力学模型变量与方程的特点,定义变量并给出数学描述如下：

$$DL = PR \tag{6-2}$$

$$\begin{bmatrix} R \\ A \end{bmatrix} = W \begin{bmatrix} L \\ A \end{bmatrix} \tag{6-3}$$

式中，L：系统的状态变量向量；R：速率变量向量；A：辅助变量向量；DL：系统状态变量在两个相邻时刻的差分；P：转移矩阵；W：关系矩阵。公式(6－2)和(6－3)就是系统动力学的基本模型形式。其中式(6－2)表示状态方程，式(6－3)表示速率方程和辅助方程，下面把系统动力学模型中的变量和方程的含义叙述如下：

在系统动力学中利用了流体力学中的名称来代替一般系统中的相应量。构成系统的变量主要有：状态变量，也叫积量或水平变量，是指在系统中某个元素在整个时间内积累起来的数量；速率变量，简称率量，是指在系统中引起状态变量在单位时间内的变化数量。由于决策者是通过控制速率变量变化的大小来实行决策的，所以率量称为决策函数。状态变量和速率变量组成的反馈回路是系统内的子结构。显然，任何一个系统总是由大量的状态变量和速率变量组成。两者之间往往存在着因反馈机制而形成的反馈回路。状态变量存在于守恒子系统中，在守恒子系统内度量的单位是相同的。所有的状态变量都是“守恒”的量。在一个守恒子系统内，所有的状态变量有同一种内容，变量单位也是相同的。状态变量表示整个时间内所积累起来的数量。而速率变量是指运动、活动、流动，并因这种活动而引起状态变量在单位时间内的变化数量。某个时间间隔内状态变量的变动量等于时间间隔乘上输入流率与输出流率之差；即：

某时刻的状态变量＝前一时刻的状态变量＋时间间隔×(输入流率－输出流率)。输入流率和输出流率可以看做是状态变量在一个时间步长内增加和减少的量。状态变量数值的大小，表示系统的某种状态。一个系统内可能有若干个状态变量；状态变量越多，系统的阶次越高，系统越复杂。

辅助变量，在建立一个系统的模型中，除了状态变量和速率变量之外，往往需要引进一些独立的变量来描述速率变量，以增强它的清晰度，这些变量称为辅助变量。辅助变量只能在信息联系线中出现。辅助变量处在状态变量和速率变量之间的信息通道中，它们是决定速率大小的组成部分，是细分速率而得到的。辅助变量没有改变系统整体动力学模式的能力，这些辅助变量与速率变量或状态变量紧密联系，决定着速率变量的大小，对系统的控制作用主要是通过对辅助变量进行调控，进而影响到速率变量，最终导致状态变量的改变。此外，辅助变量还起到与其他系统接口的作用（Harsanyi，1995；胡玉奎，1998；王其藩，1994）。

4.3 系统动力学的建模方法

（1）系统的整体分析

系统是一个整体，对它的整体分析是用系统动力学解决问题的第一步，其主要任务在于分析问题，剖析要因，确定研究目的。它所要做的工作主要包括调查收集有关系统的情况与统计数据；了解所研究问题的要求、目的与明确所要解决的问题；分析系统的基本问题与主要问题，基本矛盾与主要矛盾，变量与主要变量；初步划定系统的界限，并确定内生变量、外生变量、输入量；确定系统行为的参考模式（Harsanyi，1995；胡玉奎，1998；王其藩，1994）。

（2）系统的结构分析

这一步的主要任务在于处理系统信息，分析系统的反馈机制。它所要做的主要工作包括分析系统总体与局部的反馈机制；划分系统的层次与子块；分析系统的变量及变量间的关系，定义变量（包括常数），确定变量的种类及主要变量；确定回路及回路间的反馈耦合关系；初步确定系统的主回路及它们的性质；分析主回路随时间转移的可能性，最后建立系统动力学的规范模型（Harsanyi，1995；胡玉奎，1998；王其藩，1994）。

（3）系统动力学模型的建立

建立数学的规范模型包括建立 L、R、A、C 诸方程；确定与估计参数；给所有的状态方程、常数方程赋予初值。

5 畜禽粪便农业处理的过程假定和系统分析

5.1 模型适用条件与假定

5.1.1 模型适用条件

任何模型都有它的适用条件，脱离了这个条件，模型可能就会失效。基于构建系统模型的需要，本文模型有以下三个适用条件。

(1)系统中的变量之间相互影响、相互作用，共同决定着系统的发展走向，根据系统的内因决定论，我们认为系统的发展动态主要是由于系统内部变量之间的相互作用，以及因果反馈联系作用决定的。即系统的发展动态是由其内部的结构决定的，外界的输入对系统发展的影响不起主导作用，我们可以通过调整系统内部的结构和系统的参数对系统未来的动态产生影响。在模型的仿真区间内，假设区域畜禽粪便农业处理系统的状态和发展动态主要由其内部的组成结构和系统变量之间的相互反馈作用所决定。

(2)模型的仿真区间内，该地区不发生重大灾祸(包括自然的或社会的)和重大的政策改变，因为这样的改变严重破坏系统的连续性，并且很多变量都会超过模型的有效范围。

(3)模型的仿真区间内，该地区耕地规模总量保持不变。即确保区域可用土地资源量相对稳定，禁止弃耕，禁止非法改变土地用途，在耕地面积不变的情况下，通过提高作物系统单位面积产量，提高土地对畜禽粪便的环境容量。

5.1.2 模型假定

根据对系统内部变化过程的合理假定，运用状态空间法来建立系统的数学模型。建立NP所存在的各主要物质在各主要变化子过程中的一级动力学方程，通过将各个子过程耦合，构建整个系统的数学模型。

(1)从理论上说，可以把整个系统理解为时间连续的系统。但对于实际应用来说，我们的数据是以年为单位的，因此还可以把系统看做是时间离散系统，采样时间是一年，因此系统的时间单位是“年”，也就是说一年是一个仿真步长，模型在一年的时间中建立，假定在这一年内系统中各个速率是保持不变的。

(2)模型中的参数不受空间和阶段变化的影响，是一个集总参数模型。

(3)系统中各个速率与速率之间，速率与状态之间的关系大都视做线性关系，从而使模型在保证精度的前提下，得到了合理的简化。

(4)NP在系统的同一种物质(如土壤、水体、沼气、秸秆、水生植物等)中的含量及二者的比例是固定不变的，而且在其中是分布均匀的。

5.1.3 系统变化的流程图

系统动力学是通过流程图来描述一个系统的结构关系的。在绘制流程图时，首先要围绕着所研究的系统目标，确定各个系统变量之间的因果关系，这些变量要具有确切的量纲和量级。流程图反映了系统变量之间相互依赖、相互影响的关系，系统的行为主要就是由这些关系所确定的。以下就是根据实际调查与实验，在机理的基础上得到的“畜禽粪便农业处理系统”的系统流程图（如图 5－2 所示）。我们在流程图的基础上，设计系统参数，对系统进行数学建模。

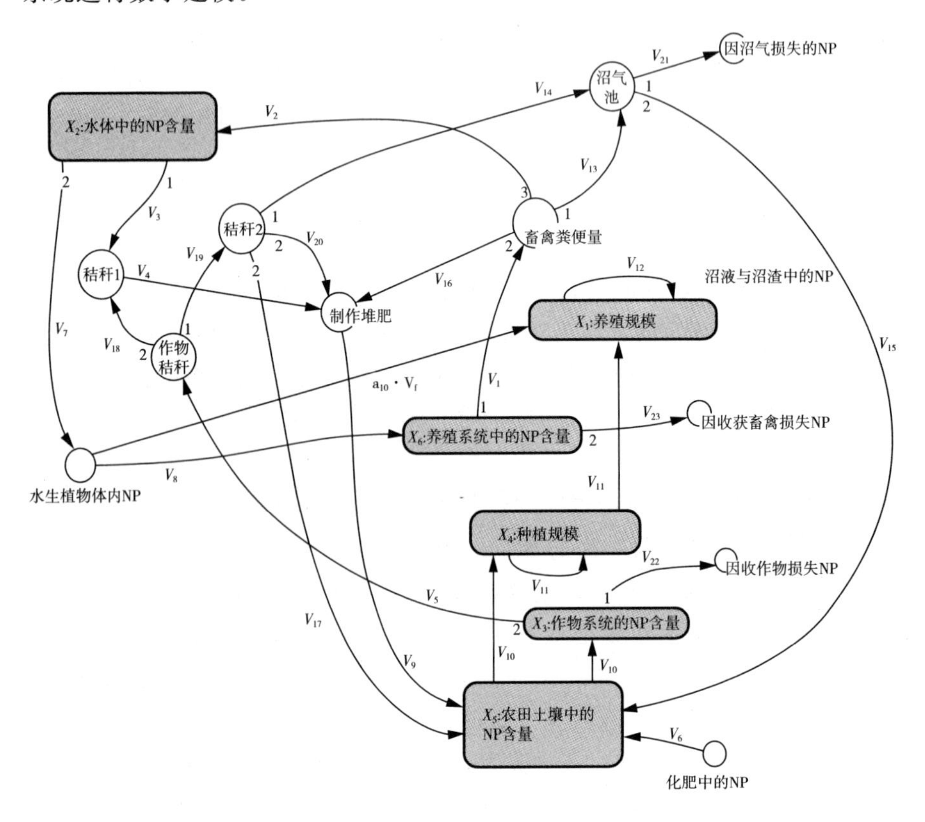

图 5－2　畜禽粪便农业处理流程图

Fig. 5－2　The treatment model of animal's faces by recycle agriculture

5.2　模型变量

5.2.1　模型状态变量

状态变量，一共有 6 个，它们的变化决定了系统的基本动态。

（1）养殖规模：x_1，指牛、猪、羊、鸡、鸭、鹅等 6 种常见的畜禽养殖规模，统一换算成猪当量计算。

(2)水体中的NP含量:x_2,指畜禽粪便进入周围环境水体的NP含量,与进入水体的粪便量线性相关。

(3)种植系统的NP含量:x_3,主要来自农田土壤,一部分随着收获的生物量带走,一部分残留在秸秆当中。

(4)种植规模:x_4,以单位面积上收获的干物质重量表示,受作物品种、栽培技术等因素影响,这里认为其他因素不变,种植业规模仅与土壤中的NP含量成正相关。

(5)农田土壤中的NP含量:x_5,每公顷耕地土壤重量按150t计算,土壤中NP含量以实际测量数据为准,参照姜堰环保局监测数据。

(6)养殖系统中的NP含量:x_6,主要来自作物系统与水生植物,一部分随畜禽的粪便排出,一部分残留在动物体内。

5.2.2　速率变量和速率方程

V_1:养殖规模导致的NP增长速率(每年的增加量)。由于NP存在于畜禽的粪便之中,我们认为养殖规模导致畜禽粪便的增长速率(畜禽粪便在一年内的增长量)与上一年养殖规模成正比,假如t_1年养殖规模为x_1,则t_1-t_2年的畜禽粪便产生量等于$a_1 \cdot x_1$,a_1为畜禽产生粪便的系数。如1只猪1年内产生a_1单位的粪便。设NP在粪便中的含量是固定的,比例为c_1,那么养殖规模导致的NP增长速率为$V_1=c_1 \cdot a_1 \cdot x_1$。

V_2:畜禽粪便中NP进入水体的速率(每年的进入量),即:$V_2=a_2 \cdot V_1=a_2 \cdot c_1 \cdot a_1 \cdot x_1$,$a_2$为畜禽粪便进入水体中的比例。

V_5:作物系统产生秸秆的速率(每年产生的秸秆量),它与种植业的规模有关,规模越大,产生得越多。$V_5=a_4 \cdot x_4$,a_4为单位作物一年所产生的秸秆的量。

从作物系统里产生的秸秆,被分为两个不同用途的部分:第一部分用来吸收水体中的NP,这部分只做堆肥,不去做沼气;而剩下的第二部分是没有去吸收水体中NP的秸秆,它的去向又分为三个:一是作物的根、落叶等残留在土壤中直接还田;二是直接制作堆肥;三是与粪便一起进入沼气系统。秸秆从种植业系统分离出来,带走一部分NP,设秸秆中NP的含量的比例是c_3。

V_{18}:作为第一部分用途的秸秆产生速率,$V_{18}=a_6 \cdot V_5$,a_6为作第一部分用途的秸秆所占的比例;

因此,V_{19}:作为第二部分用途的秸秆产生速率,$V_{19}=(1-a_6) \cdot V_5$;

V_3:水体中畜禽粪便中的NP被作物秸秆吸收的速率,它与秸秆产生的速率成正比,也就是作为第一部分用途的秸秆越多,吸收的也就越多;同时它也与水体中的NP含量有关,水体中的NP含量越大,进入作物系统的NP也就越多。在这里,我们用Monod方程的形式来描述秸秆的量和水体中的NP含量对秸秆吸收NP速率的影响。$V_3=a_5\cdot V_{18}\cdot x_2/(\mathrm{K_w}+x_2)$,$a_5$是秸秆对水体中NP的吸收系数,$\mathrm{K_w}$为常数,当$x_2\to\infty$时,$\frac{x_2}{\mathrm{K_w}+x_2}\to 1$,这时$V_3=a_5\cdot V_{18}$;当$x_2\to 0$时,$\frac{x_2}{\mathrm{K_w}+x_2}\to 0$,则$V_3=0$。

V_4:作为第一部分用途的秸秆吸收水体粪便中的NP后,去制作堆肥,因此单位时间内该部分秸秆对堆肥中NP的贡献量$V_4=V_3+c_3\cdot V_{18}$;

作为第二部分用途的秸秆。一是秸秆和粪便一起作为沼气原料,故单位时间内该部分对沼气中NP的贡献量$V_{14}=c_3\cdot a_7\cdot V_{19}$,$a_7$是该部分的比例。二是去制作堆肥,故单位时间该部分对堆肥中NP的贡献量$V_{20}=c_3\cdot a_8\cdot V_{19}$,$a_8$是该部分的比例。三是直接还田进入土壤,故单位时间内该部分对土壤中NP的贡献量$V_{17}=c_3\cdot(1-a_7-a_8)\cdot V_{19}$,$(1-a_7-a_8)$是该部分的比例。

如上所述,c_3为NP在秸秆中的含量比例。

V_6:化肥的施用速率,也就是该地区每年化肥的施用量。

V_{16}:畜禽粪便中的NP进入堆肥中的速率(每年的进入量,畜禽粪便作为堆肥的原料),因此,$V_{16}=a_9\cdot V_1$,a_9是作为堆肥原料的粪便占总粪便的比例。

V_9:堆肥中的NP进入农田土壤的速率(每年的进入量),由于堆肥中的NP全部来自粪便与秸秆,因此$V_9=V_4+V_{16}$。

V_7:水体中畜禽粪便中的NP被水生植物吸收的速率,与水生植物产生的速率V_f(每年使用水生植物的量)成正比,也就是说水生植物的量越多,吸收的也越多;同时它也与水体中的NP含量有关,水体中的NP含量越大,进入作物系统的NP也越多。在这里,我们用Monod方程的形式来描述秸秆的量和水体中的NP含量对秸秆吸收NP速率的影响。$V_7=a_3V_f\frac{x_2}{\mathrm{K_w}+x_2}$,$a_3$是水生植物对水体中NP的吸收系数,$\mathrm{K_w}$为常数,当$x_2\to\infty$时,$\frac{x_2}{\mathrm{K_w}+x_2}\to$

1，这时 $V_7=a_3 \cdot V_f$；当 $x_2 \to 0$ 时，$\frac{x_2}{K_w+x_2} \to 0$，则 $V_7=0$。

V_8：水生植物中的 NP 进入养殖系统的速率（每年的进入量），由于水生植物作为饲料进入养殖系统，因此水生植物中的 NP 进入养殖系统的速率：$V_8=c_2 \cdot a_{10} \cdot V_f$，$a_{10}$ 是水生植物作为饲料用途的比例（它还有其他用途），设 NP 在水生植物中的含量是固定的，比例为 c_2。

V_{10}：农田土壤中的 NP 进入作物系统的速率（每年的进入量）。它与作物系统的规模有关，规模越大，进入量也同比例增多，同时它也与土壤中的 NP 含量有关，土壤中的 NP 含量越大，进入作物系统的 NP 也越多。在这里，我们用 Monod 方程的形式来描述种植业的规模和土壤中的 NP 含量对进入种植业系统的 NP 速率的影响。$V_{10}=a_{11}x_4\frac{x_5}{K_s+x_5}$，$a_{11}$ 为作物系统对 NP 的吸收系数，K_s 为常数，当 $x_5 \to \infty$ 时，$\frac{x_5}{K_s+x_5} \to 1$，这时 $V_{10}=a_{11} \cdot x_4$；当 $x_5 \to 0$ 时，$\frac{x_5}{K_s+x_5} \to 0$，$V_{10}=0$。

V_{11}：种植业规模的增长速率，我们认为它是土壤中 NP 进入种植业系统而导致的，它的增加速率与土壤中的 NP 进入作物种植业系统中的速率成正比，即：

$V_{11}=a_{12} \cdot V_{10}$。其中 a_{12} 是土壤中 NP 对种植业规模的生产系数。

V_{12}：养殖业规模的增长速率（年增长量）。它与种植业的增长速率 V_{11} 和水生植物产生的饲料量的增长速率 $a_{10} \cdot V_f$ 有关，我们假设它们呈线性关系。因此：

$V_{12}=b_1 \cdot V_{11}+b_2 \cdot a_{10} \cdot V_f$，其中 b_1 和 b_2 为回归系数，可以通过线性回归的方法加以确定。

V_{13}：畜禽粪便中的 NP 进入沼气池的速率（每年的进入量），因此：

$V_{13}=(1-a_2-a_9) \cdot V_1$，$(1-a_2-a_9)$ 是作沼气原料使用的畜禽粪便量占总粪便量的比例。

V_{15}：秸秆与畜禽粪便制作沼气时，作为沼液与沼渣重新回到农田土壤系统中的 NP 速率，因此：

$V_{15}=a_{14} \cdot (V_{13}+V_{14})$，$a_{14}$ 是沼液与沼渣中的 NP 占秸秆与畜禽粪便中（原料）总 NP 的比例。

V_{21}：秸秆与畜禽粪便制作沼气时，进入沼气中的 NP 速率。因此：

$V_{21}=(1-a_{14})\cdot(V_{13}+V_{14})$；

V_{22}：每年从种植业系统中因收获而损失的NP量。设每年收获的生物量与当年的种植业规模成正比，因此$V_{22}=c_4\cdot a_{13}\cdot x_4$，$a_{13}$为收获系数，单位产量的收获量。$c_4$为收获的生物量中NP所占的比例。

V_{23}：每年从养殖系统中因收获而损失的NP量。设每年生猪出栏量与当年的养殖业规模成正比，因此$V_{23}=c_5\cdot a_{15}\cdot x_6$，$a_{15}$为生猪的出栏率。$c_5$为每头出栏生猪体内的NP含量。

以上便完成了对系统状态变量、速率变量和速率方程的确定，下面可以确定系统的总动力学方程了。

5.3 模型参数

5.3.1 模型参数

系统的参数包括：

(1)各个状态变量x_1-x_6的初始值。

(2)参数a_1-a_{15}，V_f，b_1，b_2，c_1-c_5。它们可以是不变的，也可以是可变的。不同的a，b，c，决定了系统不同的动态，如果我们确定了这些参数，我们可以通过计算机实验来模拟系统的动态，包括过去、现在和将来的运动情况。

根据状态变量、速率变量以及速率方程，确定它们之间的关系如下：

$$dx_1/dt=V_{12}$$

$$dx_2/dt=V_2-V_3-V_7$$

$$dx_3/dt=V_6-V_5-V_{22}$$

$$dx_4/dt=V_{11}$$

$$dx_5/dt=V_6+V_9+a_{14}\cdot(V_{13}+V_{14})+V_{17}-V_{10}$$

$$dx_6/dt=V_8-V_1-V_{23}$$

由上述关系，进一步得到系统的状态方程模型如下：

$$dx_1/dt=b_1\cdot V_{11}+b_2\cdot a_{10}\cdot V_f$$

$$dx_2/dt=a_2\cdot V_1-a_5V_{18}\frac{x_2}{K_w+x_2}-a_3V_f\frac{x_2}{K_w+x_2}$$

$$dx_3/dt=a_{11}x_4\frac{x_5}{K_s+x_5}-a_4\cdot x_4-c_4\cdot a_{13}\cdot x_4$$

$$dx_4/dt=a_{12}\cdot V_{10}$$

$dx_5/dt = V_6 + V_4 + V_{16} + a_{14} \cdot [(1-a_2-a_9) \cdot V_1 + c_3 \cdot a_7 \cdot V_{19}] + c_3 \cdot (1-a_7-a_8) \cdot V_{19} - V_{10}$

$dx_6/dt = c_2 \cdot a_{10} \cdot V_f - V_1 - c_5 \cdot a_{15} \cdot x_6$

再进一步代入，便得到系统的状态方程。

x_1 的一级动力学方程：$dx_1/dt = b_1 \cdot a_{12} \cdot a_{11} x_4 \dfrac{x_5}{K_s + x_5} + b_2 \cdot a_{10} \cdot V_f$

x_2 的一级动力学方程：$dx_2/dt = a_2 \cdot c_1 \cdot a_1 \cdot x_1 - a_5 a_6 a_4 x_4 \dfrac{x_2}{K_w + x_2} - a_3 V_f \dfrac{x_2}{K_w + x_2}$

x_3 的一级动力学方程：$dx_3/dt = a_{11} x_4 \dfrac{x_5}{K_s + x_5} - a_4 \cdot x_4 - c_4 \cdot a_{13} \cdot x_4$

x_4 的一级动力学方程：$dx_4/dt = a_{12} \cdot a_{11} x_4 \dfrac{x_5}{K_s + x_5}$

x_5 的一级动力学方程：$dx_5/dt = V_6 + a_5 \cdot a_6 \cdot a_4 \cdot x_4 \cdot \dfrac{x_2}{K_w + x_2} + c_3 \cdot a_6 \cdot a_4 \cdot x_4 + a_9 \cdot c_1 \cdot a_1 \cdot x_1 + a_{14} \cdot [(1-a_2-a_9) \cdot c_1 \cdot a_1 \cdot x_1 + c_3 \cdot a_7 \cdot (1-a_6) \cdot a_4 \cdot x_4] + c_3 \cdot (1-a_7-a_8) \cdot (1-a_6) \cdot a_4 \cdot x_4 - a_{11} x_4 \dfrac{x_5}{K_s + x_5}$

x_6 的一级动力学方程：$dx_6/dt = c_2 \cdot a_{10} \cdot V_f - c_1 \cdot a_1 \cdot x_1 - c_5 \cdot a_{15} \cdot x_6$

我们研究 V_6（每年化肥的施用量）对经济发展和生态环境的影响，因此模型中它作为系统的输入，系统的输出为各个状态变量的值即 $y=x$。

在系统的模型中，有些是不变的，例如系统的初始状态值，它们反映的是系统的现状、NP 在粪便中的含量等；有些是可变的，例如粪便进入水体或作为沼气原料所占的比例，每年使用的水生植物的量等，它们可以通过农业生态环境工程的手段加以改变。对于不变的参数，我们把它们作为系统中的常数；对于可变的参数，我们把它们作为优化与控制系统的手段，我们就是通过操纵这些可变参数来达到优化系统动态的目的。

5.3.2 基于 MATLAB/Simulink 的系统仿真模型

在建立循环农业系统的系统动力学模型后，需要将其转变为能够在计算机上运行的仿真模型，Simulink 是一个用来对动态系统进行建模、仿真和分析的软件包，使用 Simulink 来建模、分析和仿真各种动态系统（包括连续系统、离散系统和混合系统）是容易实现的。它提供了一种图形化的交互环境，依托 MATLAB 提供的丰富资源，其开放式结构允许用户扩展仿真环境的功能：例如采用 MATLAB、Fortran 和 C 代码生成自定义模块库，并拥有自己的图标和界面。本文使用的 MATLAB7.0/Simulink 提供的集成仿真环境包括设计、分析、编制系统模型，编写仿真程序，创建仿真模型，运行控制，观察仿真实验，记录仿真数据，分析仿真结果，检验仿真模型等。除此之外，它还提供方便的操作界面、环境，因此目前它被广泛地应用到诸多领域之中，包括各种工程与非工程系统。前者如通讯系统、卫星系统、航空航天系统等，后者如生物系统、生态系统、社会和经济系统。本文就是应用 Simulink 在可持续发展系统中发挥它的强大的仿真威力，研究可持续发展系统的内部结构、宏观功能和发展趋势（Bernd Freisleben et al，1995；徐秉铮等，1994；MathWorks. Simulink，2001；MathWorks. MATLAB，2001）。

5.3.3 时变离散系统

在本文中，我们把畜禽粪便循环农业可持续发展系统视做一个时变的、采样时间为 1 年的离散系统。所谓离散系统，是指系统的输入与输出仅在离散的时间上取值，而且离散的时间具有相同的时间间隔。它满足如下的定义：

（1）系统每隔固定的时间间隔才“更新”一次，即系统的输入与输出每隔固定的时间便改变一次。

（2）系统的输出依赖于系统当前的输入、以往的输入与输出，即系统的输出是它们的某种函数。

（3）离散系统具有离散的状态。其中状态指的是系统前一时刻的输出量。

满足以上 3 个条件的系统，我们把它叫做离散时间系统。这样的系统在实际当中或许对时间是连续的，但系统只在离散采样的时刻输出，在采样时间以外不输出，系统的状态每隔固定的时间才更新一次。对于离散时间系统，由于系统的输出不仅和系统当前的输入有关，而且还和系统以往的输入与输出相关，而对于一般的系统而言，系统均是从某一时刻开始运行的。因此，在离散系统中，系统初始状态的确定是非常关键的。状态的初始值是系统的一类重要参数。离散时间系统的动态行为一般可以由差分方程描述，在 Simulink 中对离散时间系统进行仿真时，需要采用离散求解器，求解差分方程。由于在系统中很多参数受到系统行为的影响，因此本文将循环农业处理系统看做一个时变的离散系统（Freisleben et al.，1995；徐秉铮等，

1994；MathWorks. Simulink，2001；MathWorks. MATLAB，2001）。

5.3.4　系统仿真模型

我们在系统数学模型的基础上，通过 MATLAB/Simulink 建立“畜禽粪便农业处理系统”非线性数学模型的仿真模型。为了便于对系统进行建模，我们通过自下而上耦合设计得到的系统总模型如图 5－3 所示，整个模型采用 ODE15s(求解刚性微分方程的 Runge－Kutta 算法)微分求解器，进行仿真运算和求解。

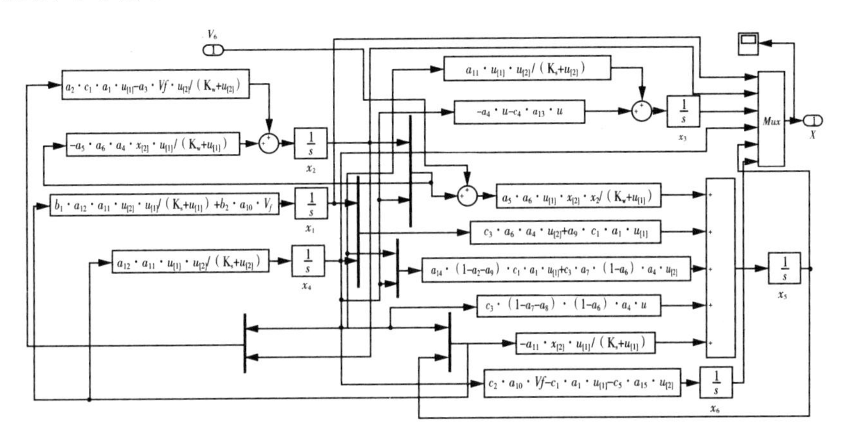

图 5－3　基于 Simulink 平台建立的系统仿真模型

Fig. 5－3　The system simulation model based on Simulink flat

系统的仿真模型是我们对系统的计算机仿真实验的对象，下面进行的系统模拟、优化等研究，都是以系统的仿真模型为基础的。运用 MATLAB 控制系统工具箱和优化工具箱提供的丰富的函数，我们能够完成对“畜禽粪便农业处理系统”的合理设计、优化与仿真实验工作。仿真实验的结果可以用于实际工程的实施，使得系统的原型满足我们的设定要求。

第6章　河横畜禽粪便污染农业系统控制计算机仿真

1　研究区域

1.1　河横基本情况

沈高镇河横村位于姜堰市北部里下河地区，土地总面积约为5.908km^2(8859亩)，其中陆地6324亩，可耕地面积4981亩，水面2535亩，全村大小池塘70余个，人均耕地1.418亩。全村大田作物以水稻、蔬菜、棉花、油菜为主，拥有各类加工厂18家，各种规模化养殖户(场)28家。

绿化面积600亩，村庄占地面积376亩，9个自然村庄，985户；养殖及加工业用地182亩，人口3153人。

河横村以农业为主，自1985年起，在各级政府尤其是环保部门的支持和指导下，积极开展以“农村生态良性循环与优化模型研究”为主题的生态农业试点工作，先后研究开发出20余种生态农业模式，联合国环境规划署在1990年授予河横村生态环境“全球500佳”称号。省重点龙头企业江苏河横绿色食品公司开发出五大系列10个品种的绿色食品，河横村先后成为江苏省农业科技示范园、江苏省首批循环经济试点单位、全国农业旅游示范点。

2004年成为江苏省人居环境和综合整治试点村，2005年起开始创建农村环境综合整治示范村。

2007年年末牛存栏数12头、猪11863头、羊125只，2007年出栏鸡86000余只、鸭17600余只、鹅35800余只；粮食作物产量约265.7万公斤，人均纯收入8240元。

1.2　河横村生态环境质量

2007 年 6 月 19 日，江苏省农村环境综合整治课题组对河横村生态环境进行调查，河横村在“六清六建”方面做了大量工作，其中包括兴建了文化广场一期工程，完成村部大楼改造工程，购买垃圾箱 33 个，完成村庄绿化 6000 平方米，对乱贴乱画进行全面清理，全村使用保洁员 5 人（300 元·月$^{-1}$·人$^{-1}$）负责生态广场和道路的保洁工作等。但是调查也发现，部分水体存在污染，主要是养殖产生的畜禽粪便和人粪便没能很好处理造成的富营养化（如表 6－1 所示），说明河横村生态环境还需要进一步治理。

表 6－1　河横村水环境富营养化状况

Table 6－1　The status of eutrophicated waterbodies in the Heheng village

地点 Places	高锰酸钾指数 Permanganate index	超标情况 Ove standard condition	N (mg·L^{-1})	超标情况 Over standard condition	P (mg·L^{-1})	超标情况 Over standard condition
标准值(3)	6.0000		1.0000		0.2000	
灰天鹅养殖场	19.3448	++	25.8911	+++++	2.9608	+++++
村部北边的小河	3.6432	—	14.5522	+++++	0.0825	—
科技示范园鱼塘	7.2684	+	15.9789	+++++	0.1402	—
出村河口(东)	2.8072	—	13.7182	+++++	0.1361	—
出村河口(西)	2.7768	—	12.4671	+++++	0.0701	—
二支泵站(养殖场外)	3.0960	—	13.3670	+++++	0.0866	—
面粉厂	3.5520	—	13.0158	+++++	0.1113	—
沈马公路北小河	5.1784	—	15.1449	+++++	0.1979	—
沈马公路西北小河	4.2208	—	14.3108	+++++	0.0990	—
丁河桥	4.7072	—	14.3766	+++++	0.0619	—
沈高镇	3.1188	—	13.4987	+++++	0.1485	—

监测日期：2006 年 9 月 27 日

2 “畜禽粪便农业处理系统”结构设计与参数优化的方法

系统建模的目的，不只是为了认识系统运行的客观规律，更重要的是有效地改造系统，使它的运行能够符合我们的要求。对于“畜禽粪便农业处理系统”而言，我们希望系统能够平衡在我们需要的状态上，这个状态反映的是既要发展经济，例如发展种植业、养殖业等，同时又要改善环境，例如使水体和土壤系统中 NP 残留量较少，使水质和土壤环境达标，等等。虽然河横在环境治理方面投入了大量的人力物力，取得了很大的成就，但是当前系统的状态（由 2007 年的初值代表）不符合循环经济与可持续发展要求，需要对其加以改造。

一般来说，影响系统动态性能的因素主要有两个方面，一是系统的内部结构，主要是指系统内的各单元之间的相互关系，这种关系决定了系统的功能和性能及其数学模型的基本形式；二是系统内部的参数，包括不变的（如系统中的常数、系数等）以及可变的（包括各种控制参数），因此系统的动态，可以通过其内部结构设计和参数优化的方式被建造和改变。在这里，我们运用循环经济的原理、系统动力学的方法，在农业生态环境工程的基础上，完成对“畜禽粪便农业处理系统”的结构设计和参数优化。

结构设计主要是通过农业生态环境工程加以实现的，如对系统实施沼气工程、秸秆过滤还田工程、水生植物净化工程等，使原本简单的、功能单一的系统成为复杂的、功能完善的符合循环经济与可持续发展要求的系统。同时，我们在系统模型与计算机仿真实验的基础上，运用系统动力学原理和方法完成对系统的分析、优化与模拟的研究，计算机仿真实验的结果，可以用于对实际系统的改造，使实际系统的运行情况能够符合我们的设定要求。

从模型的形式上看，“畜禽粪便农业处理系统”的数学模型是非线性的，但它并不是强非线性。我们知道就系统平衡而言，非线性系统可能存在多个平衡点，不同平衡点可能表现出不同的稳定性，因此必须逐个分别加以讨论。在这里我们采用李雅普诺夫间接法去研究这个问题，该方法的基本思路是通过系统状态方程的解来判断系统的稳定性。其原理如下：

设$[x_w, u_w]$为系统设定的工作点，其中 x_w 为系统在该点的状态值向量，是我们希望系统能够稳定运行的位置，u_w 为系统在该点的输入值向量，这里是每年的化肥施用量。在 x_w 点处对非线性系统进行线性化处理，得到它在该点的线性系统。根据李雅普诺夫第一定律，对于不是非线性很强的系统，如果该线性系统是渐近稳定的，那么原非线性系统在 $[x_w, u_w]$ 也会是渐近稳定的。

根据上述原则，我们可以得到对"畜禽粪便农业处理系统"系统设计和参数优化的步骤如下。

第一步，用状态方程的形式对"畜禽粪便农业处理系统"进行建模，模型包括系统各个状态、输入和参数，设它的伪模型形式如下：

$$\begin{aligned} &\dot{x}=f(p,x,u)\text{：为系统模型的状态方程} \\ &y=g(p,x,u)\text{：为系统模型的输出方程} \end{aligned} \tag{6-1}$$

式(6-1)中，设 $\dot{x}=\frac{\mathrm{d}x}{\mathrm{d}t}$，$f, x$ 都是 n 阶向量；u 是 m 阶向量；y, g 是 r 阶向量，p 为系统的参数向量，在我们的系统中输出和状态相同。我们知道系统的平衡点或工作点是在 $f(p,x,u)=0$ 时 x 和 u 的值。换句话说，当 x 和 u 满足 $f(p,x,u)=0$ 时，它们就是系统的平衡点或工作点，当然系统的平衡点是不会自动符合我们要求的，它需要我们通过系统合理的结构设计或参数优化的方法将它移动到我们需要的位置上来，使它成为系统的实际工作点。

第二步，根据我们对系统功能和性能的要求，设定"畜禽粪便农业处理系统"的工作点 $[x_w, u_w]$，并将它代入到系统的模型式(6-1)中，可以求解参数 p，求解的过程也就是对参数 p 的优化过程。我们根据实际要求确定参数 p 的取值范围，即优化求解的约束域，于是得到式(6-2)：

$$f(p,x_w,u_w)=0 \quad s.t.\ lb \leqslant c(p) \leqslant ub \tag{6-2}$$

它是关于所有系统参数 p 的代数方程组，如果解析解不存在，那么用数值的方法，通过估计不同 p 的初值，在约束域中通过搜索得到局部最优解，以该解作为系统的参数会使得系统在点 $[x_w, u_w]$ 可能平衡，也可能不平衡，这需要做进一步的分析。

第三步，将式(6-1)在工作点 $[x_w, u_w]$ 处进行线性化。线性化后的线性系统模型是：

$$\dot{x}=Ax+Bu$$

$$y=Cx+Du \tag{6-3}$$

其中：

$$A_{ji}=\frac{\partial}{\partial x_i}f_j(p,x,u,t) \quad B_{ji}=\frac{\partial}{\partial u_i}f_j(p,x,u,t)$$

$$C_{ji}=\frac{\partial}{\partial x_i}g_j(p,x,u,t) \quad D_{ji}=\frac{\partial}{\partial u_i}g_j(p,x,u,t) \tag{6-4}$$

式(6－4)中，矩阵 A 为雅可比矩阵(Jacobian Matrix)或线性系统(6－3)的状态矩阵，B 为输入矩阵，C 为输出矩阵，D 为直接传递矩阵(direct transmission matrix)。将由第二步优化求解得到的局部最优解作为系统参数代入式(6－4)中，得到的数值矩阵 A、B、C、D。根据经典线性系统理论可知，如果 A 的所有特征值(线性系统的极点)都位于复平面的左半平面，那么线性系统必然是绝对渐近稳定的。根据李雅普诺夫准则，因为原非线性系统式(6－1)在点$[x_w,u_w]$处的线性化系统是渐近稳定的，所以它在该点也是渐近稳定的。

如果第三步没有达到理想的结果，即第二步求解所得到的参数 p 的局部最优解不合适，那么返回第二步，再次改变 p 的初始值，重新搜索到新的局部最优解，再进行第三步，如此循环直到第三步满足为止。假如第三步始终不能成立，则说明目前的"畜禽粪便农业处理系统"结构是不合理的，是无法达到设计要求的，需要进行结构改变，再进行补偿性设计(如加入新的工艺和技术等)，这种重新设计主要是通过试错法来完成的。设计完毕后，再返回第一步，直到得到满足要求的优化参数，使第三步满足为止。这样经过上述结构设计和参数优化后的"畜禽粪便农业处理系统"在状态初值为 x_w，输入为 u_w 时，可以稳定地保持在工作点$[x_w,u_w]$上。可见非线性系统的结构设计和参数优化，可对通过研究它在工作点$[x_w,u_w]$处线性化模型来实现。

如果使线性系统所有极点都位于复平面的左半平面，并具有一对主共轭闭环极点，它们能够提供合适的阻尼比，这将会大大改善该线性系统的动态响应性能，这时我们可以说该线性系统式(6－3)是被合理设计和优化的。

如果"畜禽粪便农业处理系统"得到恰当的结构设计和参数优化，那么系统就能够稳定和稳健地运行在工作点$[x_w,u_w]$上，即使系统状态变量的初值不同，或者在有内外扰动的情况下系统的状态偏离了$[x_w, u_w]$，系统也能够在较短的时间和较小的波动下重新返回$[x_w, u_w]$，这就意味着增强了“畜禽粪便农业处理系统”运行模式的稳定性。

3　“畜禽粪便农业处理系统”优化设计的仿真实验

MATLAB中所提供的优化工具箱为系统的结构设计、分析与优化提供了强大的支持。使用Simulink对所设计和优化的控制系统进行仿真分析，并在需要的情况下修改系统的设计以达到特定的目的，从而能够使我们快速完成系统设计的任务。下面就利用该工具箱和Simulink仿真平台，共同完成对“畜禽粪便农业处理系统”的设计、分析与优化的研究。

3.1　工作点的设定

在“畜禽粪便农业处理系统”的模型中，系统的状态变量有6个，它们基本上能够代表系统的动态特征。我们希望系统能够稳定和稳健地运行在设定的工作点上。为了使“畜禽粪便农业处理系统”达到设计要求，完成所需要的任务，在设定合适的工作点时考虑到一些基本准则，例如经济得到发展、环境得到改善等，因此工作点在很大程度上体现了“畜禽粪便农业处理系统”的作用和功能，我们所设定的工作点$[x_w, u_w]$的值列于表6－2中。这里u_w列于表6－2的最后一行，是个标量，其他行构成x_w值。

表6－2　理想的系统工作点向量

Table 6－2　The point vectors of perfect system

状态向量 State vector	单位 Unit	数值/年 Numerical per year	含　义 Meaning
X_1	头猪 Head	16080	养殖业规模 Breadingindustry size
X_2	kg	387	水体当中的NP含量 NP content in water
X_3	kg	105163	种植系统的NP含量 NP content in planting systerm
X_4	kg	8040000	种植业总产量 Total yield of planting

（续表）

状态向量 State vector	单位 Unit	数值/年 Numerical per year	含　义 Meaning
X_5	kg	282357	农田土壤当中的 NP 含量 NP content in soil of farmland
X_6	kg	192960	养殖系统中的 NP 含量 NP content in culture systerm
$V_6(u_w)$	$kg \cdot hm^{-2}$	225	每年化肥的施用量(折纯) Fertilization amount(convert pure)

3.2 结构与参数优化和系统仿真实验

3.2.1 系统中固定参数的确定

系统中的固定参数包括系统的初值和系统常数。初值反映的是系统的现状，我们以研究区 2007 年为基准年，x_1-x_6 在该年的值为系统模型的初值(如表 6－3 所示)。

表 6－3　系统状态向量 2007 年值(系统初值)

Table 6－3　System state vector in 2007 (initial value of system)

状态向量 State vector	单位 Unit	数值/年 Numerical/year	含　义 Meaning
X_1	猪规模 Head	13824	养殖规模 Breadingindustry size
X_2	kg	6210	水体中 NP 含量 NP content in water
X_3	kg	96037	种植系统 NP 含量 NP content in cultivation systerm
X_4	kg	7342300	种植规模 Total yield of planting
X_5	kg	374520	农田土壤中 NP 含量 NP content in soil of farmland
X_6	kg	165888	养殖系统中 NP 含量 NP content in culture systerm
$V_6(u_0)$	$kg \cdot hm^{-2}$	112100	2007 年化肥施用量(折纯) Fertilization amount(convert pure)

对于系统中的固定参数，我们通过引用法和回归分析法加以确定。表6－4即是系统中所有固定参数的值。

表6－4　系统模型中的固定参数

Table 6－4　The stable parameter in system model

参数 Parameter	单位 Units	数值 Numerical	含　义 Meanings
a_1	$kg \cdot head^{-1}$	1350	畜禽产生粪便的系数，1头猪1年产生的粪便量 Coefficient of livestock and poultry product manure, per pig per year
a_4	$kg \cdot hm^{-1}$	15000	单位作物面积（如1公顷）一年所产生秸秆的量 The amount of straw production per year in unit crop area (e. g 1 hm)
a_5	$g \cdot kg^{-1}$	0.392	污水中秸秆对NP吸收的系数，每kg秸秆吸收的NP量 NP absorption coefficient of straw in wastewater, NP absorption amount of straw per kg
a_3	$g \cdot kg^{-1}$	2.5	水生植物对水体中NP的吸收系数，每kg植物的吸收量 NP absorption coefficient of aquatic plant in wastewater, NP absorption amount of aquatic plant per kg
a_{11}	$kg \cdot hm^{-1}$	450.38	作物系统对NP的吸收系数，每公顷作物的吸收量 NP absorption coefficient of planting systerm, NP absorption amount per hm
a_{12}	kg	48	土壤中NP对种植业规模的生产系数，每kg NP所导致的种植规模（以产量计）的增加量 Production coefficient of planting scale change by NP in soil, increasing planting scale amount(in yield)cause by NP per kg
a_{13}	无量纲 dimentionless	0.142	收获系数，单位产量的收获量 Harvesting coefficient, gain of unit yield
a_{14}	无量纲 dimentionless	0.61	沼液沼渣中的NP占原料（秸秆与畜禽粪便中）总NP的比例 Proportion of NP in Biogas slurry and residue NP in material(straw and livestock and poultry manure)
a_{15}	无量纲 dimentionless	0.5	猪每年的出栏率 Marketing rate of pig per year
c_1	$g \cdot kg^{-1}$	10.29	NP在粪便中的含量比例，每kg粪便中NP的含量 Content proportion of NP in manure, NP content in manure per kg

（续表）

参数 Parameter	单位 Units	数值 Numerical	含　义 Meanings
c_2	$g \cdot kg^{-1}$	0.0285	NP在水生植物体内的含量比例，每kg植物中NP含量 Content proportion of NP in aquatic plant, NP content in plants per kg
c_3	$g \cdot kg^{-1}$	13.08	每kg秸秆NP含量 NP content in straw per kg
c_4	$g \cdot kg^{-1}$	31.09	NP在作物系统经济产量中的含量 NP content in economic yield in planting systerm per kg
c_5	kg	12	出栏每头生猪所需饲料中NP含量 NP content in feed of per marketing pig
b_1	无量纲 dimentionless	0.48	线性回归系数 Linear regression coefficient
b_2	无量纲 dimentionless	0.67	线性回归系数 Linear regression coefficient
K_s	无量纲 dimentionless	8.5	半饱和常数 Half－saturation constant
K_w	无量纲 dimentionless	1.4	半饱和常数 Half－saturation constant

3.2.2 系统中参数的优化

系统参数的优化，是通过使用MATLAB优化工具箱，运用系统动力学的方法，在时域中，对各个参数进行求解。通过在时域中对“畜禽粪便农业处理系统”在工作点处的线性系统进行分析，以及在各个可变参数的可行域中进行搜索(搜索的方法是拟牛顿法与线性搜索法)，从而得到线性系统的根轨迹，从根轨迹中选择我们所希望的系统所具有的根(极点)，此时对应的参数，即为系统的最佳参数，经过以上过程得到的系统最佳优化参数值列于表6-5中。

表6-5　系统模型中的可变参数的优化解

Table 6-5　The optimal solution of variable parameters in system model

参数 parameter	单位 units	数值 numerical	含　义 Meanings
a_2	%	0.24	进入水体中畜禽粪便占总粪便的百分比 Percentage of livestock and poultry manure in water and total manure

（续表）

参数 parameter	单位 units	数值 numerical	含　义 Meanings
a_6	%	0.57	作第一部分用途的秸秆所占秸秆总量的百分比 Percentage of straw for the first use and total straw
a_7	%	0.31	作第二部分用途的秸秆用作制沼气的百分比 Percentage of straw for biogas and straw for the second use
a_8	%	0.74	作第二部分用途的秸秆用作制堆肥的百分比 Percentage of straw for compost and straw for the second use
a_9	%	0.66	作为堆肥原料的粪便占总粪便的百分比 Percentage of manure for compost and total manure
a_{10}	%	0.83	作为饲料用途的水生植物占总水生植物的百分比 Percentage of aquatic plant for feed and total aquatic plant
V_f	kg	14954.5	每年使用水生植物的量 Aquatic plant use amount per year

在时域中设计完毕后，我们得到系统的零极点图，从图中可以看出线性系统的所有极点都位于复平面（s－平面）的左半部分，且拥有一对主共轭闭

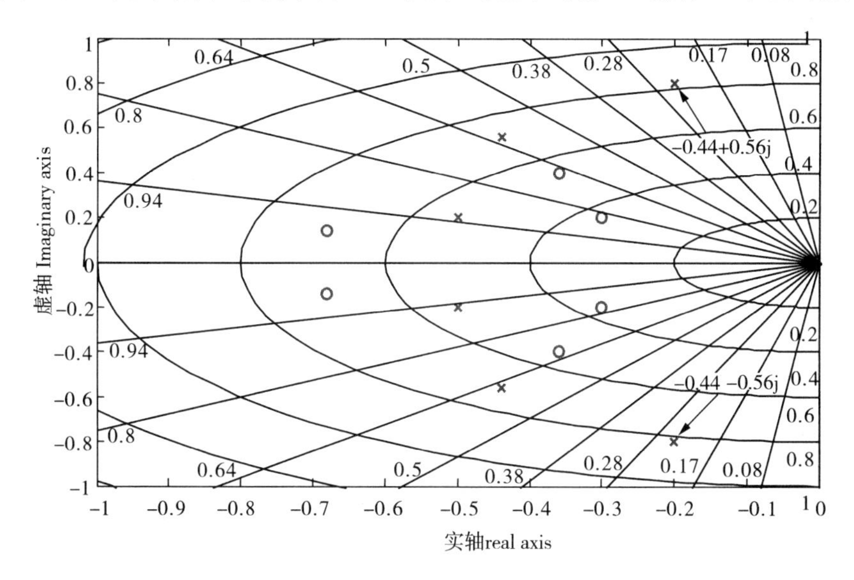

图 6－1　基于根轨迹法的系统零极点图（×极点，○零点）

Fig. 6－1　Map of system nil Pole Based on the root track(× pole,○ nil)

环极点(－0.44,＋0.56j 和 －0.44,－0.56j),这对极点能够提供的阻尼比是 $\zeta = -\cos(\theta) = 0.62$,$\theta$ 为这对极点所对应的辐角。它们对系统的动态起到主导作用,能够大大改善系统的动态性能,如能够使系统在较短的时间和较小的波动中,达到我们所设定的工作点,同时有效地增强系统运行的抗干扰性,这就意味着系统从初始值开始运行,经过一段时间就会稳定和稳健地平衡在我们设定的工作点上,说明系统能够达到可持续发展的要求。

3.2.3 系统的仿真实验

将以上优化得到的参数和 2007 年系统状态的初值代入系统的仿真模型(如图 6－3 所示)中,运行仿真模型,我们得到了以下模拟预测结果。

从图 6－2 至 6－7 中我们可以看出,"畜禽粪便农业处理系统"可以从目前不太理想的初值,经过较短的时间和较小的波动,达到理想的稳定状态 x_w,这就意味着经过生态环境工程改造后的"畜禽粪便农业处理系统"达到了我们的设计预期,从 2007 年开始,经过不到 20 年的时间,当地就可以达到协调可持续发展的要求,既能实现经济增长,又能使环境得到有效的改善。

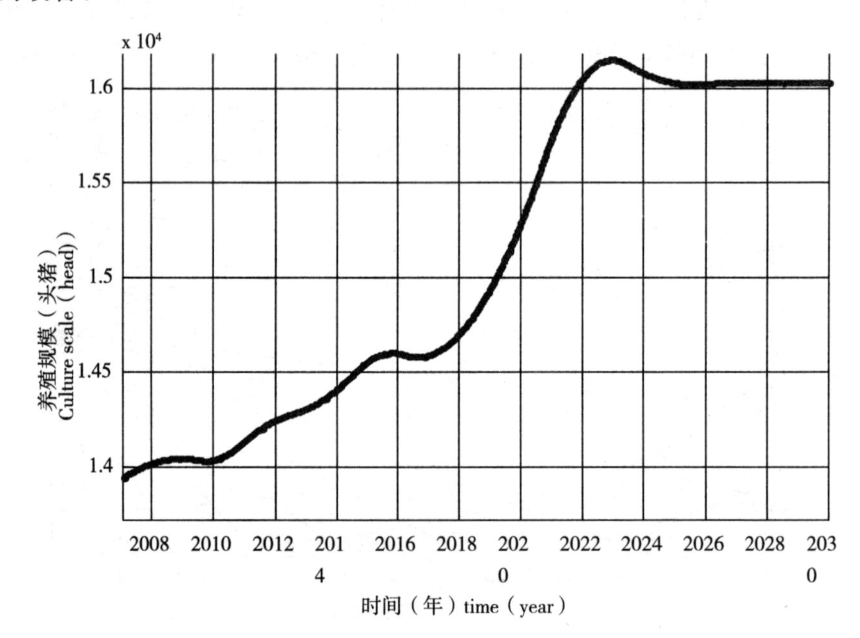

图 6－2 养殖规模 x_1 的动态变化预测结果图

Fig. 6－2 The dynamic change of Culture scale(x_1) prediction

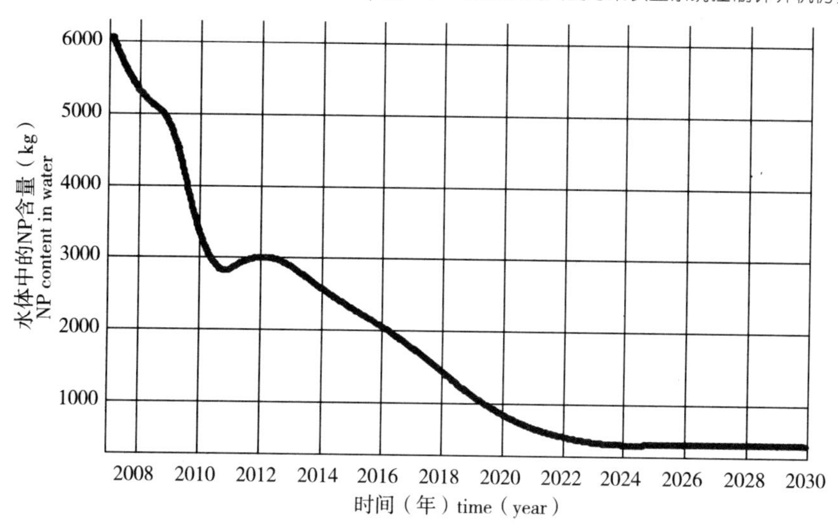

图 6－3　水体系统中的 NP 含量 x_2 的动态变化预测结果图

Fig. 6－3　The dynamic change of NP content(x_2)prediction in water

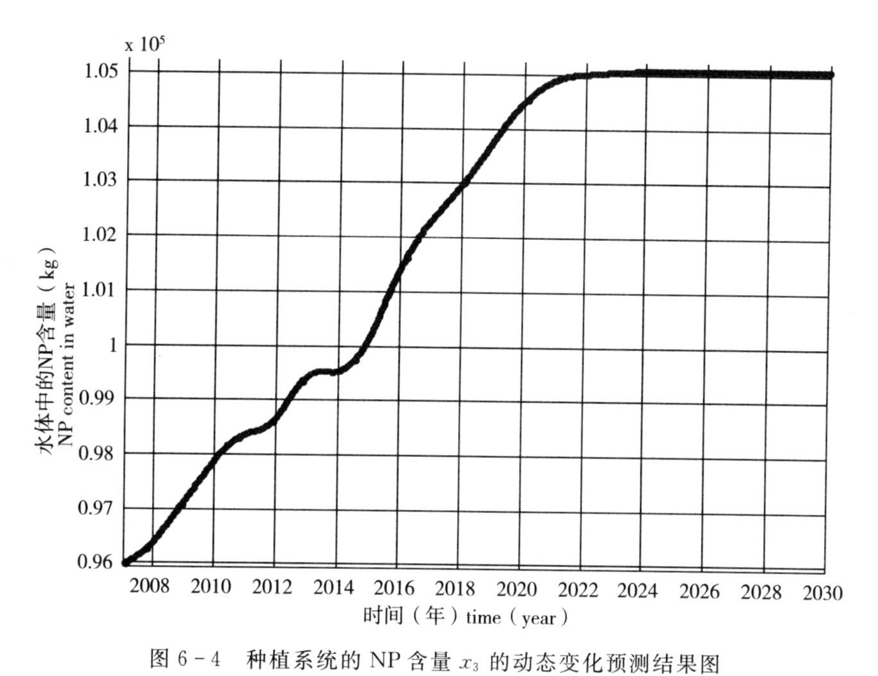

图 6－4　种植系统的 NP 含量 x_3 的动态变化预测结果图

Fig. 6－4　The dynamic change of NP content(x_3)prediction in planting system

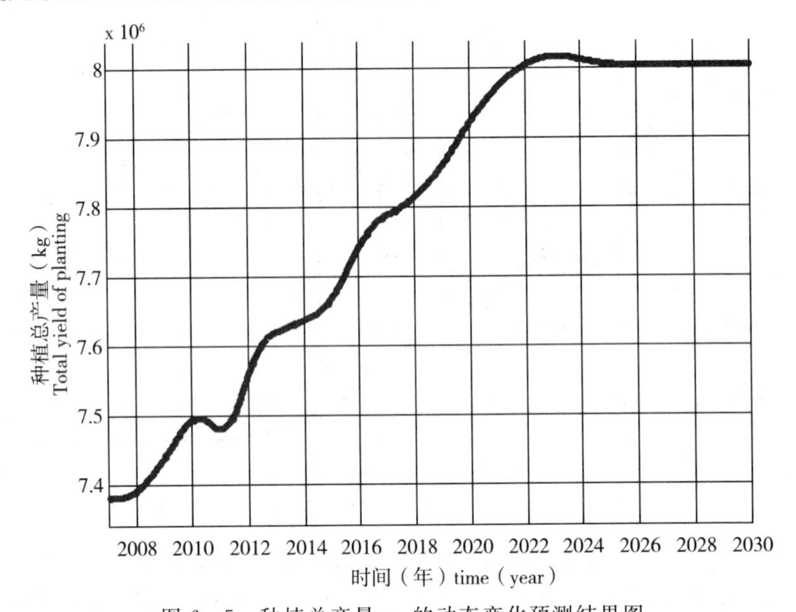

图 6-5　种植总产量 x_4 的动态变化预测结果图

Fig. 6-5　The dynamic change of planting yield(x_4)prediction

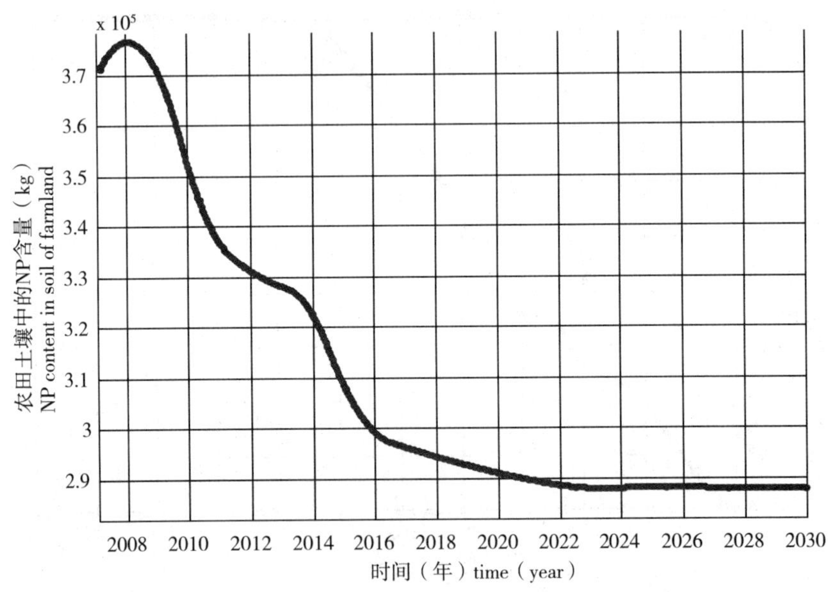

图 6-6　农田土壤中 NP 含量 x_5 的动态变化预测结果图

Fig. 6-6　The dynamic change of NP content(x_5)prediction in cropland soil

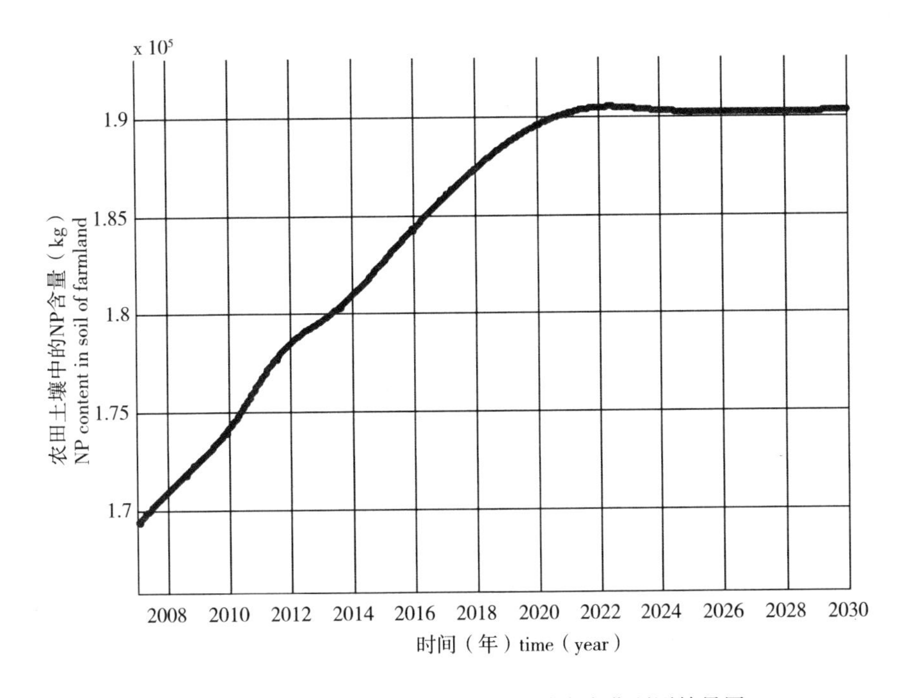

图6-7　养殖系统中NP含量 x_6 的动态变化预测结果图

Fig. 6-7　The dynamic change of NP content(x_6)prediction in agriculture system

系统参数的优化，使得系统的运行模式能够稳健地进行，它除了能够消除内外扰动对系统运行的影响外，还能够消除其他非线性或不连续的因素（如系统内可能存在的死区、政策扰动等）对系统运行造成的影响，使当地的可持续发展模式能够稳定和稳健地长久保持下去。

4　未加入生态工程河横畜禽粪便农业处理系统模拟预测

为了说明加入各种生态工程的意义和作用，我们同样利用数学建模与数值仿真的方法研究未加入生态工程的系统按照现状发展，会产生什么样的结果，优劣相比，确认生态工程对河横农业环境可持续发展的意义。

4.1 未加入生态工程情况下系统的历史动态

对未加入生态工程的情况下的河横畜禽粪便农业处理系统进行数学建模与计算机仿真实验,并通过历史数据检验模型的有效性。在建模的过程中,所用的方法、步骤以及假设前提与前述相同。

4.1.1 河横畜禽粪便现状处理概念模型

概念模型是以 NP 变化机理为基础,以系统内各种物质的变化为主线确立的,为下一步研究它们变化的流程图服务。

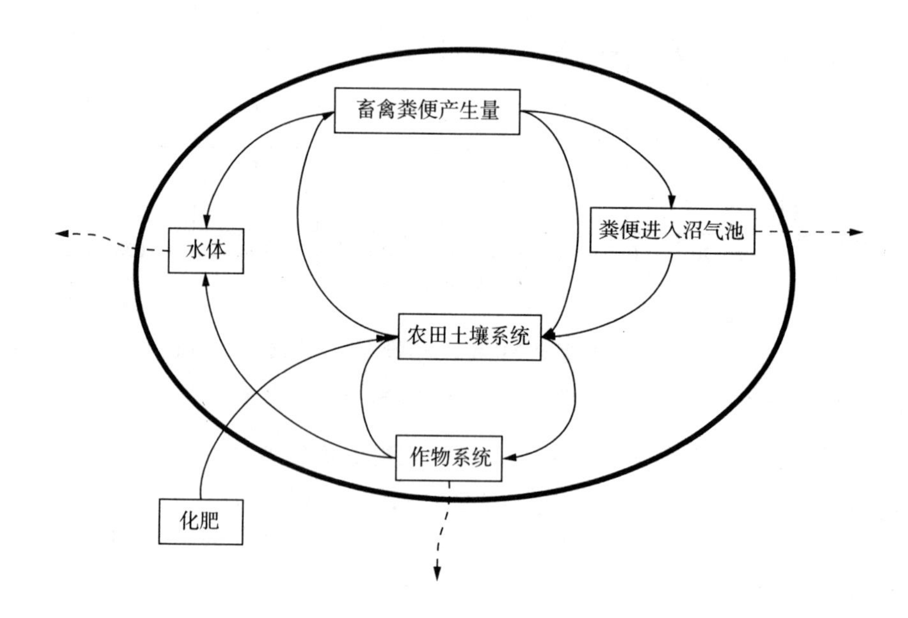

图 6-8 河横畜禽粪便处理现状概念模型

Fig. 6-8 The concept model of dealing with animals feces now in Heheng

备注:实线箭头表示循环农业模式下 NP 的转移方向,虚线箭头表示流出系统。

4.1.2 系统内 NP 变化的流程图

在概念模型的基础上,进一步确立系统内 NP 变化的流程图,为研究它们变化的一阶动力学方程做准备。

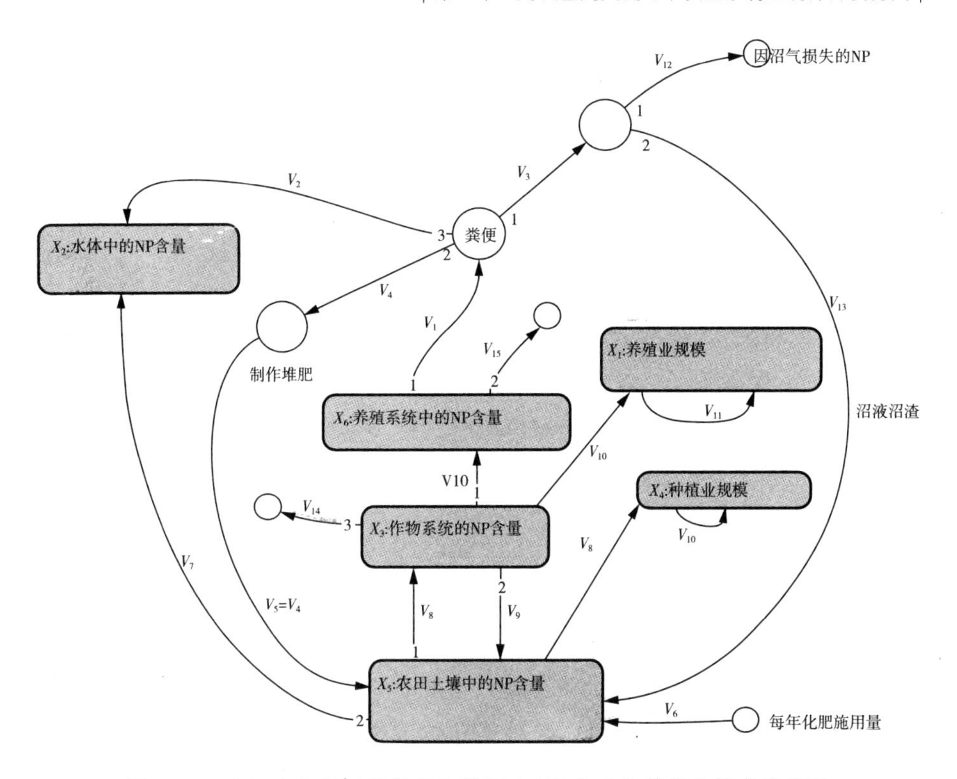

图6-9　未加入生态工程前畜禽粪便中NP农业处理概念模型流程图

Fig. 6-9　The model of NP treatment in animal's feces by recycle agriculture without joining the zooloqy project

4.1.3　速率变量和速率方程

V_1：养殖规模导致的NP增长速率(每年的增加量)。由于NP存在于畜禽的粪便之中，我们认为养殖规模导致畜禽粪便的增长速率(畜禽粪便在一年内的增长量)与上一年养殖规模成正比。a_1 为畜禽产生粪便的系数，如1头猪1内年产生 $a_1$kg 的粪便。设NP在粪便中的含量是固定的，比例为 c_1，那么养殖规模导致的NP增长速率为 $V_1=c_1\cdot a_1\cdot x_1$。

V_2：畜禽粪便中NP进入水体的速率(每年的进入量)，即：

$V_2=A_2\cdot V_1=A_2\cdot c_1\cdot a_1\cdot x_1$，$A_2$ 畜禽粪便进入水体中的比例。

V_3：畜禽粪便作为沼气原料的消耗速率；$V_3=A_4\cdot V_1$，A_4 为畜禽粪便用作制沼气的比例。

V_4：畜禽粪便作为堆肥原料的消耗速率；$V_4=V_1-V_2-V_3=(1-A_2-$

$A_4)\cdot V_1$，$(1-A_2-A_4)$为畜禽粪便用作制沼气的比例。

V_5：由于堆肥全部施用到农田土壤中，则 $V_5=V_4$。

V_6：化肥的施用速率，也就是该地区每年化肥的施用量。

在引入工程前，每年农田土壤中多余的 NP 进入水体的速率与农田土壤中的 NP 含量成正比，那么：

V_7：农田土壤中多余的 NP 进入水体的速率，$V_7=a_{12}\cdot x_5$。

V_8：农田土壤中的 NP 进入作物系统的速率（每年的进入量）。它与作物系统的规模有关，规模越大，进入量也同比例增多，同时它也与土壤中的 NP 含量有关，土壤中的 NP 含量越大，进入作物系统的 NP 也越多。在这里，我们用 Monod 方程的形式来描述种植业的规模和土壤中的 NP 含量对进入种植业系统的 NP 速率的影响。$V_8=a_6x_4\dfrac{x_5}{K_s+x_5}$，$a_6$ 为作物系统对 NP 的吸收系数，K_s 为常数，当 $x_5\to\infty$ 时，$\dfrac{x_5}{K_s+x_5}\to 1$，这时 $V_8\to a_6\cdot x_4$；当 $x_5\to 0$ 时，$\dfrac{x_5}{K_s+x_5}\to 0$，则 $V_8\to 0$。

V_9：因秸秆还田而导致的 NP 返回农田土壤的速率。设作物系统产生秸秆的速率（每年产生的秸秆量），与种植业的规模 x_4 有关，规模越大，产生得越多。设 c_2 为 NP 在秸秆中的含量比例，是个定值。那么 $V_9=c_2\cdot a_3\cdot x_4$，$a_3$ 为单位作物一年所产生的秸秆的量。

V_{10}：种植业规模的增长速率（年增长量）。在这里我们仅认为它是由土壤中 NP 进入种植业系统中而导致的，NP 是它的唯一限制因子，其他的因子都符合要求。因此它的增加速率与土壤中的 NP 进入作物种植业系统中的速率成正比，即：$V_{10}=a_7\cdot V_8$。其中 a_7 是土壤中 NP 对种植业规模的生产系数。

V_{11}：养殖业规模的增长速率（年增长量）。我们假设养殖业的增长是由种植业的增长所导致的，同时假设它们呈线性关系。因此：

$V_{11}=a_8\cdot V_{10}$，其中 a_8 为回归系数，可以通过线性回归的方法加以确定。

V_{12}：畜禽粪便制作沼气时，进入沼气中的 NP 速率。因此：

$V_{12}=a_9\cdot V_3$；a_9 为该部分 NP 占 V_3 中 NP 的比例。

V_{13}：畜禽粪便制作沼气时，进入残余沼液、沼渣中的 NP 返回农田土壤中的速率。因此：$V_{13}=(1-a_9)\cdot V_3$；

V_{14}:每年从种植业系统中因收获而损失的NP量。设每年收获的生物量与当年的种植业规模成正比,因此$V_{14}=c_3 \cdot a_{10} \cdot x_4$,$a_{10}$为收获系数,单位产量的收获量。$c_3$为收获的生物量中NP所占的比例。

V_{15}:每年从养殖系统中因收获而损失的NP量。设每年生猪出栏量与当年的养殖业规模成正比,因此$V_{15}=c_4 \cdot a_{11} \cdot x_6$,$a_{11}$为生猪的出栏率。$c_4$为每头出栏生猪体内的NP含量。

以上便完成了对系统状态变量、速率变量和速率方程的确定,下面可以确定NP循环系统的总动力学方程了。

4.1.4 数学模型的建立

根据状态变量、速率变量以及速率方程,确定它们的关系即数学模型如下:

$dx_1/dt=V_{11}$

$dx_2/dt=V_2-V_7$

$dx_3/dt=V_8-V_9-V_{14}-V_{10}$

$dx_4/dt=V_{10}$

$dx_5/dt=V_6+V_5+V_7+V_9+V_{13}-V_8$

$dx_6/dt=V_1-V_{15}$

由上述关系,进一步得到系统的状态方程模型如下:

x_1的一级动力学方程:$dx_1/dt=a_8 \cdot a_7 \cdot a_6 x_4 \dfrac{x_5}{K_s+x_5}$

x_2的一级动力学方程:$dx_2/dt=A_2 \cdot c_1 \cdot a_1 \cdot x_1-a_{12} \cdot x_5$

x_3的一级动力学方程:

$$dx_3/dt=a_6 x_4 \frac{x_5}{K_s+x_5}-c_2 \cdot a_3 \cdot x_4-c_3 \cdot a_{10} \cdot x_4-a_7 \cdot a_6 x_4 \frac{x_5}{K_s+x_5}$$

x_4的一级动力学方程:$dx_4/dt=a_7 \cdot a_6 x_4 \dfrac{x_5}{K_s+x_5}$

x_5的一级动力学方程:

$$dx_5/dt=V_6+(1-A_2-A_4) \cdot c_1 \cdot a_1 \cdot x_1+a_{12} \cdot x_5+c_2 \cdot a_3 \cdot x_4+(1-a_9) \cdot A_4 \cdot c_1 \cdot a_1 \cdot x_1-a_6 x_4 \frac{x_5}{K_s+x_5}$$

x_6的一级动力学方程:$dx_6/dt=c_1 \cdot a_1 \cdot x_1-c_4 \cdot a_{11} \cdot x_6$

同样我们研究V_6(每年化肥的施用量)对经济发展和生态环境的影响,因此模型中它作为系统的输入,系统的输出为各个状态变量的值即$y=x$。

4.1.5 基于 MATLAB/Simulink 的系统仿真模型的建立

运用 MATLAB/Simulink 仿真建模技术,建立系统的仿真模型(如图 6－10 所示),仿真模型用于对系统的仿真实验研究。

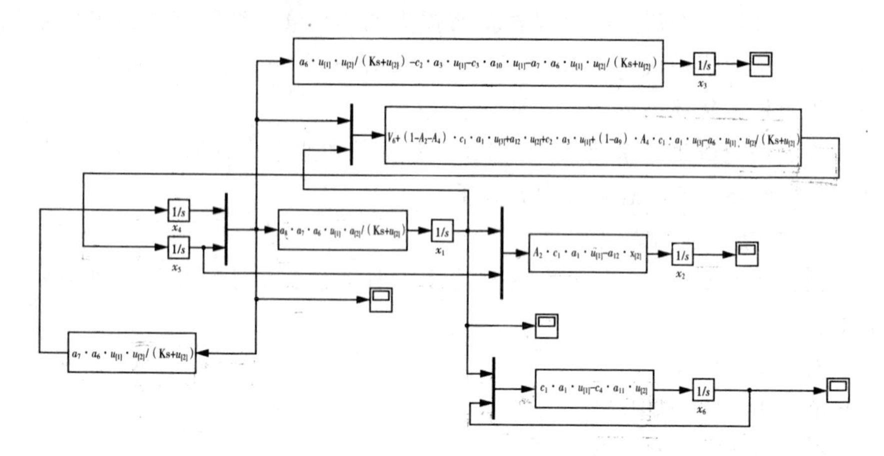

图 6－10 系统仿真模型

Fig. 6－10 The emulate model of system

4.1.6 数学模型的有效性检验

对现状系统,即未加入生态工程的畜牧粪便农业处理系统进行建模的目的,是观察在当前发展模式下,系统未来变化的趋势,并与加入生态工程后系统的未来变化趋势进行横向比较,从而验证加入生态工程的作用,以及所采用方法的意义。为了对现状系统的发展趋势进行预测,必须对现状的数学模型进行有效性检验,确认该模型能够对按目前发展模式运行的系统进行预测。我们到当地进行深入调查与实验,得到系统的各个状态变量从 1991－2007 年的历史数据(见表 6－6),我们将所有状态变量在 1991 年的值作为系统的初始值,确定系统参数,运行仿真模型,得到仿真结果,如果模型的预测结果与实际调查值一致,则说明模型与实际系统之间存在较好的结构一致性与行为一致性,模型是有效的;否则需要进一步修正模型的结构与参数,再进行仿真预测,直到得出令人满意的结果为止。

在确认模型的有效性时,我们主要采用两个统计量,即 R^2 和 STD,R^2 为模型预测值与实际调查值之间的相关系数平方,就模型的有效性而言,该值越大越好,STD 为二者的标准差,该值越小越好。

表 6-6　1991—2007 年河横村 x_1-x_6 数据

Table 2-6　The survey data of 1991—2007 in Heheng

年份 Year	x_1	x_2	x_3	x_4	x_5	x_6
1991	8200	3212	129000	6250000	312000	98400
1992	8280	3300	134573	6520000	323256	99360
1993	9100	3310	139939	6780000	352200	109200
1994	9200	3280	140352	6800000	362100	110400
1995	9548	5410	147576	7150000	375120	114576
1996	9878	5620	147782	7160000	375230	118536
1997	11300	6788	169867	8230000	391100	135600
1998	12100	6500	174408	8450000	391580	145200
1999	13500	8200	177091	8580000	375680	162000
2000	13710	8310	149805	7258000	376080	164520
2001	13959	11610	149805	7258000	370338	167508
2002	11825	6558	153768	7450000	392118	141900
2003	14875	6214	153231	7424000	382200	178500
2004	12937	5175	153355	7430000	383250	155244
2005	12834	7161	155997	7558000	394200	154008
2006	13524	8261	153324	7428500	382270	162288
2007	13824	6210	151545	7342300	374520	165888

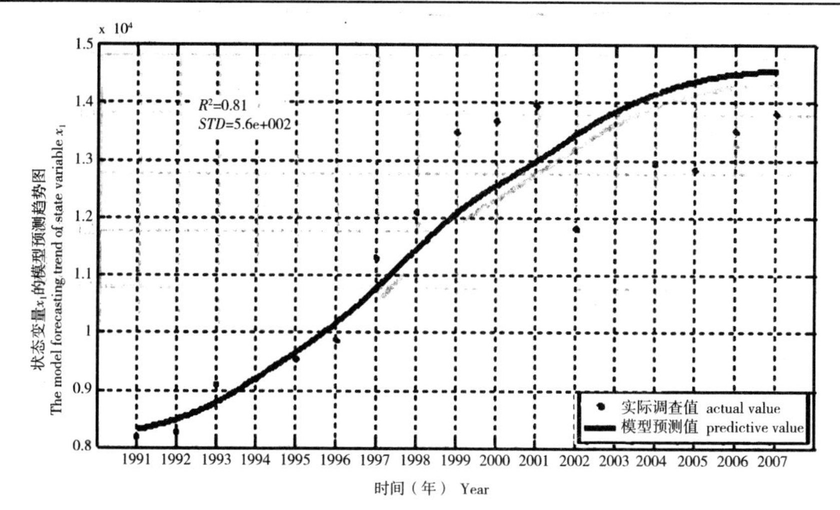

图 6-11　1991—2007 年养殖规模 x_1 的动态变化预测结果图与模型的有效性检验

Fig. 6-11　The dynamic change of Culture scale(x_1)prediction and model validation in 1991—2007

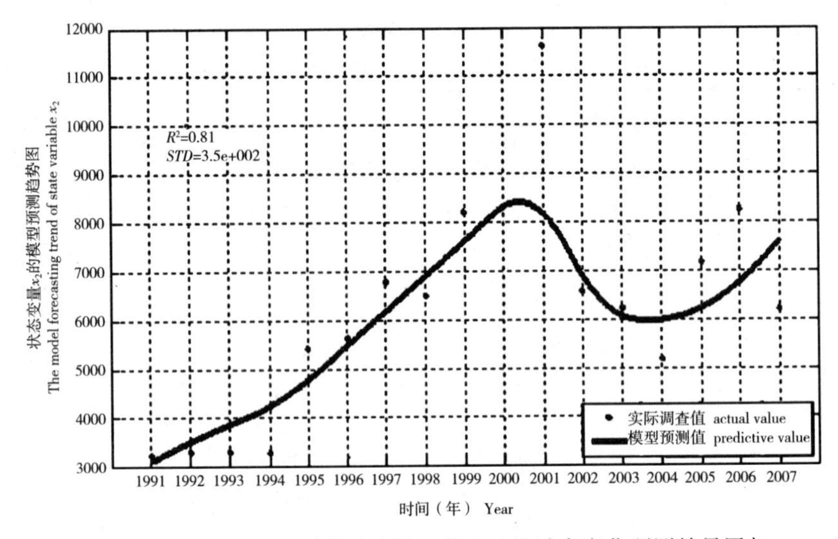

图 6－12　1991—2007 水体中 NP 含量(x_2)的动态变化预测结果图与模型有效性检验

Fig. 6－12　The dynamic change of NP content(x_2)prediction in water and model validation in 1991—2007

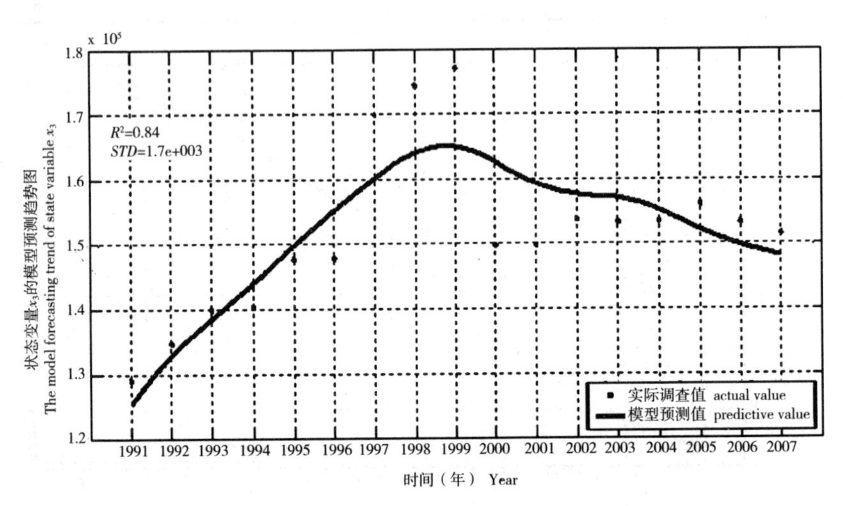

图 6－13　1991—2007 种植系统的 NP 含量(x_3)的动态变化预测结果图与模型的有效性检验

Fig. 6－13　The dynamic change of NP content(x_3)prediction in planting system and model validation in1991—2007

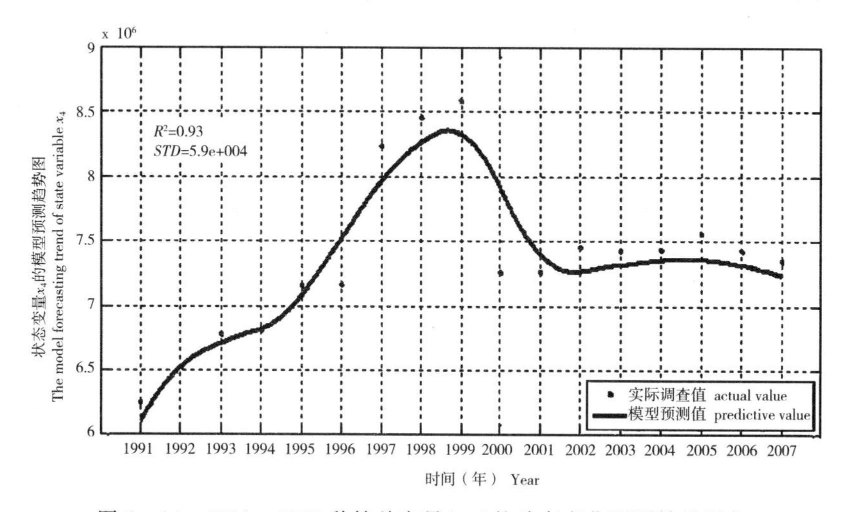

图 6-14　1991—2007 种植总产量(x_4)的动态变化预测结果图与模型的有效性检验

Fig. 6-14　The dynamic change of planting yield (x_4) prediction and model validation in 1991—2007

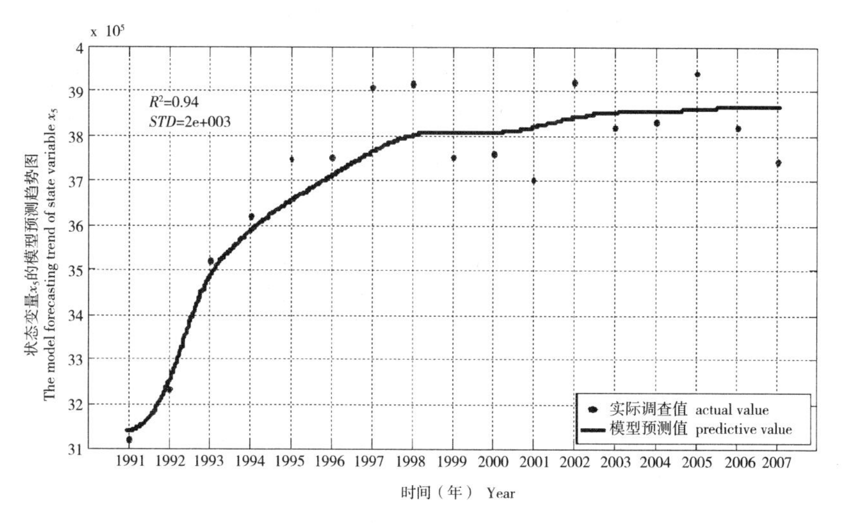

图 6-15　1991—2007 农田土壤中 NP 含量(x_5)动态变化预测结果图与模型的有效性检验

Fig. 6-15　The dynamic change of NP content(x_5) prediction in cropland soil and model validationin 1991—2007

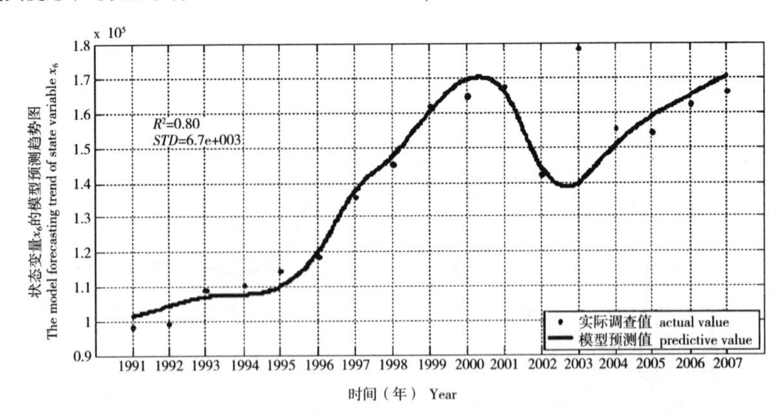

图 6-16　1991—2007 养殖系统中 NP 含量(x_6)动态变化预测结果图与模型的有效性检验

Fig. 6-16　The dynamic change of NP content(x_6)prediction in agriculture system and model validation in 1991—2007

从仿真结果与有效性检验结果(图 6-11 到 6-16)中,我们可以看出,模型真实地反映了系统内各个变量之间的关系,NP 在系统内的动态变化规律,可以对 NP 在系统内今后的动态进行预测和评价。

4.2　在未加入生态工程情况下系统的未来动态

将系统各个变量 x_1—x_6 在 2007 年的值(如表 6-17 所示)作为初始,对系统从 2007—2030 年的动态进行预测,得到在今后各个年份的预测值(图 6-17 到 6-22)。

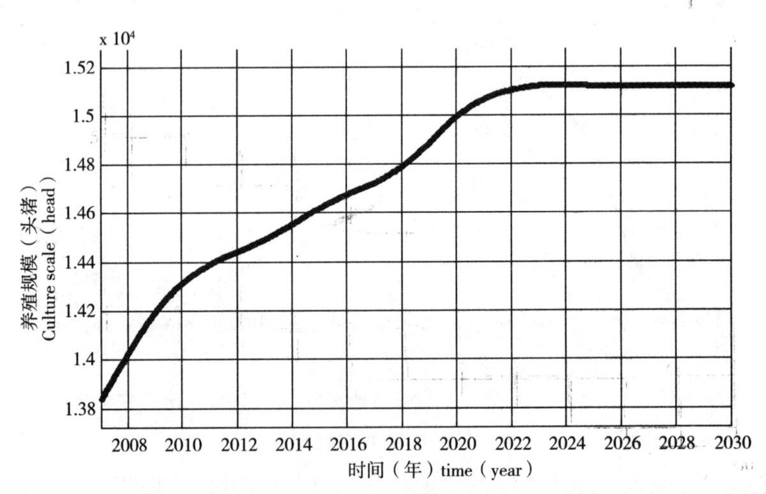

图 6-17　在原发展模式(未加入生态工程)下养殖规模(x_1)动态变化预测结果图

Fig. 6-17　The dynamic change of Culture scale(x_1)prediction under the original mode of development (non—a dd eco—engineering)

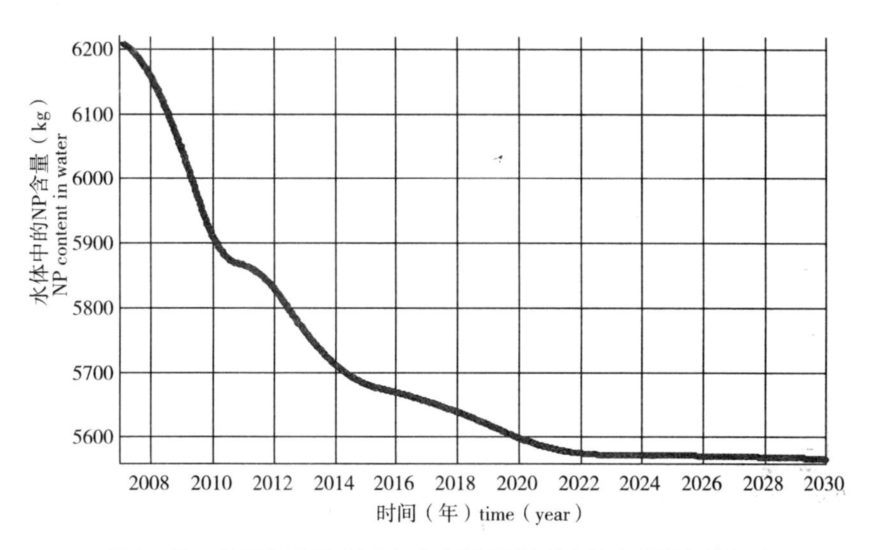

图6－18　在原发展模式(未加入生态工程)下水体中NP含量(x_2)动态变化预测结果图

Fig. 6－18　The dynamic change of NP content(x_2)prediction in water under the original mode of development (non－add eco－engineering)

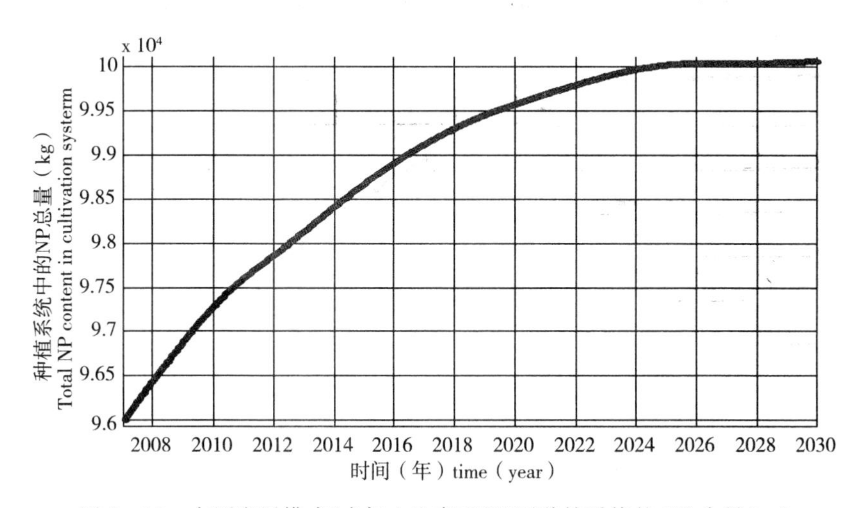

图6－19　在原发展模式(未加入生态工程)下种植系统的NP含量(x_3)动态变化预测结果图

Fig. 6－19　The dynamic change of NP content(x_3)prediction in planting system under the original mode of development (non－add eco－engineering)

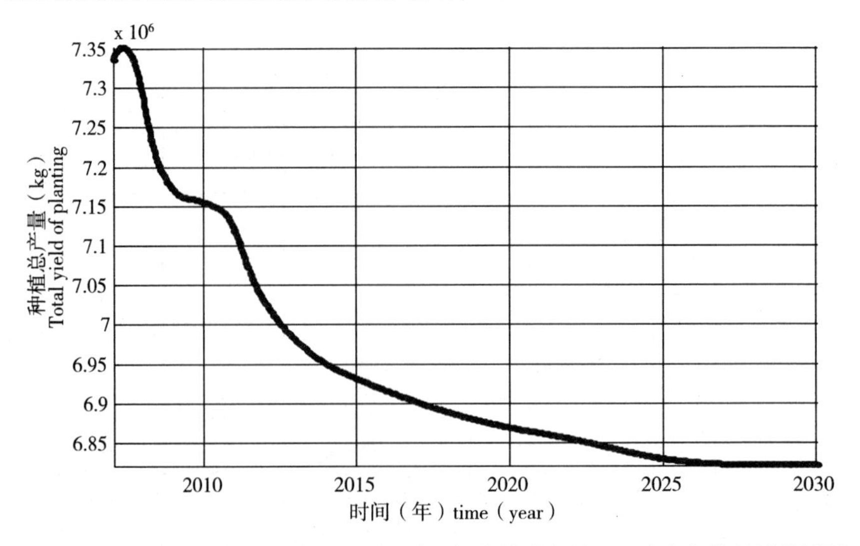

图 6-20　在原发展模式(未加入生态工程)下种植总产量(x_4)动态变化预测结果图

Fig. 6-20　The dynamic change of planting yield(x_4)prediction under the original mode of development (non—add eco—engineering)

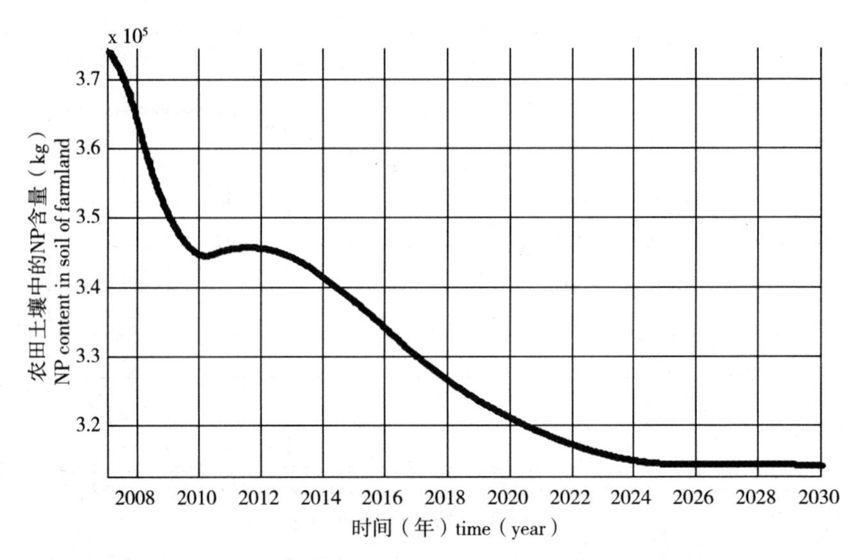

图 6-21　在原发展模式(未加入生态工程)下农田土壤中 NP 含量(x_5)动态变化预测结果图

Fig. 6-21　The dynamic change of NP content(x_5)prediction in cropland soil under the original mode of development (non—add eco—engineering)

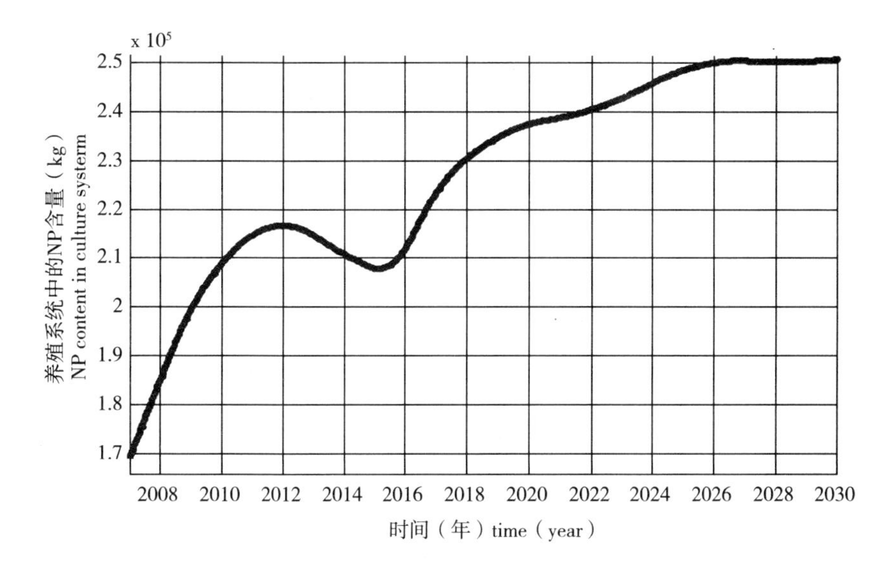

图 6－22　在原发展模式(未加入生态工程)下养殖业系统中 NP 含量(x_6)动态变化预测结果图

Fig. 6－22　The dynamic change of NP content(x_6)prediction in agriculture system under the original mode of development (non—add eco—engineering

模型在 2030 年的终值，如表 6－7 所示。

表 6－7　在原发展模式(未加入生态工程)下系统各个状态变量在 2030 年终值预测值

Table 6－7　The predictive value at the 2030 year－end of system state variables under the original mode of development (non－add eco－engineering)

状态变量 state variable	x_1	x_2	x_3	x_4	x_5	x_6
2030 年终值 terminal value of year 2003	15173	5569	100014	6814528	312804	251533

5　结　论

在系统模型的基础上，我们对畜禽粪便循环农业处理模型进行了基于仿真实验的结构设计、参数和性能优化，以及自动控制等研究。通过合理的结构设计与参数优化，使得畜禽粪便循环农业处理模型可以稳定和稳健地运行在我们设定的工作点上，并能够有效消除内外扰动对系统正常运行的影响。

利用历史数据对模型有效性进行检验可以看出，x_1-x_6 六个状态变量的 R^2 最小为 0.8，最大 0.94，平均为 0.855，STD 均较小，说明建立的畜禽粪便循环农业处理模型是科学可行的。通过对仿真结果进行验证和确认，它们与实际情况和实验结果吻合性良好，表明仿真结果具有很好的实际应用价值。

原发展模式（未加入生态工程）在 2030 年的终值（如表 6－7 所示）与加入生态工程并优化后的系统在 2030 年的终值（如表 6－3 所示）相比，呈现以下特点：

一是未加入生态工程的系统比加入生态工程的系统经济指标明显下降，比如，未加入生态工程的系统比加入生态工程的系统养殖规模小，作物产量降低 15%；二是未加入生态工程系统的环境指标也不如加入生态工程的系统，比如，未加入生态工程的系统在比加入生态工程的系统养殖规模少 5.6%的情况下，周围水体中的污染物（NP）是后者的 14 倍。可见未加入生态工程的系统经济发展不足，环境保护欠佳，不符合循环发展要求。而加入生态工程并优化后的系统符合可持续发展的要求，是该地区理想的发展模式。

第7章 农业面源污染原因调查与行为分析

农业面源污染防治作为一个系统工程,一方面受技术、资金等因素的制约,另一方面还受到人的因素的影响,生产或经营者的环保意识和行为,对农业面源污染的认知也是其主要驱动力。对农业面源污染的认知包括两个层次内容,一是居民对农业面源污染防治重要性的认识,二是居民参与农业面源污染防治的意愿和程度,与防治农业面源污染技术本身及成本有关。生产或经营者对畜禽粪便等造成的农业面源污染不认知或者认识不足,就无法也不愿意自觉地投入农业面源污染的防治中,农村环境综合整治工作只能事倍功半。

本文首先通过参观座谈从宏观角度了解江苏省农村面源污染的原因,其次对“农户环保意识与行为”入户调查问卷进行分析。

1 农业面源污染原因调查

1.1 调查方法

2006 年 4—6 月,课题组随同江苏省环保部门的工作人员到高淳县、江阴市、江都市、姜堰市、阜宁县、灌南县等市县进行实地考察并召开座谈会(如表 7-1 所示),考察的主要内容为农村环境存在的问题、产生的原因和解决对策。

表 7－1　江苏省实地调研县(市)、镇、村

Table 7－1　The spots investigation of counties (cities) and towns and villages in Jiangsu Province

县(市) county(city)	乡　镇 town	村 village	参加座谈会人员的单位 work units which joininformal discussion
高淳县 (苏南)	阳江镇	高墩村	环保局、农林局、水利局、建设局、国土局、科技局、卫生局、农工办、农发办、县府办、高淳镇等相关人员
	桠溪镇	瑶岩村	
江阴市 (苏南)	澄江镇	谢园村	政府办、农林局、水利局、爱卫办、环保局、园林旅游局等相关人员
	月城镇	双泾村	
江都市 (苏中)	吴桥镇、宜陵镇 邵北镇、双沟小区		环保局、农林局、水利局、建设局、国土局、科技局、农机局、农工办、爱卫办、县政府办等相关人员
姜堰市 (苏中)	沈高镇	河横村	环保局、农业局、水利局、建设局、农机局、爱卫办等相关人员
阜宁县 (苏北)	开发区		郭墅镇、阜城镇、环保局、农林局、水利局、建设局、科技局、农机局、农工办、爱卫办、县政府办等相关人员
	郭墅镇	王庄村	
	阜城镇	周庄村	
灌南县 (苏北)	六塘乡	万圩村	环保局、财政局、农业局、水利局、建设局、农机局、农工办、爱卫办、人大、政协等相关人员

1.2　调查结果

表 7－2 表明，苏南、苏中、苏北三个区域农业面源污染的原因是不同的，苏南，由于土地的限制，规模化养殖场有钱上治理污染的设备，但征地存在困难，农业面源污染政策层面的主要问题是村镇缺乏统一规划或者规划不到位，尤其是环境保护规划；苏中，如何禁止秸秆露天焚烧、减少化肥的使用量，不是发几个文件就可以解决的问题；苏北，农业面源污染政策层面的对策首要是提高人们的环境保护意识。调查表明，苏中苏北农业面源污染与经济因素有关，尤其是苏北，环境保护意识不强和缺乏经济支持成了农业面源污染的主要原因。在调研中，人们共同呼吁的对策有三条：一是制定科学的规划，科学地防止和控制污染；二是提高农民的环境保护意识，从源头上防止污染行为的发生；三是建立政府投入的长效机制，全程控制污染。

表7-2 农业面源污染原因调查结果统计

Table 7-2 The reason and challenge of agricultural non-point source pollution

区域 Area	原因(以频率多少排序) Reason(scheduling by frequency)	频率数 Frequency number
苏南 South jiangsu	① 村镇缺乏统一规划或者规划不到位,环保措施跟不上 Lack of planning andenvironmental protection measures	20
	② 规模养殖污染治理受土地面积因素制约 Pollution treatment is restrict by plant area	18
	③ 缺乏先进技术与先进设备 Lack of adwanced technology and equipment	2
苏中 Middlejiangsu	① 秸秆露天焚烧 Straw burning in the open air	20
	② 人畜禽粪便污染 Pollution of human,livestock and poultry manure	16
	③ 化肥使用量大,最高达 $6t \cdot hm^{-2}$ Overuse of chemical fertilizer,is up to $6t \cdot hm^{-2}$	10
苏北 North jiangsu	① 环保意识不强 Lack of environmental protection sense	18
	② 化肥使用量逐年提高,有机肥使用量减少 Chemical fertilizer amount increase,organic fertilizer decrease	10
	③ 秸秆利用没有好的办法,焚烧严重 Straw cannot be used,so burning in the open air	9

频率数:本表指座谈会中提到此原因的人次。

2 农户环保意识与行为分析

2.1 研究区域

选取江苏、安徽两省农户为调查对象,依次代表我国经济发达、欠发达地区。经济发达的程度是以各省人均生产总值和农民人均年纯收入为衡量标准。

江苏省全省人口 7438 万人，全省耕地 490.2 万公顷，2006 年地区生产总值 21548 亿元，人均生产总值超 3500 美元，农民人均纯收入 5813 元。安徽省全省人口 6593.5 万人，全省耕地 408 万公顷，2006 年地区生产总值 6141.9 亿元，人均 10044 元，农民人均收入 3641 元。

2.2 研究方法

采取点面结合的入户调查方法，调查以问卷为主，座谈为辅。共调查 200 个农户，有效问卷共 195 份(如表 7-3 所示)。其中向江苏省的新沂市、姜堰市和太仓市 10 个村 100 户农户，发放问卷 100 份，收回有效问卷 98 份；向安徽省的马鞍山市、宿州市和凤台县 10 个村 100 户农户，发放问卷 100 份，收回有效问卷 97 份。

表 7-3 问卷调查的农户区域分布

Table 7-3 Distribution of the investigated farmers

省 Province	县(市) Couty(city)	村 Village	被调查农户数(户) Number of investigated farmers (household)
江苏省	太仓市	新红村、新卫村	25
	姜堰市	河横村、官庄、冯庄、夹河	50
	新沂市	王场、宋圩、陈杨、半城	25
安徽省	马鞍山市	何塘、清水塘	25
	凤台县	后胡村、刘庄、杨家庙、白塘	50
	宿州市	高宅、马庄、周王、前付	25

问卷调查及访谈内容主要包括被调查农户(人)背景、环境保护知识普及程度和环境保护意识与行为。农民经济文化背景是指农户的收入及主要被调查人(填卷或回答问题、1 户限 1 人)的性别、年龄、学历等；环境保护知识普及程度指标主要包括对环境保护重要性及环境保护宣传的认识；环保意识与行为主要指农户对秸秆的利用方式、畜禽粪便处理方式、化肥使用及环境保护支付意愿等(如表 7-4 所示)。

表7-4 农业面源污染行为因素调查问卷

Table 7-4 The questionnaire of behavioral factors of agricultural non-point source pollution

调查背景
1. 性别:A. 男 B. 女
2. 年龄:A. 18岁以下 B. 18—25岁 C. 26—40岁 D. 40—60岁
3. 文化程度:A. 本科及以上 B. 大专 C. 高中(中专) D. 初中及以下
4. 家庭人均年收入: A. 1000元以下 B. 1000—2000元 C. 2000—3000元 D. 3000—5000元 E. 5000元以上
环境保护知识普及程度
5. 您对于"环境保护"这个词熟悉吗? A. 很熟悉 B. 比较熟悉 C. 不很熟悉
6. 您一般从哪些媒介得到环保知识? A. 报纸 B. 电视 C. 环保部门的材料或宣传 D. 其他
7. 您认为关于环保的重要性的宣传足够吗? A. 足够 B. 不够
8. 你认为环保和经济哪个更重要? A. 环保重要 B. 经济重要 C. 一样重要
环境保护意识
9. 您对周围的环境状况满意吗? A. 满意 B. 基本满意 C. 不满意 D. 不知道
10. 您认为周围的环境被破坏了吗? A. 尚未觉察 B. 已经遭到破坏 C. 严重破坏
11.(如果上题答B或C,请回答本题)您认为周围环境的哪方面被破坏了? A. 水 B. 土壤 C. 空气 D. 植被 E. 人居环境 F. 其他
12. 您认为应该采取措施保护环境吗? A. 应该 B. 不应该 C. 不知道
13. 您认为保护环境是谁的责任:A. 政府 B. 企业 C. 个人
14. 您认为周围人对环保是否重视:A. 重视 B. 不是很重视 C. 不重视
15. 您是否愿意为环保事业做出力所能及的贡献:A. 愿意 B. 看情况 C. 不愿意
16. 您个人平时是否注意保护环境? A. 有 B. 没有 C. 不清楚怎么做是保护环境
17. 您是否愿意为环保事业做出个人投资? A. 愿意 B. 看情况 C. 不愿意
18. 如愿意出资,出资额是个人收入的多少? A. ≤0.5% B. 0.5%—1% C. 1%—2% D. ≥2%
19. 您认为政府对环境保护是否足够重视:A. 足够 B. 不够
环境保护行为
20. 您会随手丢垃圾吗? A. 习惯 B. 时常 C. 偶尔 D. 从不
21. 您对作物秸秆的处理方式:A. 焚烧 B. 粉碎还田 C. 作为饲料 D. 不知道该怎么处理
22. 您认为化肥的使用量应该:A. 加大 B. 减少 C. 保持现有水平
23. 您认为把畜牧粪便制成颗粒肥料:A. 很好 B. 可以 C. 没必要
24. 畜禽粪便处理方式:A. 还田 B. 卖给有机肥厂 C. 抛弃
25. 对于农膜,您的态度是:A. 使用可降解的 B. 使用多功能的 C. 使用一般的
26. 您对残膜的态度:A. 回收 B. 不回收

2.3 结果与分析

2.3.1 受访农户基本情况

有效调查195户,属于一类专业农户(以农业生产为主的农户)66户,二类专业农户(以农业生产为辅的农户)98户,三类专业农户(从事养殖、加工业的农户)31户,年家庭人均收入5000元以上的占总调查数的46.2%,多数为江苏农户,3000元以下占调查总数的27.1%,几乎都是安徽省农户,这和国家统计资料中的农户收入吻合。被调查的农村居民,男性87人,占44.6%,女性108人,占55.4%;以中青年劳动力为主,18—60岁劳动力占整个调查对象的93.8%;居民平均受教育6.7年,和全国农民平均受教育水平持平(如表7-5所示)。

表7-5 受访农户基本情况

Table 7-5 Basic information of interviewee farmers

项目 project	类别 cotegory	频数 frequency	%
性别 gender	男 male	87	44.6
	女 female	108	55.4
年龄 age	18—40岁	110	56.4
	41—60岁	73	37.4
	60岁以上 above	12	6.2
文化程度 education level	大专及以上 junior college and above	47	24.1
	高中 senior school	35	17.9
	初中 junior school	82	42.1
	小学及以下 primary school and below	31	15.9
年家庭人均纯收入 pure income per family per year	5000元以上 above	90	46.2
	3000—5000元	52	26.7
	3000元以下 below	53	27.1

2.3.2 面源污染行为分析

在本研究中，农户农业面源污染行为主要包括农户对农作物秸秆处理方式、畜禽粪便处理方式、使用化肥的态度及是否随手丢生活垃圾习惯等4个方面（如表7-6所示）。

表7-6 农业面源污染行为调查

Table 7-6 The investigation of behavioral factors of agricultural non-point source pollution

项目 Project	类别 Cotegory	频数 Frequency	%
随手丢垃圾 Throw wastes everywhere	经常 Frequently	32	16.4
	偶尔 Seldom	97	49.7
	从不 Never	66	33.9
秸秆利用方式 Use of straw	焚烧 Burn	47	24.1
	粉碎还田 Beaking and mulching	68	34.9
	作为饲料 Use as feed	68	34.9
	堆肥 Compost	12	6.1
畜禽粪便处理方式 Treatment of manure	施入农田 Put into fields	119	61.0
	卖给有机肥料厂 Sell to organic fertilizer factory	19	10.0
	抛弃 Abandon	57	34.4
对使用有机肥的态度 Attitude of useing organic fertilizer	愿意 Please	121	62.1
	不愿意 Reluctant	55	28.0
	看情况决定 It depends	19	9.9
化肥使用的态度 Attitude of useing chemical fertilizer	加大 Increase	41	21.0
	减少 Decrease	154	79.0

结果显示，24.1%的农户表示把秸秆焚烧，这一数字远远高于统计部门以及其他研究资料数字（闫丽珍等，2006；韩鲁佳等，2002），假定每个农户在调查结果中的权重相同，2005年江苏、安徽两省大约有2654万t秸秆被焚烧；有29%的畜禽粪便被抛弃，没有被循环利用的畜禽粪便暴露在大气之中或流于沟河之水，加速水体富营养化；只有62.1%的农户愿意使用有机肥，愿意使用有机肥并不表示农户在农业生产中真的使用有机肥，安徽省有机肥养分的相对投入量已由1980年占养分总投入量的70%—80%或更多，下

降到现在的30%—40%(钱国平等,2007),部分地区甚至更低。被调查的有种植面积的农户100%都使用化肥,而且绝大部分农户把化肥作为主要肥料,其原因是传统的有机肥积造使用费时费工,劳动强度大,卫生条件差,环境不好,生产工艺落后,生产成本高,农民得不到实惠,在肥料市场上失去了竞争优势,商品有机肥市场有萎缩的趋势,同时国家缺乏强有力的补贴激励机制,因而农民缺乏热情。调查中发现,还有近21%的农户认为应该加大化肥使用量,使用化肥能快速增产是最大的诱因。

调查结果还显示,从不随意丢垃圾的居民占调查总数的33.9%,经常随手丢垃圾的占16.4%,考虑到人都有面子意识,事实上经常随手丢垃圾的居民比例要大于16.4%。因此,良好生态习惯的养成教育在新农村建设的环境综合整治中也十分重要。

2.3.3 农民生态意识度

表7-7表明,150个农户中认为农村环境污染主要是水体和空气被污染的占80%,认为土壤、植被和人居环境被污染的占比很少。

绝大部分居民认为农村环境污染治理是政府和企业的责任,认为是个人责任的不到5%,值得注意的是62.1%的农户认为是政府的责任,这一数值几乎是认定是企业责任的一倍,与城市环境污染"谁污染谁治理"责任认同是有区别的,一是因为城市污染多是点源污染;二是农村污染责任无法确切认定。因此,在治理农村环境污染中,就要求政府除了积极引导农民保护环境之外,还应担当起治理环境的重任。

49.1%的调查对象表示,愿意为治理环境出资,46.9%表示看情况而定,其实也就是看政府怎么做和别人怎么做而决定,这就表示农村居民是愿意配合政府治理农村环境的,这种意愿随着个人收入水平的提高而增强,和郭淑敏等(2006)人的调查结果不同。

表7-7 农户生态意识度调查统计

Table 7-7 The eco-environment awareness of country residents

项目 Project	类别 Cotegory	频数 Frequency
被破坏的环境主体 Main destroyed enviroment	水 Water	98
	土壤 Soil	24
	空气 Air	52
	植被 Plants	16
	人居环境 Human settlements	20

（续表）

项　目 Project	类　别 Cotegory	频　数 Frequency
环境治理责任 responsibility of environment control	政府 Goverment	121
	企业 Enterprise	66
	个人 Person	8
支付意愿 will to pay for	愿意 Please	96
	不愿意 Reluctant	8
	看情况决定 It depends	91

34.1%的居民愿意出自己年收入的0.5%以下，39.6%的人表示愿意出0.5%—1%，22%的人表示愿意出1%—2%，只有4.3%的人表示可以出2%以上。因此可以判定对农村环境污染的治理和保护费用，农民愿意承受的最高费用是年均收入的2%，根据调查结果，按照加权法计算，农户平均支付意愿是自己纯收入的0.798%，和前人调查的1%支付意愿基本一致(郭淑敏等,2005)。

我们根据农民对环境主体的认知、环境保护责任的认定和对环境保护支付意愿的认同三个方面，引入生态意识度的概念。生态意识度指人们对农村生态环境破坏程度及保护措施的认可程度，以便更加全面地分析评价农民农业面源污染防治行为因素。

生态意识度计算公式：

$$E=\sum_{i=1}^{n}x_iy_i$$

x_i为第i项项目生态意识值，取值范围0—1，y_i为该项目占整体生态意识的权重；每个项目取值0—1之间，为方便计算"被破坏的环境主体"项目中的5个类别平均取0.2，"环境治理责任"项目以"政府和个人共同责任"为1，其余为零，"支付意愿"项目以"愿意"为1，其余为零；项目权重(根据其在生态意识中的地位模糊确定)：被破坏的环境主体0.4，环境治理责任0.2，支付意愿0.4，据此计算出生态意识度与经济文化水平的关系(如表7-8所示)。

表7-8　农户生态意识水平与经济文化关系

Table 7-8　The correlative of farmer attitude to eco-environment with economy culture of area

区域 Area	年家庭人均收入(元) Pure income per year each person	高中以上学历人数比例(%) Proportion of education level above senior school	平均生态意识度 Everage ecological Consciousness
江苏省	5246	48.1	0.70
安徽省	2645	27.2	0.59

对生态意识度与人均纯收入、学历的关系利用 spass 进行相关分析，结果表明：人的生态意识与区域经济文化水平高度相关，与农户年平均纯收入相关度 0.928，和王志琴、李守旭（2003）对小城镇公众生态意识研究结果一致；生态意识度与农村居民文化水平相关度 0.94，高于经济水平的相关度，与他们研究结果略有不同。结果差异可能是源于本生态意识包括支付意愿以及区域经济与居民文化水平的耦合作用。

生态意识是反映人与自然环境和谐发展的一种新的价值观念。人类的生态观念正在经历从浅层向深层发展的过程，对环境问题关注的范围及领域越来越宽，我国大中城市居民的生态意识水平有了大幅度提高，但是，小城镇和农村生态环境问题却突显了出来。提高农民的生态意识对本地生态环境改善有重要意义，首先可以直接减少对生态环境的损坏行为，如降低农药化肥的使用强度；其次能提高农民对畜禽粪便等有机固体废物的利用程度，有助于提高公众的环境监督积极性；第三有益于创造经济与环境“双赢”机制。

3 结 论

调查表明，在是否使用化肥及如何处理畜禽粪便时，农户首先考虑的是经济效益，当他们认为某种方式不能带来经济效益的时候，就会放弃这种方式，而对畜禽粪便处理不当对环境造成的影响近期内可能对其利益没有影响。从这一点来看，农户在考虑畜禽粪便等有机固体废物的处理利用时，一般不会把对环境造成的影响放在一个重要的位置。经济学的利益最大化原则中的利益，并非单纯指经济利益，而是指理性经纪人价值取向所指向的利益。正如分析结果表明，随着经济收入的增加及受教育水平的提高，农户的环保意识也在提高，因此，发展地方经济，加强环境保护教育，提高人们的文化水平，使农民具有环保意愿的驱动力，对利用生态工程处理畜禽粪便造成的污染具有重要的意义，基于生态环境安全的畜禽粪便循环农业处理方式在经济发达的地区更容易实现。

第8章　畜禽粪便污染的防控对策

基于畜禽粪便污染原因及农户环保行为分析和畜禽粪便污染的农业系统控制模拟，从系统动力学出发，提出“政策引导、规模协调、技术配套、机制完善”的畜禽粪便污染防控对策。

1　对策的原则

(1)以预防为着眼点，控制治理为着力点，防控结合。

(2)坚持农牧结合、种养平衡的原则。根据本场区土地(包括与其他法人签约承诺消纳本场区产生粪便污水的土地)对畜禽粪便的消纳能力，确定新建畜禽养殖场的养殖规模。

(3)充分认识经济因素和人的因素对对策实施的影响。

2　对策系统构成

对策系统包括防和控两个部分，四大构成要件。四大构成要件指政策、技术水平、土壤环境容量以及意识因素和防控行为。通过政策实施改变人的意识和行为，促进技术水平的提高，技术水平又直接影响土壤环境容量的大小。政策、技术、环境容量共同影响防控措施的制定与实施。

3　对　策

(1)政策引导

本文研究表明，发展地方经济，加强环境保护教育，提高人们的文化水

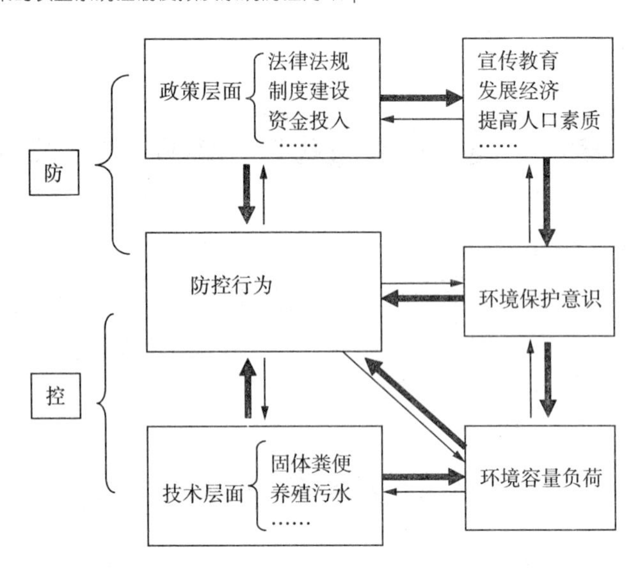

图 8-1　畜禽粪便面源污染防控系统框架

Fig. 8-1　Model of prevention and control system of domestic animal excreta

平，使农民具有环境保护的驱动力，对利用生态工程处理畜禽粪便造成的污染具有重要意义，因此，畜禽粪便污染的农业系统控制需要国家政策的有力引导。这里的政策主要包括政策法规、制度建设和资金投入机制。我国虽然出台了《畜禽养殖污染防治管理办法》《畜禽养殖业污染防治技术规范》等相关的多个法律文件，但是，没有建立明确的畜禽养殖业准入制度，建造畜禽养殖场随意性大；发展“零排放”规模畜禽养殖缺乏足够的资金投入。

在未来的一段时间内，国家和地方都应进一步完善关于防控畜禽养殖污染的法律法规，建立资金投入机制，鼓励激励农民和养殖场积极预防和控制畜禽养殖污染。强化综合治理，加强资源利用。要切实处理好经济发展和环境保护之间的矛盾，严格按照畜禽养殖规划要求，坚决关闭、拆除禁养区的养殖场；对控养区的养殖场，要根据实际情况，采取有效措施，抓好畜禽养殖废弃物无害化、资源化处理，确保污染物达标排放；对可养区的养殖场，要做到合理布点规划，规模养殖，积极引导养殖业主采取科学、环保、生态型的饲养模式，加大畜禽粪便综合利用力度，发展循环经济，实现可持续发展，真正做到经济效益和社会效益同步，环境保护和养殖业发展双赢。明确审批渠道，加大扶持力度。要进一步明确畜禽养殖业准入制度，明确审批程序、审批权限，通过政策引导、效益吸引，引导养殖户转变养殖观念，推进畜禽规模化、标准化养殖,逐步规范养殖业发展。特别是要加大财政扶持力度,制定和实施强有力的优惠政策,通过制定一系列优惠政策,并给予养殖业主适当的治污补助,鼓励养殖业主彻底改造养殖场,力争实现“零排放”的目标,确保畜禽养殖污染整治工作落到实处。

(2)规模协调

养殖规模协调包含两层意思,首先是区域养殖规模与区域耕地面积协调,使区域土地能够安全经济地消解区域养殖产生的畜禽粪便。其次是取消零散或小规模养殖,建立集约化畜禽养殖场,有条件的地方,按照区域布局规划和当地土地利用总体规划要求,建立集约化畜禽养殖区。

(3)技术配套

首先,畜禽养殖场的设置应符合区域污染物排放总量控制要求,选址符合《畜禽养殖业污染防治技术规范》(HJ/T81—2001)。其次,养殖污水作为灌溉用水排入农田前,采取秸秆一水生植物等有效措施进行净化处理,对没有充足土地消纳污水的畜禽养殖场,利用生物发酵技术生产有机肥或进行沼气发酵。第三,建立规模化养殖场零排放模式。对粪便、废水等废弃物进行加工利用,确保不向环境排放任何废弃物。

在有条件的小型规模养殖场,推广包括废弃秸秆、水生植物在内的四级生态处理养殖污水中氮磷的技术。①作物秸秆截留沉淀,实现污水固液分离。利用禾本科作物秸秆间的空隙度和大的比表面,以水平加立体方式(L式)截留过滤养殖污水中明显的固体物质,被过滤的固体物质与作物秸秆混合作为堆肥原料。本环节只是截留 NP,并未利用 NP;营养物质与作物秸秆混合堆肥后归还农田生态系统。②饲料植物吸收净化高浓度养殖污水。利用水葫芦等对高浓度养殖污水有很强净化能力的水生饲料植物,把水中的 NP 富集在饲料植物营养体内,然后用于养殖;本环节水葫芦等能吸收大量 NP,大幅度降低水体富营养化程度,水葫芦等作为饲料过腹或作为绿肥归还农田生态系统。③景观植物净化中等浓度的污水。从美化环境角度考虑,种植非洲菊(多年生宿根草本景观植物)等净化能力中等的水生景观植物,既美化了环境又净化了水体。④水生蔬菜净化。在低浓度养殖污水中,栽培水芹菜、空心菜等水生蔬菜。重点是创造经济效益,有效降低养殖污水处理成本。

(4)机制完善

建立高效的运作机制和价格体系。规范市场准入机制和优质优价的市场机制。

人的行为是受意识支配的，在政策完善的同时，加大宣传力度，增强环保意识。要深入宣传环境保护的知识、政策和法律法规，强化社会责任意识；要组织养殖业主现场观摩科学养殖技术，帮助养殖业主树立法制观念、全局观念，倡导科学养殖、生态养殖，努力营造全社会关心、支持、参与环境保护的氛围。积极发展地方经济，充分发挥经济因素在预防、控制和治理畜禽养殖污染的重要作用。

鸣　谢

北京航空航天大学胡大伟博士为计算机仿真模型提供了技术支持，南京农业大学卞新民教授对本书进行了认真审阅，王波、陈海霞提供了部分试验数据。在此表示衷心的感谢！

江苏省环境保护厅项目(200512)资助。

参考文献

[1] Allna Peterson. Alternatives traditions and diversity in Agriculture and Human Values. 2000,17:95—106

[2] Baek K H,Chang J Y,Chang Y Y,et al. Phytoremediation of soil contaminated with cadmiumand /or 2,4,6—trinitrotoluene[J]. Journal of Environmental Biology,2006,27(2):311—316

[3] Brooks R R,Chambers M F,Nicks L J,et al. Phytomining [J]. Trends in Plant Science,1998,3(9):359—362

[4] Brown S L,Chaney R L,Angle J S,et al. Pytoremediation potential of Thlaspi caerulescens and bladder campion for zinc—and cadmium—contaminated contaminated soil [J]. Journal of Environmental Quality,1994, 23:1151—1157

[5] Chaney R L, Malik M, Li Y M. Phytoremediation of soil metals [J]. Current Opinions in Biotechnology,1997(8):79—284

[6] Chulalaksananukul S,Gadd G M,Sangvanich P,et al. Biodegradation of benzo(a)pyrene by a newly isolated *Fusarium* sp [J]. FEMS Microbiology Letter,2006,262(1):99—106

[7] De J,Ramaiah N,Sarkar A. Aerobic degradation of highly chlorinated polychlorobiphenyls by a marine bacterium,*Pseudomonas* CH07 [J]. World Journal of Microbiology and Biotechnology,2006,22(12):1321—1327

[8] Erik Fløjgaard Kristensen and Jens Kristian Kristensen. Development and test of small—scale batch—fired straw boilers inDenmark[J]. Biomass and Bioenergy,2004,26(6):561—569

[9] E C (European Commission). Opinion of the scientific committee on animal nutrition on undesirable substances in feed[J]. Brussels: European Commission Health and Consumer Protection Directorate. 2003 (3):21—15

[10] Freisleben B, Ripper K. Economic forecasting using neural networks [A], Neural Networks, 1995. Proceedings, IEEE, International Conference 1995,2(27):833—838

[11] Gianluca Li Puma,Po Lock Yue. A novel fountain photocatalytic reactor:model development and experimental validation [J]. Chemical Engineering Science,2001(56):2733—2744

[12] Harsanyi. J. Rational choice models of behavior versus functionalist and conformist theories [J],World politics,1995,(4):23—26

[13] Hoehamer C F,Wolfe N L,Eriksson K E L. Biotransformation of 2, 4, 6 — trinitrotoluene (tnt) bythe fungus *Fusarium oxysporum* [J]. International Journal of Phytoremediation,2006,8(2):95—105

[14] J A Milne. Societal expectations of domestic animal farming in relation to environmental effectsin Europe [J]. Domestic animal Production Science,2005,96(1):3—9

[15] Kawahigashi H,Hirose S,Ohkawa H,et al. Phytoremediation of the herbicides atrazine and etolachlor by transgenic rice plants expressing human CYP1A1,CYP2B6,and CYP2C19[J]. Journal of griculturaland Food Chemistry,2006,54(8):2985—2991

[16] Leigh M B,Pro uzova P,et al. Polychlorinated biphenyl (PCB)—degrading bacteria associated with trees in a PCB—contaminated site[J]. Applied and Environmental Microbiology,2006,72(4):2331—2342

[17] LeisterR. Brown. Building a society of sustainable development. Beijing:Scientific and Technological Literature Press,1984

[18] Li Puma,Gianluca,Lock Yue Po. The modeling of a fountain photocatalytic reactor with a parabolic profile. Chemical Engineering Science, 2001,2(56):721—726

[19] MathWorks. MATLAB Compiler. 2001

[20] MathWorks. MATLAB,the Language of Technical Computing. 2001

[21] MathWorks. Simulink,Writing S—Functions. 2001

[22] Maurer D,Mengel M. Statistical process control in sediment pollutant analysis. Environmental Pollution,1999,104(1):21—29

[23] M. F. Demirbas and Mustafa Balat. Recent advances on the production

and utilization trends of bio－fuels:A global perspective. Energy Conversion and Management,Volume 47,Issues 15－16,September 2006:2371－2381

[24] Miner J. R. Alternatives to Minimize the environmental impact of large swine production units[J]. Journal of Animal Science,1999(77):440－444

[25] Nugari M P,Pietrini A M. Trevi Fountain:An Evaluation of Inhibition Effect of Water－repellents on *Cyanobacteria* and Algae. International Biodeterioration and Biodegradation,1997,40(2):247－253

[26] Poopathi,Subbiah Abidha,Castillo M A,Felis N,Aragon P,et al. Biodegradation of the herbicide diuron by *streptomycetes* isolated from soil [J]. International Biodeterioration and Biodegradation,2006,58 (3):196－202

[27] Qiu D R, Wu Z B, Liu B Y, et al. The restoration of aquatic macrophytes for improving water quality in a hypertrophic shallow lake in Hubei Province,China [J]. Ecological Engineering. 2001,18(2):147－156

[28] Stephen R,Carpenter,et al. Biologicalcontrol of entrophication in lakes. Environ Sci Technol,1995,29(3):784－786

[29] United States General Accounting Office (GAO). 1995. Animal agriculture: information on waste management and water quality issues [R]. Briefing Report to the Committee on Agriculture, Nutrition, and Foresty,U. S. Senate,Gaithersburg,Maryland.

[30] United States Environmental Protection Agency (EPA);Clean Water Action Plan:and Restoring Protecting American Waters[M],1998

[31] 毕雪梅,臧淑英,贾利．绿色食品产地生态环境质量分析与评价[J]. 安全与环境学报,2005(2):64－67

[32] 卞有生．生态农业中废弃物的处理与再生利用[M]. 北京:化学工业出版社,2001

[33] 曹慧,胡锋,李辉信,梁镇海,王昭昭．南京市城市生态系统可持续发展评价研究[J]. 生态学报,2002(5):777－792

[34] 操家顺,李欲如,陈娟．水蕹菜对重污染河道净化及克藻功能[J]. 水资源保护,2006(3):36－39

[35] 蔡阿兴,蒋其鳌,常运诚,殷常锁,常萍．沼气肥改良碱土及其增产效果研究．土壤通报[J],1999,30(1):4－6

[36] 蔡秋亮,林东教,何嘉文,何臻铸,朱宇鹏,曾湛均,刘士哲．去污和

苗圃功能兼具的美人蕉漂浮植物修复系统研究．农业工程学报,2005(12):178－179

[37] 程静．高等水生植物在水体污染中的作用及其发展前景[J]．福建环境,1992,2(5):14－16

[38] 陈国军,曹林奎,陆贻通．张大弟．稻田氮素流失规律研究．上海交通大学学报,2003,21(4):320－324

[39] 陈良,江波．循环经济:我国农业发展的必然选择[J]．农村现代化与可持续发展,2004(9):23－25

[40] 陈弘．畜禽养殖业污染防治及综合利用途径[J]．福建环境,2003,20(6):51－53

[41] 曹玉华．中国古代朴素农业可持续发展思想探讨[J]．成都教育学院学报,2004(1):24－ 25

[42] 常玉海,程波,袁志华．规模化畜禽养殖场环境影响评价与实例研究[J]．农业环境科学学报．2007,26(增刊):313－318

[43] 柴同杰．畜禽舍空气污染的种类和成分以及对环境的作用[J]．山东畜牧兽医,1999,(3):22－23

[44] 曹志洪．施肥与土壤健康质量——论施肥对环境的影响[J]．土壤2003,35(6):450－455

[45] 陈同斌,郑袁明,陈煌,郑国砥．北京市土壤重金属含量背景值的系统研究[J]．环境科学,2004,25(1):117－122

[46] 陈朱蕾．国内外城市粪便处理系统模式比较的研究[J]．武汉城市建设学院学报,2000,17(1):21－34

[47] 刁治民,高晓杰,熊亚．畜禽粪便微生物处理及资源化工程的研究[J]．青海草业,2004,13(1):13－20

[48] 戴旭明．加拿大牧场的粪便处理技术,浙江畜牧兽医,2000(1):42－43

[49] 邓南圣,吴峰．国外生态工业园研究概况[J]．安全与环境学报,2001,1(4):25－26

[50] 杜延红,李瑜．南方农村秸秆气化综合利用的调查及实例分析[J]．可再生能源,2005(4):75－76

[51] 丁振华,王文华．土壤消解方法研究及对上海浦东环境汞背景值初步调查[J]．土壤,2004,36(1):65－67

[52] 大森美香子．3 种类の水生植物による生活排水处理水の营养盐

除去特性[J]. 环境技术,1998,27(8):20—24

[53] 邓良伟,李建,谭小琴,汤玉珍,陈子爱,孙欣. 秸秆堆肥化处理猪场废水影响因子的研究[J]. 农业环境科学学报,2005,24(3):506

[54] 付伟章,杜志勇,王春丽. 氮素流失机制的定量化研究[J]. 水土保持科技情报,2004,(1):19—22

[55] 冯源,吴景刚. 秸秆饲料加工利用技术的现状与前景[J]. 农机化研究,2006,(06):44—46.

[56] 郭淑敏,刘光栋,陈印军,程序. 都市型农业土地利用面源污染环保意识和支付意愿研究[J]. 生态环境,2005,14(4):514—517

[57] 国家环保局《水和废水监测分析方法》编委会. 水和废水监测分析方法(第三版)[M]. 北京:中国环境科学出版社,1998

[58] 甘露,马君,李世柱. 规模化畜禽养殖业环境污染问题与防治对策[J]. 农机化研究,2006,6:22—24

[59] 高定,陈同斌,刘斌,郑袁明,郑国砥,李艳霞. 我国畜禽养殖业粪便污染风险与控制策略[J]. 地理研究,2006,25(2):312—319

[60] 高太忠,李景印. 土壤重金属污染研究与治理现状[J]. 土壤与环境,1999,8(2):137—141

[61] 国家环境保护总局. 2001 年中国环境状况公报

[62] 国家环保总局. 三湖三河水质水情月报. http//www.zhb.gov.cn

[63] 国家环保局,中国环境监测总站. 中国土壤元素背景值[M],北京:中国环境科学出版社,1990

[64] 国家环境保护总局自然生态保护司编,《全国规模化养殖业污染情况调查及防治对策》[M],中国环境科学出版社,2002

[65] 郭云霞,黄仁录,郝庆红. 畜禽粪便的无害化资源化处理技术[J]. 养殖与饲料,2006(12):49—52

[66] 郭铁民,王永龙. 福建发展循环农业的战略规划思路与模式选择[J]. 福建论坛. 人文社会科学版,2004

[67] 官会林,张云峰,张无敌,刘士清. 滇池农田废弃物生物处理及资源化利用研究[J]. 农业环境科学学报,2006(25):625—628

[68] 何忠俊,梁社往,洪常青,熊俊芬. 土壤环境质量标准研究现状及展望[J]. 云南农业大学学报,2004,19(6):700—704

[69] 何金定. 扩展的人口素质指数:一种对物质生活质量指数的改造

[J],南方人口,1999(1):34—38

[70] 贺丽虹,沈颂东．水葫芦对水体中氮磷的清除作用[J]. 淡水渔业,2005,35(3):7—9

[71] 胡仁华,顾孟迪．能源农业发展的意义及前景分析[J]. 安徽农业科学,2005(10):1998—2000

[72] 胡明秀．农业废弃物资源化综合利用途径探讨[J]. 安徽农业科学,2004,32(4):757—759

[73] 黄鸿翔,李书田,李向林．我国有机肥的现状与发展前景分析[J]. 土壤肥料,2006(1):3—7

[74] 黄沈发,陈长虹,贺军峰．黄浦江上游汇水区禽畜业污染及其防治对策[J]. 上海环境科学,1994,13(5):40—45

[75] 黄国峰,吴启堂,孟庆强,李芳柏．有机固体废弃物在持续农业中的资源化利用[J]. 土壤与环境,2001,10(3):242—245

[76] 黄廷林,戴栋超,王震,解岳,钟建红．漂浮植物修复技术净化城市河湖水体试验研究[J]. 地理科学研究进展,2006(11):62—67

[77] 黄蕾,翟建平,聂荣．王传瑜,蒋鑫焱．5 种水生植物去污抗逆能力的实验研究．环境科学研究[J]. 2005(3):32—38

[78] 黄辉,赵浩,饶群,徐炎华．浮萍与水花生净化 N、P 污染性能比较. 环境科学与技术[J],2007(10):12—15

[79] 韩鲁佳,闫巧娟,刘向阳．中国农作物秸秆资源及其利用现状[J]. 农业工程学报,2002,18(3):87—91

[80] 霍苗．生态农村评价方法探讨[D]. 中国农业大学硕士学位论文,2005

[81] 胡玉奎．系统动力学——战略与策略实验室[M],杭州:浙江人民出版社,1998

[82] 贾良清,欧阳志云．城市生态安全评价研究[J]. 生态环境 2004,13(4):592—596

[83] 江立方,顾剑新．上海市畜禽粪便综合治理的实践与启示[J]. 家畜生态,2002,23(1):1—4

[84] 金相灿,刘树坤,章宗涉等．中国湖泊环境(第一册)[M]. 北京:海洋出版社,1995

[85] 季昆森．循环经济原理与应用[M]. 合肥:安徽科学技术出版

社,2004

[86] 江传杰,王岩,张玉霞. 畜禽养殖业环境污染问题研究[J]. 河南畜牧兽医,2004,25(12):33—35

[87] 江苏省环境保护厅. 江苏省近岸海域环境质量公报[R]. 2005

[88] 蒋士传,罗铁柱,贺丛."牧—肥—草"产业技术模式初探[J]. 农业工程学报.2006,22(12):272—274

[89] 姜国刚,尚杰. 构建和谐社会与发展循环型农业分析[J]. 农场经济管理,2005.(5):10—11

[90] 康凤举,现代仿真技术与应用[M],北京:国防工业出版社,2001.

[91] 李伟伟,刘荣章,李建华. 农业循环经济与废弃物资源化利用策略[J]. 台湾农业探索,2006(2):36—38

[92] 李远,单正军,徐德徽. 我国畜禽养殖业的环境影响与管理政策初探[J]. 中国生态农业学报,2002,12(2):136—138

[93] 李荣生. 我国发展农业循环经济的必然性及战略意义[J]. 中国农村科技.2005(12):42—43

[94] 李吉进,郝晋珉,邹国元,张有山,王美菊. 畜禽粪便高温堆肥及工厂化生产研究进展[J]. 中国农业科技导报,2004,6(3):50—54

[95] 李银生,曾振灵,陈杖榴. 洛克沙砷对养猪场周围环境的污染[J]. 中国兽医学报.2006,26(6):665—668

[96] 李庆康,吴雷,刘海琴,蒋永忠,潘玉梅. 我国集约化畜禽养殖场粪便处理利用现状及展望[J]. 农业环境保护,2000,19(4):251—254

[97] 李冰,候纲,常亚芳,苏彩丽. 浅议秸秆的综合利用[J]. 环境卫生工程,2004,12(4):234—236.

[98] 李荣刚,夏源陵,吴安之. 江苏太湖地区水污染物及其向水体的排放量[J]. 湖泊科学,2000,12(2):147—153

[99] 李秀霞,刘雁. 社会主义新农村评价体系研究[J]. 农村经济,2006(11):105—107

[100] 李文朝. 浅型富营养湖泊的生态恢复——五里湖水生植被重建实验[J]. 湖泊科学,1996(8):1—8

[101] 李芳柏,吴启堂. 无土栽培美人蕉等植物处理生活废水的研究. 应用生态学报[J],1997,8(1):88—92

[102] 李虎,唐启源. 我国水稻氮肥利用率及研究进展[J]. 作物研究,

2006(5):401－405

[103] 李国学．不同通气方式和秸秆切碎程度对堆制效果和养分转化的影响[J]. 农业环境保护,1999,18(3):106－11

[104] 李贵宝,尹澄清,周怀东．中国“三湖”的水环境问题和防治对策与管理[J]. 水问题论坛,2001(3):36－39

[105] 刘振江．我国畜牧业可持续发展研究[J]. 安徽农业科学．2007,35(11):3416－3417

[106] 刘贵富．循环经济的循环模式及结构模型研究[J]. 工业技术经济,2005,20(3):4－9

[107] 卢升高,吕军．环境生态学[M]. 杭州:浙江大学出版社,2004

[108] 刘滨疆,满都拉,徐纬．集约化畜禽场的污染问题及防治措施选评[J]. 畜牧工程,2002(03):21－23

[109] 刘培芳,陈振楼,许世远,刘杰．长江三角洲城郊畜禽粪便的污染负荷及其防治对策[J]. 长江流域资源与环境,2002,11(5):456－460

[110] 刘丽香,吴承祯,洪伟,李键,蔡冰玲,林淑伟．农作物秸秆综合利用的进展．亚热带农业研究[J],2006(2):75－80

[111] 刘育,夏北成．不同植物构成的人工湿地对生活污水中氮的去除效应[J]. 植物资源与环境学报,2005,14(4):46－48

[112] 刘士哲,林东教,何嘉文,唐淑军,何臻铸．猪场污水漂浮栽培植物修复系统的组成及净化效果研究[J]. 华南农业大学学报,2005,26(1):46－49

[113] 刘鹏飞,于文海．对污染源等标污染负荷及其计算的几点看法[J]. 东北水利水电,1995(5):537－539

[114] 刘文立,李宇斌．关于“等标污染负荷”概念的思考[J]. 辽宁城乡环境科技,2000(3):23－26

[115] 刘斌．利用动物粪便生产微生物和昆虫的蛋白质产品(三)——利用畜禽粪便栽培蘑菇[J]. 广西畜牧兽医,1995,11(4):52－53

[116] 刘荣章,曾玉荣,翁志辉,吴越,翁伯琦．我国生物质能源开发技术与策略[J]. 中国农业科技导报,2006,8(4)40－45

[117] 卢瑛,龚子同,张甘霖,张波．南京城市土壤重金属含量及其影响因素[J]. 应用生态学报,2004,15(1):123－126

[118] 吕小荣,努尔夏提,朱马西,吕小莲．我国秸秆还田技术现状与发展前景[J]. 现代化农业,2004 (9):41－42

[119] 吕耀．农业生态系统中氮素造成的非点源污染[J]．农业环境保护 1998,17(1):35—39

[120] 廖新佛,骆世明．人工湿地对猪场废水有机物处理效果的研究[J]．应用生态学报,2002,13(1):113—117

[121] 廖新佛,骆世明．香根草和风车草人工湿地对氮磷处理效果的研究[J]．应用生态学报,2002,13(6):719—722

[122] 廖新佛．美国养猪业粪污的处理利用[J]．家畜生态,1997,18(2):27—30.

[123] 马立珊,骆永明,吴龙华,吴胜春．浮床香根草对富营养化水体氮磷去除动态及效率的初步研究[J]．土壤,2000,(2):99—101

[124] 马强,白献晓,魏凤仙,邢宝松．畜禽粪便无害化处理技术探讨[J]．河南农业科学,2007(1):109—111

[125] 马其芳,黄贤金,彭补拙,翟文侠,刘林旺．区域农业循环经济发展评价及其实证研究[J],自然资源学报．2005.11(6):891—899

[126] 马江．循环型农业发展模式探讨[J]．云南农业大学学报．2005,12(6):825—828

[127] 莫争．典型重金属 Cu,Zn,Pb,Cr,Cd 在土壤环境中的迁移[D]．北京:中国科学院生态环境研究中心,2001

[128] 马荣．德国循环经济的发展概况[J]．中国环保产业,2005(5):43—46

[129] 马立珊,汪祖强,张水铭,马杏法,张桂英．苏南太湖水系农业面源污染及其控制对策研究[J]．环境科学学报,1997,17(1):39—47

[130] 彭里,王定勇．重庆市畜禽粪便年排放量的估算研究[J]．农业工程学报,2004,20(1):288—292

[131] 曲格平．关注生态安全之二:影响中国生态安全的若干问题[J]．环境保护,2002(7):3—6

[132] 曲强,王立阁．畜禽粪便污染与资源化利用[J]．吉林畜牧兽医,2005(6):31—32

[133] 邱凌,谢惠民,张正茂．自动循环沼气发酵装置与技术研究[J]．干旱地区农业研究,2000,18(增刊):160—164.

[134] 任仲杰,顾孟迪．中国农作物秸秆综合利用与循环经济[J]．安徽农业科学,2005,33(11):2105—2106

[135] 施晓清,赵景柱．城市生态安全及其动态评价方法[J]．生态学报

2005(12):3237－3243

[136] 师连枝．发展农业循环经济的途径和政策选择[J]．许昌学院学报．2005(6):117－121

[137] 宋祥甫,邹国燕,吴伟明．浮床水稻对富营养化水体中氮磷的去除效果及规律研究[J]．环境科学学报,1998,18(5):489－494

[138] 苏东海,何嘉文,林东教,何臻铸,罗健,刘士哲．漂浮栽培系统净化猪场废水的研究[J]．华中农业大学学报,2004(35):129－133

[139] 孙子浩,俞子文,余叔文．城市富营养化水域的生物治理和风眼莲抑制藻类生长的机理[J]．环境科学学报,1989,9(2):188－195

[140] 孙振钧,袁振宏,张夫道．农业废弃物资源化与农村生物质资源战略研究报告[R]．国家中长期科学和技术发展战略研究,2004

[141] 孙振钧．中国生物质产业及发展取向[J]．农业工程学报,2004,20(5):1－5

[142] 孙永明,李国学,张夫道,施晨璐,孙振钧．中国农业废弃物资源化现状与发展战略[J]．农业工程学报,2005,21(8):169－173

[143] 孙振钧,孙永明．我国农业废弃物资源化与农村生物质能源利用的现状与发展[J]．中国农业科技导报,2006,8(1):6－13

[144] 孙玉焕,骆永明,吴龙华,滕应,宋静,钱薇,李振高．长江三角洲地区污水污泥与健康安全风险研究[J]．粪大肠菌群数及其潜在环境风险．土壤学报,2005,42(3):397－403

[145] 盛学良,舒金华,彭补拙,吴化前,黄文钰,杨静．江苏省太湖流域总氮、总磷排放标准研究[J]．地理科学,2002,22(4):449－452

[146] 单艳红,杨林章,王建国．土壤磷素流失的途径、环境影响及对策[J]．土壤,2004,36(6):602－608

[147] 王菊英,马德毅,鲍永恩,刘广远,刘娟．黄海和东海海域沉积物的环境质量评价[J]．海洋环境科学,2003,22(4):21－24

[148] 王淑莹,高春娣．环境导论[M]．北京:中国建筑工业出版社,2004

[149] 王贤华,陈汉平．国外生物质能发展战略对我国的启示[A]．2004 年中国生物质能技术与可持续发展研讨会论文集[C],2004

[150] 王方浩,马文奇,窦争霞,马林,刘小利,许俊香,张福锁．中国畜禽粪便产生量估算及环境效应[J]．中国环境科学,2006,26(5):614－617

[151] 王正中,屠仁寿．现代计算机仿真技术及其应用[M],北京:国防

工业出版社,1991.

[152] 王军,周燕,徐少才,周振峰.浅论农业可持续发展的新模式——资源循环型农业[J].环境保护科学,2005,31(3):38—40

[153] 王革华.实现秸秆资源化利用的主要途径[J].上海环境科学,2002,21(11):651—653

[154] 王志琴,李守恒.小城镇公共生态意识现状及策略[J].城市环境与城市生态,2003,16(6):89—90

[155] 王庆镐.家畜环境卫生学[M].北京:中国农业出版社,2002

[156] 王凯军.畜禽养殖污染防治技术与政策[M],化学工业出版社,2004

[157] 王晓燕.非点源污染定量研究的理论及方法[J].首都师范大学学报(自然科学版),1996,17 (1):92—95

[158] 王洪海,李玉信,陆素娟.浅析"等标污染负荷法"在评价重要环境因素中的应用[J].中国冶金,2003(9):33—36

[159] 王亚丽,林位夫,陈勇.氮素使用中的污染问题及其解决途径[J].热带农业科学,2003,23(1):67—73

[160] 王激清,马文奇,江荣风,张福锁.中国农田生态系统氮素平衡模型的建立及其应用[J].农业工程学报,2007,23(8):210—215

[161] 王鸿文.秸秆清洁纸浆及综合利用新技术通过专家评议[J].造纸信息,2005,(10)34

[162] 肖羽堂,许建华.生物接触氧化法净化微污染原水的机理研究[J].环境科学,1999,20(3):85—88.

[163] 王季震,刘培斌,陆建红.SPAC 系统中氮平衡及其模拟模型[J].天津大学学报,2002,35(5):665—668

[164] 王其藩.管理与决策科学新前沿:系统动力学理论与应用[M],上海:复旦大学出版社,1994

[165] 吴伟明,宋祥甫,金千瑜,邹国燕.鱼塘水面无土栽培美人蕉研究[J].应用与环境生物学报,2000,6(3):206—210

[166] 吴玉树.水生植物对生活污水的净化效率[J].生态学报,1988,8(4):347—353

[167] 王晓燕.非点源污染及其管理[M].北京:海洋出版社,2003

[168] 王惠生,赵春瑞,薛庆玲.以沼气为纽带的生态养畜模式的构建

[N]. 农业生态环境保护与新农村建设学术研讨会,2007.11

[169] 文瑞明. 农副产品的综合利用[J]. 长沙大学学报,1997,11(4):70－72

[170] 万晓红. 秸秆资源化利用技术分析及新途径探讨[J]. 农业环境与发展,2006(3):39－42.

[171] 万晓红,邱丹. 太湖流域规模畜禽养殖场污染特性的解析[J],农业环境与发展,2000.17(2):35－38

[172] 吴季松. 新循环经济[M]. 北京:清华大学出版社,2005

[173] 徐秉铮,张百灵,韦岗. 神经网络理论与应用[M],华南理工大学出版社,1994

[174] 徐成汉. 等标污染负荷法在污染源评价中的应用[J]. 长江工程职业技术学院学报,2004,21(3):23－24

[175] 徐伟朴,陈同斌,刘俊良. 规模化畜禽养殖对环境的污染及防治策略[J]. 环境科学,2004,25(6):105－108

[176] 相俊红,胡伟. 我国畜禽粪便废弃物资源化利用现状[J]. 现代农业装备,2006(2):59－64

[177] 相俊红,杨宁,刘强. 农村废弃物资源化处理及利用技术[J]. 农机科技推广,2004(5):56－57

[178] 夏增禄. 土壤环境容量[M]. 北京:气象出版社,1986

[179] 夏增禄. 土壤环境容量及其信息系统[M]. 北京:气象出版社,1991

[180] 夏增禄,蔡士悦,许嘉林. 中国土壤环境容量[M]. 北京:地震出版社,1992

[181] 谢建华,杨华. 不同植物对富营养化水体净化的静态试验研究[J]. 工业安全与环保,2006,(6):23－25

[182] 肖国举,任万海,刘一祖. 窖畜雨水与农作物补充灌溉技术研究[J]. 干旱地区农业研究,1999,17(增刊):44－49.

[183] 姚军. 从循环经济角度论农村生活污染的治理[J]. 农村经济,2006(4):99－101

[184] 易平,唐召群. 国外农作物秸秆人造板工业化生产发展近况[J]. 人造板通讯,2001(11):9－11

[185] 尹昌斌,唐华俊,周颖. 循环农业内涵、发展途径与政策建议[J].

中国农业资源与区域,2006(5):2－4

[186] 于文吉．生物质资源农作物秸秆应用于人造板工业的可行性分析[J]. 木材工业,2006,20(2):41－44

[187] 闫丽珍,成升魁,闵庆文．安徽省蒙城县作物秸秆资源利用现状及其影响因素分析[J]. 干旱地区农业研究,2006,24(3):160－163

[188] 晏维金,尹澄清,孙濮,韩小勇,夏首先．磷氮在水田湿地中的迁移转化及径流流失过程[J]. 应用生态学报,1999,10(3):312－316

[189] 袁东海,王兆骞,陈欣,郭新波,张如良．不同农作方式红壤坡耕地土壤氮素流失特征[J]. 应用生态学报,2002,13(7):863－866

[190] 左伟,周慧珍,王桥．区域生态安全综合评价与制图——以重庆市忠县为例[J]. 土壤学报,2004,41(2):203－209

[191] 张大第,李冠峰,李艳萍．我国粪便处理现状与治理对策的研究[J]. 环境污染治理技术与设备,2003(4):9－11

[192] 张大第,张晓红,章家骐,沈根祥．上海市郊区非点源污染综合调查评价[J]. 上海农业学报,1997,13(1):31－36

[193] 张兴昌,刘国彬,付会芳．不同植被覆盖度对流域氮素径流流失的影响[J]. 环境科学,2000,(6):16－19

[194] 张维理,武淑霞,冀宏杰．中国农业面源污染形势估计及控制对策 I. 21 世纪初期中国农业面源污染的形势估计[J]. 中国农业科学 2004,37(7):1008－1017

[195] 张兴昌,邵明安．坡地土壤氮素与降雨、径流的相互作用机理及模型[J]. 地理科学进展,2000,19(2):128－135

[196] 张大第,张晓红,陈佩青．淀山湖区(上海部分)水质污染源调查评价[J]. 上海农学院学报,1998,16(2):92－97

[197] 张从．环境评价教程[M]. 北京:中国环境科学出版社,2002

[198] 张延毅,乐晓蚱,金涛．城市生活垃圾堆肥对土壤环境容量的影响[J]. 生态农业研究,1995,3(2):60－66

[199] 张鸿,陈光荣．两种人工湿地中氮、磷净化率与细菌分布关系的初步研究[J]. 华中师范大学报,1999,33(4):575－578

[200] 张承龙．农业废弃物资源化利用技术现状及其前景[J]. 中国资源综合利用,2002(2):15－17

[201] 周金星,陈浩,张怀清．首都圈多伦地区荒漠化生态安全评价

[J]. 中国水土保持科学,2003(1):80—84

[202] 周志国,王海燕. 中国适宜人居城市研究与评价[J]. 中国人口资源与环境,2004,14(1):27—30

[203] 周小华,王如松. 城市生态安全评价方法研究[J]. 生态学杂志,2005,24(7):848—852

[204] 周大川,何高,长锋,李成,顾金銮,孙雨红,单爱容,祁建高."武育粳 3 号"单产 10500kg·hm^{-2}精确施氮量的验证与氮素利用率研究[J]. 上海农业科技,2004(6):24—25

[205] 朱斌,陈飞星. 利用水生植物净化富营养化水体的研究进展[J]. 上海环境科学,2002,21(9):564—567

[206] 朱有为,段丽丽. 浙江省畜牧业发展的生态环境问题及其控制对策[J]. 环境污染与防治,1998,21(1):40—43

[207] 中国农业科学院土壤肥料研究所. 中国化肥区划[M]. 北京:中国农业出版社,1986

[208] 中国农村统计年鉴[M],2000

[209] 朱兆良,孙波. 中国农业面源污染控制对策研究[J]. 环境保护,Vol. 394/2008. 4B

[210] 朱海生,陈志宇,栾冬梅. 畜禽粪便的综合利用[J]. 黑龙江畜牧兽医,2004(4):59—60

[211] 周杰,裴宗平,靳晓燕,李小云. 浅论土壤环境容量[J]. 环境科学与管理,2006,31(2):74—76

[212] 章政. 上海市农业循环经济体系的建立与发展模式[J]. 农业经济问题,2006(4):64—65

[213] 周震峰,王军,周燕. 关于发展循环型农业的思考[J]. 农业现代化研究,2004,9(25)5:348—351

[214] 郑袁明,余柯,吴鸿涛,黄泽春,陈煌,吴晓,田勤政,范克科,陈同斌. 北京城市公园土壤铅含量及其污染评价[J]. 地理研究,2002,21(4):418—424

[215] 郑建瑜,周乃晟. 农田氮素非点源污染模型及年负荷估算研究[J]. 华东师范大学学报(自然科学版),2007(6):12—17

[216] 郑明亮. 从农村秸秆的综合利用分析农村循环经济产业链的延展[J]. 商场现代化,2006(1):47—48

[217] 周颖，尹昌斌，邱建军．我国循环农业发展模式分类研究[A]. 中国农学会学术年会论文集[C]. 北京：中国农学会，2006

[218] 中华人民共和国国家统计局．中国统计年鉴[M]. 北京：中国统计出版社，1986－2003

[219] 中华人民共和国国家统计局．2005 年中国统计年鉴[M]. 北京：中国统计出版社，2005

附录

农村环境安全评价体系探讨

农村环境是进行农业生产所必需的土壤、水、空气等自然因素组成的综合体以及农村居民居住和从事各种生产聚居地环境的总和，包括生活环境和生态环境两个部分。生活环境是指与人类生活密切相关的各种天然的和经过人工改造的自然环境；生态环境是指影响生态环境发展的各种环境条件。随着化肥、农药大量和不合理的施用，规模化禽畜养殖的发展，以及对农业生产过程产生的废弃物和生活垃圾等非科学的处理，农村生态破坏和环境污染问题日益突出。2004 年全国化肥使用总量已达到 4637 万 t，比上一年增长 5.1%[1]，我国耕地面积不到世界的 1/10，但是，氮肥使用量为世界的 30%，每公顷高出世界平均水平 2.05 倍。中国农村人口中与环境污染密切相关的恶性肿瘤死亡率逐步上升，从 1988 年的 0.0952‰上升到 2000 年的 0.1126‰，12 年增长 18.3%。农村生态环境亟待整治，农村生活环境亟待改善。因而，如何评价农村环境，建立一个农村环境安全评价体系具有重要的意义。

最早将环境变化含义明确引入安全概念的学者是莱斯特·R·布朗[2]。环境(生态)安全是指一个国家或人类社会生存和发展所需的生态环境处于不受或少受破坏与威胁的状态，它包含了两重含义：一是生态系统自身是否安全，即其自身结构是否受到破坏；二是生态系统对于人类是否安全及生态系统所提供的服务是否满足人类的生存需要。根据环境安全的内涵，农村环境安全可定义为农村赖以生存发展的生态环境系统处于一种不受污染或不受危害与破坏的良好状态。它包含以下三重含义：一是土壤、水等生态资源是否受到污染与破坏，农业生态系统是否处于良性循环；二是农业生产系统对人类粮食供应是否安全，是否具有可持续性；三是人居环境是否舒适和谐。

国内对环境安全的研究开始于 20 世纪 90 年代，主要集中在国家和区域的尺度上[3,4]，多数进行单一或横向比较，目前对城市生态安全研究较多[5-9]，对农村评价体系的研究主要集中在农村城市化及新农村建设方面[10-12]。根据课题组在农村蹲点掌握的情况，本文从环境安全的角度，试图提出一个农村环境安全评价体系。

1　农村环境安全指标体系建立的原则

① 科学性　农村环境评价体系的设计必须建立在科学的基础上，客观反映农村环境系统的特征，指标物理意义明确，计算方法科学。

② 客观性　一方面综合评价能客观反映农村环境状况，另一方面通过对现状的评价能指示未来发展趋势，不割裂农村环境演变过程。

③ 层次性　农村环境是受多因素影响的复杂系统，要能全面反映农村环境，需要确定评价层次，从宏观到微观层层深入，注意评价指标间的重叠性，避免交叉重复评价。

④ 循环性　侧重循环经济的"3R"原则指标的选用，注重指标对农村废弃物利用循环和可持续性的体现。

⑤可操作性　选择主要因子，忽略次要因子，保证数据的易得性和可靠性，把复杂问题简单化。

2　农村环境安全评价体系的内容

采用由大到小、由面到点、逐层分解的方法，把农村环境评价体系分为三个层次，从上到下依次为目标层、准则层、指标层，除目标层外，每一个层次选择能反映其主要特征的要素，下层为具体指标层，要素的内容和关联度，由下而上，层层递进。

第一层次是目标层(A)，以农村环境综合指标作为总目标层，用来衡量农村环境的总体水平。第二层次是准则层(B)，选取"面源污染综合指数"、"生态环境质量""固体废物资源化水平""环境恢复能力"4个特征要素。"面源污染综合指数"用以表述农业生产本身对农村环境污染的现状；"生态环境质量"用以测度农村环境的状态；"固体废物资源化水平"反映秸秆、畜禽粪便等农业固体废物资源化利用的程度，从某种程度上衡量农业对自身污染消耗的能力。

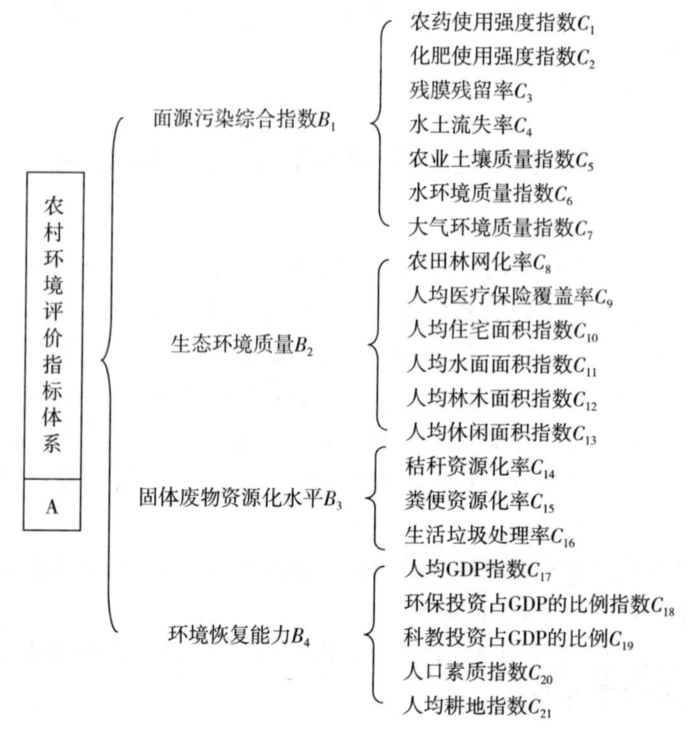

图 1　农村环境安全评价指标体系

Fig. 1　The index system of environmental security assessment for rural environment

A: Rural environmental security assessment indicators system; B_1—Index of surface pollution intensity; B_2—Ecological environment quality; B_3—Level of solid waste resources; B_4— Environmental resilience; C_1—Index of pesticide use intensity; C_2—Index of Fertilizer use intensity; C_3—Plastic film residual rates; C_4—Soil erosion rates; C_5—Farmland soil pollution index; C_6—Water Pollution Index; C_7—Air pollution index; C_8—Aggregate rate of farmland; C_9—Per capita medical costs; C_{10}—Index of per capita residential area; C_{11}—Index of per capita water area; C_{12}— Index of per capita forest area; C_{13}— Index of per capita leisure area; C_{14}—Straw resources rates; C_{15}—Human and animal excreta resources rates; C_{16}—Life garbage disposal rate; C_{17}— Per capita GDP index; C_{18}—Environmental investment GDP ratio; C_{19}—Education investment GDP ratio; C_{20}—Population quality index; C_{21}—Per capita cultivated land index。

表征农村环境治理、恢复的能力，是保证良好生态环境可持续发展的能力。第三层次是指标层(C)，选择了 21 个具体的评价指标(图 1)。

3　农村环境安全评价方法

3.1　指标的计算及标准

农业土壤质量指数(C_5)是指未受污染的农田面积占总农田面积的百分数;水环境质量指数(C_6)、大气环境质量指数(C_7)分别指水和大气的达标率(国家示范区的标准),人均耕地指数(C_{21})是指现状值与标准值(生态市的标准)百分比。

人口素质指数(C_{20}) $PQLI=(A+B+C+D+E)/5$[13]

A=成人识字率指数;B=婴儿死亡率指数;C=平均预期寿命指数;D=综合入学率指数;E=25岁及以上人口平均受教育年限指数(农民实际受教育年限和理论应该受教育年限的比值)。

固体废物资源化水平准则层中指标标准参照国家生态示范区建设一类标准,其余准则层中的指标标准参照国家生态市、生态示范区建设标准。

3.2　指标权重的确定

3.3　评价方法

环境的好坏是个相对概念,具有一定的模糊性,因此选取模糊综合评价法作为农村环境评价的模型,采用层次分析法确定指标权重。

指标层指数:将某个单项指标的现状值与标准值相比,得到该项指标的单因素指数。具体地说,根据评价指标与农村生态环境安全的相关性,可将其分为正相关指标和负相关指标,正相关指标是指越大越安全的指标,负相关指标是指越小越安全的指标(如水土流失率等),本评价采用如下数学方法计算各评价指标的安全指数:

假设 X_i 为第 i 个评价指标的实际值,XS_i 为评价指标的基准值,C_i 为第 i 个指标的安全指数,$0 \leqslant C_i \leqslant 1$,则:

对于正相关性指标:当 $X_i \geqslant XS_i$,则 $C_i=1$;当 $X_i < XS_i$,则 $C_i=X_i/XS_i$

对于负相关性指标:当 $X_i \leqslant XS_i$,则 $C_i=1$;当 $X_i > XS_i$,则 $C_i=XS_i/X_i$

准则层指数:采用算数平均法计算系统准则层指数,将系统中各单项指数进行累加后平均,得到准则层各指标指数。

目标层(综合评价)指数采用权重法计算,评判值用 Y 表示,并按加权求和的公式计算,即:$Y=\sum W_iB_i$,其中 W_i 表示准则层第 i 项指标的权重值,B_i 为准则层第 i 项指标的分值。

3.4 农村环境安全分级

为了更好地描述农村环境安全状况,在参考城市生态安全分级[14,15]和咨询专家的基础上,把农村环境安全分安全、比较安全、一般安全和不安全四个等级,每级给予不同的状态描述。

表 1 农村环境安全分级

Table 1 Grade standard of rural environmental security

安全程度	指数区间	安全等级	状态描述
安全	>85	Ⅰ	土壤、水等资源未受到污染,人居环境舒适,农村生态系统处于良性循环
比较安全	70～85	Ⅱ	土壤、水等资源基本未受污染,人居环境舒适,农村生态系统处于良性循环
一般安全	50～69	Ⅲ	土壤、水等生态资源受到轻微污染,粮食安全受到威胁
不安全	<50	Ⅳ	土壤、水等资源受到严重污染,粮食、人居安全受到威胁,农村环境系统遭到破坏

4 农村环境评价例证

4.1 研究区域概况

河横村位于江苏省中部的里下河地区,处于东经 120°15′,北纬 32°68′,东离黄海约 80 千米,南距长江不到 60 千米;年平均温度为 14.6℃,全年无霜期 214 天;平均降雨量大于 1002 毫米。研究区域总面积 410 公顷,包括 3 个自然村,人口 3068 人,耕地面积 280.7 公顷,水面 96 公顷,人均耕地约 0.091 公顷,人均水面约 0.031 公顷。大田作物以水稻、蔬菜、棉花、油菜为主,拥有各类加工厂 18 家,各种规模化养殖户(场)23 家,无工业,循环农业具有一定的规模。

4.2 原始数据来源及处理

在夏秋两季作物收获后，分两批(2005年6月5日、10月28日)取土样和水样，土样选点为农田15个(兼顾不同作物)，林地等其他土壤5个，共20个；水样选点为养殖场污水流出口5个、住宅生活污水出口2个，田间河流水5个，共12个。以上样本，前后两次取样在同一地点，在南京农业大学试验室测定，3次重复，以两次测定平均值为土壤或水环境质量值。休闲面积、人均住房面积等数据通过实地调查测量取得，同时查阅2005年相关统计年鉴及资料。

4.3 评价结果

结果表明(如表2所示)，研究区域环境安全指标综合指数为80.11，处于比较安全的级别。评价结果与实际情况相吻合；1990年研究区域被联合国环境规划署授予生态环境“全球500佳”称号，2004年被评为江苏省首家农业循环试点单位，2005年被列为江苏省农村人居环境和综合整治试点村。

表2 研究区域环境安全指标指数

Table 2 The index of ecological environmental security

指标	指数	指标	指数	指标	指数	指标	指数	指标	指数
C_1	10.3	C_6	45.2	C_{11}	100	C_{16}	60	C_{21}	100
C_2	12.2	C_7	100	C_{12}	100	C_{17}	100	B_1	66.4
C_3	100	C_8	100	C_{13}	100	C_{18}	70	B_2	100
C_4	100	C_9	100	C_{14}	78	C_{19}	100	B_3	72.7
C_5	97.2	C_{10}	100	C_{15}	80	C_{20}	83	B_4	90.6

4.4 结果分析

从表2可以看出，研究区域环境安全是处于较高的安全级别的。由于资料的限制，没有做进一步趋势分析，但是，按照《地表水环境质量标准》(GH2B1－1999)中的三类水标准，地表水污染相当严重，其指数只有45.2；同时，土壤也存在轻度污染，从调查结果看，主要是由于农业生产使用大量化肥和农药引起的,水的污染主要是富营养化。因此,环境整治工作重点应该减少化肥、农药使用量,做好农村有机固体废弃物的资源循环利用。

5 结论与讨论

(1)新农村生态环境安全评价指标体系偏重于农业自然资源的保护状况及空气、水环境质量,过于简单,不够全面[12],本体系增加了环境恢复能力,把人口素质和人均耕地指数添加到这种能力之中,强调人与耕地两个基本因素对环境安全可持续的影响,从某种程度上突出以人为本的评价理念。

(2)与城市环境安全、城镇环境安全等环境安全评价体系相比较,本研究把人居环境舒适和谐纳入评价体系,以生态环境为重点,兼顾生活环境,能更好地说明农村环境存在的问题。

(3)本评价体系层次简单,数据容易获得,运算方便。

(鸣谢:李慧、焦瑞峰、高文玲、王波等研究生提供了部分试验数据。)

【参考文献】

[1] 国家统计局农村统计调查司. China Country Statistical Annual—2005(中国农村调查统计年鉴—2005)[M],China statistic press(中国统计出版社),2005,10

[2] LeisterR. Brown. Buildingasocietyofsustainabledevelopment. Beijing: Scientific and Technological Literature Press,1984.

[3] Zuo Wei(左伟),Zhou Huizhen(周慧珍),Wang Qiao(王桥). Comprehensive Assessment and Mapping of the Regional Ecological Safety [J]. Acta Pedologica Sinica(土壤学报),2004,41(2):203—209.

[4] Zhou Jinxing(周金星),Chen hao(陈浩),Zhang Huaiqing(张怀清). Evaluation of Ecological Security in DUOLUN(圈多伦)County[J]. Science of Soil and Water Conservation(中国水土保持科学),2003(1):80—84.

[5] Cao Hui(曹慧),Hu Fen(胡锋),Li HuiXin(李辉信). Evaluation of Sustainable Development of Urban Ecosystem in Nanjing City [J]. Acta

Ecologica Sinica(生态学报),2002(5):777－792.

[6] Zhou Zhiguo(周志国),Wang Haiyan(王海燕). Study and Evaluation on Lodgeable Cities in China [J]. China population, Resources and Environment(中国人口资源与环境), 2004,14(1):27－30.

[7] Shi Xiaoqing(施晓清),Zhao Jingzhu(赵景柱),OuYang Zhiyun(欧阳志云). Urban Eco－security and its dynamic Assessment method[J]. Acta Ecologica Sinica (生态学报),2005(12):3237－3243.

[8] Zhou Xiaohua(周小华),Wang Rusong(王如松). Methodology Assessment of Urban Ecological Security [J]. Chinese Journal of Ecology(生态学杂志),2005,24(7):848－852.

[9] Jia Liangqing(贾良清),OuYang Zhiyun(欧阳志云),Zhao Tongqian(赵同谦). Ecological Security Assessment of An Urban Ecosystem[J]. Ecology and Environment(生态环境),2004,13(4):592－596.

[10] Bi Xuemei(毕雪梅),Zang Shuying(臧淑英),Jia Li(贾利). Appraisal on Eco－environment Factors in Green Food Producing Area[J]. Journal of Safety and Environment(安全与环境学报),2005(2):64－67.

[11] Huo Miao(霍苗). Study on Eco－countryside Appraisal Method [D]. China Agricultural University (中国农业大学)2005.

[12] Li Xiouxia(李秀霞),Liu Yan(刘雁). Study of Assessment system on New Rural of Socialism [J]. Rural Economy (农村经济),2006(11):105－107.

[13] He Jinding(何金定). Extended population Quality Index[J], South population(南方人口),1999(1):34－38.

[14] Gong Jianguo(龚建国),Xia Zhaocheng(夏兆成). Eco－safety Assessment and Comparative Study of The Eco－environment Safety System of Some Chinese Cities[J]. Journal of Safety and Environment(安全与环境学报),2006(6):116－119

[15] Gao Changhe(高长河),Chen Xingeng(陈新庚),Wei Chaohai(韦潮海). Comparison Study on Urban Eco－Security Level of The Pearl River Delta [J],Environment Science and Technology(环境科学与技术), 2006,29(5):65－68

出版说明

基于向国内读者介绍国际妇产科学最新学术动向和研究成果的初衷，我们与施普林格出版集团、中华医学会妇产科分会女性盆底学组成员单位上海第六人民医院合作，共同推出了这本《女性骨盆底——基于整体理论的功能、功能障碍及治疗》。

本书所应用的整体理论是 PE PaPa Petros 教授根据其近 20 年的科研和临床实践发展起来的描述女性盆底功能、功能障碍及治疗的新理论。该理论描述的概念、方法和技术受到当今科学方法学和哲学的深刻影响。对于女性盆底的整体性思维贯穿本书始终，用混沌理论中的“蝴蝶效应”理解盆底的变化。本书提出的诊断方法和手术路径在妇产科学领域开拓了新的天地。

本书图文并茂、比喻生动，所附 DVD 光盘内容分为诊断与手术两部分，诊断部分对书中的主要图表作了详细讲解并在实体中作了“模拟操作”，手术部分主要为原著作者的实际手术影像资料。本书集理论与实践于一体，可供所有有志于女性盆底研究的医务工作者和医学生阅读、参考。

再版说明

2007，南太平洋一只蓝色的蝴蝶振翼飞向上海，中国妇产科同仁从此认识了“整体理论”。女性盆底“整体理论”由澳大利亚妇科泌尿专家 Peter Petros 教授和瑞典的 Ulmsten 教授于 1990 年首次提出。2004 年，《女性骨盆底——基于整体理论的功能、功能障碍及治疗》第一版英文版问世；2006 年 11 月出版第二版。女性盆底“整体理论”是一个集解剖、肌电生理、影像检查、临床诊断和手术治疗于一体的理论体系。自问世以来，以其科学性、新颖性和实用性受到世界妇科、产科、泌尿科、肛肠科等学科的专业人士的青睐和认可，该图书也被翻译成多种文字。2007 年 9 月，该图书的中文版由上海交通大学附属第六人民医院罗来敏教授主译，由上海交通大学出版社出版发行，以《女性骨盆底——基于整体理论的功能、功能障碍及治疗》纸质图书及光盘的形式推向广大中国的临床医生和科研人员。

在过去的 12 年中，我国的盆底事业蒸蒸日上，盆底整体重建的理念已被广泛接受。“整体理论”所描述的盆底功能障碍的解剖基础、诊断方法、手术技术及康复理念逐渐得到临床和基础研究的验证，并对由此发展起来的现代盆底重建专业提供了理论支持，使我们的临床治疗不仅仅局限于传统的手术切除或者一味地使用网片重建，而是根据每位患者的盆底解剖缺陷和功能障碍制定个体化的整体解决方案。整体理论的“蝴蝶效应”仍然继续影响着未来盆底重建专业的发展。

令人痛心的是，本书的主译——上海交通大学附属第六人民医院罗来敏教授因病离世。罗来敏教授把盆底“整体理论”引入中国，有力地推动了我国盆底专业的发展。如果她在天有灵，看到我国女性盆底事业的欣欣向荣的局面，一定会无比安慰。

《女性骨盆底——基于整体理论的功能、功能障碍及治疗》图文并茂、印刷精良，将复杂隐秘的盆底解剖付诸于形象生动的模拟图形，使该书所描述的理论和医学哲学浅显易懂。目前，该书已经售罄。Petros 教授正在撰写“整体理论”第四版，在第四版问世前，应广大热爱盆底事业的医务工作者的强烈要求，我们将此书再版发行以飨读者。

译者

2019 年 5 月 22 日

于上海

封面设计说明

封面设计——Sam Blight，Rangs Graphics

封面上的3个箭头代表整体理论中重要的3种定向肌力，这3种肌力控制盆底的韧带和隔膜。

封面中用禅宗书法的技巧绘出的封闭圆圈受传统“ENSO”特征的启示，代表非二元性，即整体性。这是为了表达本书中贯穿始终的整体思维。

封面上的蝴蝶象征着混沌理论中“蝴蝶效应”的概念，也称“依赖于初始状态的敏感性”，描绘在非线性的动力系统中（如女性盆底）无论多么小的变化都能引起“风暴”样事件，从而导致系统状态的严重改变。

整个封面也表达了一种渴望自由的理想，整体理论的技术将使遭受盆底功能障碍痛苦的妇女从疾病的沼泽中走出来重新获得自由。

作者简介

PE PaPa Petros　内外全科医学士(悉尼),医学科学博士(乌普萨拉),科学博士(西澳大利亚大学),医学博士(悉尼),英国皇家妇产科医学院荣誉院士,澳大利亚及新西兰皇家妇产科医学院荣誉院士,西澳大利亚佩思皇家医院名誉顾问,西澳大利亚大学副教授。

主译简介

罗来敏　上海交通大学附属第六人民医院妇产科教授、主任医师。1968年毕业于南京医学院,曾任上海交通大学附属第六人民医院妇产科教研室主任、妇产科主任,现任中华医学会妇产科分会女性盆底学组委员、上海市医学会妇产科分会女性盆底学组副组长、上海市产科质量管理中心专家委员会委员。长期从事围产医学、盆底学及妇科肿瘤学的研究,现已培养毕业研究生多名,在国内外学术刊物上发表论文50余篇。

生命是短暂的，但技艺是永恒的。

希波克拉底　公元前460～377

科学是知识之父，而主观臆断孕育着无知。

希波克拉底　公元前460～377

译者序

整体理论是PE papa Petros教授根据其近20年的科研工作和临床实践发展起来的描述女性盆底功能、功能障碍及治疗的新理论。该理论描述的概念、方法和技术，受到当今科学方法学和哲学的深刻影响，特别是生物学方法上数字技术及其支持的非线性思想的发展，对本书所述的诊断和手术方案产生了重大的影响。因此，本书自2004年10月问世以来，以其科学性、新颖性和实用性，深受读者欢迎，已成为各国从事盆底学研究人员的必读参考书之一。

近年来，国内越来越多的妇产科医生开始关注女性盆底的功能、功能障碍及治疗。2005年底中华医学会妇产科分会成立了女性盆底学组，已召开了两届全国性学术会议，之后各地举办的相关继续教育学习班如雨后春笋，不断涌现；基础与临床研究也方兴未艾。但是，至今这方面的专著不多，尤其是关于全面理解盆底功能及功能障碍的新理论、揭示功能与障碍之间的内在联系、描述盆底各种组织的相互作用等方面的专著更是凤毛麟角，而本书正是弥补了这方面的不足。有鉴于此，我们与上海交通大学出版社合作，翻译了本书最新的第二版(2006年11月发行)，介绍给国内同行，希望为盆底学的发展尽绵薄之力。

本书共8章，内容包括女性盆底功能及功能障碍的解剖学和动力学、结缔组织损伤的诊断、盆底重建手术、盆底康复的实施方案、结缔组织功能障碍的动力学影像图解以及目前和正在出现的一些研究热点问题。书中对于女性盆底的整体性思维贯穿始终，用混沌理论中的“蝴蝶效应”理解盆底的变化；其中体现的重要进展是关于盆底功能“机械学”和“神经学”因素之间的差异，以及这两个因素怎样受到结缔组织损伤的影响，而书中对神经学因素的动力学研究，有助于解释为什么盆腔疼痛、膀胱不稳定等如此严重的症状可由轻微的结缔组织损伤引起；本书中的关键部分是图示诊断法，它以“损伤部位”为基础，使用结构评估途径找出需要手术矫正的受损的结缔组织，它的应用使一些新的手术方法可用于治疗以往被认为是“无法治愈”的症状，如尿频、尿急、夜尿症、盆腔疼痛、排空异常，甚至特发性粪失禁等症状，通过重建受损的韧带和筋膜得到改善的概率是80%；本书还介绍了以“形态的重建导致功能的恢复”为概念性基础而设计的一系列无张力的手术方法及PE papa Petros教授创建的更新、更安全、更有效、可直视的TFS手术方法。本书所附的DVD光盘中的内容分为诊断与手术两部分。诊断部分，根据整体理论的盆底解剖和病因，对书中诊断结缔组织损伤的主要图表作了详细讲解，并在实体中示范了“模拟操作”；手术部分，表演了由PE papa Petros教授指导和帮助的TFS手术，包括尿道下悬吊、子宫颈环和主韧带缺陷的修补、侧方缺陷和中心膀胱膨出的修补、子宫骶骨韧带缺陷的修补。本书内容丰富、图文并茂、比喻生动，是一本集理论与实践于一体的、很有价值的专著，可供所有有志于盆底学的临床医师、从事妇女保健的医师、研究生以及所有对此感兴趣的其他学科医师和人员学习、阅读。

本书的译者为专心于盆底学临床与科研的教授、副教授和高年资主治医师，大多具有博士或硕士学位。因书中提出了诸多的新理论、新视角和新方法，翻译中不足之处在所难免，敬请各位读者、同行不吝赐教，衷心感谢！

本书的翻译过程中，得到了各位关心、参于此项工作的同事与朋友的鼎力协助。参译者在繁忙的临床工作之余放弃休息，夜以继日地工作，敬业精神令人钦佩。上海交通大学附属第六人民医院整形科杨松林主任、麻醉科周全红硕士对相关部分给予了合理的建议。上海交通大学出版社为此花费了很多心血，对我们的帮助和信任难以言表。值此出版之际，对所有工作、帮助过的同事与朋友表示感谢！

罗来敏　教授、主任医师
上海交通大学附属第六人民医院
2007 年 6 月 3 日于上海

第二版序

我十分感谢全世界同行给予"女性骨盆底"一书第一版的倾力支持。出版商通知我，本书正被翻译成西班牙文、日文和中文，这表明了本书中至少某些概念正越来越多地为同行接受。

自从2004年9月本书第一版发行以来，已经发展了许多新的手术技术。这些技术使得用悬吊带代替或加强受损的阴道筋膜的概念得到扩大。新观念的产生归因于组织固定系统(Tissue Fixation System，TFS)的进一步应用。在阴道前、后壁脱垂的修补中，TFS的使用揭示了关于子宫颈环和主韧带之间关系以及子宫骶骨韧带和直肠阴道筋膜之间关系的全新解剖概念。

这些进展使我必须在第二章中作一些增加并在第四章中作较多的增加，以便于更好地解释近年来手术进展的解剖学基础，同时也希望有助于解释在未来的岁月中一定会出现的更新技术的解剖学基础。

自从1990年整体理论发表以来，尽管得到了很大的发展，但是依然存在3个重要的挑战：探索更加精确的方法以评估不同结缔组织结构中损伤的程度；继续阐明在各个患者中导致异常症状的各种结构的相互作用；进一步降低手术操作的需要。

这些挑战的聚焦点是要将它们应用到那些最需要帮助的人群，即虚弱和年老的人群中去，例如疗养院的患者。

因此，谨以本书第二版呈现给同行，恳请大家一起参与整体理论的方法学、手术技巧及技术的进一步发展。

Peter Petros，佩思皇家医院，佩思　西澳大利亚

2006年6月

序

我初次接触整体理论体系是在 20 世纪 90 年代早期。那时，我正在西澳大利亚的佩思(Perth)皇家医院的实验室从事腹腔镜下阴道悬吊手术的研究。即使在研究的初始阶段，IVS 手术也已显示出其简单和有效的特点，以至我立即就接纳了它。随后，根据我自己的经验，我在 1994 年 10 月澳大利亚的医学杂志上写了下述这段话：

> 该项手术开创了妇女的新纪元，可有效并无痛地治愈脱垂和尿失禁而无须使用导尿管，且在数日内即可重新恢复正常活动。

十几年后的现在，我们已施行了 50 万例以上“无张力”的阴道前部和后部悬吊带手术。

早期曾有这样一个特别病例：一位 50 多岁的女性患者就诊时已经有 5 年的尿潴留病史，需留置导尿管。她为此已经咨询了 12 位以上的医学专家，这些专家异口同声地给出了同样的结论：不可能治愈。我应用整体理论结构评估方法推导出她存在后部缺陷的问题，于是，我为她施行了后部 IVS 手术，手术后第二天她就能自行排尿，仅有少量残余尿。后来她的状态一直保持得很好。

起初，我对整体理论中其他一些预言性论断也持怀疑态度，尤其是关于手术治愈夜尿症、尿频、“逼尿肌不稳定”、慢性盆腔疼痛、括约肌内在缺陷和“特发性”粪失禁等更是心存疑虑。然而，我们应用本书所描述的诊断系统对这些病症的治疗取得了很高的治愈率。于是，我开始坚信：与最初的文献所预言的那些情况相比较，整体理论框架具有更为广阔的应用前景。

不言而喻，时至今日整体理论已发展成熟，成为了一种重要的医学典范原理。本书对该理论的各个方面进行了阐述。

关于整体理论的最初基础研究工作是在西澳大利亚的皇家佩思医院和瑞典的乌普萨拉(Uppsala)大学完成的，但是，确定有关处理和手术方面概念的工作是在佩思皇家医院完成的，有关生物机械和流体动力学原理研究是在西澳大利亚大学的机械和材料工程系发展起来的，当前整体理论的流体动力学模型已在实践中得到应用。正是因为这些基于在以上工作中的贡献，Petros 教授于 1999 年获得了外科学博士学位。

需要强调的是，本书主要是以临床实践为基础而展开的。应用本书中详述的诊断法则和模拟操作技术，全科医师可以提高诊断的准确性和治愈率。而且，大多数症状亦可在临床水平得到治疗而不需要使用昂贵的诊断仪器和手术设备。这意味着，在资源和设备不易获得的欠发达国家，那里的医学专业人员也能使用本书中描述的方法。

澳大利亚国家妇科与产科医师协会(NASOG)前任主席
Peter Richardson FRCOG，FRANZCOG

致　谢

从整体理论的第一缕思绪映入我的意识开始，至今已有近20年了，本书将这些年来所有已具体化的其他思绪整合在了一起。自始至终，我都得到了坚定的支持，包括我的妻子Margaret，我的孩子Eleni、Angela和Emanuel，我的兄弟Sid Papapetros博士，Kvinno中心与我一起担任主任的Patricia M. Skilling博士，以及Kvinno中心的职员Carole Yelas、Linda Casey、Maria O'Keefe、Margeurite Madigan和Joan McCredie。

若没有志趣相投的其他同事的激情，以及上述各位的齐心协力，就没有我事业的成功。我所在的医院，佩思皇家医院，给了我巨大的支持，大量的实验工作是在医院内部的支持下完成的。我尤其要感谢医学部主任Bill Beresford博士，放射学系的Jim Anderson和Richard Mendelson博士，医学物理学系的Ed Scull先生和Richard Fox博士，西澳大利亚大学(University of Western Australia，UWA)机械和材料工程学系的Mark Bush教授，UWA信息处理中心的Yianni Attikiouzel教授，神经病理学系的Byron Kakulas教授，病理学系的John Papadimitriou教授和Len Matz博士，核医学系的测量员Ivor博士，动物实验室主任Terry York先生。同时要感谢病理学系、病理解剖学系、细菌学和生物化学系的职员，业已光荣退休的妇科学家John Chambers博士、妇科医学部主任Graham Smith博士，以及来自UWA外科学系的同事，特别是Bruce Gray教授和G Hool博士。

在20世纪80年代晚期和20世纪90年代早期，有几位同事做出了播种般的重要贡献。在澳大利亚，国家妇科与产科医师协会的主席Peter Richardson博士和爱德华皇家医院的荣誉退休顾问Colin Douglas Smith博士，在西澳大利亚医院救济基金会的资助下，对85例患者进行了前瞻性病例评估后得出结论：外科手术在很大程度上验证了整体理论的预言。该结论是本手术得以广泛传播的关键因素。从1995年起，一批属于门诊的阴道和尿失禁手术医师协会(Ambulatory Vaginal and Incontinence Surgeons，AAVIS)的妇外科医师团体正在茁壮成长，他(她)们已经在应用整体理论的诊断系统，同时在学习由该理论衍生出的各种手术。我非常感谢AAVIS的会长WB Molloy博士，秘书Bruce Farnsworth博士和司库Laurie Boshell博士给予我的非常宝贵的建议和帮助。我要感谢一位智者，Robert Zacharin博士，他在1961年的解剖工作为我提供了灵感，成为整体理论的研究起点。

1989年12月，我遇见了来自瑞典乌普萨拉大学的Ulf Ulmsten教授(已故)，我们从此开始了亲密而有益的合作，并持续了若干年。在此期间，我们在1990和1993年两次发表了关于整体理论的文章，我也成为了他所在部门的副教授。具有临床外科医生背景的我，在如此强调基础科学的乌普萨拉大学环境中工作，对于我是一种促进，我如饥似渴地吸收周围的科学知识，直到它成为我生命中的一部分。Ulf Ulmsten 教授为许多从事尿动力学工作的斯堪的纳维亚人开拓了道路，他自己也为此作出了相当重要的贡献。直到今天，我仍然对尿动力学保持强烈的兴趣。通过 Ulf Ulmsten 教授，我认识了 Ingelman-Sundberg 教授，他是妇科泌尿学之父，我曾拜读过他的著作。1994 年，我认识了 Michael Swash 教授，他激发了我对粪失禁的兴趣。后来，在“尿失禁患者肌浆蛋白的变化”研究中，我与他有过合作。另一位对本书中描述的以解剖学为基础的手术方法的发展有影响的主要智者，是已故的 David Nichols 教授，我与他相知并互通信息。我和 Nichols 教授一样，衷心感谢许多英国、美国、德国和奥地利的解剖学家和外科医师。数年来，我讲学或者求教，足迹遍及欧洲、亚洲和南北美洲各地。对所有这些同事或同仁，对于他们提供给我的优厚待遇，我致以深深的感激之情。

另外，我还要感谢 Victoria D'Abrera 博士、FRCPath FRCPA 和 Carole Yelas 对本书最后的审校做出的非常宝贵的努力。本书的编写程序是 Gary Burke 先生控制的，他的远见卓识使本书更有条理和更具可读性。在本书基本的图表中体现了 Sam Blight 先生的创造力。最后，特别要感谢 Springer 公司的 Yvonne Bell，是他的帮助使本书得以出版。

Peter Papa Petros

2004 年于佩思

前　言

工作的初衷是希望将压力性尿失禁手术从大手术(需要住院10天)简化成小的日间医护手术。很显然,为达到此目的,这一工作从一开始就面临着两个主要的障碍:术后疼痛和尿潴留。这些问题的解决经历了漫长而曲折的过程,直到整体理论的诞生才得以真正解决。

IVS"无张力"悬吊带手术受到了 Robert Zacharin 博士的解剖学研究的启迪。尽管 Zacharin 博士指出尿道周围的韧带和肌肉对于尿自禁的控制是非常重要的,但他并没有说明为什么。根据对植入外来材料形成瘢痕组织的观察,提出一个假设,即将可塑性吊带插入到耻骨尿道韧带的位置可以产生足够的瘢痕组织以加强韧带,然后再锚定关闭尿道的肌肉。

在1986年9月,完成了两例初创经阴道悬吊带手术。将一条聚酯吊带,在既无张力又不抬高膀胱颈的状况下植入耻骨尿道韧带的位置,两例患者随即恢复了尿自禁,并在手术第二天出院且不需保留导尿管。患者虽有轻微疼痛,但尿自禁得以迅速恢复。6周后取出吊带。10年后对她们进行最终观察时,这两例患者仍然保持尿自禁。该结果似乎证实了锚定中段尿道的重要性,而且,因为无膀胱颈的抬高,该结果对于流行的 Enhorning 的"压力均衡理论"的有效性提出了质疑。

1987年,佩思皇家医院的 John Papadimitriou 教授及其同事进行了一系列的动物实验研究,科学地分析吊带植入的安全性、有效性和操作方法,发现吊带的植入是安全的,在植入的部位产生了线性的胶原沉积。

最初的30例手术是1988～1989年间在西澳大利亚的佩思皇家医院完成的。阴道内的聚酯悬吊带被调节固定在尿道中段。抬高吊带的位置,术后出现尿急和尿流梗阻;若降低吊带的位置,这些症状就消失了,但大多数患者的压力性尿失禁仍然获得治愈。

比较术前、术后的X线表现,发现膀胱底的抬高不明显,这似乎否定了维持尿自禁的"压力均衡理论"。此外,当尿道中段的吊带用血管钳锚定后,可发现尿道末端向前移动,但 Foley 球囊导尿管在尿道中段周围向后下方移动。根据这些观察资料提示有两个独自的闭合"机制"。在一年的时间内,一个使这些不同的发现与已知的解剖学整合在一起的理论框架得到了发展(整体理论,1990)。整体理论关键的概念是,悬吊韧带对于维持正常的膀胱功能是重要的,而这些韧带中的结缔组织损伤是引起膀胱功能障碍的原因。

1990 年，开始了与 Ulf Ulmsten 教授的合作，进行了深入的研究，并首次发表了关于整体理论的论述：

> 压力性和急迫性尿失禁主要起源于因不同原因引起的阴道或阴道支持韧带的松弛，这种松弛是胶原蛋白/弹性蛋白改变的结果。

对尿道和膀胱颈的关闭机制分别作了描述。1990 年，腹部超声的研究表明，尿道由吊床闭合机制从其后方关闭。非神经学上膀胱不稳定的患者被解释为排尿反射的过早激活。

1993 年，整体理论的第二次论述介绍了放射学和尿动力学方面的研究，使其上升到了一个可经考验的较高的水平。

分析 5 例用初创尿道下悬吊带术治疗的压力性尿失禁患者的操作和手术方法学(1993 年的整体理论)，发现了一个问题，就是聚酯吊带腐蚀的概率相对较高。这一问题于 1996 年由 Ulmsten 教授领导的斯堪的纳维亚小组通过使用聚丙烯网带而得到解决(Ulmsten 等，1996)。此后还描述了“后穹窿综合征”(1993，整体理论)。后部韧带的重建改善了尿急、夜尿症、排空异常和盆腔疼痛等症状。这些发现在设计图示诊断法(Pictorial Diagnostic Algorithm)中起了很大的作用。

在 2003 年以前的 10 年中，整体理论的许多部分得到了完善，尤其是使用尿道中段悬吊带治疗压力性尿失禁的成果，得到了国际医学界的认可。该理论框架已经延伸到包括粪失禁、排空异常和某些类型的盆腔疼痛。新的超声和尿动力学技术，尤其是本书后面描述的“模拟操作”技术的使用，有望提高诊断的准确率。随着整体理论的充实发展，手术方法学也不断得到改进。正如整体理论体系描述的那样，因为传统的阴道手术方法是切除和缝合组织，这不能充分地恢复组织的强度和结构，故新的方法得到发展。为了克服这些缺点，发展了双层技术，如使用多余阴道组织的“桥式”修补术(Petros，1998)以及阴道后部 IVS 手术(Petros，2001)。除了植入尿道中段悬吊带以外，同时紧固尿道下吊床提高了压力性尿失禁和括约肌内在缺陷的治愈率(Petros，1997)。后部悬吊带手术也已进一步改善和简化了。

特别值得一提的是，新的组织固定系统(TFS)看起来是在现有“无张力吊带”基础上最大的进步，它可用来修补盆底任何的韧带和筋膜缺陷。TFS 手术更符合解剖学原理，侵袭性极小，可以在直视下操作。

本书书写的目的是希望进一步阐明和传播整体理论的思想，为该理论、诊断和手术方法的进一步发展提供必须的基础，以解决女性的盆底问题。

第一章是关于整体理论的介绍和概论，略述了目前被关注的“问题”，包括盆底功能障碍的各种症状、目前的认识和治疗。阐述了盆底的正常功能，介绍了盆底功能障碍的原因、受损结构的诊断以及根据整体理论的侵袭性最低的手术修补的原则。

第二章旨在使读者熟悉韧带和肌力的作用，以及描述这些韧带和肌肉怎样协同作用维持盆底器官的形态和功能。本章描述了盆底的解剖，以及骨、肌肉、韧带和器官在结构、形态和生物力学方面的相互关系。描述了盆底的静态和动态解剖以及结缔组织在盆底功能和功能障碍中所发挥的重要作用。介绍了阴道“3个部位”的概念，这是整体理论诊断系统、手术解剖和手术方法的核心内容。

第三章描述了整体理论体系对阴道3个部位中结缔组织损伤的诊断，详细讨论了两种诊断途径：适合于全科医师的临床诊断途径，以及适合于盆底临床专科医生的结构评估途径，并对两种诊断途径的内容及其在诊断中的作用作了详细的描述。介绍了用于验证诊断的“模拟操作”的概念，这是整体理论体系中极有价值的部分，用于术前直接验证已诊断的解剖损伤的部位是否正确。

第四章讨论了侵入性最低的盆底手术的概念性基础，介绍了阴道3个部位的手术解剖的新观点，提出了为矫正每一部位解剖缺陷而发展起来的侵袭性最低的手术方法，特别是“无张力”吊带的前部和后部悬吊术，同时介绍了组织固定系统。

第五章阐述了从整体理论方法发展起来的盆底康复训练。最初，这些训练设计为手术的一种替代方法，后来发现，它也可以协助患者巩固术后的疗效。

第六章提出了“描绘”结缔组织功能障碍的解剖学基础，并阐释了尿动力学的解剖学基础。用混沌理论框架、非线性方法学和布尔代数学解释了传统尿动力学中许多内在的矛盾。布尔代数学还用来解释膀胱在闭合期和开放期之间转换的概念。经会阴超声在中部和后部的扩大应用也有所阐述。

第七章讨论了当前存在的以及正在出现的与整体理论体系扩大应用有关的问题，特别是粪失禁。讨论了使诊断过程更加有效的新的科学概念、方法学和技术。提出了整体理论诊断支持体系(ITDS)，该系统由以诊断系统为基础的计算机结合经国际互联网所建立的庞大的数据库组成。

第八章是结论部分，简要地回顾了整体理论从理论系统到实践系统的演变历程，讨论了国际互联网在未来盆底科学新方向中的重要性。

诊断过程中应用的问卷表和其他工具均包含在附件I中并作描述，参考文献和更多的阅读文献收录在附件II中。

PE Papa Petros

常用英文缩写词汇表

A anus
肛门
AAVIS Association of Ambulatory Vaginal and Incontinence Surgeons
从事阴道和失禁门诊手术的外科医师协会
ATFP arcus tendineus fascia pelvis
盆腱弓筋膜
BN bladder neck
膀胱颈
BNE bladder neck elevation
膀胱颈抬高
C closure phase of the bladder/urethra
膀胱/尿道闭合期
CL cardinal ligament
主韧带
CP closure pressure
关闭压
CT connective tissue
结缔组织
CX cervix
子宫颈
CTR cough transmission ratio
咳嗽传导比
DI detrusor instability
逼尿肌不稳定
EAS external anal sphincter
肛门外括约肌
EUL external urethral ligament
尿道外韧带
F fascia
筋膜
FI faecal incontinence
粪失禁
GAGS glycosaminoglycans
黏多糖
GSI genuine stress incontinence
真性压力性尿失禁
H suburethral vagina (hammock)
尿道下阴道(吊床)
ICS International Continence Society
国际控尿协会
IS ischial spine
坐骨棘
ISD intrinsic sphincter defect
括约肌内在缺陷
ITDS Integral Theory DiagnosticSupport System
整体理论诊断支持系统
IVS Intravaginal slingplasty
阴道内悬吊带固定术
LA levator ani — anterior portion of PCM
肛提肌一耻骨尾肌前部
LP levator plate

提肌板

LMA longitudinal muscle of the anus
肛门纵肌

MUCP maximal urethral closure pressure
最大尿道关闭压

N nerve endings/stretch receptors
神经末梢/牵拉感受器

O opening phase of the bladder/urethra
膀胱/尿道开放期

PB perineal body
会阴体

PM perineal membrane
会阴隔膜

PAP post-anal plate
后部肛板

POPQ The ICS prolapse classification
国际控尿协会的脱垂分类

PCF pubocervical fascia
耻骨宫颈筋膜

PCM pubococcygeus muscle
耻骨尾骨肌

PNCT pudendal nerve conduction times
阴部神经传导时期

PofD Pouch of Douglas
道格拉斯窝

PS pubic symphsis
耻骨联合

PRM puborectalis muscle
耻骨直肠肌

PUL pubourethral ligament
耻骨尿道韧带

PUSM periurethral striated muscle
尿道周围横纹肌

PVL pubovesical ligament
耻骨膀胱韧带

RVF rectovaginal fascia
直肠阴道筋膜

R rectum
直肠

S sacrum
骶骨

SI stress incontinence
压力性尿失禁

T tapes
带子

TFS tissue fixation system
组织固定系统

U urethra
尿道

USL uterosacral ligament
子宫骶骨韧带

UT uterus
子宫

V vagina
阴道

ZCE zone of critical elasticity
关键弹性区

目　　录

第一章　概 论 …… 1
1.1　引言 …… 1
1.2　整体理论对盆底功能与功能障碍的概述 …… 6
1.3　本章总结 …… 11

第二章　盆底功能与功能障碍的解剖学和动力学 …… 13
2.1　盆底功能的解剖学 …… 13
2.2　盆底功能的动力学 …… 23
2.3　结缔组织在盆底功能和功能障碍中的作用 …… 31
2.4　本章总结 …… 45

第三章　结缔组织损伤的诊断 …… 47
3.1　整体理论诊断系统:概述 …… 47
3.2　整体理论诊断系统 …… 49
3.3　整体理论诊断系统中对症状的认识 …… 61
3.4　本章总结 …… 73

第四章　整体理论和盆底重建手术 …… 74
4.1　引言 …… 74
4.2　整体理论对盆底重建手术的解决方法 …… 74
4.3　根据受损部位应用整体理论的手术方法 …… 98
4.4　手术后监护:控制复发或新症状的策略 …… 145
4.5　本章总结 …… 152

第五章　盆底康复 …… 153
5.1　引言 …… 153
5.2　整体理论用于盆底康复 …… 153
5.3　本章总结 …… 157

第六章 盆底结缔组织功能障碍的动力学图解 …… 158
6.1 盆底功能和功能障碍的图解 …… 158
6.2 “模拟操作”的动力学图解:临床范例 …… 183
6.3 本章总结 …… 188

第七章 当前和正在出现的研究问题 …… 190
7.1 引言 …… 190
7.2 诊断决策途径的改进 …… 192
7.3 整体理论的诊断支持体系(ITDS) …… 192
7.4 可能的临床联系 …… 192
7.5 粪失禁 …… 194

第八章 结 论 …… 204

附录1 患者问卷表和其他诊断资源工具 …… 206

附录2 参考文献和进一步阅读文献 …… 215

索引 …… 234

第一章　概　论

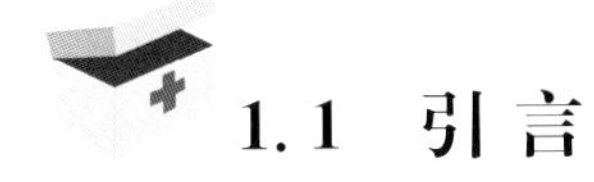

1.1　引言

1.1.1　问题

女性盆底功能障碍是一个常见却又很隐秘的问题。可能尿失禁是盆底功能障碍中人们最熟悉的一种情况，但盆腔器官脱垂、粪失禁和盆腔疼痛也使许多妇女受到伤害。即使对于尿失禁，传统的治疗方法仍然留下许多与膀胱有关的、被认为是“无法治愈的”问题。

随之而来的是修正“传统”手术的问题。按照常规的方法，治疗压力性尿失禁采用膀胱颈抬高（bladder neck elevation，BNE）手术，其存在的问题是住院时间长、术后疼痛、尿潴留、新发尿急、随时间的延长而升高的手术失败率，以及高达20%的肠疝发生率。一般膀胱颈抬高手术也不建议用于混合性尿失禁的治疗。此外，膀胱颈抬高手术也不能治疗其他的盆底功能障碍。

本书所持的论点是，盆底功能障碍主要由不同原因造成的盆底悬吊韧带中结缔组织的损伤所引起。根据整体理论进行治疗，其原则是“形态（结构）的重建导致功能的恢复”。因此，采用传统方法治疗失禁而留下的许多被认为“无法治愈”的问题，通过修补受损的韧带有可能达到治愈。以下将对这些问题予以介绍。

1.1.1.1　尿失禁

简单地说，尿失禁是指尿液不随意地漏出。据报道，女性中尿失禁的患病率在10%～60%之间。压力性尿失禁（stress urinary incontinence，SI）和急迫性尿失禁（urge incontinence，UI）是尿失禁的两种主要类型。UI的发生率随年龄而增长。认为仅SI是可采用手术治愈的。UI或SI与UI的混合性尿失禁可采用药物或膀胱训练来治疗，但因药物的不良反应，很少能长期使用。

1.1.1.2　尿频

尿频是指每日排尿次数大于8次。发生原因多半不清楚，可用药物或膀胱训练来治疗，但这两种方法长期应用效果都不好。

1.1.1.3　夜尿症

夜尿症是指夜间排尿次数大于2次。发生原因多半不清楚，亦可用药物或膀胱训练来治疗，但这两种方法长期应用效果亦不理想。

1.1.1.4 肠功能障碍

肠功能障碍有两种类型，即排便困难（“便秘”）和粪失禁。粪失禁（faecal incontinence, FI）是指不随意地排气或排便。FI的发生原因不清楚，一般认为由肛门括约肌或盆底肌肉损伤引起。女性中肠功能障碍的患病率在10%～20%之间。治疗通常采用以药物减慢肠蠕动、饮食管理和手术，如肛提肌固定术。但这些治疗中没有一种方法有显著效果。

1.1.1.5 膀胱排空异常

膀胱排空异常是指在膀胱排尿过程中发生困难，具有特殊的症状，以及可表现为由持续存在的残余尿而引起的慢性尿路感染。通常采用尿道扩张术来治疗。即使不存在尿道梗阻，也常采用此扩张术，故治疗不是很有效。

1.1.1.6 慢性盆腔疼痛

慢性盆腔疼痛是以盆腔一侧牵拉痛为特征，疼痛的严重程度不等。女性中的发生率高达20%。发生原因不清楚，一般认为是心理上的因素造成的。

1.1.1.7 其他问题

“间质性膀胱炎”是指一种膀胱无力的状态，发生原因不清楚，没有长期有效的治疗方法。“外阴痛”可以在10%的女性中发生，受累妇女症状可能很重。发生原因不清楚，治疗是经验式的，因此疗效并不确切。

1.1.2 整体理论——一种新的视角

在以下的内容中，提出了用以改进上述问题的整体理论方法的科学框架和同期的实践应用。对于一些开业人员，这将是理解解剖和失禁问题的一种新途径，同时为专科医师、全科医师以及甚至那些对了解盆底功能障碍的起因和治疗有特殊兴趣的普通大众提供一种解释，这就是作者的目的。

1.1.3 本书中所使用的图表指南

本书中使用了许多图表以阐明各种不同表现的盆底功能和功能障碍的类型。下面一系列图表可以帮助读者熟悉解剖结构和通常使用的缩写词。希望读者能花费一点时间仔细理解这些基本图表的涵义，以至图表变得较复杂时，就能较容易地适应本书总的进度。

1.1.3.1 系列1 静力解剖学

图1-1～1-4为骨盆及其器官和结缔组织结构的图解。

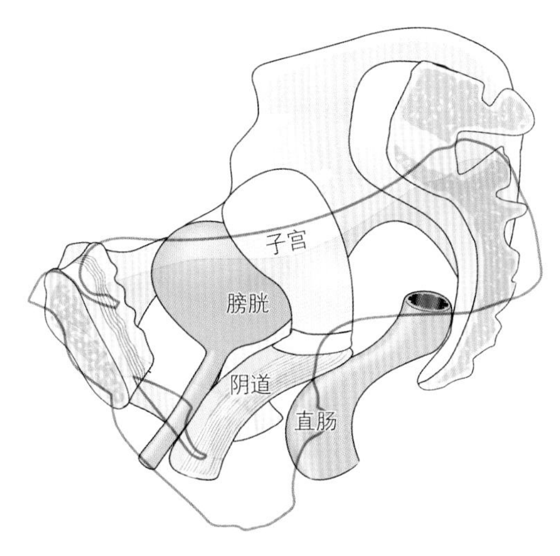

图1-1 骨盆及其器官

图中尿道和膀胱用绿色表示，阴道用蓝色表示，直肠用棕色表示

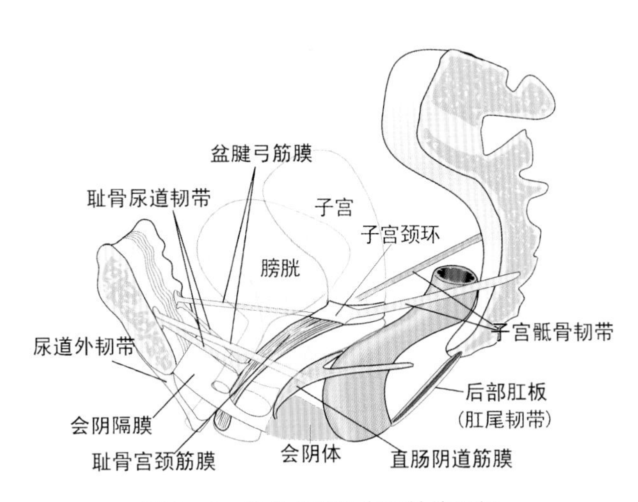

图1-2 骨盆及其器官和结缔组织

图中韧带和膜结构用灰色表示，阴道筋膜的增厚部分即耻骨宫颈筋膜和直肠阴道筋膜，用深色表示

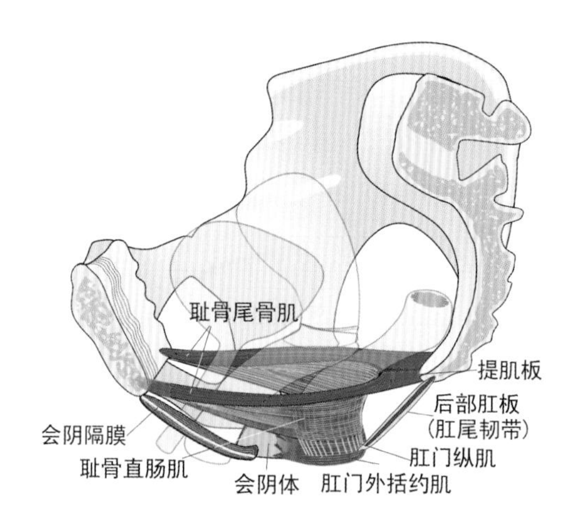

图 1-3 骨盆及其器官和肌肉

图中肌肉用条纹棕色表示

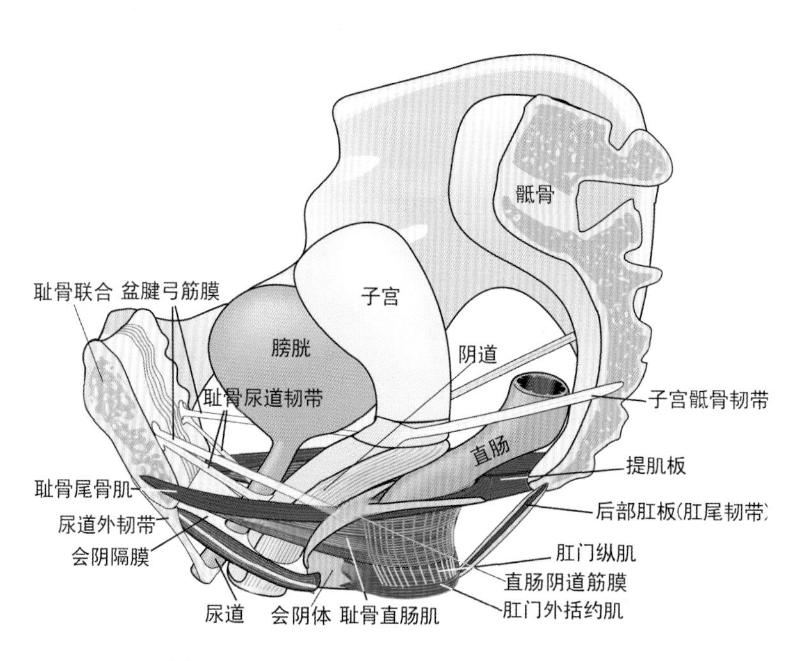

图 1-4 骨盆肌肉与器官、韧带和筋膜的关系

1.1.3.2 系列 2 动力解剖学

图 1-5 显示从静力解剖到动力解剖的转变中所包含的成分。

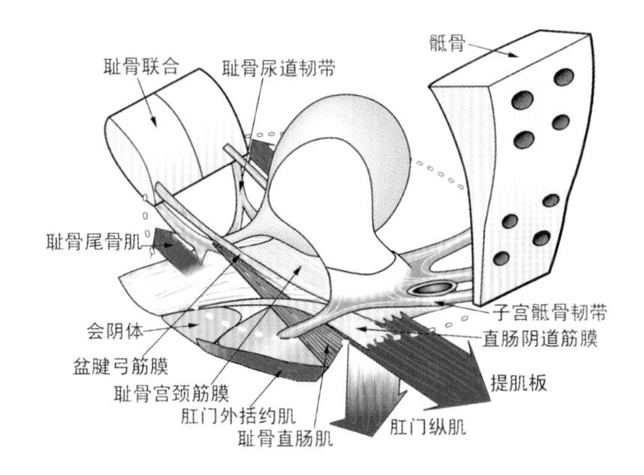

图 1－5　从静力解剖到动力解剖的转变

图中箭头表示定向的关闭力，并根据力的起源标示。这些力对应于悬吊韧带耻骨尿道韧带、盆腱弓筋膜和子宫骶骨韧带，使 3 个器官得以伸展

骨骼：

耻骨联合　pubic symphysis

骶骨　sacrum

悬吊韧带：

耻骨尿道韧带　pubourethral ligament

盆腱弓筋膜　arcus tendineus fascia pelvis

子宫骶骨韧带　uterosacral ligament

施力肌肉：

耻骨尾骨肌　pubococcygeus muscle

提肌板　levator plate

肛门纵肌　longitudinal muscle of the anus

耻骨直肠肌　puborectalis muscle

支持筋膜：

PCF ＝pubocervical fascia　耻骨宫颈筋膜

RVF ＝rectovaginal fascia　直肠阴道筋膜

会阴固定结构：

PB ＝perineal body　会阴体

EAS ＝external anal sphincter　肛门外括约肌

1.1.3.3　系列 3　功能解剖学

图 1－6 和图 1－7 表明从动力学解剖到功能性解剖的转变。图示在正常闭合中起作用的 3 种盆底肌力(图 1－6)，以及在正常开放(排尿)中起作用的两种盆底肌力(图 1－7)。

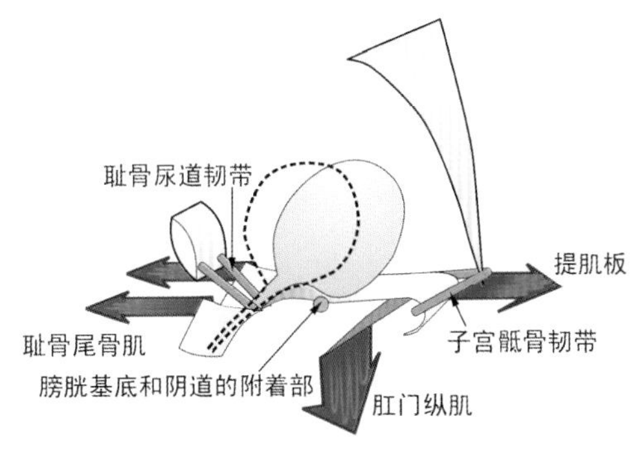

图 1－6　主动闭合

图示 3 种肌力如何牵拉和关闭尿道及膀胱颈。

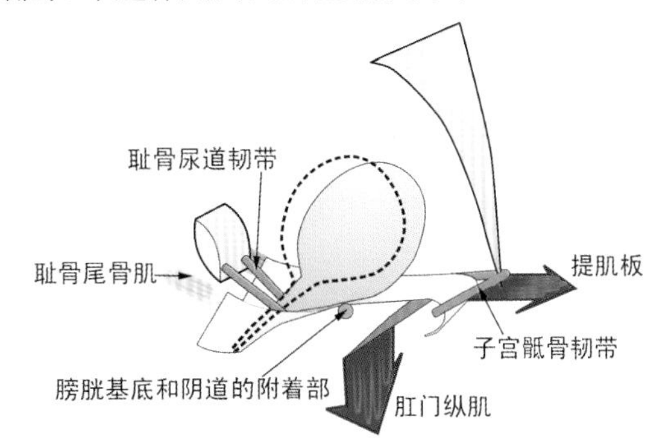

图 1－7　排尿

图示一旦前部肌力(耻骨尾骨肌)放松，后部两种肌力(红色箭头)如何使尿道开放

1.2 整体理论对盆底功能与功能障碍的概述

顾名思义，整体理论是用以理解盆底功能与功能障碍的一种具有内在联系的、动力解剖学的框架。盆底是一个内在相互关联的系统，盆底的整体状况比局部的状况重要得多。整体理论的基本原则是“形态（结构）的重建导致功能的恢复”。尽管“形态”和“结构”这两个术语常被交换使用，但纵观全书，这两个术语的意义还是稍有不同。“结构”是一种静力的概念，“形态”则是一种动力的概念，意指结缔组织结构的损伤可引起形态（外形）的丧失，并因此而导致功能的丧失。因此，手术前精确诊断受损结构的部位是很重要的。对整体理论我们可以作以下的描述：

> 压力性、急迫性和排空异常等症状主要起源于不同原因造成的阴道及其支持韧带的松弛，而阴道及其支持韧带的松弛是结缔组织变弱的结果。

最近，整体理论已被扩大应用到包括特发性粪失禁及某些类型的盆腔疼痛在内的功能障碍中。

1.2.1 整体理论的基本原则

整体理论强调阴道及其支持韧带的结缔组织在盆底功能、功能障碍及手术矫正中所起的作用。该理论把正常的盆底功能视为一个由肌肉、结缔组织（connective tissue，CT）和神经成分组成的相互关联的平衡系统，其中结缔组织最易受到损害。

为了有助于解释整体理论，本书使用了两幅关键的模拟图：悬吊桥模拟图和蹦床模拟图。前者用于解释盆底结构，后者用于解释盆底功能。

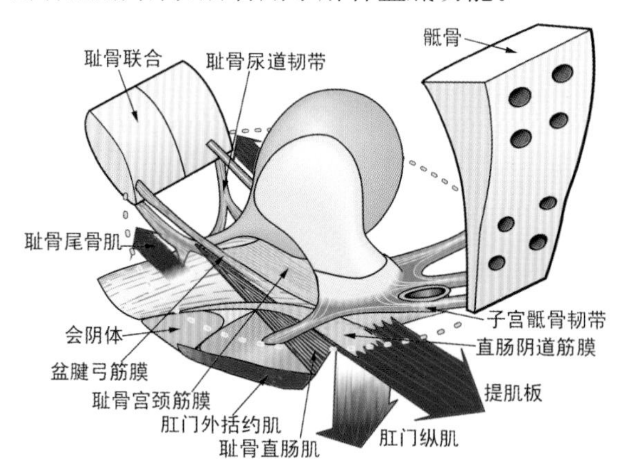

图 1-8 形态

本图用来描述盆底结构的协同作用，显示韧带是怎样悬吊器官及对应于这些韧带的肌力又是怎样使器官伸展，从而塑成器官的形态和强度

在图示诊断法(图1-12)中,整体理论的临床应用得到了充分体现。该法则指导手术医生寻找功能障碍的解剖因素及可能需要修补的受损结构。从整体理论发展起来的外科技术集中在两方面:其一,用聚丙烯带子加强受损的韧带和筋膜;其二,保留阴道组织及其弹性,尤其在阴道的膀胱颈区域。该项技术可减少患者的疼痛和尿潴留,使手术能在日间医护或夜间护理的基础上进行,并能使其早日返回到正常的生活中去。

当将整体理论系统应用于盆底康复时,焦点在于如何加强包括肌肉、神经和结缔组织在内的所有作为一个动力系统相互协调发挥作用的盆底结构。

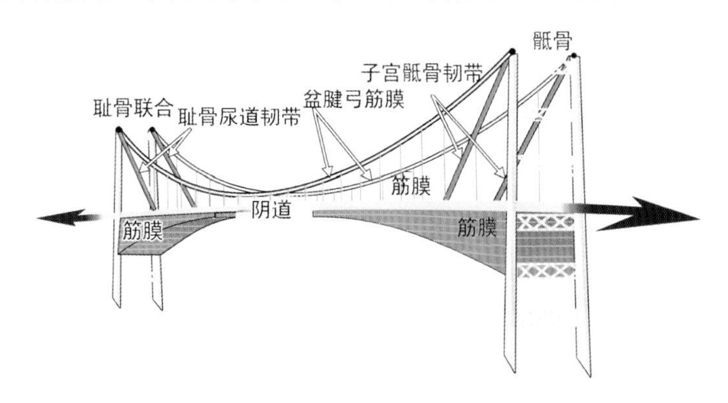

图1-9　结构——悬吊桥模拟图

图1-9显示了盆底结构是怎样相互依赖的。悬吊桥的强度是通过悬吊钢丝(白色箭头)的张力来维持的。结构中任一部位的削弱都可能扰乱整体的平衡、强度和功能。将本图与图1-8结合起来看,阴道和膀胱形态(即外形和强度)的获得是因为其由韧带(PUL、USL、ATFP)和筋膜(F)悬吊在骨性骨盆上。当这些结构被肌力(黑色箭头)伸展时,其尺寸就形成了

1.2.1.1　结构和形态

盆底的结构和形态源自作用于盆底器官上的肌肉、神经及韧带的相互作用。阴道和韧带必须被伸展到一定的限度才能获得负重所需要的强度。力的不均衡可能使盆底系统朝一个或另一个方向伸展,从而影响器官的开放与关闭。悬吊桥模拟图(图1-8和图1-9)可用于阐明结构和形态(也包括功能)是怎样在一个处于张力平衡的系统中形成的。

1.2.1.2　功能和功能障碍

整体理论用两种稳定状态描述正常的膀胱功能,即关闭(自禁)和开放(排尿)。这两种状态之所以被认为稳定,因为它们是力平衡的结果。

在膀胱关闭过程中(图1-6),3种肌力互相起作用;而在膀胱开放过程中(图1-7),两种肌力互相起作用。如果这些肌力的作用或平衡因韧带锚定点的损伤而被破坏(图1-10),那么不仅关闭功能会发生障碍(尿失禁),开放功能也会发生障碍(排空异常)。

1.2.1.3　功能障碍的原因——损伤部位的描述

可将受损的悬吊韧带和相关筋膜分为3个部位来进行描述：前部、中部和后部(图1-10)。前部从尿道外口延伸至膀胱颈，包括3种可能受损伤的结构：耻骨尿道韧带(PUL)、尿道下吊床和尿道外韧带(EUL)(图2-3和图2-4)。

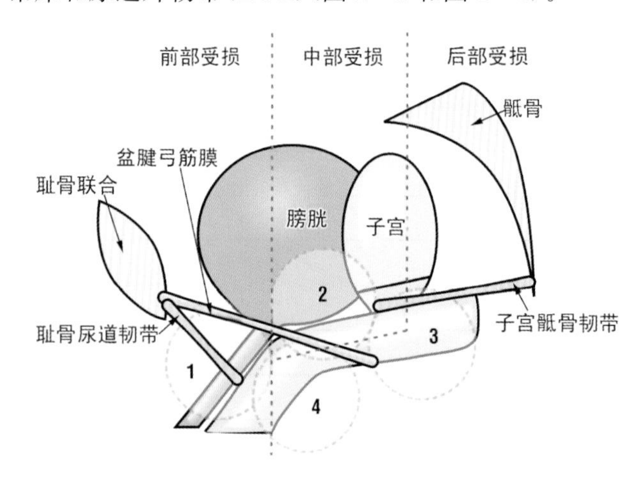

图1-10　功能障碍的原因：受损部位

图中圆圈表示胎头通过产道下降。一个或多个韧带的损伤可导致系统的不平衡，由此而导致功能障碍。先天性的胶原蛋白缺陷也可引起功能障碍

中部从膀胱颈延伸至子宫颈或子宫切除术后阴道瘢痕处，也包括3种可能受损伤的结构：耻骨宫颈筋膜(PCF)、盆腱弓筋膜(ATFP)和前面的子宫颈环。

后部从子宫颈或子宫切除术后阴道瘢痕处延伸至会阴体。子宫骶骨韧带(USL)、直肠阴道筋膜(RVF)和会阴体(PB)是后部可能受损伤的主要结构。

确定3个部位中受损的结构

在每个部位中，都有维持盆底正常功能的关键性结构。任何一个关键性结构受损，都可引起功能障碍。整体理论描述了9种可能受损的关键性结构，3个部位中的每一个部位都含有3种主要的可能受损的结构(图1-11)，它们是：

前部

过度松弛

(1) 尿道外韧带(EUL)；

(2) 尿道下阴道(吊床)；

(3) 耻骨尿道韧带(PUL)。

中部

过度松弛

(4) 盆腱弓筋膜(ATFP)；

(5) 耻骨宫颈筋膜(PCF)(中心缺陷—膀胱膨出)；

（6）子宫颈环与耻骨宫颈筋膜的附着（高位膀胱膨出）（横向缺陷）。

过度紧固

“关键弹性区”（ZCE）过度紧固（因瘢痕束缚、阴道悬吊时膀胱颈部过度抬高而减少弹性）

后部

过度松弛

（7）子宫骶骨韧带（USL）；

（8）直肠阴道筋膜（RVF）；

（9）会阴体（PB）。

请注意，ZCE是耻骨宫颈筋膜的一部分。为了强调手术中保持阴道膀胱颈区域弹性的重要性，这里将ZCE作为单独结构来叙述。“阴道束缚综合征”就起源于ZCE，稍后本书将予以全面的叙述。简单地说，该综合征是在阴道或膀胱颈抬高手术中，因为瘢痕形成或膀胱颈过度抬高使ZCE的弹性丧失而引起的，其发生完全是医源性的。

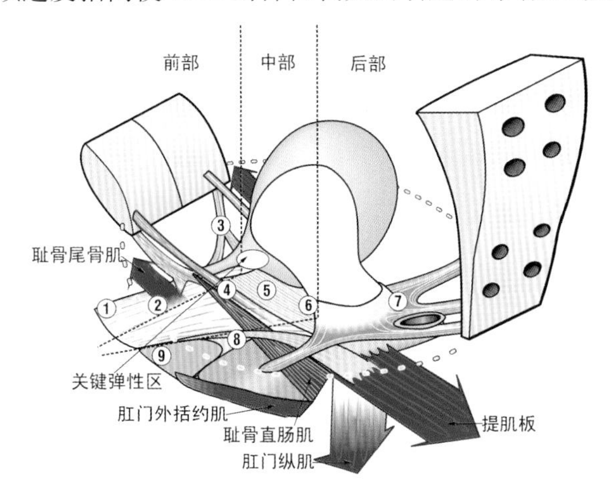

图1-11　可能需要进行手术修补的9种主要的结缔组织结构

1.2.1.4　损伤的诊断

图示诊断法（图1-12）为寻找和修补结构损伤或盆底功能障碍提供了一种有效的方法。它用绘图的形式概述3个部位中的结构损伤和功能2障碍症状之间的关系。利用“模拟操作”技术（将在后面描述）和其他经验性的研究，已发现一些症状在一个部位比在另一个部位发生显得更加频繁，图示诊断法则说明了这些不同症状发生的概率。更重要的是，它显示即使发生概率很小，但几乎任何一种症状都可以由任何一个部位的功能障碍引起。图示诊断法就像一把钥匙，打开了整体理论系统的临床应用之门。

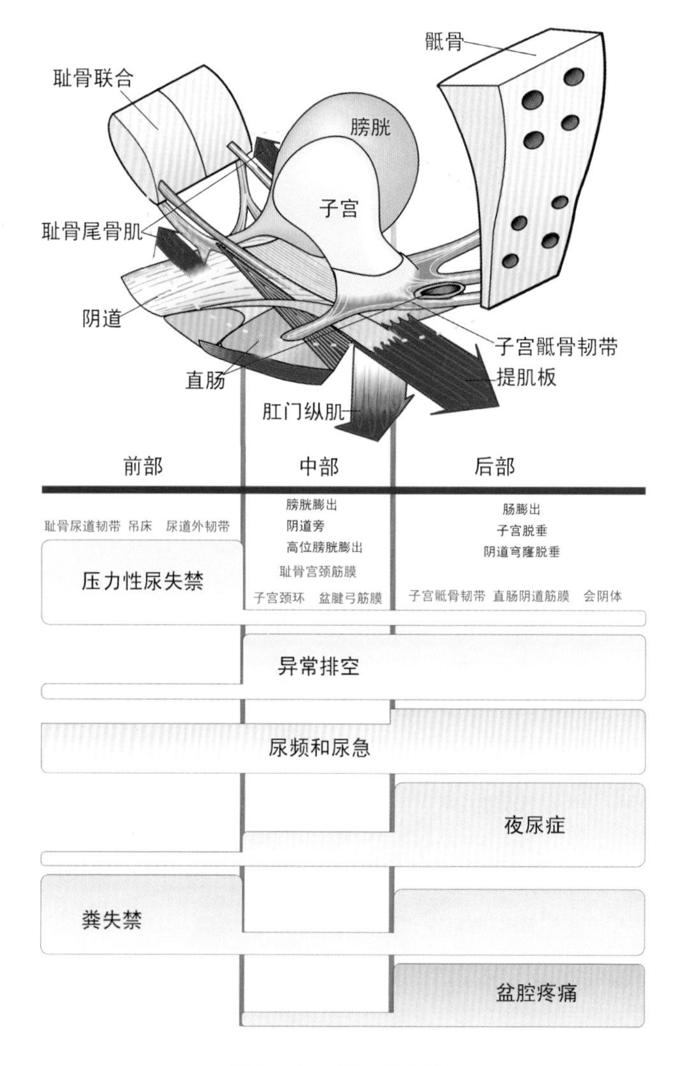

图 1－12　图示诊断法

本图概述了 3 个部位中结构损伤与症状之间的关系。长方块的尺寸显示症状发生的近似概率。相同的结缔组织结构(红色字体)在每一个部位中都可引起脱垂和异常症状

1.2.1.5　结缔组织结构的手术修补

根据整体理论设计的盆底重建手术与传统手术的区别表现在 4 个方面：

(1) 手术创伤最小(日间医护)。

(2) 以特定的手术原则为基础，使患者的风险、疼痛和不适减到最低。

(3) 通过区别阴道各部位对盆底功能障碍所起的作用，采用整体的方法解决盆底功能障碍。

(4) 强调以症状为基础(图示诊断法)，从而使手术指征扩大到包括那些症状严重

而脱垂轻微的病例。

3个部位共包括9种关键结构在盆底重建手术中可能需要修补(图1-11)。在与整体理论的总体框架保持一致的情况下,按照部位来设计手术方法:应用一种特殊的传递装置,将一根聚丙烯带子作为前部吊带植入并放置到尿道中段下方,或作为后部吊带植入并放置在子宫骶骨韧带处,或根据受损部位中的受损结构将带子植入到相应部位(图1-13)。

无论在什么情况下,都务必保留子宫。子宫是后部韧带(USL)、直肠阴道筋膜(RVF)和耻骨宫颈筋膜(PCF)的中心锚定点,子宫动脉降支是这些结构的主要血供来源,因此只要有可能都必须保留,即使作子宫次全切除术也应避免损伤子宫动脉降支。

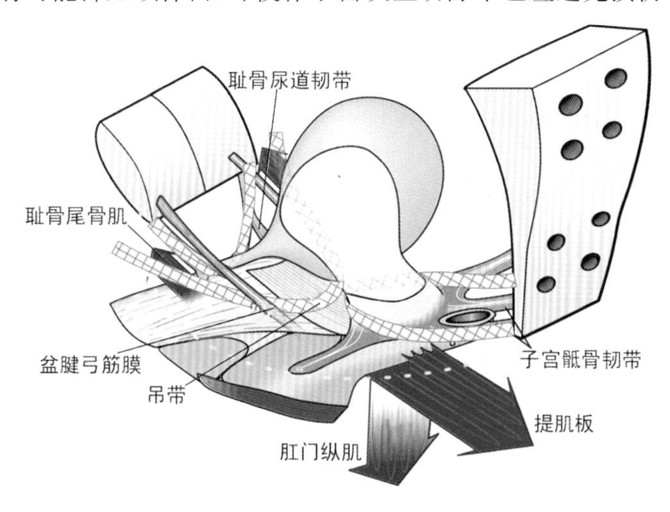

图1-13　聚丙烯带子加强3种主要悬吊韧带的示意图

1.3　本章总结

盆底是由肌肉、韧带、神经和结缔组织组成的一个相互关联的系统,其中结缔组织最易遭受损伤。

整体理论明确指出,悬吊韧带或筋膜中的结缔组织受损可引起下列症状:

※ 压力性尿失禁
※ 急迫性尿失禁
※ 尿频
※ 夜尿症
※ 排空异常
※ 粪失禁
※ 盆腔疼痛

图示诊断法以阴道3个部位中的特殊症状和结缔组织损伤之间的相互关系为基础。应用该方法可提示哪一些结缔组织结构已经受到损伤。易受损的主要结构为前部的耻骨尿道韧带、中部的耻骨宫颈筋膜和盆腱弓筋膜及后部的子宫骶骨韧带。通过在受损韧带的位置准确植入聚丙烯带子来修补受损的韧带和消除异常症状，这种外科手术创伤性最小。该方法是建立在“形态的重建导致功能的恢复”这一手术原则基础上的。

第二章　盆底功能与功能障碍的解剖学和动力学

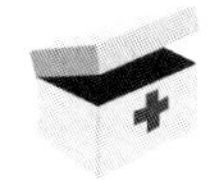

2.1　盆底功能的解剖学

2.1.1　序言

骨盆的解剖包括骨骼、肌肉、韧带和器官，这些结构对正常的盆底功能至关重要。

韧带、肌肉和筋膜组成了肌性-弹力系统，该系统塑造了盆底器官的形态和功能。

结缔组织是一个通用术语，常用来描述含有胶原蛋白、蛋白聚糖和弹性蛋白的组织。

筋膜是一种纤维肌性组织，它悬吊或加强器官，或者连接器官与肌肉。筋膜由平滑肌、胶原蛋白、弹性蛋白、神经和血管构成，并形成部分阴道壁，是阴道的主要组成成分。其独立增厚的部分称为韧带。

盆底器官包括膀胱、阴道和直肠，它们都没有固有的形状和强度(图 2－1)。筋膜的作用是加强和支持这些器官，而韧带的作用是悬吊这些器官和作为肌肉的锚定点，肌力的牵拉使这些器官获得形状、形态和强度。

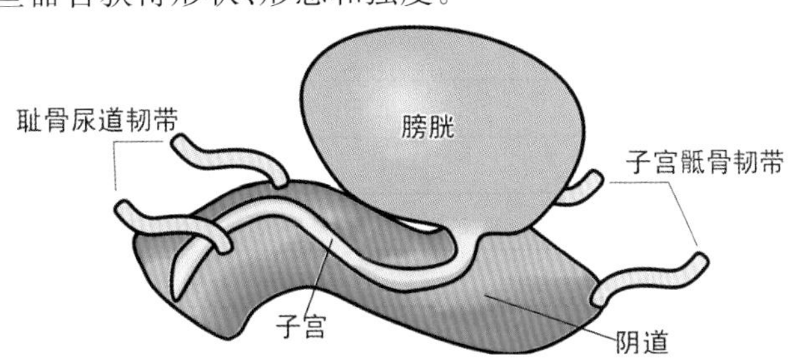

图 2－1　悬吊韧带松弛时阴道、尿道和膀胱将失去形态

当悬吊韧带被切断，阴道和尿道将失去固有的形状和强度。同样，松弛的韧带可使肌力削弱，这些肌力为器官提供健康的形态和功能

2.1.2　韧带、肌肉和筋膜在塑造形态、强度和功能中的作用

尿道、阴道和直肠等盆底器官缺乏固有的形态、结构和强度。由于韧带、筋膜和肌肉间的相互协调作用，从而塑造了器官的形态、结构和强度。而这些器官的正常功能

又直接依赖于盆底结构的完整性。

2.1.3 结缔组织结构的作用

骨盆主要由骨骼和结缔组织构成。结缔组织由韧带和筋膜组成。结缔组织的主要成分是胶原和弹性蛋白，此两者都随妊娠、分娩和年龄而变化。这些变化可以使韧带和筋膜削弱，从而影响盆底结构的完整性，引起盆底器官脱垂，并影响器官的功能。可将结缔组织结构分成3个平面(图2-2)：

平面1：子宫骶骨韧带(USL)，耻骨宫颈筋膜(PCF)。

平面2：耻骨尿道韧带(PUL)，直肠阴道筋膜(RVF)。

平面3：尿道外韧带(EUL)，会阴隔膜(PM)，会阴体(PB)。

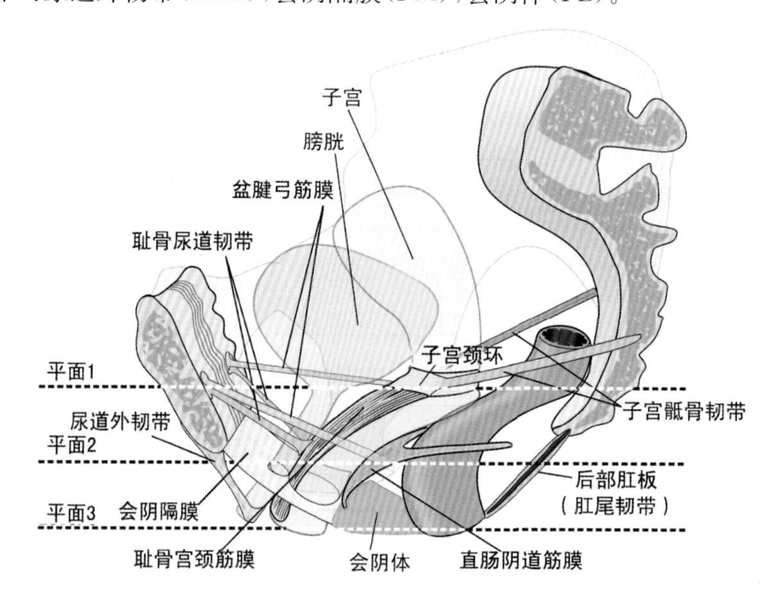

图2-2 结缔组织的各个平面

骨盆主要结缔组织结构的三维矢状面示意图，显示结缔组织与盆底器官和骨骼间的关系

2.1.4 盆底结构的主要韧带

盆底的主要韧带有尿道外韧带(EUL)(位于会阴隔膜前方)、耻骨尿道韧带(PUL)(位于会阴隔膜"尿生殖膈"后方)、盆腱弓筋膜(ATFP)、主韧带(CL)、子宫骶骨韧带(USL)和耻骨膀胱韧带(PVL)。所有这些悬吊韧带与筋膜的组成成分是相似的(图2-5)。韧带中神经(N)、平滑肌(Sm)和血管(Vs)的存在表明韧带是能主动收缩的结构，就像器官的筋膜层一样。会阴体还含有横纹肌。

2.1.4.1 耻骨尿道韧带(PUL)

耻骨尿道韧带(图2-3和图2-4)起源于耻骨联合后面的下端，呈扇形下降，其中间部分附着在尿道中段(图 2－3),侧方附着在耻骨尾骨肌和阴道壁(Zacharin 1963,Petros 1998)。

尿道外韧带(EUL)(图 2－3 和图 2－4)将尿道外口锚定在耻骨降支的前面,向上延伸至阴蒂,向下至耻骨尿道韧带(PUL)。该韧带大致相当于 Robert Zacharin 前部的耻骨尿道韧带。

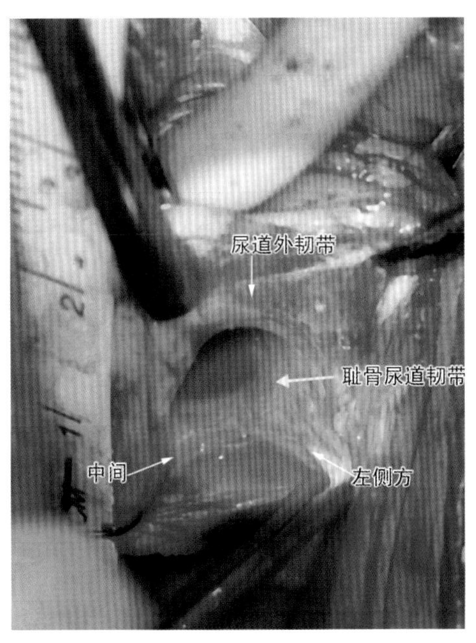

图 2－3　尿道的悬吊韧带

活体解剖研究。视角:向阴道内,切口:左侧尿道旁沟

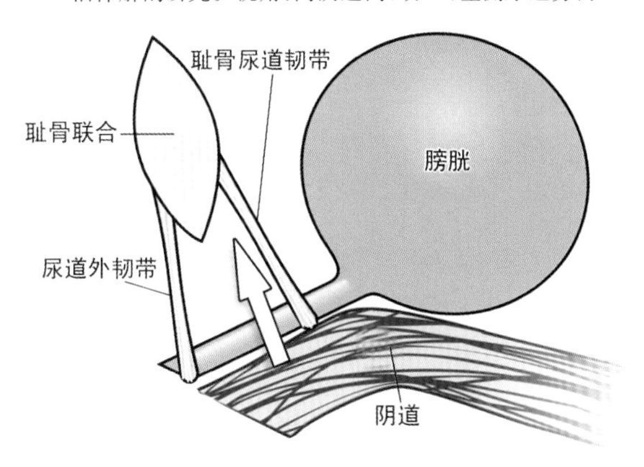

图 2－4　图 2－3 的矢状面

箭头＝肌力

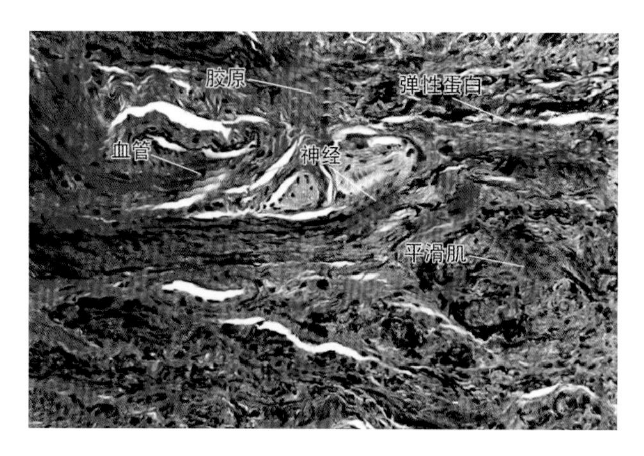

图 2-5　耻骨尿道韧带的活检组织切片

2.1.4.2　盆腱弓筋膜(ATFP)

盆腱弓筋膜(ATFP)(图 2-2)是一对水平韧带,起源于耻骨联合处的耻骨尿道韧带(PUL)的正上方,止于坐骨棘。阴道由其筋膜悬吊在 ATFP 上,很像晾晒在两根晾衣绳上的一条床单(Nichols 1989)。提肌板的肌力和邻近肌肉使 ATFP 和阴道本身获得张力。

2.1.4.3　子宫骶骨韧带(USL)

子宫骶骨韧带(USL)(图 2-2)悬吊阴道顶部,并且是肛门纵肌(LMA)向下肌力的有力附着点。USL 起自骶椎 S_2、S_3、S_4,止于子宫颈环的后面。其主要的血液供应来自子宫动脉下行支。

2.1.4.4　耻骨膀胱韧带(PVL)

1949 年,Ingelman-Sundberg 将耻骨膀胱韧带(PVL)视为膀胱前壁的主要支持结构加以描述。PVL 嵌入到 Gilvernet 宫颈前弧,这是膀胱前壁的一种无弹性的纤维肌性结构(图 2-6)。PVL 使膀胱前壁具有一定的强度。

用力时,耻骨尾骨肌(PCM)收缩向前牵拉吊床,使尿道固定,并促成尿道内口在"*O*—*O*"直线上。提肌板(LP)与肛门纵肌(LMA)合力的矢量使阴道上部和膀胱三角区在平面上("*O*—*O*")围绕 PVL 像球阀一样的嵌入点旋转,使膀胱颈闭合。由于该韧带的定位远离分娩时胎头的通路,故很少受到损伤。

2.1.4.5　Gilvernet 宫颈前弧

Gilvernet 宫颈前弧(图 2-6)实质上是 PVL 嵌入膀胱前壁的增厚部分。这一结构限制了膀胱前壁向后沉降,防止排尿时膀胱前壁向内塌陷,用力时可向下旋转以闭合膀胱颈。

2.1.4.6　膀胱三角(trigone)

膀胱三角(图 2-6)形成膀胱底的一部分,主要由平滑肌组成,并沿尿道后壁向下延伸到尿道外口。虽然它不是韧带，但起到像韧带一样的作用。膀胱三角的延伸部分形成“支柱”，使吊床肌肉向前牵拉以便从后方关闭尿道。排尿时，膀胱三角像夹板一样固定尿道后壁，便于提肌板（LP）和肛门纵肌（LMA）向后牵拉以开放流出道。

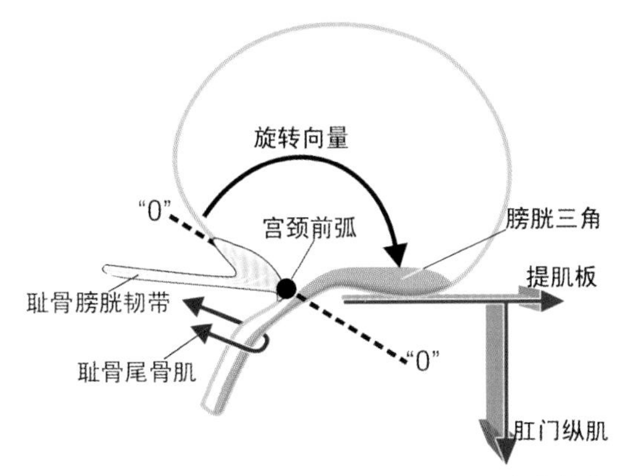

图 2－6　膀胱三角和宫颈前弧在膀胱颈闭合中的作用

矢状面，箭头代表定向闭合力。耻骨尾骨肌的松弛使得提肌板/肛门纵肌合力开放流出道

2.1.4.7　阴道至 ATFP 的筋膜联结

阴道像蹦床一样由侧面筋膜的延伸部分悬吊在两侧盆腱弓筋膜（ATFP）之间（图 2－7）。侧面筋膜的延伸部分在上方与耻骨宫颈筋膜融合，在下方与直肠阴道筋膜融合（图 2－8）。

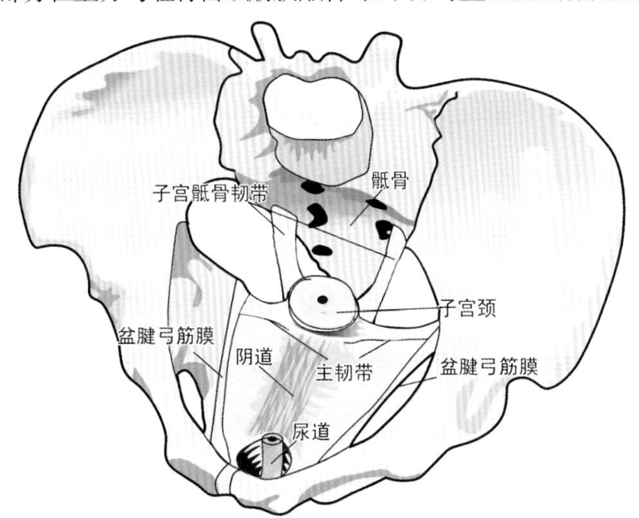

图 2－7　阴道与盆腱弓筋膜的附着（引自 Palma）

阴道像蹦床一样悬吊在两侧的盆腱弓筋膜（ATFP）之间以及子宫颈环的前面，其胶原延伸到主韧带（CL）的上方

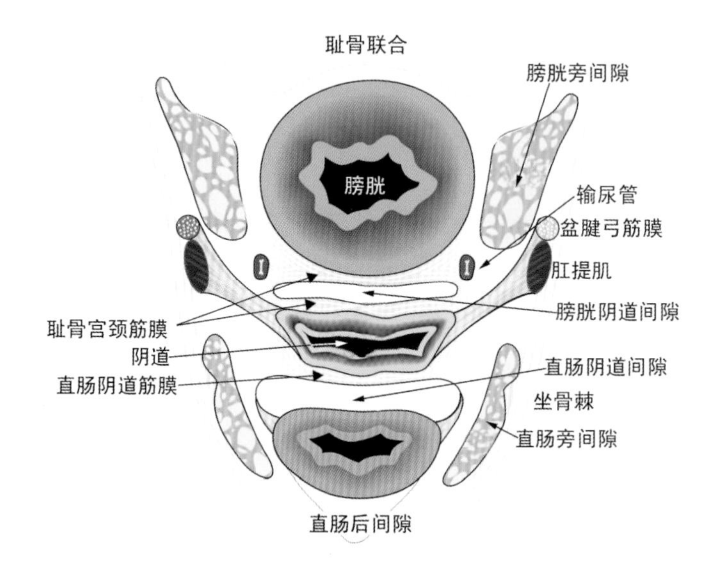

图 2－8 结缔组织间隙(引自 Nichols)

视角:横断面,子宫颈正前方的阴道水平部

2.1.4.8 器官间隙

器官的筋膜成分因器官间隙而互相分开(图 2－8)。这些间隙使器官在开放、闭合、尤其在性交时能各自独立活动。手术时这些间隙提供一个无血管的解剖平面。

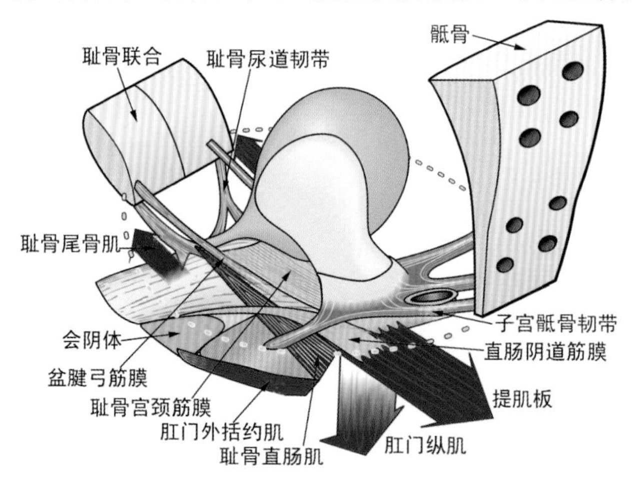

图 2－9 筋膜附着和获得张力的机制

本图显示筋膜在前方将阴道与耻骨尿道韧带(PUL)相连接,在侧方与盆腱弓筋膜相连接,在后方与主韧带/子宫骶骨韧带复合体相连接,在下方与会阴体及其张肌-肛门外括约肌(EAS)相连接。耻骨宫颈筋膜(PCF)和直肠阴道筋膜(RVF)通过 3 种定向的肌力(PCM,LP 和 LMA 箭头方向)获得张力,从而为阴道提供结构支持

2.1.4.9　耻骨宫颈筋膜(PCF)

耻骨宫颈筋膜(PCF)从侧沟伸展到前面的子宫颈环(图 2-9),前面的子宫颈环再与主韧带融合。该筋膜与子宫颈环分离可致高位膀胱膨出,甚至发生前面的肠膨出。

2.1.4.10　直肠阴道筋膜(RVF)

直肠阴道筋膜(RVF),即 Denonvilliers 筋膜,从下方的会阴体到上方的提肌板(图 2-9)呈片状延伸在直肠侧柱之间。该筋膜附着于子宫骶骨韧带和围绕着子宫颈的筋膜。

2.1.4.11　子宫颈环

子宫颈环围绕着子宫颈,是主韧带、子宫骶骨韧带的附着点,同样也是耻骨宫颈筋膜和直肠阴道筋膜的附着点。其主要成分为胶原。

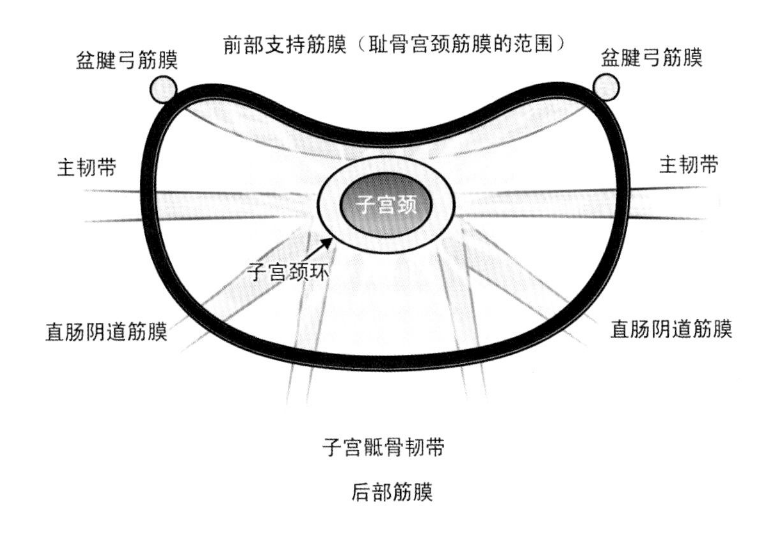

图 2-10　子宫颈环在盆底筋膜连续性中的作用

所有的筋膜和韧带都直接或间接地附着于子宫颈环。视角:阴道后穹隆方向,三维图

2.1.4.12　近中心的子宫颈环筋膜在预防阴道脱垂中的作用

环绕子宫颈环的耻骨宫颈筋膜和直肠阴道筋膜作为附属结构支持阴道壁的上部。阴道壁上部塌陷是子宫阴道脱垂发病机制中的主要因素,这实际上是套叠的一种类型。因此,简单地加固子宫骶骨韧带并不能充分地修复脱垂。为重建阴道侧壁的张力(从而也由此而重建支持结构),需要把侧方移位的筋膜的下面和侧面与子宫骶骨韧带的下面接合在一起,并将上面和侧面与主韧带的上面接合在一起。

2.1.4.13　近中心的子宫颈环筋膜在预防外周神经源性症状中的作用

尿急、尿频、夜尿症和盆腔疼痛是因结缔组织失去对膀胱底牵拉感受器和子宫骶骨韧带中无髓鞘神经末梢的支持所致。

这些都是外周神经源性症状。这样看来，这些症状很可能由极轻微的结缔组织松弛而触发。后部吊带手术治疗这些症状的治愈率在80%左右(Petros 1997，Fransworth 2002)。随着TFS的应用出现了一个有趣的迹象，那就是用TFS吊带(见第四章)紧固耻骨宫颈筋膜和直肠阴道筋膜近中心的部分可以更好地改善这些外周神经源性症状，恢复功能。

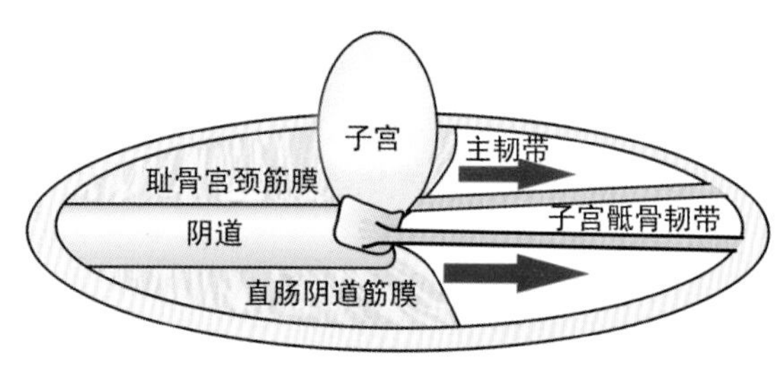

图2-11 阴道壁上部筋膜的再加固

耻骨宫颈筋膜(PCF)和直肠阴道筋膜(RVF)组成一个整体以支持阴道壁的上部，从而防止阴道上部的套叠

2.1.5 盆底肌肉

广义地说，盆底肌肉有3个层面：上层、中层和下层(图2-12)(Petros & Ulmsten，1997)。上层由在前面的耻骨尾骨肌的前部和在后面的提肌板组成；中层由肛门纵肌(LMA)组成，这是一种不与直肠附着的短小横纹肌，但它连接上层和下层的肌肉；下层由会阴隔膜的肌肉(PM)、肛门外括约肌(EAS)和后部肛板(PAP)组成。

肌肉的3个层面与结缔组织结构的3个层面未必一致，注意到这一点是很重要的，这将在下面进一步解释。

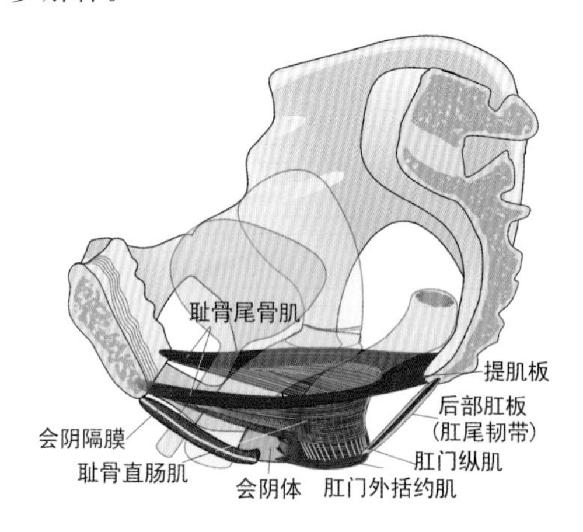

图2-12 盆底横纹肌和器官

这是矢状面的三维示意图，本图用来表示骨盆、器官和盆底主要肌肉间的关系

2.1.5.1 上层肌肉

盆底的上层肌肉是水平方向的，这层肌肉使器官向前或向后伸展。耻骨尾骨肌形成向前的肌力；该层的后部，提肌板与直肠后壁附着，形成向后的肌力。

盆底上层肌肉有双重功能：支持盆底器官和开合尿道、阴道和肛门。耻骨尾骨肌(PCM)的前部起自耻骨联合下缘向上约1.5cm处，与阴道末端的侧壁附着(图2-13)(Zacharin 1963)，其侧方部分绕过直肠至后方相互融合，并与来自于尾骨肌和髂尾肌的肌纤维融合在一起，形成提肌板(LP)。提肌板嵌入直肠后壁，在直肠向后的运动中发挥重要作用。

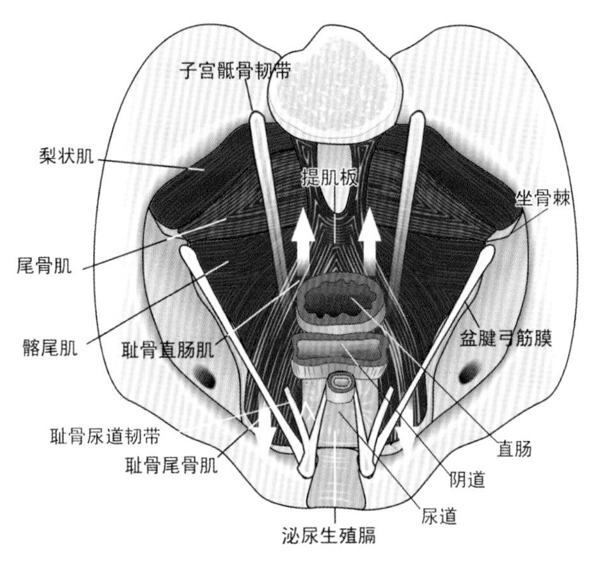

图2-13 盆底的上层肌肉(引自 Netter，1989)

图2-13中的箭头表示肌力的方向。附着于阴道侧壁的耻骨尾骨肌的前部构成向前的力，附着于直肠后壁的提肌板构成向后的力。

2.1.5.2 中层(连接层)肌肉

肛门纵肌(LMA)(Courtney 1950)是构成盆底中层的横纹肌(图2-14)。LMA的方向是垂直的，用力时它形成向下的力使膀胱颈关闭，排尿时它牵拉开放流出道。该层上方接受了来自提肌板、耻骨尾骨肌与耻骨直肠肌侧方的肌纤维。LMA向下附着在肛门外括约肌(EAS)的深层和浅层，它似乎是部分地在后方围绕着直肠，但并不附着于直肠，正像图中剪刀尖所指(图2-14)。LMA必需与直肠纵肌相区别，直肠纵肌是平滑肌，构成直肠壁的一部分。

从解剖结构可以看出，若LMA和肛门外括约肌(EAS)牢固地固定，则提肌板(LP)将被向下牵拉；若提肌板(LP)附着于直肠(R)后壁，那么直肠将因LMA的收缩向下成角。

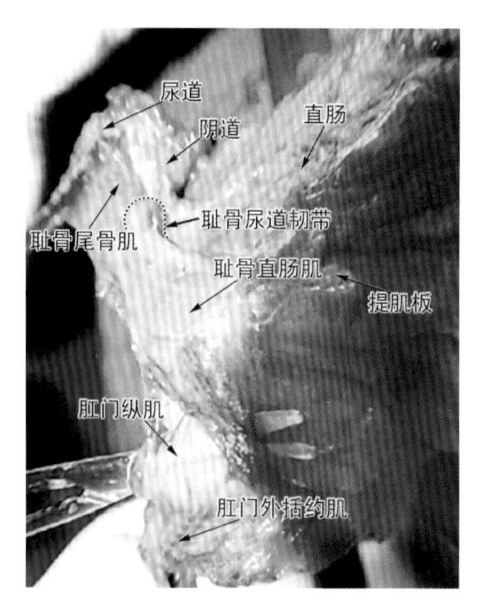

图 2－14 肛门纵肌(LMA)的起源和附着点

这是一个从骨性附着点切下的女尸解剖标本。在膀胱颈水平离断膀胱和阴道。这些肌肉从后面绕过直肠，并与对侧来的肌肉融合形成提肌板的一部分

2.1.5.3 下层肌肉

盆底肌肉的下层是锚定层，由会阴隔膜及其肌肉成分，即球海绵体肌、坐骨海绵体肌、会阴浅横肌和会阴深横肌组成(图 2－15)。

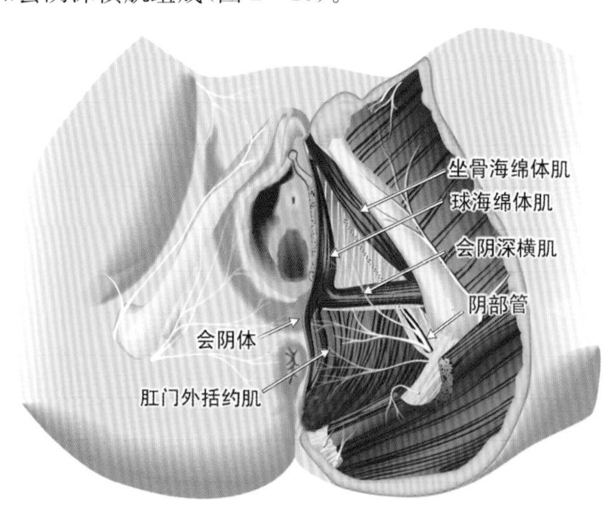

图 2－15 锚定器官末端的盆底下层肌肉(引自 Netter，1989)

盆底下层肌肉的收缩以维持尿道、阴道和肛门末端的稳定，同时也有助于维持腹腔脏器的稳定。但这些肌肉似乎也对尿道与阴道的末端以及(可能包括)肛门的末端施加了向下的力(见第五章，盆底康复中的 X 线示意图)。

会阴体是球海绵体肌和肛门外括约肌(EAS)收缩时的关键锚定点(Petros 2002)。会阴深横肌将会阴体的上部与坐骨结节锚定，这是一种强有力的肌肉，从侧方稳定会阴体。肛门外括约肌(EAS)作为会阴体的张肌发挥作用，是肛门纵肌的主要附着点。球海绵体肌牵拉和固定尿道末端。坐骨海绵体肌有助于稳定会阴隔膜，并通过其对球海绵体肌的作用从侧方牵拉尿道外口。后部肛板位于 EAS 和尾骨之间，它是一种腱的结构，还含有与 EAS 附着的横纹肌成分。

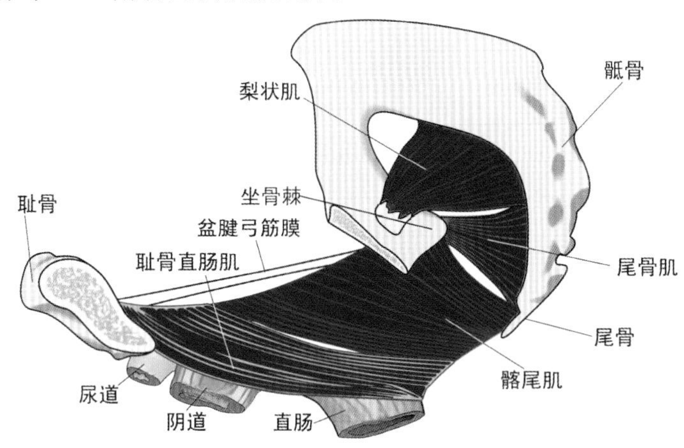

图 2-16　耻骨直肠肌(PRM)(引自 Netter，1989)

2.1.5.4　特殊情况的耻骨直肠肌

耻骨直肠肌(PRM)(图 2-16)起源于耻骨尾骨肌(PCM)的正中间并穿过所有 3 层肌肉。尽管它向下延伸至中层肌肉，但仍被包含在上层肌肉中。这是块垂直方向的肌肉，在 PCM 的下方沿中线向前延伸，紧贴直肠侧壁并附着在其后壁。尽管耻骨尾骨肌(PCM)是一块扁平的、水平方向的肌肉，而耻骨直肠肌(PRM)却是较垂直的、沿中线延伸到 PCM 和部分在下方延伸到 PCM 的肌肉。耻骨直肠肌在“缩夹”时是一块主动收缩的随意肌(见本书后面盆底康复章节)而抬高整个提肌板(LP)，在肛门直肠关闭中也起着关键作用。“缩夹”是指当患者交叉双腿并向上收缩盆底肌肉时的动作。

2.2　盆底功能的动力学

2.2.1　盆底横纹肌的动力学

盆底肌肉主要含有慢颤纤维。它们的基本功能是维持腹腔脏器的稳定和保持盆腔器官的形状、结构和闭合功能。盆底肌肉以复合排列的方式使盆腔器官向后和向下伸展成角(见图 2-17 箭头)，并被腹腔内压压缩而成扁平形状，这有助于预防器官脱垂，同时也有助于尿道和肛门的闭合。

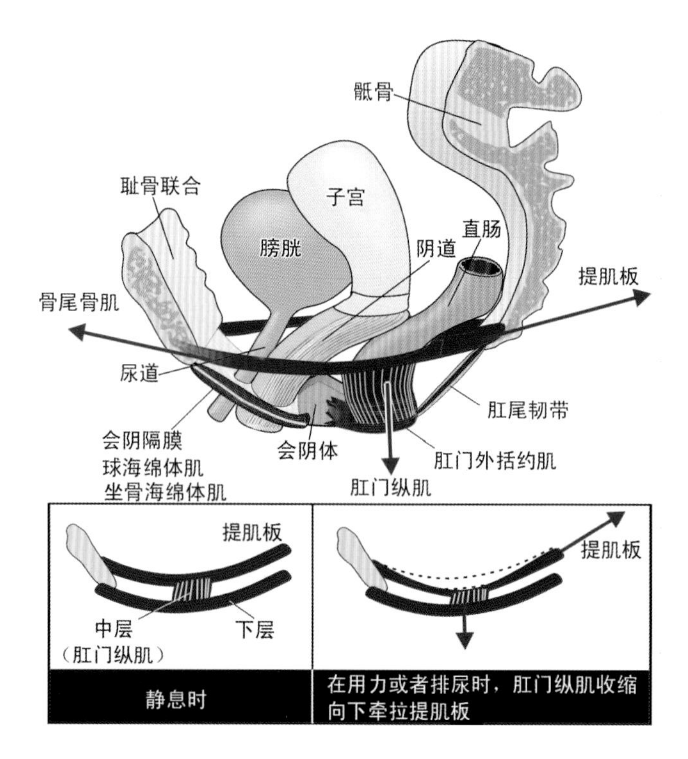

图 2-17　盆底上层和下层肌肉间的相互作用

尿道的下 2/3 与阴道前壁紧密粘连，阴道后壁的末端部分与会阴体和直肠前壁紧密粘连，但尿道、阴道和直肠的上端互相不相连。这种自由的活动使器官能够伸展，这在器官的开合功能中是至关重要的。

2.2.1.1　尿道闭合和开放的动力学——尿道视角

尿道的闭合和开放是由耻骨尾骨肌(PCM)的收缩和松弛决定的。

尿道由耻骨尿道韧带(PUL)和向前的肌肉-耻骨尾骨肌(PCM)牢固地锚定，这使得向后活动的提肌板(LP)和肛门纵肌(LMA)能够伸展和关闭近侧尿道腔到"C"状态(图 2-18)；排尿时 PCM 松弛使 LP 和 LMA 伸展开放尿道腔到"O"状态。

图 2-18 是阴道(虚线)、尿道和膀胱的三维示意图。膀胱和尿道共有的纵行平滑肌用黑色的细线表示。这些平滑肌被盆底肌肉牵拉是尿道闭合和开放的先决条件。耻骨尿道韧带(PUL)必须有充分的紧张度，才能锚定 3 种肌力(箭头所示)。耻骨尾骨肌(PCM)也需要蹦床"H"充分地绷紧才能有效地关闭尿道。若耻骨尿道韧带(PUL)松弛，在用力时尿道就被 LP 和 LMA 牵拉到开放的状态。因此，任何能在耻骨尿道韧带(PUL)处提供牢固锚定点的装置(如止血钳或手术时使用的吊带)，在用力时均可使 3 种定向肌力将尿道关闭，使其从"O"状态转换到"C"状态。单侧地锚定尿道中段(不会阻塞尿道)和要求患者咳嗽是"模拟操作"的基础(Petros & Von Konsky, 1999)。

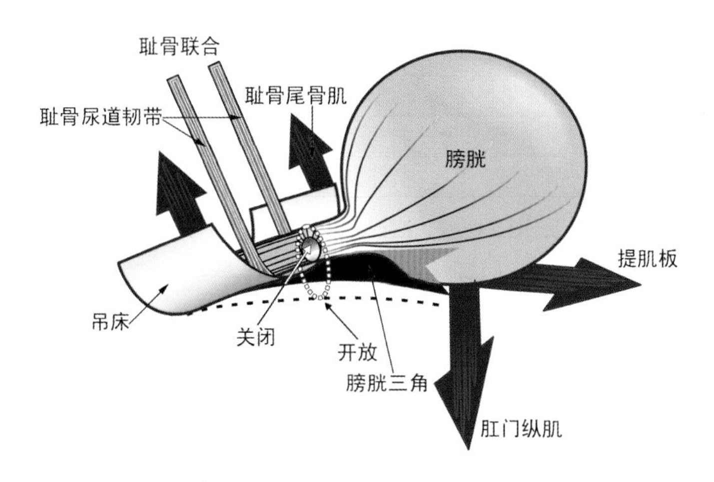

图 2-18　尿道开放和闭合动力学中的平滑肌

2.2.1.2　尿道闭合和开放的动力学——阴道视角

韧带和阴道的结缔组织损伤使肌肉的收缩力减弱，从而引起流出道闭合和开放的功能障碍。

用力时（图 2-19），耻骨尾骨肌（PCM）向前牵拉阴道末端，提肌板（LP）和肛门纵肌（LMA）向下、向后牵拉阴道上端和膀胱底。PCM 和 LP 的收缩对抗耻骨尿道韧带（PUL），LMA 收缩对抗子宫骶骨韧带（USL）。点线代表静息状态时的膀胱。

排尿时（图 2-20），PCM 放松，牵拉感受器兴奋排尿反射。整个系统被 LP 和 LMA 向后、向下牵拉，使流出道开放，逼尿肌收缩从而排出尿液。点线表示关闭状态时的膀胱。

需引起注意的是，虽然“开放”和“排尿”两个词可交替使用，但它们并非完全相同。“排尿”起源于神经反射，而尿道的“开放”状态完全是机械因素作用的结果，例如“真性压力性尿失禁”。

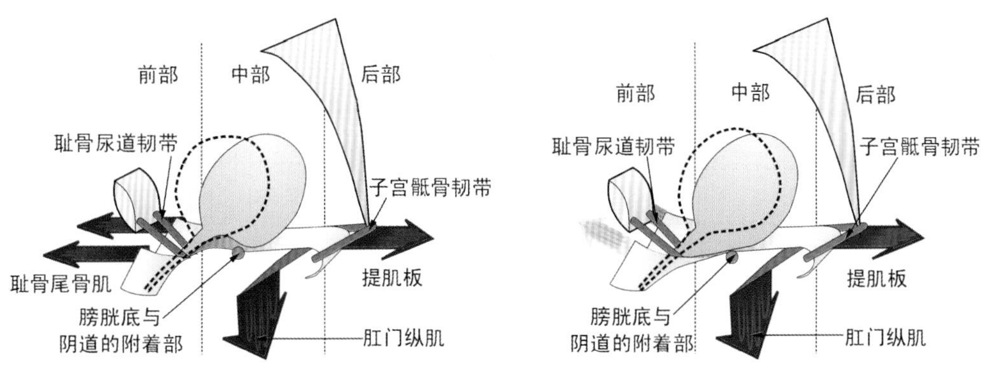

图 2-19　主动关闭

图 2-20　排尿

2.2.2 盆底动力学——“机械”因素

尿道有3种正常状态:静息关闭、用力时关闭和排尿时开放。每一种状态主要是肌力与前面的耻骨尿道韧带(PUL)和后面的子宫骶骨韧带(USL)对应作用的结果。本节通过同一患者的3种状态的X线片,证实尿道的3种状态。

2.2.2.1 静息关闭

在静息关闭状态(图2-21),3种定向肌力的慢颤纤维与前面的耻骨尿道韧带(PUL)和后面的子宫骶骨韧带(USL)相对应,牵拉阴道(V)。在固定的骨指示点之间用水平和垂直的白色间断线表示。尿道和阴道在PUL处向后成角,这一现象显然显示了提肌板(LP)向后的力的作用。

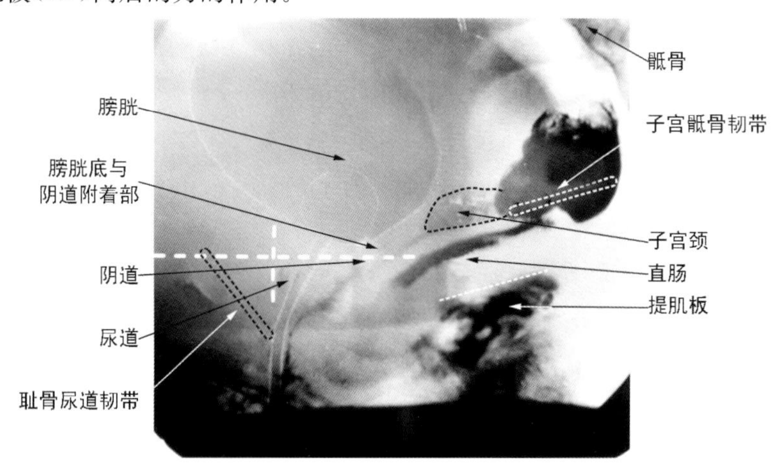

图2-21 静息关闭

患者坐着时的X线侧位片

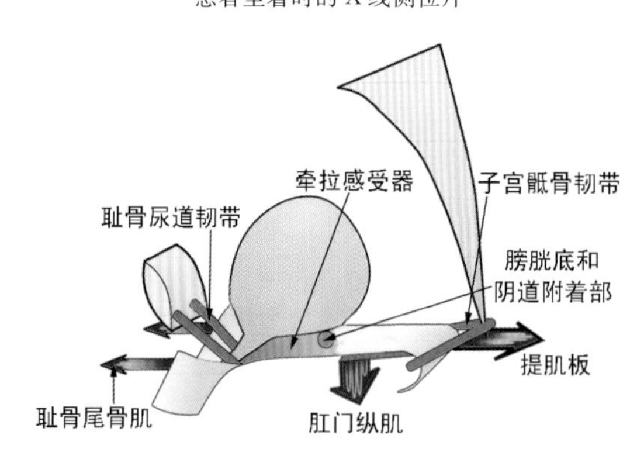

图2-22 静息状态下尿道膀胱的示意图

本图与图2-21的X线片相对应

图2-22示意性地显示膀胱和尿道紧贴阴道前壁(吊床)的三维矢状面,与图

2－21相对应。阴道末端被耻骨尾骨肌(PCM)的前部拉紧，近中心部分被提肌板(LP)和肛门纵肌(LMA)拉紧。阴道固有的弹性和慢颤纤维的收缩维持着尿道的闭合。

2.2.2.2　用力时关闭

图2－23表示用力时尿道的关闭状态。与图2－21所示的尿道静息关闭状态相比，3种定向的肌力非常明显。膀胱底、阴道上端和直肠被提肌板(LP)的收缩向下向后牵拉并向下成角。此外，尿道和阴道末端被向前牵拉(前面的箭头)。向下的肌力(LMA)(向下的箭头)直接与USL相对应地起作用。向前(PCM)和向后(LP)的肌力均对应于PUL。在"V"下面的小的向下的箭头表示假设的会阴浅层和深层肌肉的收缩。"R"上面小的箭头意味着向下、向后肌力的合力的矢量(图2－23)。

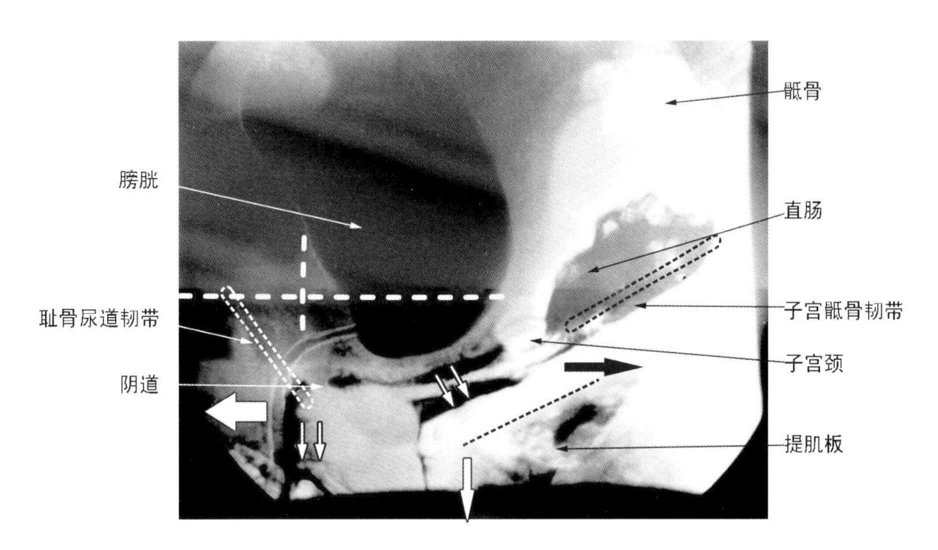

图2－23　用力时(咳嗽或应力)的尿道关闭

本图中的一些标记与图2－17相同。阴道上部和尿道在围绕耻骨尿道韧带的平面被牵拉成角。注意这时尿道是怎样被牵拉到垂直线的前面，膀胱底是怎样被牵拉至水平线以下

2.2.2.3　排尿时外部的横纹肌力使尿道开放

与图2－21比较，图2－25显示提肌板(LP)向下牵拉阴道(V)和直肠(R)，以致尿道和膀胱颈向下成角而开放。阴道上部、膀胱、直肠和提肌板的定向牵拉似乎与"用力时关闭"状态一样(图2－23)。但随着PCM的松弛，请注意尿道是怎样位于白色垂直线的后面。

在图2－26中，向前的肌力放松使向后和向下的肌力开放流出道。由于尿道的阻力与尿道半径的4次幂成反比(Poisseuille's规则，见第六章"尿道阻力与尿流压力的关系")，这种作用极大地降低了排尿所需要的逼尿肌压力。点线(图2－26)所示为膀胱的静息状态。

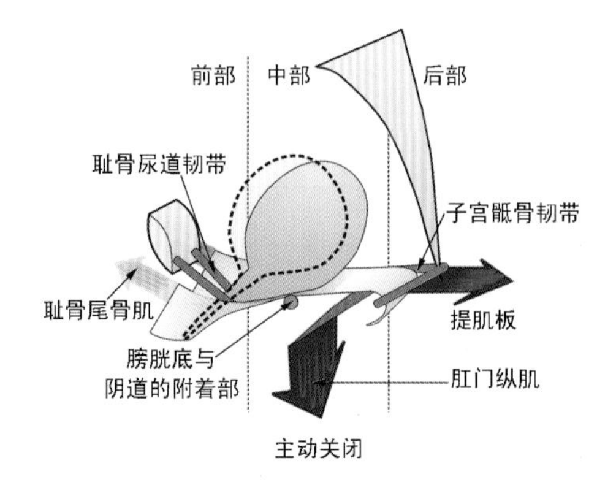

图 2-24 阴道传递肌力以关闭尿道和膀胱颈

本图与图 2-23 对应。与图 2-22(静息状态)相比较，PCM、LP 和 LMA3 种定向肌力的快颤纤维牵拉并使阴道和膀胱底沿着 PUL 平面旋转，使膀胱颈“扭结”，PCM 沿尿道纵轴方向关闭尿道。点线表示静息关闭状态时膀胱尿道的轮廓

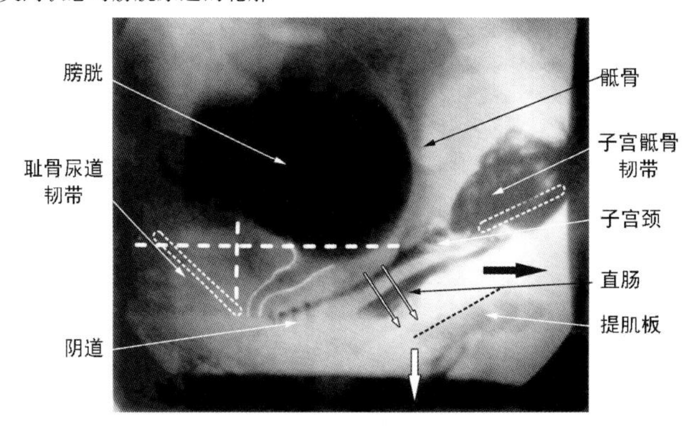

图 2-25 排尿时的尿道开放

图中标记与图 2-21 相同

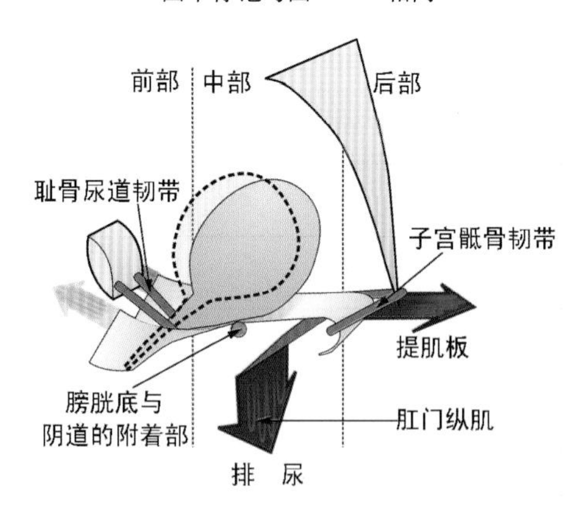

图 2-26 排尿示意图

本图与图 2-25 所示相对应

2.2.3　盆底动力学——神经学因素

2.2.3.1　尿道闭合

简而言之，中枢神经系统协调和控制所有包括尿道、肛门在内的开合结构。韧带和筋膜中神经末梢的存在，表明这两者也是受神经调节的。从尿道开合的机械角度来看，在阴道隔膜中需要维持足够的张力（图 2－21）使得所施加的任何力都能够牵拉开放或关闭尿道。肌梭的发现（图 2－27，Petros PE，Kakulas B 和 Swash MM—未发表的资料）表明存在一个平衡的、精细调控系统的复杂体。

在耻骨尾骨肌的前部发现肌梭（图 2－27），提示一个精细的反馈系统控制着阴道的张力。而足够的组织张力对于女性维持静息状态尿自禁是非常重要的。

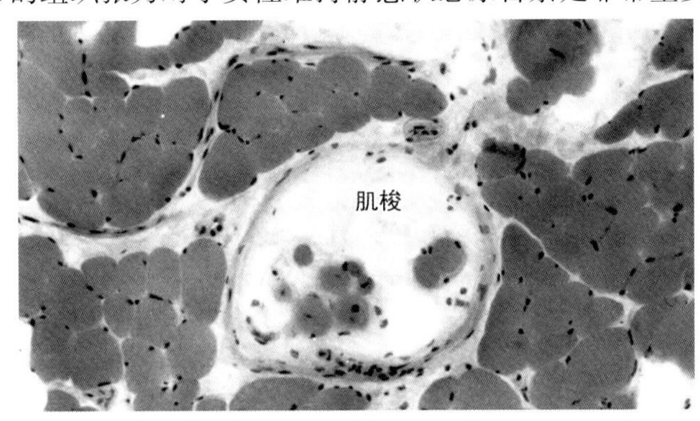

图 2－27　由肌梭控制的阴道张力

图示为在耻骨尾骨肌前部发现的肌梭

2.2.3.2　尿道开放（排尿）

正常排尿的定义是：能自主控制排空膀胱，并能在排尿结束后迅速使膀胱恢复至闭合状态。

排尿反射由膀胱底的牵拉感受器和容量感受器共同激活，排尿反射的敏感性因人而异。排尿反射本质上是由神经反馈系统通过这些感受器来控制的。正常的排尿反射是中枢神经系统协调作用的结果，该反射包括以下 4 个主要的组成成分（图 2－28）：

（1）膀胱充盈时的静水压激活牵拉感受器，牵拉感受器将信号传至大脑皮质。

（2）前部横纹肌松弛。

（3）后部横纹肌（快颤纤维成分）牵拉开放流出道，尿道阻力明显降低，尿液排出。

（4）逼尿肌收缩到平滑肌痉挛而排尿。

当加速神经核停止时，后部的快颤肌纤维放松，被牵拉的组织“回弹”关闭尿道，前部肌肉收缩。由于电传导是从平滑肌（Creed，1979）到平滑肌，故逼尿肌“痉挛”可引起排尿。这一现象可通过 X 线影像学研究而观察到。

抑制中枢在大脑皮质的指挥下，像“活塞”一样开放和闭合，从而接受或阻断来自膀胱底部牵拉感受器的传导冲动，理解这一点是有益的（图 2－29）。

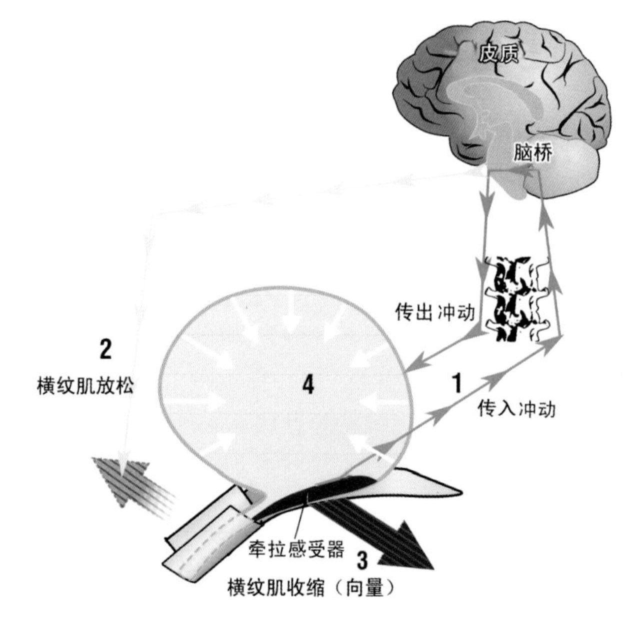

图 2-28 正常的排尿反射

正常排尿反射可被位于膀胱底的外周和容量受体(牵拉感受器)激活

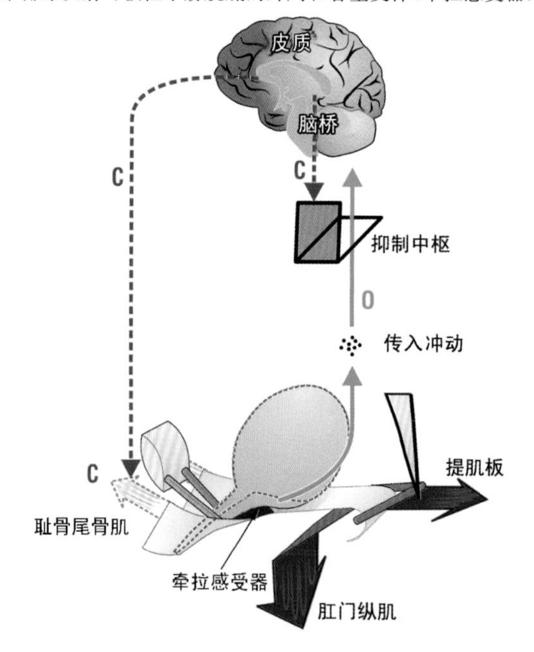

图 2-29 膀胱控制——神经学因素

开放状态的膀胱。点线表示闭合期“C”,实线表示开放期“O”。加速神经核“O”激活了排尿的瀑布效应:耻骨尾骨肌放松,抑制中枢和关闭反射C的去兴奋。“C”则激活了流出道闭合的瀑布效应:抑制中枢的激活和耻骨尾骨肌的收缩。注意,提肌板和肛门纵肌在流出道闭合和排尿时处于同样的状态

2.2.3.3　结缔组织张力在排尿的外周神经控制机制中的作用

从功能的角度来看，有两种神经学机制控制着异常的排尿反射：中枢和外周。中枢机制"C"来自大脑皮质，通过排尿抑制中枢起作用(图2-29)。外周神经控制机制是一个肌性-弹力复合体，它需要有力的悬吊韧带正常地发挥作用(图2-30"蹦床模拟图")。

参考图2-29，盆底肌肉的肌梭细胞(箭头)感受来自阴道的张力，这个系统由大脑皮质调节平衡。当膀胱在充盈时，牵拉感受器(N)发出冲动传导到大脑皮质。这些传入的冲动反射性地由抑制中枢的激活(红色虚线)而被阻断。抑制中枢阻断排尿反射的作用是有限的，特别是在阴道过松而不能支持"N"时更加如此。犹如一张"蹦床"，只要一根韧带(弹簧)松弛，阴道就不能被肌力牵拉。若不能维持尿液的静水压，那么在较低的膀胱容量时感受器也会被激活而引起排尿反射。对患者而言，这些加速神经核可表现为尿频、尿急或夜尿症状。在尿动力学上可表现为膀胱或尿道的相位症状("逼尿肌"或"尿道"不稳定)，或者"低膀胱容量"。

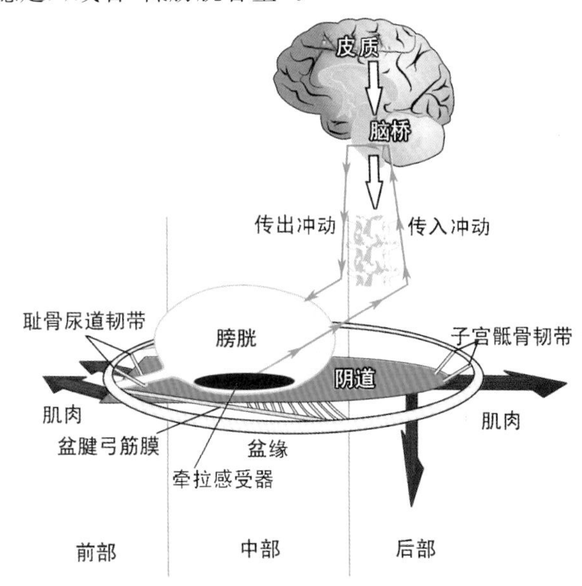

图2-30　结缔组织张力的控制——"蹦床模拟图"

白色箭头=中枢抑制机制。松弛的韧带使肌肉不能拉紧阴道，故"N"过早激活而使膀胱处于不稳定状态

2.3　结缔组织在盆底功能和功能障碍中的作用

关于结缔组织的物理学和生物力学的基本知识是理解盆底功能、功能障碍、诊断程序和手术的前提条件。显然，受损的肌肉可以改变肌肉的收缩强度。然而，许多症状伴随结缔组织修补得到的高治愈率，说明与引起尿控功能障碍的主要原因比较，肌

肉损伤是较大的可变因素。

结缔组织是一个有机体，其结构随着年龄和激素的影响而变化。结缔组织是一种复合结构，黏多糖（蛋白聚糖）是其基本成分，弹性蛋白纤维储存能量，胶原使结构具有一定的强度。

韧带将阴道固定在骨盆上。3种定向肌力对应于这些悬吊韧带而发挥作用。任何韧带的松弛都可以使肌力减弱，从而引起开合功能障碍[（就像“蹦床模拟图”（图2-30）或像“帆船模拟图”（图2-32）]。

通常，盆底手术仅用来处理受损的结缔组织。因此，理解结缔组织是如何使作用在盆底器官上的闭合力削弱和改变，这对选择特定的手术方法是至关重要的。生物力学是物理学和工程学的原理在机体功能上的应用，在数学上用来分析所有对功能发挥作用的要素，如组织的质量、强度和肌力的方向。

结构上，胶原具有“S”形的纤维（图2-31），一旦纤维的曲线因伸展而变直时，胶原的作用就像一根刚棒，从而阻止了进一步伸展。此时，任何施加的力都是直接被传导的。因此，组织的伸展性完全由这些胶原纤维的结构所决定。腱是没有伸展性的，因为其所有的纤维都是平行排列的。韧带的伸展性有限，但皮肤和阴道的伸展性较好。

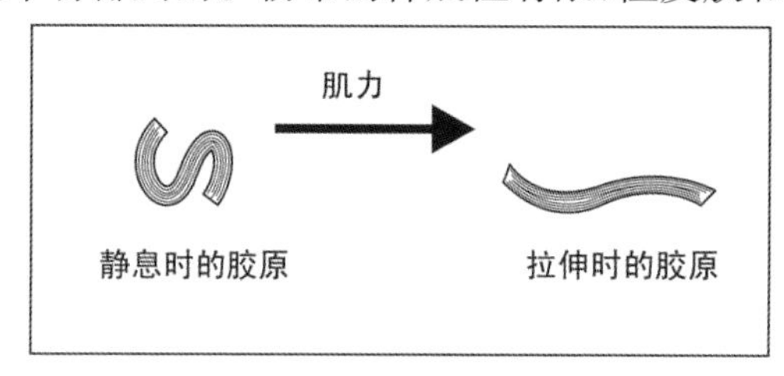

图2-31　胶原纤维的结构

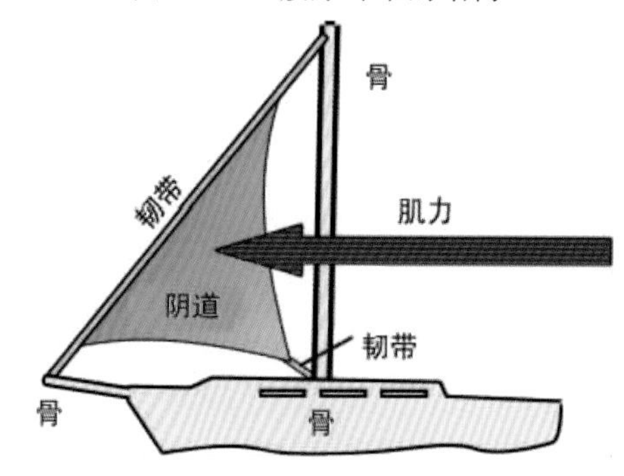

图2-32　帆船模拟图

松弛的阴道不能被充分绷紧以关闭尿道

骨盆的韧带将盆腔器官悬吊在骨盆上，它们是强有力的、有活性的结构，仅有很小的伸展性。

肌力通过韧带传导到骨盆（抗断应力约300mg/mm^2，Yamada 1970）。若韧带过分薄弱，则无法修补，需要借助“吊带”进行加强，这就刺激了胶原沉积而形成人造的新韧带。

2.3.1　阴道的生物力学

阴道抗断应力大约是 $60mg/mm^2$（Yamada，1970）。实质上阴道是一种弹性膜。其固有的弹性提供了施加于尿道后方的低能量的关闭力。阴道几乎没有内在强度，其强度来自筋膜层；在正常人，韧带附着部位是最强壮的，如阴道的顶部。阴道的伸展为尿道开合传递肌力。这种伸展削弱了膀胱底静水压的作用，因此防止了牵拉感受器的移位，而牵拉感受器的移位可引起排尿反射。阴道是一旦切除后就不能再生的器官。阴道的手术切除、阴道切缘的牵拉和紧固只能使其更薄弱，因为其本质上是薄弱的弹性膜。从概念上看，阴道脱垂与内脏器官的套叠非常相似。在修补时，为防止进一步脱垂，沿着阴道侧壁加强必须达到足够的长度。

2.3.1.1　妊娠激素对结缔组织的影响

尿生殖器官部位的结缔组织对许多激素是敏感的。妊娠时，胶原受胎盘激素的影响而解聚，其黏多糖的比例发生变化（蛋白聚糖与黏多糖在这里交替使用），阴道变得更加膨胀，使分娩时产道得以扩张；同时伴有悬吊韧带结构强度的损失，这可以解释为什么在妊娠期常可见到子宫阴道脱垂。“吊床”的松弛使尿道弹性闭合力下降，引起用力时漏尿，这种状态称为压力性尿失禁。丧失了阴道的支持，位于膀胱底部的神经末梢（N）受到重力的刺激，过早激活排尿反射，表现出“膀胱不稳定”症状。孕妇则表现为尿频、尿急和夜尿。松弛也可引起盆腔疼痛，这是由于后部韧带内的无髓鞘神经纤维失去了结构支持，重力作用于这些神经末梢出现“牵拉”痛。大多数患者在胎盘娩出后，结缔组织的完整性得到恢复，症状很快消失。

2.3.1.2　年龄对结缔组织的影响

在年轻的患者中，“S”形的胶原（图 2－31）很容易伸展。在老年患者中，胶原分子内及分子间的交叉连接增加，使“S”结构变硬，组织缩短。由于重力使胶原纤维重新调整的影响，因此与年龄相关的弹性蛋白的损失会使组织“下垂”。

虽然单个的胶原纤维的强度随年龄增至 400％，但泌尿生殖器组织总的伸展强度却降低约 60％（Yamada，1970）。手术切除和牵拉阴道组织使其进一步变弱。因此，在手术时尽量避免切除阴道组织是明智的。

弹性蛋白的损失使尿道闭合的低能量弹性成分变弱。这可以解释为什么低尿道压的患者经常发生缓慢的、不自觉的漏尿现象（“括约肌内在缺陷”）。在轻微用力时，患者必须依靠前部尿道闭合力中的慢颤纤维关闭尿道，因此一些没有明确压力性尿失禁证据的患者，在行走 20min 后常有漏尿的主诉。单纯的慢颤关闭肌的疲劳就可导致漏尿。雌激素能防止胶原丢失，因此雌激素被推荐为绝经后妇女预防尿失禁的措施，至少可相当于子宫托的作用。

2.3.1.3　结缔组织在传导肌力中的作用——帆船模拟图

关闭尿道所必须的肌力需要有充分绷紧的结缔组织才能执行正常的功能。“帆船模拟图”(图 2－32)是这种观点的简单图解：只有帆和固定帆的绳索都坚固，风力才能被传导，使船前进。通过模拟图可见，若绳索(韧带)松弛，船帆(阴道)只能在微风中打转。就像一条没有拉紧帆的船无法前进一样，松弛的阴道也无法向前伸展而关闭尿道或支持膀胱的牵拉感受器。

2.3.1.4 保留子宫对维持韧带完整性的积极作用

施行子宫切除术的患者在以后的生活中更易发生尿控功能障碍，尿失禁的症状可能会加重(Brown，2000)。

在阴道手术时应尽量保留子宫。子宫在盆腔中起着中心结构的作用，就像拱门中的拱顶石。宫颈不能伸展，全部由胶原构成，抗断应力大约 1 500mg/mm^2 (Yamada，1970)。由于其直接或间接地几乎与所有的骨盆韧带相连，故任何作用于宫颈的腹腔内压力就像营养物一样分布到这些韧带上。子宫切除潜在地改变了力的分布，结果造成力强加于薄弱的阴道，从而引起“疝”。保留宫颈(次全子宫切除术)也许是有益的，尤其是保留子宫骶骨韧带的主要血供来源——子宫动脉下行支也许更有益。当宫颈必须切除时，可行筋膜内子宫切除，将主韧带和子宫骶骨韧带行荷包式连续缝合并牵拉，在盆腔的中心形成一个纤维圆柱。

2.3.2 结缔组织在维持形态(结构)和功能中的作用

> “形态影响功能，而功能障碍将随着形态的丧失而发生。”

正常的结构具有形态、功能和平衡。功能障碍是指伴随结构损伤(失衡)而出现的异常症状。受损或失衡的结构丧失了形态，因此也丧失了正常、健康的功能。

功能障碍与生物力学不同，因为不是所有结构损伤的患者都有症状；功能障碍与解剖学上的脱垂也不同，因为症状可能仅由非常小的、几乎不能察觉的解剖学异常引起。1962 年，Jeffcoate 观察到有些患有严重脱垂的患者始终没有症状，而另一些仅有轻度脱垂的患者却苦苦地倾诉着诸如盆腔疼痛的症状。本节主要描述关键解剖结构的结缔组织损伤是怎样引起异常症状的。

2.3.2.1 结缔组织损伤的原因

分娩是公认的引起子宫阴道脱垂、膀胱和肠功能障碍的主要原因，年老和先天性胶原缺陷也是致病因素。图 2－33 示意分娩是怎样损伤特定的结缔组织结构的。损伤可分类为前部、中部和后部损伤。

2.3.2.2 结缔组织损伤对结构的影响

图 2－33 中的圆圈代表胎头沿阴道下降损伤了结缔组织(CT)从而引起松弛，继而引起泌尿生殖道脱垂以及泌尿或肠功能障碍。图 2－33 中的 1～4 显示下述结构的结缔组织损伤：

（1）吊床、耻骨尿道韧带和尿道外韧带松弛。

（2）膀胱膨出和盆腱弓筋膜缺陷。

（3）子宫脱垂、肠膨出。

（4）直肠膨出、肛门黏膜脱垂、会阴体和肛门外括约肌损伤。

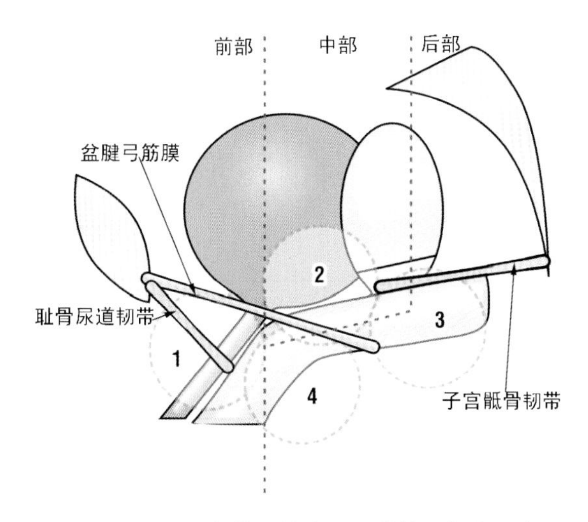

图 2-33　分娩时损伤的结缔组织结构和部位示意图

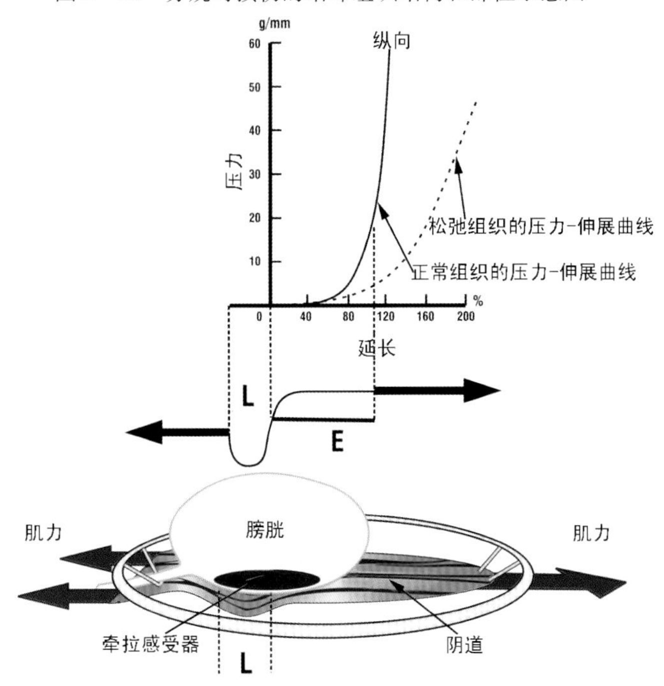

图 2-34　阴道或韧带松弛削弱肌肉收缩(引自 Yamada,1970)

2.3.2.3 结缔组织松弛和肌肉收缩力的减弱

即使在静息状态，阴道也要有足够的张力才能关闭尿道和支持牵拉感受器(N)(图2-34)以阻止其过早地被激活。阴道的张力由组织的弹性及盆底慢颤肌的收缩维持。

结缔组织松弛“L”(图2-34的下面部分)可引起功能障碍。就像“蹦床模拟图”所示，韧带(弹簧)或阴道(床面)的松弛将使阴道(床面)不能从肌肉获得张力。

只有当压力-伸展曲线符合曲线“SE”时(图2-34上面部分)，肌力(箭头)才能传导以开放或关闭尿道。结缔组织损伤时，肌力(箭头)必须先“绷紧松弛的结构”(L)，才能使阴道有足够的张力达到曲线SE_L。由于肌肉只能收缩到有限的长度(E)，因此不能达到曲线SE_L，故肌力无法关闭尿道，从而发生压力性尿失禁。松弛的阴道不能支持牵拉感受器(N)，排尿反射被过早激活：即“逼尿肌不稳定”。

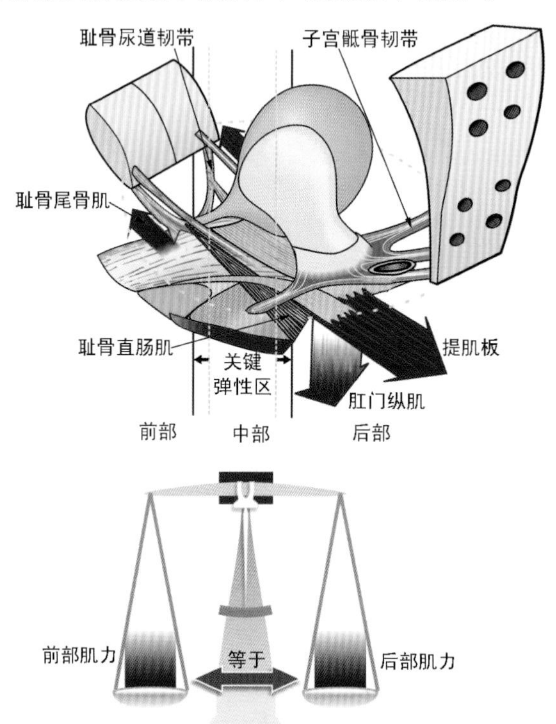

图2-35 静息时膀胱的关闭状态——一种平衡的系统

2.3.3 结缔组织在盆底肌力平衡和失衡中的作用——对排尿和关闭的影响

> “平衡表示健康，失衡预示疾病”——希波克拉底

膀胱的正常开合需要健康的结缔组织。盆底的正常功能有赖于3种定向肌力的平衡(PCM、LP和LMA)(图2-35)。任何肌肉的薄弱均影响这个平衡，从而引起尿

道开放(排尿)或关闭(自禁)功能的障碍。本节提供了一组插图,每一幅插图都显示了盆底3个部位中肌力间平衡或失衡的情形。

2.3.3.1　静息和用力时的关闭

静息关闭是内在弹性和慢颤肌收缩的结果(图2-35)。阴道的膀胱颈区域必须具有弹性才能使前后肌力各自发挥功能,这个区域被称为"关键弹性区(ZCE)"。ZCE延伸于尿道中段和膀胱底之间,用力和排尿时被伸展。用力时,3种肌力的快颤肌纤维可进一步关闭器官。

2.3.3.2　正常排尿——关闭系统受控制的一种暂时性失衡

正常的排尿也需要健康的结缔组织(图2-36)。前部的耻骨尾骨肌(PCM)松弛,后部肌肉(提肌板和肛门纵肌)则向后伸展,关闭系统直到组织弹性的极限为止,流出道向后扩张,因此尿道内阻力下降、尿液流出。排尿末,组织回弹关闭尿道。

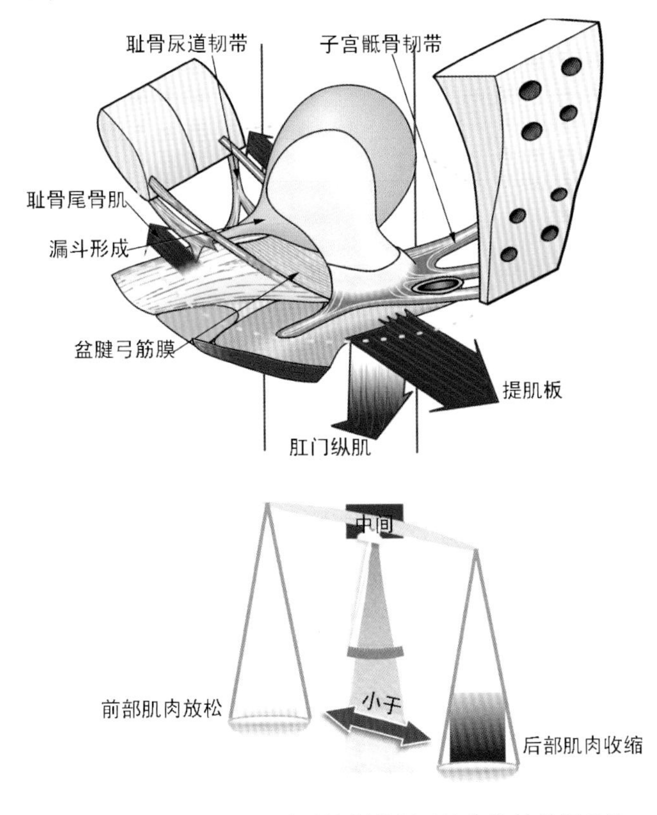

图2-36　排尿——一种受控制的暂时性失衡的关闭系统

2.3.3.3　结缔组织损伤在尿失禁发生中的作用

"机械学的"失衡

压力性尿失禁——一种"机械学的"失衡　压力性尿失禁的发生是结缔组织结构

在机械学上出现故障的结果(图 2－37)。因为耻骨尿道韧带(PUL)的松弛,使得 LP 在用力时牵拉开放流出道,从而使系统失去平衡,类似于排尿时发生的情况。

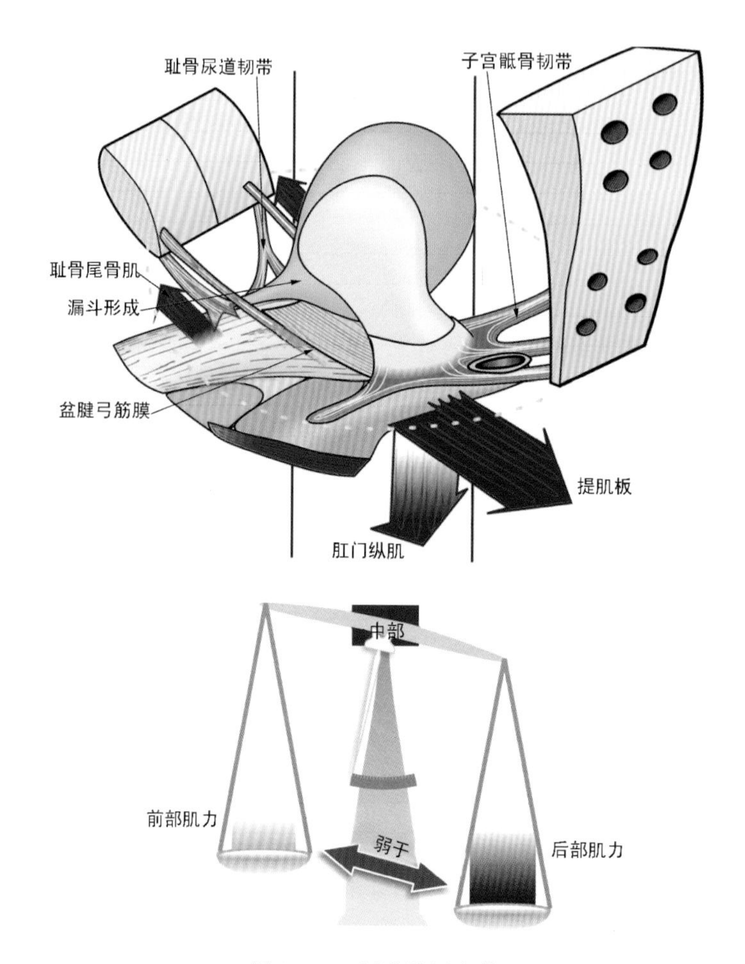

图 2－37　压力性尿失禁

松弛的耻骨尿道韧带不能锚定尿道,并削弱了耻骨尾骨肌的收缩力,因此,用力时提肌板和肛门纵肌牵拉开放尿道

结缔组织损伤在括约肌内在缺陷发病中的作用　测量一段尿道而得到的尿道内压,其数值等于作用于该段尿道的所有的力除以承受这些力的该段尿道的面积(压强＝压力/面积)。3 种定向肌力牵拉膀胱 3 角使尿道内腔“a”变窄,并阻断静脉回流使内腔“a”内静脉丛充盈(图 2－38),马蹄状肌肉收缩使尿道内腔“a”封闭。这些在阴道或耻骨尿道韧带的结缔组织中都存在。

阴道分娩使结缔组织伸展,年老使其萎缩。在女性约 25 岁以后,弹性蛋白便开始减少,这些变化使耻骨尿道韧带(PUL)、阴道的结缔组织以及尿道壁和血管丛削弱。尿道内腔“a”因被动关闭力的丧失而扩张。耻骨尾骨肌(PCM)和马蹄形肌附着在结缔组织中，由于阴道和耻骨尿道韧带(PUL)中的结缔组织萎缩，这些肌肉便失去了收缩能力，甚至极度萎缩(Huisman，1983)。关闭力降低和尿道内腔扩张两者共同使尿道内压下降，即“括约肌内在缺陷”。

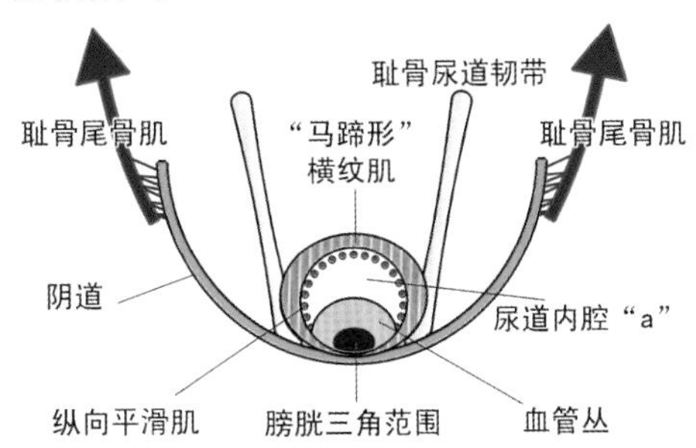

图 2-38 关闭尿道的因素

视角：在尿道中段的阴道

2.3.3.4 结缔组织损伤在外周神经学失衡中的作用——膀胱不稳定性

阴道或悬吊韧带中的结缔组织松弛(图 2-39)可使外周神经源性控制机制失去平衡，导致牵拉感受器(N)过早释放冲动，表现为膀胱(逼尿肌)不稳定。

膀胱位于阴道顶端(即蹦床)，由前面的 PUL、上侧方的 ATFP 和后面的 USL(蹦床弹簧)悬吊在骨盆带上。当膀胱充盈时，盆底的肌肉反射性地牵拉阴道，支持由尿柱施加在牵拉感受器(N)上的静水压，这也解释了为什么在膀胱充盈时可观察到尿道压力升高的现象。

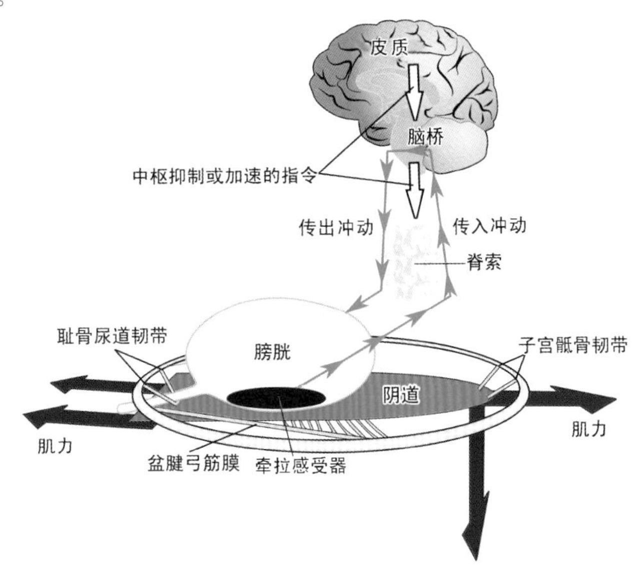

图 2-39 排尿的外周神经控制——蹦床模拟图

韧带松弛可使系统失衡而发生急迫性尿失禁

韧带(即蹦床的弹簧)或阴道(蹦床)松弛后(图 2－39),不能传导肌力,则阴道不能充分地被伸展,牵拉感受器在低静水压时(低膀胱容量)即被激活,通过大脑皮质的反应,表现为"尿急"。白天,患者排尿次数增多(尿频),夜间表现为夜尿症。显然,牵拉感受器的敏感性是一个非常重要的变量。由于松弛的吊床可使向前的力绷紧阴道的作用减弱,因此建议对治疗混合性尿失禁而接受前部吊带手术的患者需同时紧固吊床。

这种肌性弹力机制不能克服由皮质抑制通路(白色箭头,图 2－39)的损伤造成的膀胱不稳定,而皮质抑制通路的损伤是由多发性硬化症、炎症或肿瘤引起的对"N"的过度刺激所致。

该过程在第六章的图 6－15 到图 6－18 中有进一步的说明。图 6－18 表示耻骨直肠肌(黄色箭头)的收缩是怎样向前牵拉阴道以支持"N",从而恢复系统的平衡。这一行为可以控制被激发的排尿反射(图 6－17)。

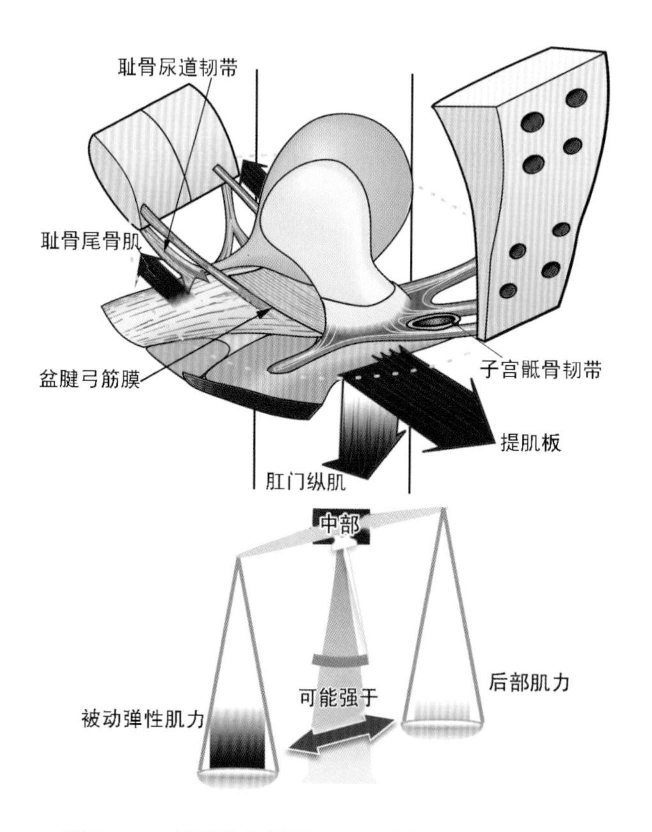

图 2－40　膀胱排空异常——无力激活外部开放机制

子宫骶骨韧带的松弛不能激活牵拉开放流出道所必需的肛门纵肌的收缩。膀胱膨出也不能激活提肌板的收缩

2.3.3.5 结缔组织损伤在膀胱排空异常发病中的作用——机械学的失衡

ATFP、耻骨宫颈筋膜或子宫骶骨韧带(USL)松弛都可导致外部开放机制的失衡。无力牵拉开放流出道("漏斗"),则不能降低尿道内的阻力以排尿。由于尿道阻力随尿道直径的四次幂而变化,故需要更高的压力才能排尿,临床表现为一种梗阻性排尿(Bush 等,1997)。

这种情况表现的症状为尿流缓慢、"滴滴停停"、初始排尿困难、排尿不尽感和排尿后淋漓。尿流动力学证实 LMA 和 LP 无力开放流出道,也就是本书第六章中图 6-19、图 6-20 和图 6-21 显示的排尿拖延和排尿缓慢的现象。

2.3.3.6 结缔组织损伤引起失衡的症状表现

正常的尿道功能需要有牢固的结缔组织通过盆底肌肉的牵拉开放或关闭来完成,因此结缔组织松弛可引起机械学上无力开放或关闭尿道(见帆船模拟图)。结缔组织不能支持膀胱牵拉感受器或疼痛神经纤维,结果可引起神经源性功能障碍,例如盆腔疼痛或排尿反射的过早激活(见蹦床模拟图)。

1) 机械学的关闭缺陷

前部结构(PUL,吊床)的松弛使尿道不能由向前的肌力(PCM)关闭,真性压力性尿失禁、无意识的尿失禁、持续性漏尿和淋漓尿失禁(某种类型)均符合该发病原理

2) 机械学的开放缺陷

膀胱膨出或子宫骶骨韧带松弛使向后的肌力(LP 和 LMA)不能开放流出道。无力牵拉开放尿道使尿流阻力极大地增加(达到四次幂),造成实际上的功能性梗阻。患者感觉为尿流减慢、排尿不尽、排尿后淋漓、尿流中断、淋漓尿失禁(某种类型)、充盈性尿失禁以及初始排尿困难。

3) 结缔组织松弛导致的外周神经学的缺陷

结缔组织松弛可激活膀胱底的牵拉感受器,从而激发排尿的"瀑布反应":感觉性急迫症、PCM 松弛、开放流出道和逼尿肌收缩。引起异常排尿反射的其他原因是膀胱底的恶性肿瘤、炎症或牵拉感受器受纤维瘤压迫,患者可表现为逼尿肌不稳定、低膀胱容量、感觉性急迫症、尿频、夜尿症和运动性急迫症。所有这些症状均与该发病原理一致。膀胱底牵拉感受器的敏感性下降不足以激活排尿反射,因此,开放流出道只能靠机械学的作用,即用力。这种状况被描述为"逼尿肌无力"或"活力低下"。

4) 结缔组织松弛引起的盆腔疼痛

与子宫骶骨韧带松弛有关的盆腔疼痛以下腹牵引痛(通常在右侧)、深部性交痛为特征,常伴有骶背疼痛(Petros,1996)。这种疼痛的程度不等,有时患者可因严重的疼痛而急诊。卧位时疼痛常缓解,常被视为"后穹隆综合征"的一部分(后部缺陷,图 1-12),包括尿急、尿频、夜尿症和排空异常。疼痛也许仅伴有轻度脱垂。在子宫骶骨韧带处触诊,常再次诱发疼痛。推测后部 IVS 手术之所以能缓解疼痛,与恢复沿子宫骶骨韧带分布的 S_2~S_4 无髓鞘神经纤维的生理性支持有关。在经产妇中,韧带松弛

与分娩损伤有关，而在未产妇中，韧带松弛在初潮后不久也可出现。

2.3.4 结缔组织在肛门直肠开合和“特发性”粪失禁中的作用

这一节，我们将通过一系列临床和实验室的研究表明特发性粪失禁和尿失禁一样是由结缔组织损伤造成的。因此本节在解剖学上与描述尿失禁和器官脱垂的章节是相关的。在最初的 IVS 初创手术中，同时患有压力性尿失禁(SI)和粪失禁(FI)的患者在志愿放置尿道下吊带后，其粪失禁也得到治愈。

许多文献报道，即使压力性尿失禁没有治愈，粪失禁却被治愈了。后续报道指出，没有压力性尿失禁却有后部缺陷的粪失禁患者其粪失禁症状得到了改善(Petros，1999)。这些发现显然证实了 Swash 的观察结果，即尿失禁和粪失禁有着共同的起因。应用外阴神经传导研究，Swash 证实，许多(不是所有)这样的患者存在神经损伤。但这一假设也有自相矛盾的地方，许多粪失禁(FI)患者有正常的神经传导期。一项研究(Parks 等，1977)表明，行肛提肌与肛门括约肌重叠手术的粪失禁患者中有 30%从未怀孕过。

2.3.4.1 目前有关肛门直肠开合和粪失禁的概念

排便和粪自禁的机制尚不十分清楚。现有关于自禁的“阀门式”理论与肌电图和放射学的资料不一致，这些资料提示存在横纹肌括约的机制，这一概念受粪失禁患者(FI)存在神经损伤的发现所支持。肛门内括约肌缺陷(Sultan 等，1993)和运动终板损伤(Swash，1985)被认为是粪失禁的主要原因，但临床研究已经表明(参见第七章)，这些损伤并非是前部或后部悬吊带手术成功与否的预测因素。

2.3.4.2 基于整体理论的肛门直肠功能

整体理论提出了一个类似于膀胱颈关闭的机制，即围绕被耻骨直肠肌(PRM)牢固锚定的肛门，定向肌力将直肠向后、向下牵拉。因此除了耻骨直肠肌以外，与肛门直肠开放和闭合有关的韧带和肌肉与膀胱、尿道相同。

肛门是内在强度很小的软组织结构，它必须被牢固地固定才能使肛门直肠开放和闭合(图 2-41)。尿道、阴道和肛门的下 2～3cm 由致密的纤维肌性组织围绕。会阴体(PB)是阴道和肛门末端的关键锚定点。会阴隔膜(PM)的肌肉和肛门外括约肌(EAS)收缩锚定肛门末端(Petros，2002)，会阴深横肌(图 2-15)协助将会阴体上部锚定在耻骨降支上。

直肠阴道筋膜(RVF)(图 2-41)附着在会阴体的下方和提肌板的上方(Nichols，1989)。当肛门直肠关闭和排便时，RVF 被牵拉。提肌板收缩牵拉直肠和肛门壁，肛门因耻骨直肠肌的收缩而固定不动，耻骨尾骨肌(PCM)的前部向前收缩，向前牵拉阴道末端和肛门前壁，就形成了半刚性排便通道。LMA 在收缩时使 LP 的顶端向下成角，从而形成肛门直肠角(图 2-41 和 2-42)。

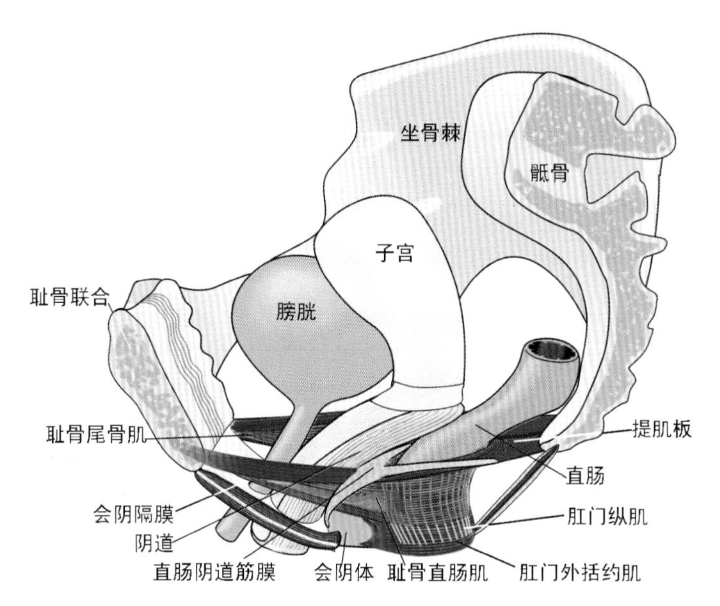

图 2-41　肛门直肠开合的解剖

肛门、直肠和相关横纹肌的三维示意图

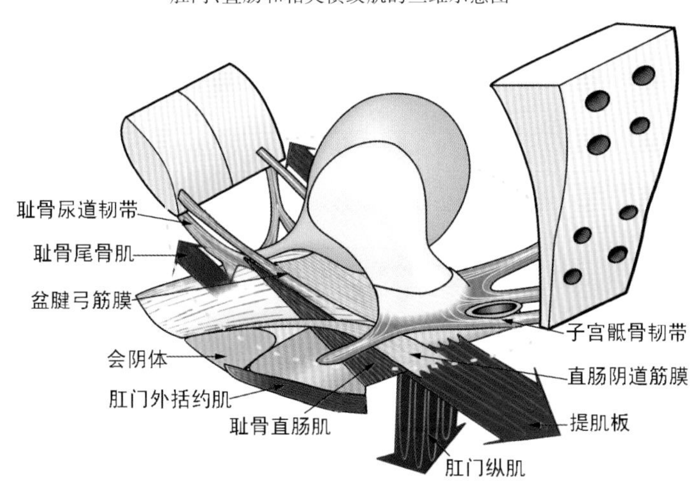

图 2-42　稳定的肛门直肠闭合

稳定的肛门直肠闭合与尿道膀胱关闭相似，提肌板和肛门纵肌收缩牵拉直肠直肠阴道筋膜向后向下围绕收缩的耻骨直肠肌形成肛门直肠角。耻骨尾骨肌绷紧会阴体和直肠前壁，耻骨直肠肌直接对应于耻骨联合而起作用

耻骨直肠肌(PRM)(图 2-41)垂直向下和沿中线到达耻骨尾骨肌(PCM)，并嵌入到耻骨的下部。PRM 有力地缩夹肛门的侧壁，并锚定肛门后壁。提肌板(LP)直接附着在直肠后壁上，收缩时，LP 牵拉直肠后壁向后形成肛门直肠角。图 2-41 表明，当 PRM 松弛时，LP 和 LMA 将打开肛门直肠角，有利于直肠排泄(图 2-43)。排便时，

会阴深横肌、PCM 和 PB 在锚定直肠前壁中起了非常重要的作用。耻骨尿道韧带锚定 LP 的收缩，子宫骶骨韧带锚定 LMA 收缩(图 2-43)。

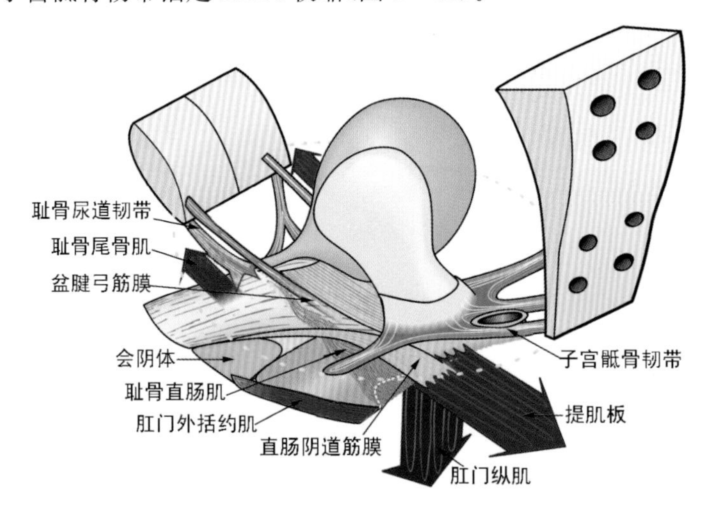

图 2-43 稳定的肛门直肠开放(排便)

当耻骨直肠肌放松时，提肌板和肛门纵肌牵引开放肛门直肠角和直肠后壁。直肠阴道筋膜拉紧直肠前壁，耻骨尾骨肌将其向前牵引形成半刚性的管腔(肛门)以利排便。直肠收缩使粪便排出。虚线所指为“闭合”状态

2.3.4.3 结缔组织松弛和肛门直肠功能障碍

肛门功能障碍是指无力排泄(“便秘”)或不能贮存粪便(失禁)。失禁分为气体、液体或固体失禁(其严重程度逐渐增加)。

从因粪失禁接受前部和后部 IVS 手术的患者收集到的观察资料表明，肛门感觉形成的方式类似于膀胱，肛门直肠的牵拉和容量感受器可触发排便反射，该反射可由耻骨直肠肌(PRM)的收缩而控制。

排便不同于肛门直肠开放。像排尿一样，排便也受制于神经反射，神经反射协调参与正常排便的所有因素。

由于 LP 和 LMA 在肛门直肠闭合(图 2-42)和排便(图 2-43)时均起作用，若这些肌肉对应的韧带受损，就会发生肛门直肠开合功能障碍。若会阴体和直肠阴道筋膜受损，直肠前壁就不能被伸展，同时发生排便困难。相同的松弛也许是痔疮的主要原因。直肠前壁向内塌陷，阻碍了静脉回流，使静脉扩张，形成向后的压力，从而引起疼痛和出血。我们常能观察到，经过后部 IVS 手术修补盆底的 3 个平面后，痔疮便消失了。

若提肌板(LP)(耻骨尿道韧带 PUL)或 LMA(子宫骶骨韧带 USL)的附着点损伤，向后向下的力不能形成必须的肛门直肠角，则可能发生粪失禁。

2.3.4.4 横纹肌在粪失禁(FI)中的作用

肛门外括约肌(EAS)受损是引起粪失禁的主要而明确无误的原因。它从两个方

面引起粪失禁(FI):首先,直接影响肛门末端的关闭,其次是通过LMA收缩活性的减低。肛门外括约肌是肛门纵肌的附着点,LMA是形成肛门直肠角的关键成分。盆底肌肉的损伤对粪失禁的确切影响已经明确。由于盆底肌肉有力地附着于盆底韧带上,附着点的韧带松弛也可引起肌肉萎缩。肌肉的损伤对粪失禁的影响可能较小,应用聚丙烯吊带加强PUL或USL后,粪失禁的症状改善率常高于80%。

2.3.4.5　"便秘"

排便时(图2-43),提肌板(LP)对应于会阴体(PB)牵拉直肠阴道筋膜(RVF),然后肛门纵肌(LMA)向下牵拉RVF开放肛门直肠连接点。USL、RVF和PB中的结缔组织松弛可使LP削弱而使系统失衡,导致耻骨直肠肌过度地向前牵拉肛门直肠连接点,出现排便费力或"便秘"。

无力夹紧肛门前壁可用来解释一些患者的直肠排空困难("便秘"),以及为什么常需要患者指压会阴帮助排便。指压能锚定会阴体。锚定的效果可经同步会阴超声证实,虽然LP尽量向上向后收缩,但在用力至轻微移动时仍可观察到因PB松弛而使提肌板向下成角减小。锚定PB后可以减少这种移动,并恢复提肌板(LP)前部向下的成角(Petros 2002)。由于LP对应于PUL收缩,LMA对应于USL收缩(图2-43),故韧带松弛使开放肛门直肠所需的向后的肌力减弱,引起"便秘"(Petros 1999)。结缔组织随年龄的增大而变弱并失去弹性,阻止了直肠被牵拉成半刚性的管道,不利排便。这也可用于解释为什么"便秘"的发生率随年龄而增加。

2.3.4.6　肛门黏膜脱位

肛门黏膜可从浆膜层脱位。黏膜充血可致溃疡和出血,同样的过程可刺激感觉神经末梢引起粪失禁。创造一种新的手术技术——通过减轻脱位和使脱位的结构重新复位以恢复解剖,似乎比切除直肠组织是更加合理的选择。重建子宫骶骨韧带和修补直肠阴道筋膜预防黏膜下垂及常伴随发现的直肠套叠(Press. comm. Aeendstdin B 2005)。

2.4　本章总结

将盆底的悬吊韧带和筋膜分为3个平面描述:

平面1:子宫骶骨韧带(USL)、ATFP和耻骨宫颈筋膜(PCF)。

平面2:耻骨尿道韧带(PUL)和直肠阴道筋膜(RVF)。

平面3:会阴体(PB)、会阴隔膜、后部肛板以及尿道外韧带(EUL)。

3种定向的肌力,即耻骨尾骨肌(PCM)的前部、提肌板(LP)和肛门纵肌(LMA),激活尿道和肛门的闭合,以及协助维持器官的位置。排尿时,PCM放松,LP和LMA开放尿道;排便时,耻骨直肠肌(PRM)放松,LP和LMA开放肛门。耻骨直肠肌独立于3种定向的肌力而发挥作用,并有其特殊性。

韧带和肌肉组成了一个包含机械学和外周神经学因素的完整的平衡系统。膀胱底的牵拉感受器和无髓鞘神经是系统的神经因素，它们需要强有力的结缔组织在其下支持以防止过早激活，从而避免急迫症和盆腔疼痛。结缔组织损伤可使系统的机械学及外周神经学的因素失衡，依神经末梢的敏感性不同，可以引起在第一章所提及的膀胱、肠道或盆腔疼痛方面的一些或所有症状。就此而论，神经末梢起着一台"发动机"的作用，即使在阴道的3个部位中只有很轻的脱垂，也可产生相当严重的症状。

第三章　结缔组织损伤的诊断

3.1　整体理论诊断系统:概述

整体理论诊断系统有助于识别和查找已受损的盆底韧带或筋膜的位置(图3－1)。整体理论认为,一种或多种结缔组织结构的损伤均可导致器官脱垂,或造成器官开合功能的障碍,也就是说,脱垂和盆底其他各种症状是相互关联的,这些都是结缔组织损伤的不同表现形式。

整体理论诊断系统应用将盆腔分为3个部分的方法来剖析复杂的症状;通过查找与症状相关的主要受损的结缔组织结构,使手术医生能够推导出适合于每个受损结构的修补方法(图3－1)。结缔组织结构的损伤,除了在中部的"关键弹性区"引起过度紧固这一特殊情况以外,通常都是导致相应结构的过度松弛。"阴道束缚综合征"常是先前阴道手术的结果("ZCE",图3－1)。尽管有这样的特殊情况,仍然有9种主要的结缔组织结构可能需手术修补(参见P8～P9)。

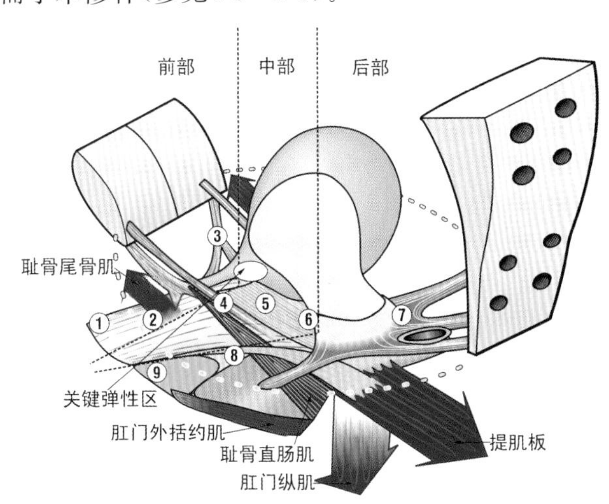

图3－1　自上和自后的盆底三维立体图

本图显示,根据整体理论的盆底"3个部位"的结构,有9种主要的结构和特殊情况的"ZCE"可能需要手术修补。虚线代表盆底的边缘

整体理论诊断系统以本书至今已提出的盆底解剖学和动力学的观点为基础,经历了迭代过程。它含有两种评估途径:临床评估途径(图3－3)和结构评估途径(图3－4)。

临床评估途径(图3－3)从图示诊断法(图3－2)开始,这是整体理论诊断系统的起点。该途径为诊断和处理盆底功能障碍提供了简明的指导，尤其对于那些没有临床专科医生资质的全科手术医生更有帮助。在使用图示诊断法时，方法中提示的受损部位通过阴道检查(图 3－6)来核对，再通过“模拟操作”来予以证实(图 3－8)。“模拟操作”用来直接检查与压力性或急迫性尿失禁有关的结缔组织结构，是一种相对简单的临床技术。它使用止血钳、手指或卵圆钳锚定阴道“3 个部位”中的这些结构，观察患者的反应。

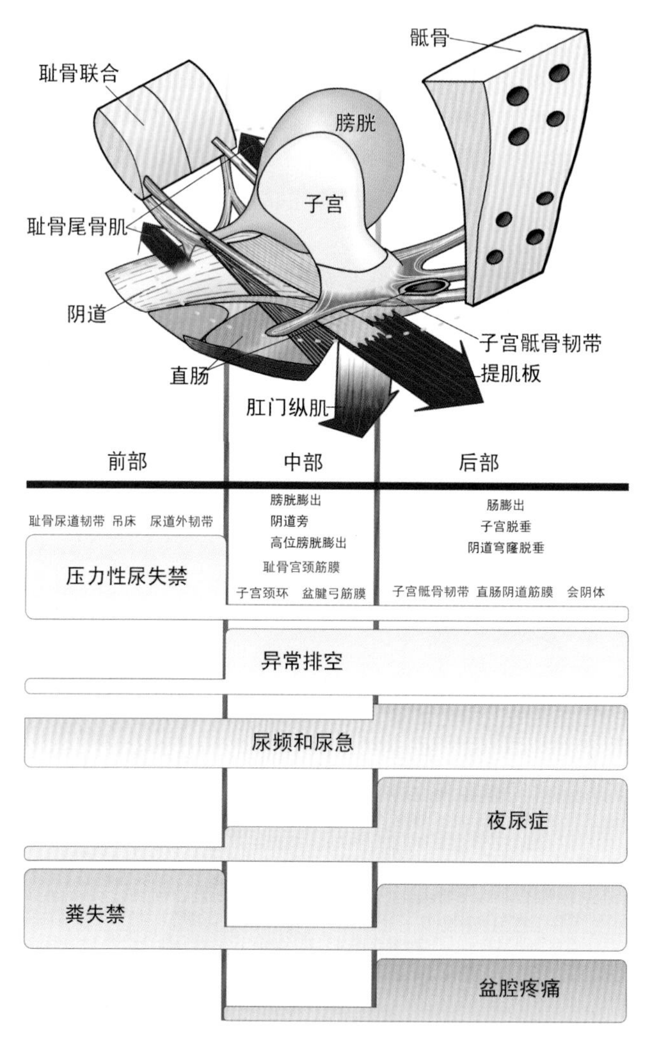

图 3－2 图示诊断法

这是针对盆底功能障碍的病因和处理所作的简明指导。用于表示症状的长方框面积指出在每一个部位中出现的症状起因的估计频率。引起症状的主要结缔组织结构，按照重要程度的顺序，被总结在每一个部位中。值得注意的是，器官脱垂的程度和症状的严重性之间并无相关性

结构评估途径(图 3－4)经临床专科医生的使用得到了发展。图 3－4 概述了它的

关键原理和“决策树”。患者完成一份问卷表和排尿日记；用尿垫试验来确定漏尿量；作阴道检查；若条件允许，用经会阴超声评估盆底的几何学特征。同样，条件允许的话，可用尿动力学评估尿道的功能、膀胱的稳定性和排尿量（即使不经超声或尿动力检查，结构评估也是有效的）。将结构评估获得的资料转录到诊断汇总表中（见图 3－5），若有必要，也可将“模拟操作”检查的诊断结果（图 3－9）转录到诊断汇总表中。

整体理论诊断支持体系（the Integral Theory Diagnostic Support System，ITDS）由数据库和一台以诊断系统为基础的、用以确认损伤发生部位的计算机（配备特殊的操作软件）组成。ITDS 应用与结构评估途径相同的决策树，以及应用每个结构来诊断受损部位的概率。在第七章“当前和正在出现的研究问题”中，对整体理论诊断系统的支持体系部分进行了充分的解释。

3.2　整体理论诊断系统

3.2.1　临床评估途径

3.2.1.1　引言

对于全科手术医生来说，图示诊断法（图 3－2）是整体理论诊断系统的起点。它提供了一个用于症状评估的框架、一个对患者作检查的指南（图 3－6）、以及为具体查找压力性或急迫性症状起因的模拟操作技术（图 3－7、3－9、3－10、3－11）。

临床评估途径不需要使用超声波或尿动力仪这样昂贵的设备。至于结构评估途径，阴道检查和“模拟操作”技术与临床评估途径是相同的。详细的描述见下一章节内容。

3.2.1.2　临床评估途径在临床评估中的应用（图 3－3）

（1）医生咨询患者并将相应的症状标记在图示诊断法中的方框内。症状经整理以指出结缔组织损伤的部位。医生根据患者问卷表（附件 I）收集到的资料决定需要询问患者的问题，再根据患者的回答判断症状的严重程度。

（2）检查的目的是为了确定可能损伤的部位。使用半程分类系统（图 3－8），将受损部位按 1 度、2 度、3 度和 4 度脱垂记录在临床检查表中（图 3－6）。检查始终应安排在患者膀胱充盈时进行。

经验表明，对某些解剖缺陷的正确诊断（尤其是后部缺陷），不是总能通过临床检查而得到的，最终的诊断通常仅能当患者处身在手术室中作出。

（3）“模拟操作”技术是指对特定的结缔组织结构提供机械性支持（用手指或用钳子），来判断急迫性或压力性症状的任何改变。若提供的支持可显著减轻急迫症状，则提示该部位结构受损为其病因。对于压力性尿失禁患者，依次锚定每一种结构，有助于明确 3 种前部结构中的每一种结构所起的作用（图 3－10）。

若患者在检查时没有出现急迫症状，可饮水直到有急迫感再重复进行“模拟操作”。对于施行压力性尿失禁悬吊手术失败的患者,失败的原因可能是后部韧带松弛(尤其是压力性尿失禁在子宫切除术后开始出现)。

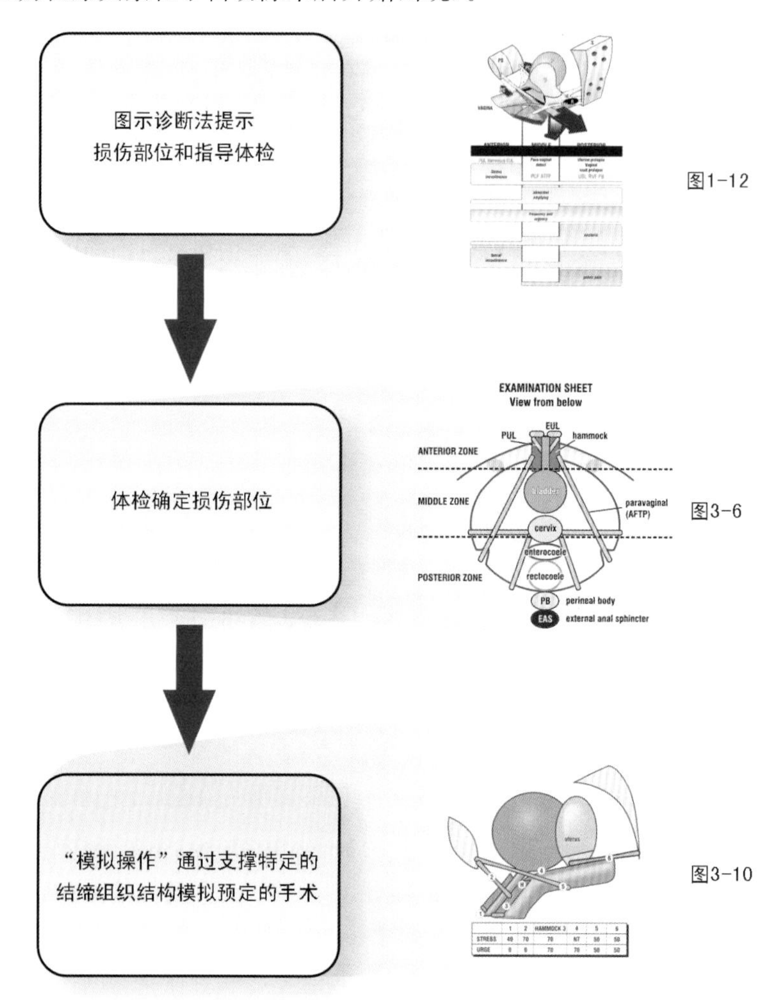

图 3-3　临床评估途径

该图显示了图示诊断法、结构评估表和“模拟操作”确认表之间的关系

3.2.2　结构评估途径

3.2.2.1　引言

结构评估途径(图 3-4)是为专门研究盆底功能障碍的临床而设计的。虽然在进行评估时要使用超声检查和尿动力检查,但是实质上它还是一种以临床为基础的评估途径。

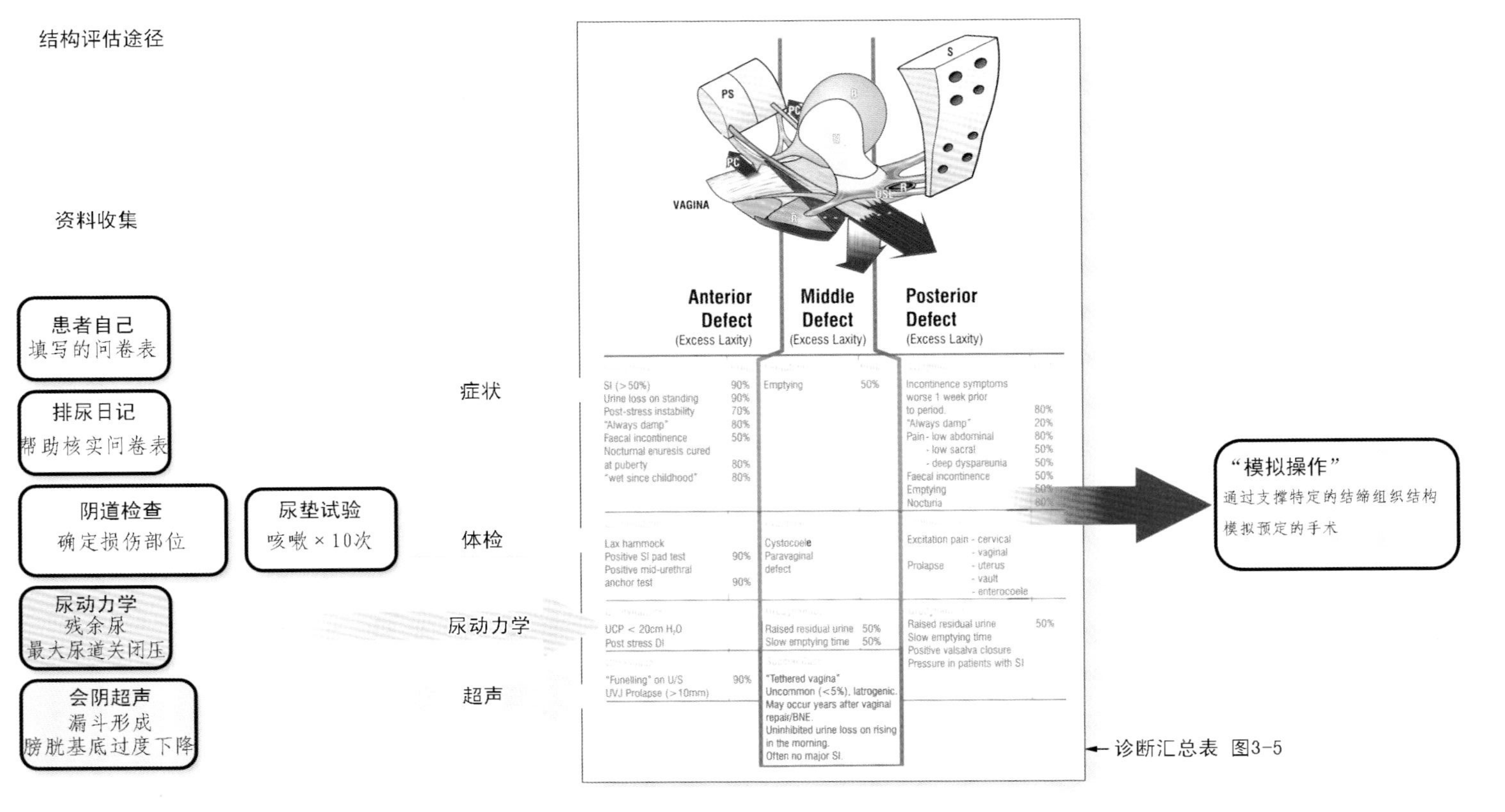

图3-4　结构评估途径由3个阶段组成：资料收集、诊断汇总和“模拟操作”

诊断汇总表列出了每一部位受损的特殊症状。这些症状被分在4组标题下：症状、检查、超声和尿动力学。对每个部位中的每个症状与收集到的资料进行核对，发现有相关性，就以“√”标记。根据每一部位“√”的数量，就可识别损伤的部位。一旦受损的部位被确立，就可直接使用模拟操作予以确认，即锚定特定的结构，观察症状或漏尿变化的百分比

结构评估途径是一个由 3 个阶段组成的迭代过程：资料的收集和比较、资料分析、确定初步诊断(或不确定)。

收集从问卷表、排尿日记、阴道检查、尿垫试验、尿动力和会阴超声检查得来的资料(为排除偏差，问卷表最好由患者自己完成)，相关的资料再被转录到诊断汇总表(图 3-5)中。

诊断汇总表由 4 个组分组成。每组下面都列出了一些特殊的症状。这些症状形成了诊断受损部位的基础。这 4 个组分别是：

※ 症状

※ 检查

※ 尿动力学

※ 超声

4 组中的每一个症状都要对照收集到的资料进行校正；然后，医生分析诊断汇总表中的这些症状，并作出受损结构的初步诊断。

用“模拟操作”确认(或不确认)初步诊断。

医生可以为每一位患者拷贝一份表 3-5。

请注意：在附件 I 中详细列出了问卷表、尿垫试验的使用说明，以及利用了来自超声检查和尿动力检查的资料。

3.2.2.2 第一阶段：资料收集和比较

1) 患者的问卷表(见附件 I，或登陆 http://www.integraltheory.org)

在整体理论中，症状固然有助于定位受损结缔组织，但是患者问卷表则可用来提供与受损部位有关的症状的全面的信息。

问卷表的使用指南包含在附件 I 中。患者在描述她的症状旁的方框内用“√”标记所出现的症状。医生通过标有“√”的诊断汇总表(表 3-5)的柱状体中列出的症状，将问卷表中的回答内容整理到该诊断汇总表中。每一个柱状体代表阴道的一个部位，若症状(例如“排空”)出现在两个部位，则在两个部位都用“√”标记。症状部分整理完成后，通常就能获得关于受损部位的比较准确的提示性信息，这有助于指导医生作阴道检查(图 3-6)。问卷表中的资料可协助改进评估的客观性，并为干预后检测改善情况或其他方面的情况提供有价值的记录。

问卷表中的问题按特定的症状分组：压力性尿失禁、急迫性尿失禁、排空障碍、肠道症状、盆腔疼痛和社交不便。这些组内的个别问题与该特定的症状和受损部位相联系，分别用字首“A”、“M”或“P”标记以指出“前部”、“中部”或“后部”中可能存在的结缔组织损伤。这些问题之所以用“A”、“M”或“P”标示，因为若是患者选择了肯定的回答，则表示与该特定部位的损伤相关的概率很高。急迫症状是唯一与 3 个部位损伤都相关的特殊例子。

问卷表中没有标示的那些问题，提示其与特定部位的关系迄今尚没有显示有显著而明确的意义。因此，没有将它们包括在诊断汇总表(图 3-5)中。

问卷表中的某些问题有供患者作第 3 种选择的方框。若症状出现的概率超过 50%，患者就在该方框内打“√”的记号标记。对该方框的回答表明症状的严重性，而且当手术后使用问卷表评估干预后进展时，该回答尤其能提供有用的信息。

对该方框的回答也被用作筛选，这是事先设计好为医生指出可能需要手术治疗的压力性尿失禁患者(前部损伤)，以及不需要手术治疗的患者。症状仅被标记在诊断汇总表前部大于 50%的压力性尿失禁那儿(见“症状的变异性”)。

对于所有其他的症状，只要在问卷表中“有时”这个方框内用“√”标记，就足以保证这些症状能包含在诊断汇总表中。

问卷表中某些问题后面有一个写在圆括号内的数字，这是编号的代码，它与问卷表结尾的注释相连接，解释和扩展诊断汇总表中的信息。

2) 24 小时排尿日记

患者记录在 24 小时排尿日记中的信息可为评定患者病史的准确性提供依据，尤其是排除了因摄入过多的液体而导致的尿频。排尿日记没有直接应用到诊断的“决策树”中。

3) 尿垫试验

尿垫试验是用于评估尿失禁的严重程度和干预效果的简单而有效的方法。快速咳嗽压力试验(咳嗽 10 次)可能(或不能)证实前部缺陷存在的可能性。24 小时尿垫试验是在与 24 小时排尿日记在相同的时间内进行，用来显示尿失禁的严重程度。

4) 阴道检查

阴道检查总是安排在患者膀胱充盈时进行，可用于证实(或不能证实)临床医生根据患者问卷表的资料预测的受损部位。9 种结构中任何一种损伤(图 3-1)以及器官脱垂的程度都被标注在临床检查简表中(图 3-6)，相关部分再转录到诊断汇总表(图 3-5)中。

在门诊诊疗中，可能难以对特殊的缺陷作出直接诊断，至于哪种结构需要修补也许需要在手术室里才能作出决定。

需要时对外阴前庭炎的检查：

将一个棉签的圆头轻轻地放入呈圆形的阴道口距处女膜环 0.5cm 处，若出现敏感的反应，可诊断为外阴前庭炎。

前部的检查：

前部有 3 种结构需要检查：尿道外韧带(EUL)、耻骨尿道韧带(PUL)和阴道吊床。通常，尿道外口“张开”(开放)提示尿道外韧带松弛，尤其是伴有尿道黏膜外翻更加提示有该韧带的松弛。检查耻骨尿道韧带的损伤包括两个基本步骤：首先，为了证实漏尿，让患者仰卧位并咳嗽(Petros & Von Konsky，1999)；然后，手指或止血钳放在尿道中段的一侧，让患者重复咳嗽，若漏尿得到控制，则提示 PUL 薄弱。EUL 也可用同样的方法进行检测。

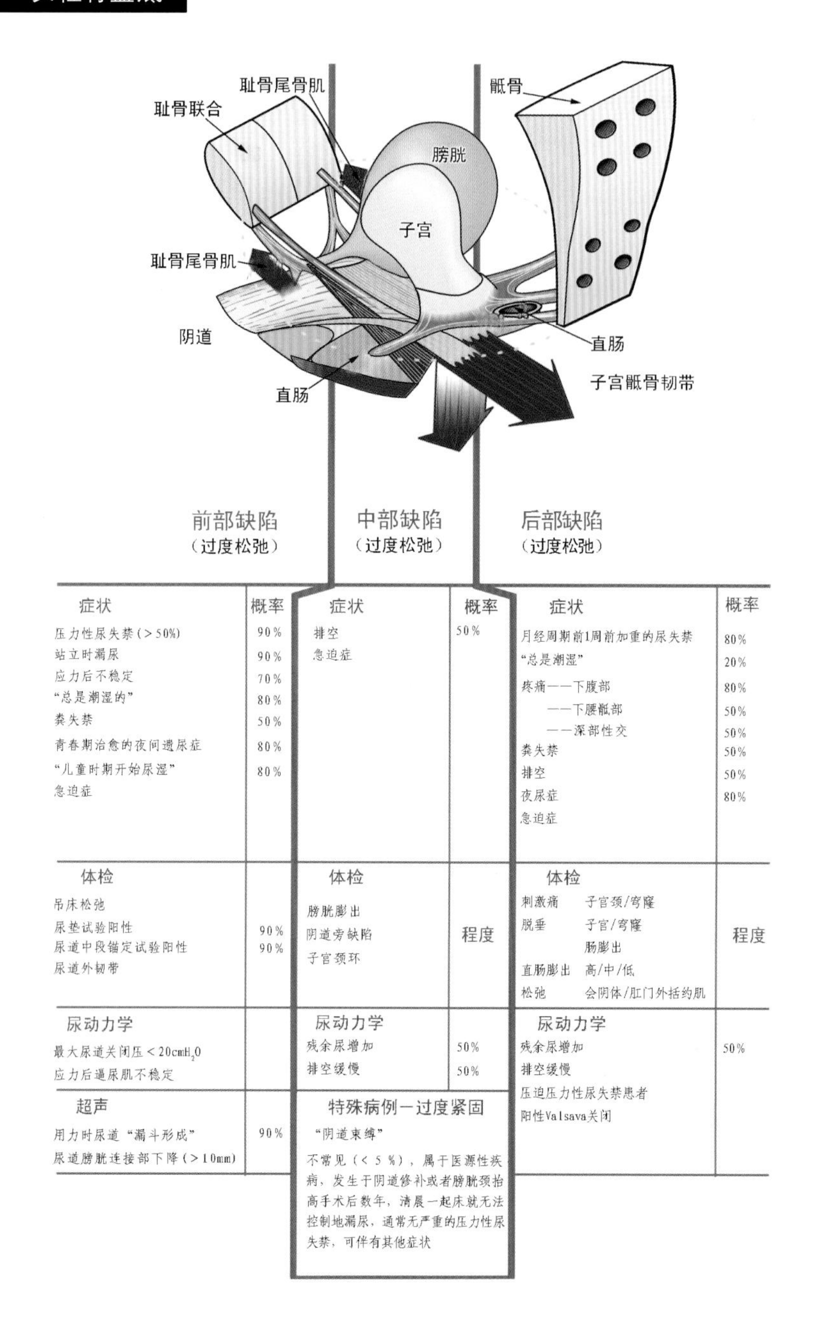

前部缺陷（过度松弛）

症状	概率
压力性尿失禁(>50%)	90%
站立时漏尿	90%
应力后不稳定	70%
“总是潮湿的”	80%
粪失禁	50%
青春期治愈的夜间遗尿症	80%
“儿童时期开始尿湿”	80%
急迫症	
体检	
吊床松弛	
尿垫试验阳性	90%
尿道中段锚定试验阳性	90%
尿道外韧带	
尿动力学	
最大尿道关闭压<$20cmH_2O$	
应力后逼尿肌不稳定	
超声	
用力时尿道“漏斗形成”	90%
尿道膀胱连接部下降(>10mm)	

中部缺陷（过度松弛）

症状	概率
排空	50%
急迫症	
体检	
膀胱膨出	程度
阴道旁缺陷	
子宫颈环	
尿动力学	
残余尿增加	50%
排空缓慢	50%

特殊病例一过度紧固

“阴道束缚”

不常见(<5%)，属于医源性疾病，发生于阴道修补或者膀胱颈抬高手术后数年，清晨一起床就无法控制地漏尿，通常无严重的压力性尿失禁，可伴有其他症状

后部缺陷（过度松弛）

症状	概率
月经周期前1周前加重的尿失禁	80%
“总是潮湿”	20%
疼痛——下腹部	80%
——下腰骶部	50%
——深部性交	50%
粪失禁	50%
排空	50%
夜尿症	80%
急迫症	
体检	
刺激痛 子宫颈/穹窿	程度
脱垂 子宫/穹窿	
肠膨出	
直肠膨出 高/中/低	
松弛 会阴体/肛门外括约肌	
尿动力学	
残余尿增加	50%
排空缓慢	
压迫压力性尿失禁患者	
阳性Valsava关闭	

图3-5 结构评估途经中使用的诊断汇总表

本表是为临床医生复制和记录检查结果而设计的，表中的每一个症状都与收集到的资料相对应，符合时则以“√”标记。方框内“√”越多则表示相对应的部位损伤的可能性越大。一些症状后面列出的概率是提示在该部位的损伤导致这种症状的可能性。临床医生可以在诊断汇总表中记录其他相关的资料，如脱垂的程度、每天发生急迫性尿失禁的次数等

吊床松弛在检查时是显而易见的，但它也可通过"紧缩"试验来进行检查：用止血钳折叠吊床的一侧(Petros & Ulmsten 1990)。若试验时漏尿减少，证明充分紧固吊床对尿道闭合是十分重要的。这些检查方法也构成了"模拟操作"技术的一部分。

中部的检查：

单纯中心缺陷(膀胱膨出)时，阴道壁是光滑而有光泽的；单纯阴道旁缺陷时，阴道壁有很明显的皱褶。膀胱膨出与阴道旁缺陷可用以下方法进行鉴别：将卵圆钳放在阴道侧沟支持 ATFP，要求患者向下用力。但是，一个患者往往同时存在这两种缺陷。子宫颈环缺陷(高位膀胱膨出)时，就在子宫颈或子宫切除瘢痕的前面阴道"膨出如气球样"，常沿着主韧带向侧方延伸。

阴道的膀胱颈区域(ZCE)过度紧固(瘢痕，膀胱颈过度抬高)，患者表现为早晨一起床就漏尿("阴道束缚综合征")。这种情况应该记录在临床检查简表中(图 3－6)。在手术室里对该情况的观察更为可靠。

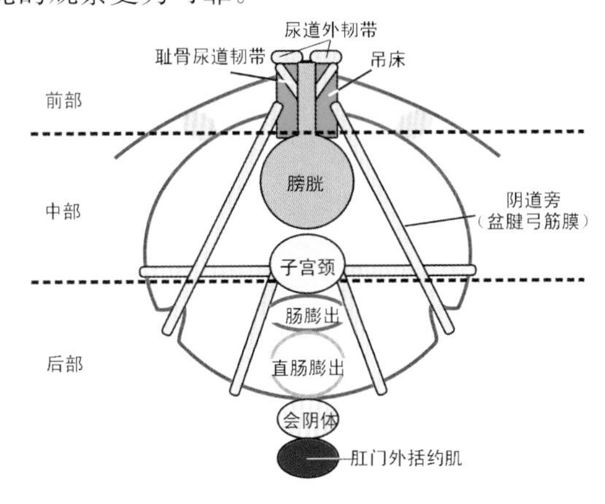

图 3－6　临床检查简表(从下面看)

该表的的设计是为了供临床医生作为档案复制和使用的。评估每一种结构并予以标记，若有可能，脱垂的程度用 1、2 或 3 度标记；对 PUL 和 EUL，用"正常"或"松弛"标记

后部的检查：

阴道顶部、阴道壁或会阴体膨出的证据应在患者用力时检查获得。轻度的阴道顶部脱垂容易被忽略。因此，检查后部时，总是用卵圆钳支撑住阴道侧沟并要求患者用力。阴道后壁检查是为了检查直肠阴道筋膜的缺陷(直肠膨出)。检查时要求患者用力，并同时作直肠指检。会阴体和肛门外括约肌用直肠指检来进行检查。

脱垂分类的物理检查：

国际控尿协会的 POPQ 分类系统是为了量化脱垂的程度而设计的。而针对检查的整体理论系统则明确以手术矫正症状为导向。尽管 POPQ 系统与整体理论方法是相容的，但它在诊断决策途径中不起作用。此外，POPQ 使检查时间转移了对 3 个部位中结构损伤评估的注意力(如整体理论所述)。由于仅能得到有限的时间对患者作合理的检查,故临床医生更乐意选择比较简单和广为使用的半程分类系统(图 3-8)将其标记在临床检查简表中(图 3-6)。

5) 尿动力学检查

在尿动力学检查中,仅残余尿(>30ml)、膀胱排空时间(>60s)和最大尿道关闭压这些指标用在诊断汇总表中(图 3-5)。尽管尿动力检查有助于了解是否存在最大尿道关闭压(MUCP)低下(≤20cm)和"逼尿肌不稳定"(DI),但是,尿动力检查和临床并不如此相关,因为这些情况都可以采用在第四章中所介绍的技术进行手术治疗。检查最大尿道关闭压低下有效的临床试验是"窥器缓慢漏尿征":将 Sim 窥器放在阴道口内,轻轻向下压,常可引起缓慢而稳定的漏尿,当取出窥器后,漏尿消失(Petros & Ulmsten,1990)。"模拟操作"技术若与尿动力学检查结合起来应用,今后一定会成为一种有益的工具。

6) 经会阴超声检查

超声检查可用于证实用力时膀胱颈的开放或过度下降情况,辅助检验压力性尿失禁的诊断(图 3-5)。

检查用的超声探头(3.5MHz)与产前诊断所使用的超声探头相同,故很易得到。

观察的两个指标是:用力时膀胱颈开放"漏斗形成"和过度下降(>10mm),两者均是耻骨尿道韧带受损的症候。然而,在施行了膀胱颈抬高手术后,即使患者咳嗽时有大量的漏尿,但用力时也许没有几何学特征的改变(Petros,2003)。

3.2.2.3 第二阶段:资料分析

本节描述医生怎样利用已进入诊断汇总表(图 3-5)的资料推导出初步的诊断。讨论在两个主要的可能性中提出选择:诊断轮廓清楚时,诊断轮廓不很清楚时。

1) "清楚"的诊断

若正确使用,诊断汇总表常有助于临床医生在大于 80%的患者中作出清楚的诊断。标记在特殊柱状体内打勾的标记"√",显示相应的部位可能有损伤;柱状体内"√"越多,则阴道相应的部位中受损伤的可能性越大。在柱状体内列出的某些症状的右边出现的概率等级显示该症状由相应部位损伤引起的可能性。概率等级是作者根据数千份病例的诊治经验而得出的,可供参考使用,临床医生可根据自己的经验和判断加以改进。包括一个大型资料库和基于诊断系统的计算机在内的整体理论诊断支持体系(ITDS)已经得到了发展,它不断改进了结构评估途径的精确性(有关 ITDS 方面的情况详见第七章)。

尽管一个患者在同一时间内可能常有几种症状表现,但有时可能只有一种症状被提出,例如"真性压力性尿失禁"(前部缺陷),或者不伴有症状的单纯脱垂。

2) "不那么清楚"的诊断

急迫症状可由一个或多个部位的损伤引起。因此,急迫症可以出现在结构评估表中一个或多个柱状体内。真正引起急迫症的受损部位可从特定部位中出现的其他症状中推导出来。尽管如此,“模拟操作”(见后述)仍然是唯一正确的查找引起急迫症的部位的方法。

后部症状可由后部的轻微松弛引起(如“蝴蝶效应”,后述)。在这种情况,有必要再次检查患者以确定解剖上受损的部位。凭作者的经验,后部症状的出现常至少伴有后部的1度脱垂。有时,在手术室内才能最终决定哪一个部位需要修补,就在手术前,当特定的结构如阴道顶部可被向下牵拉而不引起疼痛时方能决定。

在一些患者中可发生一个较难解释的问题。她们在施行尿道中段悬吊术后仍然有些漏尿,但没有可证实的压力性尿失禁,或在3个部位的任何部位中没有出现任何其他引起症状的原因。对于这些患者,应特别注意尿道外韧带、吊床或子宫骶骨韧带的松弛。因为这些结构在尿道闭合机制中具有重要作用。

尿道外韧带缺陷的典型症状表现在突然活动时漏尿,或体验“尿在尿道里的感觉”。

3)“模拟操作”——专门的应用

“模拟操作”技术作为资料收集阶段的一部分用在两种专门的部位:检查耻骨尿道韧带和吊床缺陷。这两种缺陷不能用任何其他的方法进行诊断。

3.2.2.4　第三阶段:用“模拟操作”确认

结构评估途径的最后阶段是“模拟操作”新技术的应用。

一旦从结构评估途径(图3-5)的第一阶段得出初步诊断,受损部位就可用“模拟操作”来确认(或不确认)。这种技术有助手术医生理解每个部位中的每种结缔组织结构对尿自禁所起的作用。手术医生用手指、止血钳或卵圆钳支持3个部位中每个部位的结构,利用患者的感觉控制(尿急减少的百分比)或直接观察(咳嗽时漏尿量减少的百分比)作为标准来确认受损的部位。

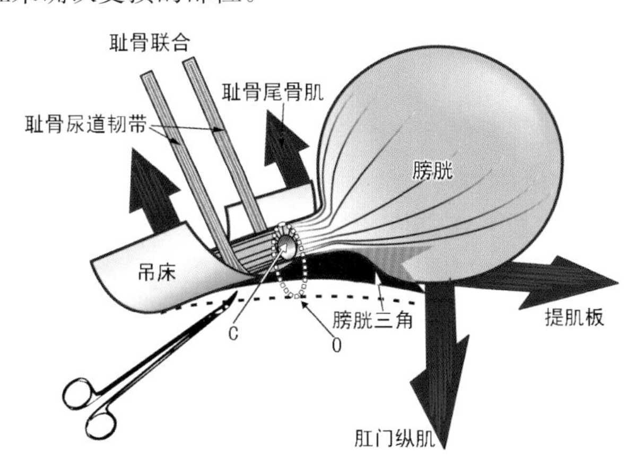

图3-7　诊断耻骨尿道韧带(L)损伤的技术——阴道末端(V)、尿道和膀胱的三维示意图

用一把止血钳支撑在尿道中段的一侧,模仿尿道中段悬吊带的作用。锚定尿道中段恢复关闭力,咳嗽时使尿道变窄从“O”形(压力性尿失禁)转变到“C”形(尿自禁)。折叠阴道吊床“H”(“紧缩”试验)也可用于减少漏尿

1）“模拟操作”的指征

在压力性尿失禁(SI)患者中,“模拟操作”是在阴道检查时在前部被实施,用于诊断耻骨尿道韧带和吊床的缺陷(图 3－5,3－8)。

在急迫症患者中,为了描述急迫症的病因,需要检查所有 3 个部位。

在下腹部或盆腔疼痛的患者中,用手指或卵圆钳作后穹窿触诊,常使患者主诉的疼痛重现。

在膀胱膨出或肠膨出的患者中,应始终在膀胱充盈时作检查,并在回纳脱垂之前、后要求患者咳嗽,以便发现“隐匿”的压力性尿失禁。

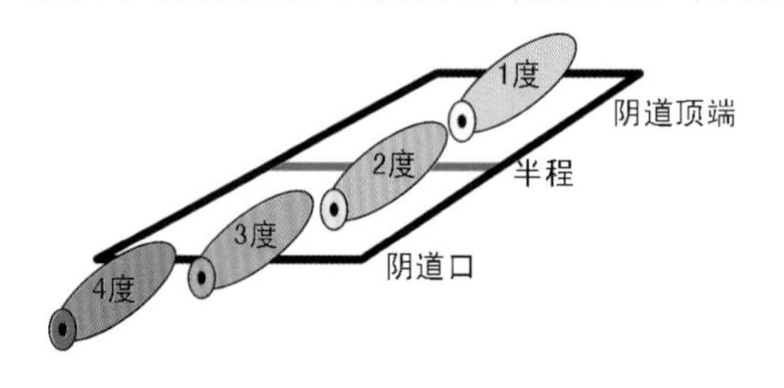

图 3－8　半程分类系统

视角:三维矢状面示意图。半程分类系统用于器官脱垂分度,等级从 1 度到 4 度。脱垂的评估最好在轻柔的牵引下进行,最好在手术室中进行。

1 度＝脱垂达到半程点(harfway)。

2 度＝脱垂在半程点和阴道口之间,但没有超出阴道口。

3 度＝脱垂超出阴道口。

4 度＝牵引时,或者子宫或者阴道顶部完全翻出

2）“模拟操作”的局限性

即使膀胱充盈,也并非所有有急迫症病史的患者都能在仰卧位时再现急迫症状。有时,顺次锚定图 3－10 中列出的特定结构对急迫症状没有改善。对于这些患者,应在操作前严格排除其他原因,如膀胱癌。

在较年轻的妇女中,若阴道顶部触诊出现明显的疼痛,需排除盆腔炎性疾病或子宫内膜异位症。

3）“模拟操作”技术:前部

检查时患者始终应充盈膀胱。在压力性尿失禁患者中,咳嗽时用血管钳支撑单侧耻骨尿道韧带(PUL)(图 3－10 中的“2”),80％的患者能控制漏尿。若患者为混合性尿失禁,该技术也能减轻急迫症状。“紧缩试验”(折叠单侧阴道壁上皮)“3”可使 30％的患者能完全控制压力性尿失禁,也证实了充分绷紧的吊床对维持尿自禁的重要性(Petros,2003)。在大约 10％的患者中,锚定尿道外韧带可减轻漏尿或急迫症状。“2”和“3”一起锚定(图 3－10),几乎总能完全控制压力性尿失禁的漏尿,由此可以证明在施行尿道中段悬吊带手术中同时紧固吊床的重要性。

4）“模拟操作”技术:中部

用手指轻轻地支撑膀胱底“4”(图 3－9)常能改善急迫症状,或者用 LittleWood 钳折叠膀胱底下方的阴道组织也能改善急迫症状。用力向上向耻骨联合方向牵拉膀胱底几乎总能加重急迫症状,这就解释了为何膀胱颈抬高手术可能使新的急迫症和“逼尿肌不稳定”(DI)的发生率升高。用卵圆钳在侧沟“5”过度加压也可以加重急迫症状,而减小压力则减轻急迫症状。以上操作证明,在一些患者中确实存在极度敏感的膀胱

底牵拉感受器。回纳膨出的膀胱并要求患者咳嗽，可能发现隐匿的SI。对于这些患者，在施行膀胱修补术时应同时在尿道下插入悬吊带。

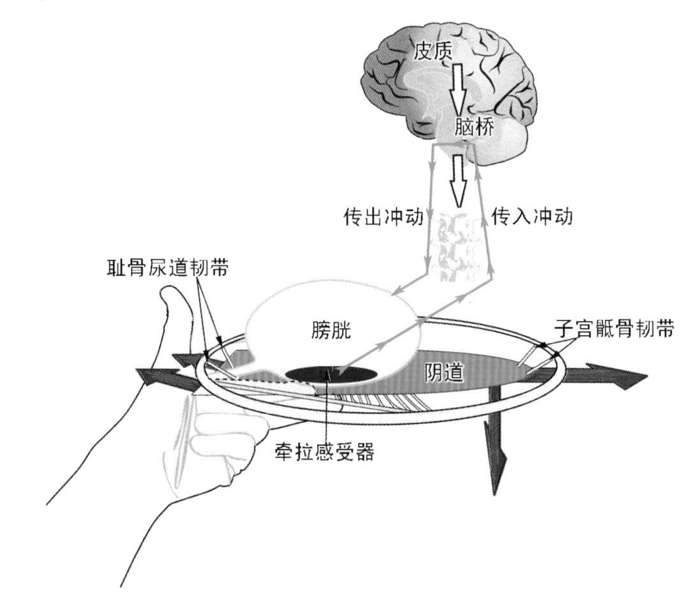

图3-9 “模拟操作”技术

用手指支撑膀胱内的尿柱，牵拉感受器(N)没有被过早激活，没有神经冲动传入到大脑皮层，急迫感减轻

5)“模拟操作”技术：后部

在Sim窥阴器或张开的卵圆钳帮助下，手指轻轻地向后牵拉后穹窿“6”，可以减轻急迫症状(见“蹦床模拟图”)。过度牵拉可加重急迫症状，再次证明了在一些患者中膀胱底的牵拉感受器极度敏感。手指或卵圆钳牵拉后穹窿常可再现患者的盆腔疼痛。在一些报道子宫切除后发生压力性尿失禁的患者中，锚定后穹窿可以显著减少咳嗽时的漏尿(Petros & Ulmsten，1990)。

3.2.2.5 在“疑难”病例中决定哪一种结构缺陷需要手术修补

应强调的是，器官脱垂的程度和症状的严重性之间没有相关性。脱垂的存在可以不伴有症状，因此在特定的部位中不是必定要出现症状。

图3-5中脱垂的程度没有被详细记录，因为脱垂无论是1度或4度，手术方法都是相同的。

通常，需要手术修补的结构缺陷只能在手术室中最终决定，因为在门诊诊疗中确认是困难的。例如，有后部症状的患者(盆腔疼痛、尿急、夜尿症和排空异常)，经常只有极轻的脱垂。根据作者的经验，连至少1度阴道顶部脱垂都没有的患者是极为罕见的。

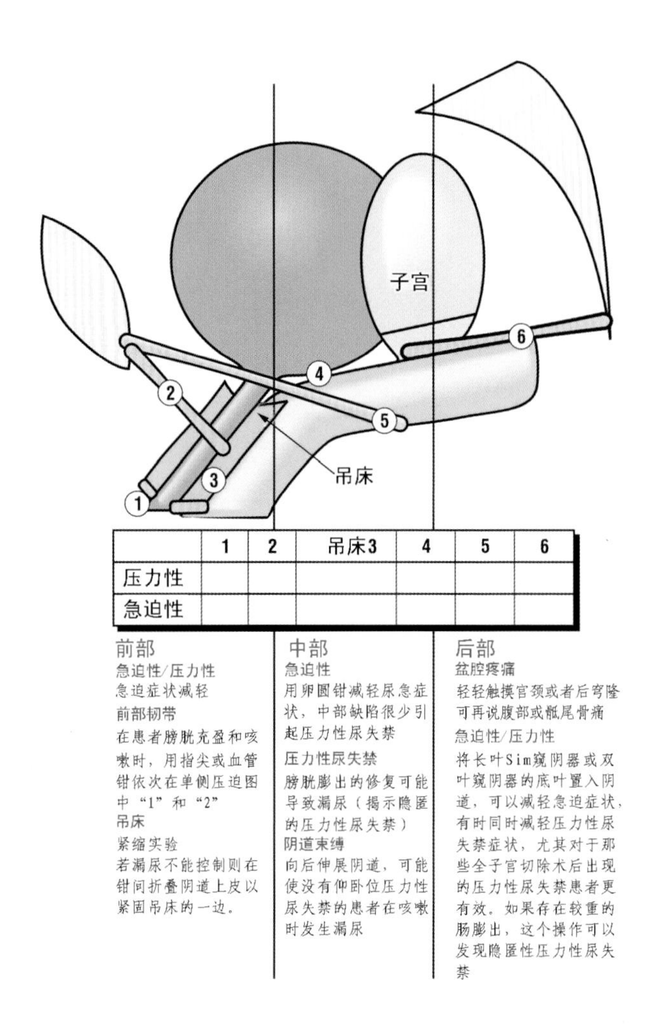

	1	2	吊床3	4	5	6
压力性						
急迫性						

图 3－10 “模拟操作”确认表

临床医生用该表记录手指支撑(锚定)3 个部位中的特定结构 1～6 后患者咳嗽(压力)时漏尿减少的百分比或急迫症状减少的百分比。患者应始终在膀胱充盈状态，以便在躺下时能引起急迫症状。1＝尿道外韧带(EUL)；2＝耻骨尿道韧带(PUL)；3＝吊床；4＝膀胱底；5＝ATFP(侧沟)；6＝后穹窿(USL)。观点：在临床操作中，仅结构 1、2 和 3 常用于压力性尿失禁的检查；而为了确定急迫症的原因，结构 1～6 都要进行检查

另外一种难以作出诊断的情况是“阴道束缚综合征”。实际上，先前施行过手术并伴有典型“阴道束缚综合征”症状(早晨起床时，脚刚落地就漏尿)的老年患者(70 岁以上)可能有耻骨尿道韧带薄弱。在手术恢复阴道膀胱颈区的弹力前，必须在手术室内先确定该区是否存在紧固和(或)瘢痕化。

3.3 整体理论诊断系统中对症状的认识

3.3.1 症状的可靠性

症状是人体的哨兵，它提醒大脑皮质身体的某些方面出现了问题。大脑存储、管理症状，并最终使症状达到平衡，这样大脑就表现出患者在一段时间内集合起来的感受。在希波克拉底之前，症状被认为是医学诊断的基本元素。图 3-5 中显示的症状对于用整体理论的诊断步骤是重要的。例如，一个患盆腔疼痛、夜尿症、排空异常和急迫症状（“后穹窿综合征”，Petros & Ulmsten，1993）的患者采用后部 IVS 手术进行后部重建后，其治愈的概率>80%。

结构评估的实际应用

结构评估最好在两次就诊时进行。以下列出的方案要点由作者制定，可以根据医生或临床的需要而修改。即使在有脱垂而几乎没有症状的患者中进行结构评估也是可取的。通常，该步骤将提示某些伴随的功能障碍。

第一次就诊

病史

第一次就诊前，先邮寄一份问卷表给患者让她在家中完成，然后患者在膀胱充盈的情况下去就诊。医生核对问卷表并完成诊断汇总表的第一部分（图 3-5）。问卷表中所提供的信息指导医生进行有目的的检查。

检查

以临床检查简表（图 3-6）为指导。为了发现结缔组织松弛的证据，医生需检查 3 个部位，并将检查结果标记在此表中。检查时，要求压力性尿失禁患者咳嗽，同时锚定尿道中段，作“紧缩试验”以证实耻骨尿道韧带和吊床的松弛状况。没有其他可靠的方法检查这些结构缺陷。若可能作经会阴超声检查，可检查患者的膀胱颈下移和漏斗形成的状况。所有检查结果都应记录在诊断汇总表中（图 3-5）。

若患者在仰卧位时有急迫症状，可作“模拟操作”，通过依次锚定 6 种结缔组织结构来评估每一种结构对急迫症状所起的作用。

离开诊所前，护士应指导患者在前述的第二次就诊前 24 小时内怎样作 24 小时尿垫试验以及怎样完成 24 小时排尿日记。两者用来验证与问卷表中的回答是否一致。

确保患者就诊时膀胱充盈。

第二次就诊

24 小时尿垫试验

护士将 24 小时尿垫试验中使用过的尿垫称重，然后要求患者作咳嗽压力试验和 30 秒钟洗手试验。在咳嗽压力试验中，患者取站立姿势，测量咳嗽 10 次的漏尿量。若可能，在这个阶段可以作尿动力学检查。

（续表）

资料评价、诊断和治疗决策
医生评价患者和她的所有资料，然后完成诊断汇总表（图 3-5）来评估哪一个（或哪一些）部位已经受损。若需要澄清，可以重复“模拟操作”或者进行超声检查。根据患者的漏尿量，或根据患者的要求，她可以选择盆底康复训练或手术治疗。

3.3.2 在具有相似解剖缺陷的患者中症状的变异性

特定的症状并非总是与图示诊断法（图 3-2）中提示的部位完全相关。例如，未必所有的后部症状都会出现在后部脱垂这一特定的情况中，而且这些症状可能日复一日地变化着。当出现变化时，意味着症状也许仅是一系列复杂事件的结果。凭借患者对症状的记忆可克服症状的变异性问题，也就是说，将症状标记在问卷表的“有时”范畴内并记录到诊断汇总表（图 3-5）中。将问卷表中的回答与排尿日记和 24 小时尿垫试验对应起来核对，临床医生就能够作出相当精确的临床描述。

为逼尿肌不稳定（DI）而施行的尿动力学检查提供的仅是某一时间点的“简单印象”。然而，当问及“你在夜里起床排尿有几次”时，患者可能不假思索地回答“平均 3 次或 4 次”。这并不令人惊讶，所以逼尿肌不稳定的检查与患者尿急、尿频和夜尿症病史的相关性很少超过 50%。从科学的观点来看，这是因为大脑皮质的“记忆”认为膀胱不稳定的症状（尿频、尿急和夜尿症）比尿动力学诊断 DI 更可靠。为使 DI 的尿动力学检查达到与患者记忆库中“记录”的急迫症状相同的“精确性”和概率水平，则尿动力学检查必须重复数百次，显然这不是一种切实可行的选择。

3.3.3 评估概率：不同结构对尿失禁症状变异性的影响

盆底因肌肉、神经和结缔组织（CT）的重要作用而作为一个平衡系统发挥着最佳功能。然而，结缔组织（CT）是这个系统中最易受到损伤的部分。所有结构中的每一种结缔组织成分——耻骨尿道韧带（PUL）、吊床、盆腱弓筋膜（ATFP）、子宫骶骨韧带（USL）以及尿道外韧带（EUL）对维持尿自禁都起着不同的作用。对压力性尿失禁的作用表现为正态概率曲线（图 3-11）。

毫无疑问，耻骨尿道韧带的损伤是压力性尿失禁最主要的原因。然而，其他的结构——吊床、ATFP、USL 和 EUL，增加了可变的、取决于患者的因素。这种作用上的差异解释了 SI 治愈率的变异。这些治愈率的数据获自于 Kelly 手术（吊床修补）、阴道旁修补术（Richardson 1981），EUL 和 PUL 修补术（Zacharin，1963；Petros & Ulmsten，1993），以及某些尿失禁的患者在子宫切除术后所作的 USL 修补术（Petros，1997）。从恢复功能的观点来看，若有可能，理想的做法是修复整个系统的损伤。由于仅需多缝合两次就可紧固吊床和尿道外韧带，而吊床和尿道外韧带是尿道闭合机制中的两个重要因素，故建议在采用“无张力”吊带或组织固定系统（TFS）治疗压力性尿失禁的手术中增加这些步骤以加强耻骨尿道韧带。

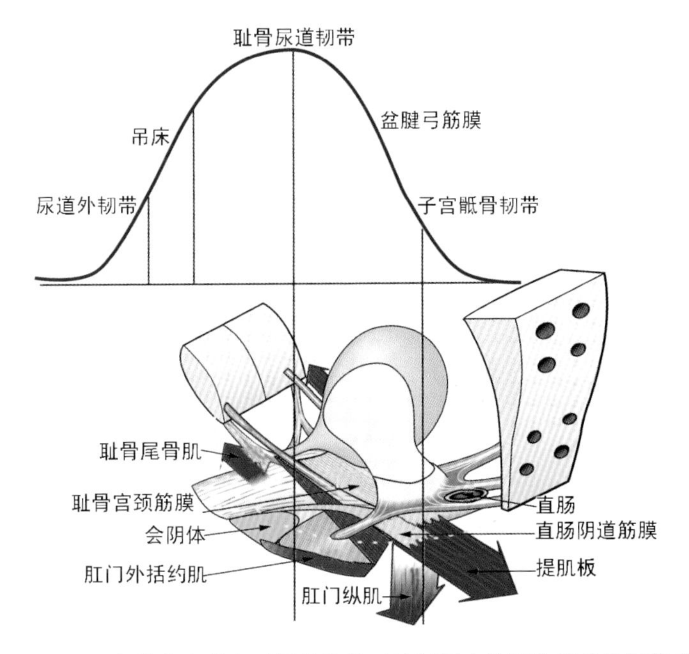

图 3-11　在单个患者中不同的结构对控制压力性尿失禁起协同作用

在各个患者之间，每种结构的作用是不同的，其变异呈正态分布。这个观点来源于对盆底动力学的非线性概念的应用（见图 6-24）

协同作用的概念同样适用于急迫性尿失禁和排空异常的患者。肌肉、韧带和牵拉感受器作为单独的结构协同对膀胱的开合功能起作用，但是，对于每一个人，则每一种结构作用的权重不同。

典型的病例有：

A：在某一个患者中，严重的急迫症状可能因膀胱膨出牵拉了非常敏感的牵拉感受器而引起。

B：另一个患者，牵拉感受器很不敏感，但有同样的膀胱膨出，她就必须用腹压来排空膀胱，因为提肌板和肛门纵肌不能获得足够的牵引力牵拉尿道后壁以开放流出道。

C：另外还有一个患者，用力时膨出的膀胱可能向下牵拉吊床足以使它紧固，形成“隐匿性压力性尿失禁”——手术修补膀胱膨出后显现。

领悟不同的结构对尿自禁起不同的作用这一概念可通过“模拟操作”达到：依次锚定每一个支持结构并测量其效果。如：咳嗽时漏尿量减少的程度、或者膀胱充盈的患者急迫感觉减轻的程度、或者回纳膨出的膀胱并观察要求患者咳嗽时的漏尿情况（详见“模拟操作-诊断病例报告”一节）。

3.3.4 诊断汇总表的解剖学基础

本节描述诊断汇总表(图 3－5)的内容,并根据功能障碍发生的部位来介绍这些功能障碍的解剖学基础。

3.3.4.1 前部缺陷的症状

1) 压力性尿失禁(SI)＞50％

咳嗽时构成漏尿症状的次数超过 50％则与前部缺陷高度相关(Petros & Ulmsten,1992)。

2) 站立时漏尿

耻骨尿道韧带薄弱使提肌板和肛门纵肌在起立时牵拉开放流出道。

3) 压力后的不稳定

由于耻骨尿道韧带薄弱,膀胱底被向后牵拉,刺激牵拉感受器“N”而激活排尿反射,于是咳嗽停止后仍持续漏尿。

4) 总是尿湿

在无瘘管的情况下,持续的尿湿提示括约肌内在缺陷(ISD),可能是因为尿道外韧带、耻骨尿道韧带和尿道下结缔组织受损使慢颤纤维耻骨尾骨肌无力关闭尿道所引起的。

5) 粪失禁(与 SI 相关)

这一症状显示薄弱的耻骨尿道韧带使提肌板和肛门纵肌不能牵拉围绕着收缩的耻骨直肠肌的直肠而形成肛门直肠闭合。

6) 青春期治愈的夜间遗尿症

许多报道青春期前有夜间遗尿和白天尿湿的患者都有家族史,这也包括男性家庭成员。青春期症状的改善显然因青春期激素的影响使耻骨尿道韧带增厚。许多患者在青春期仅部分得到改善,尿道中段悬吊带用于这些患者效果很好。这种“复杂”类型的夜间遗尿症要与儿童期正常的仅有夜间尿湿的症状相区别。

7) 吊床松弛

在作“模拟操作”(Petros & Von Konsky 1999)试验时,除锚定尿道中段控制咳嗽时的漏尿外,20％～30％的患者还需要紧固吊床的单侧(“紧缩试验”)(图 3－7)。这证明这些结构在尿道闭合中所起的协同作用以及紧固吊床与放置尿道中段悬吊带一样也很重要。

8) 尿道中段锚定试验阳性

该试验有助于预测尿道中段悬吊带是否可以恢复用力时的尿自禁。提肌板、肛门纵肌和耻骨尾骨肌不能对应于松弛的耻骨尿道韧带而关闭尿道(图 3－7)。

9) 尿道外韧带松弛

在无任何明显的压力性尿失禁症状的情况下,尿道外韧带松弛可表现为“像水泡样”的轻度漏尿,或者在活动时突然漏尿。

10) 超声上的漏斗形成及其在尿道中段锚定后逆转

这表明充分紧固的耻骨尿道韧带对尿自禁的重要性(见第6章)。

11) 膀胱尿道连接部(urethrovesical junction，UVJ)下垂>10mm

该指标仅作为进一步观察的指导，不可能根据 UVJ＝10.1mm 或 UVJ＝9.9mm 就武断地诊断 PUL 损伤或完好无损。

12) 尿道关闭压(urethral closure pressure，UCP)<20cmH_2O

该指标用来确认尿道括约肌内在缺陷(ISD)的诊断。在缺乏尿动力学检查时，ISD 通常可采用“窥器缓慢漏尿征”作出诊断(Petros & Ulmsten，Integral Theory，1990)：检查时将 Sim 窥器放入阴道观察缓慢而稳定的漏尿。窥器向下牵拉阴道组织，提供了与慢-颤纤维耻骨尾骨肌—吊床的关闭机制相反的力，于是尿液就汩汩地流出。

3.3.4.2　中部缺陷的症状

1) 排空

排尿时，后部肌力使流出道呈“漏斗状”开放。尿道阻力与尿道长度和直径成相反的变化。因膀胱膨出或阴道旁松弛而导致的中部松弛，使提肌板不能牵拉开放流出道，因而逼尿肌必须对抗显著增加的尿道阻力排空膀胱，患者则可能出现诸如“滴滴停停”、“尿流缓慢”、“始尿困难”、“排尿不尽”以及“排尿后淋漓”等症状。

2) 阴道束缚综合征

“关键弹性区”必需具有充足的弹性才能使前部和后部肌力(箭头)独立发挥作用，膀胱颈部的瘢痕组织可能“束缚”这些肌力。而更加有力的后部肌力牵拉开放流出道很像排尿时发生的情况一样，以至尿液经常不伴随任何急迫症状就会毫无控制地流出。

3.3.4.3　后部缺陷的症状

1) 经期前一周加重

子宫颈受激素影响而变软，使经期血液能排出。经期后部韧带因此也松弛，并引起后部症状加重。

2) “总是尿湿”

子宫骶骨韧带(USL)是慢颤纤维肛门纵肌的锚定点，它向下并围绕耻骨尿道韧带牵拉膀胱底使近侧尿道成水密的闭合状态(图2-19)，在膀胱颈闭合机制中起着重要的作用。若吊床关闭机制不完善，患者就会漏尿，方式与括约肌内在缺陷漏尿的方式相似。吊床关闭机制解释了子宫切除术后为何会发生漏尿，以及用吊带加强子宫骶骨韧带后压力性尿失禁的症状为何常能改善。

3) 盆腔疼痛

如沿子宫骶骨韧带分布的无髓鞘神经末梢缺乏足够的结缔组织支持，则可引起下腹部疼痛或者骶背痛(图3-12)。深部性交也可能因这些神经受压而引起疼痛。用手指或卵圆钳轻触后穹窿能够再现下腹部疼痛和骶背痛。图3-5中将这种情况描述为宫颈或阴道的“刺激性疼痛”。

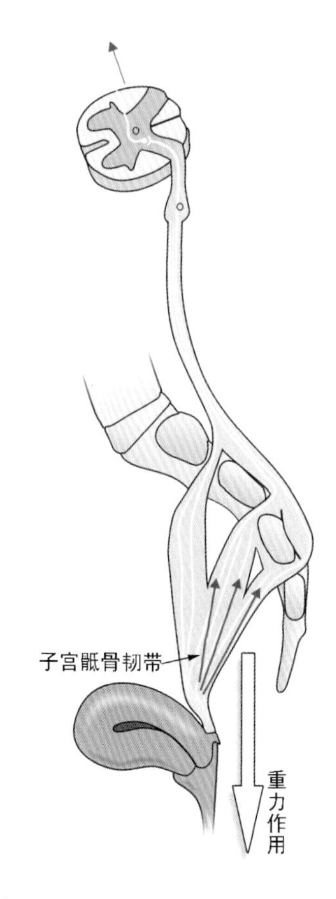

图 3－12 与盆腔疼痛相关的子宫骶骨韧带的解剖示意图

若子宫骶骨韧带(红色箭头)不能为无髓鞘传入神经(白色的细线)提供充分的解剖学上的支持，则重力作用(G)就会牵拉神经，引起腹部和骶部牵涉痛。(引自 Goeschen，已获授权。)

4) 夜尿症

夜尿症是后部缺陷特异性的症状。图 3－13 显示了患者熟睡时各器官的位置。若薄弱的后部韧带不能支撑膀胱底，则膀胱牵拉感受器被刺激，从而出现夜间急迫感，即夜尿症。

5) 排空

图 3－14 表明了排空异常症状的物理学原理，更充分的解释见第六章。子宫骶骨韧带(USL)是向下肌力(肛门纵肌，LMA)的有效锚定点，USL 松弛使 LMA 不能牵拉开放流出道，于是，膀胱逼尿肌必须对抗显著增加的尿道阻力排空膀胱，从而引起排空异常的症状："滴滴停停"、"尿流缓慢"、"始尿困难"、"排尿不尽感"以及"排尿后淋漓"等。许多留置导尿管的患者(由于不能排空膀胱而留置导尿管)已经采用后部 IVS 手术治愈(Petros，未出版的资料，2004，Richardson，pers. comm.)。

6) 脱垂

脱垂的程度和后部症状没有关系，轻微的脱垂可以引起严重的症状。

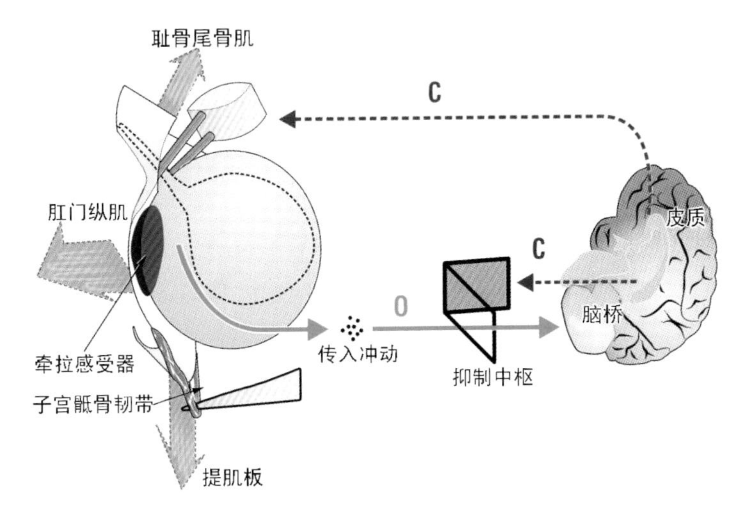

图 3-13　夜尿症的机械学原理——患者熟睡状态

盆底肌力（箭头）是松弛的，当膀胱充盈时，即向下扩张；若子宫骶骨韧带（USL）薄弱，则膀胱继续扩张直到牵拉感受器"N"被刺激，一旦超过关闭反射"C"，排尿反射就被激活

7）残余尿

已知膀胱排空具有非线性的性质，所以武断地界定残余尿的量，如"30ml"（由作者界定的），几乎没有意义。严格地说，排尿后任何量的尿液残留都是异常的。

8）异常的排空时间

通常使用的排空时间界定为 60s，但是，它与残余尿的界定一样也有局限性。

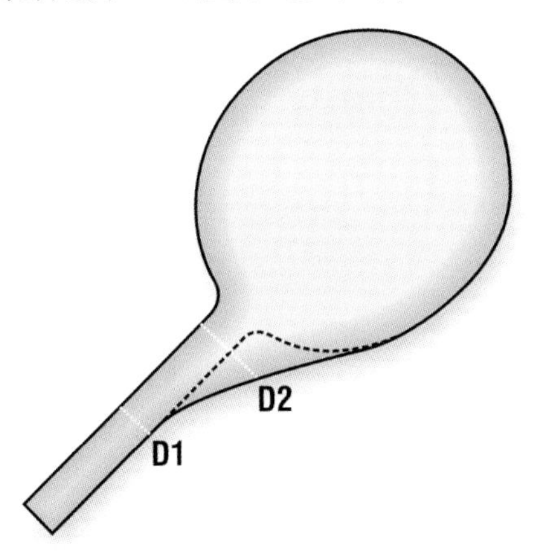

图 3-14　排空异常症状的物理学原理

尿道阻力与尿道直径的四次幂成反比，D_2 的尿道直径是 D_1 的两倍，因此，D_2 的尿道阻力是 D_1 的 1/16。（$2^4=16$）

3.3.4.4 分析手术后症状复发的病因

手术后症状复发可能由以下原因引起:

(1) 最初会诊时,错误判断了引起盆底功能障碍的解剖缺陷。

(2) 手术失误:① 未能修补好系统中所有的结构。例如,在压力性尿失禁手术中除尿道中段悬吊带以外,紧固吊床也应该常规地与该术同时进行。②缝线撕脱。

(3) 后期形成另外的缺陷,并伴有症状的进一步发作。这种情况常发生在术后数周或数月,但也可在术后数天内就出现。

例如,在压力性尿失禁手术后可再发生肠膨出,并可伴有尿急、夜尿症、排空问题和盆腔疼痛。

如何认识症状复发?

让患者重复填写问卷表,然后再转换到诊断汇总表中(图 3-5)。应始终细心地检查以了解患者的症状是否有变化,不应一味地认为症状复发是因为手术失败。在一个部位中修补得很牢固,将不可避免地扰乱所有 3 个部位的平衡,并使盆底的力转向系统中最薄弱的地方,当超过极限时,"新的薄弱点"就会出现问题,引起新的症状。但相关的脱垂可以很轻微,尤其在后部更是如此。

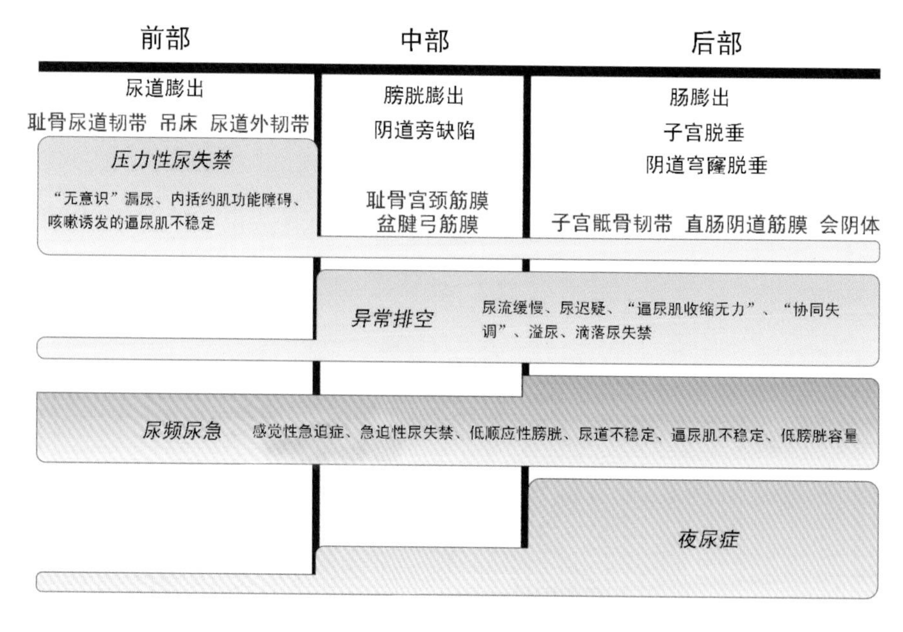

图 3-15 国际控尿协会对分配在 3 个解剖部位的症状定义
用开合功能障碍来表达,注意中部和后部间的协同关系

3.3.5 国际控尿协会(ICS)定义与描述的解剖学基础

本节的目的是为了将在整体理论中发展起来的解剖学方面的定义和国际控尿协

会的定义与描述联系在一起。

在正常人体中，只有两种膀胱状态是正常的：稳定地闭合和稳定地开放。需要肌力牵拉开放流出道才能达到这两种正常的状态。每个部位都有特殊的结缔组织结构，它们在这些动力学中发挥了关键的作用（如开放和闭合）。简单地说，前部的结缔组织结构与闭合功能有关，而中部和后部的结构与开放功能有关（图 3-15）。

图 3-15 中，每个部位中主要的结缔组织结构以红色标明，并按重要性的顺序列出。与这些结构损伤有关的特定的尿失禁症状，按照 ICS 的定义，在代表每个部位的柱状体内得到详细的描述。每个部位的长方框面积表示在这个部位发生症状的近似概率。

这些尿失禁症状被指定为闭合功能障碍（“压力性尿失禁”）或者开放功能障碍（“排空异常”）。闭合功能障碍发生在前部，开放功能障碍发生在中部和后部，而膀胱不稳定症状（“急迫”、“尿频”等）可以发生在所有 3 个部位。

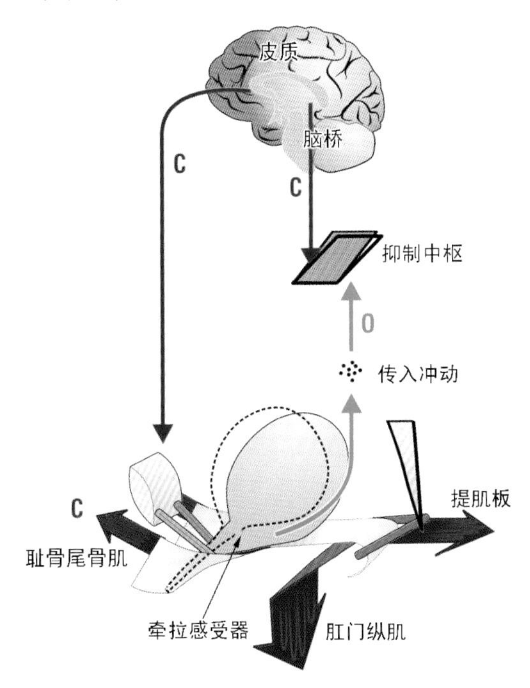

图 3-16　处于“开放”状态（排尿）的膀胱

排尿时，开放反射“O”（绿线所示）胜过了关闭反射“C”（红线所示）。闭合时，关闭反射“C”占优势，抑制中枢的“活塞”关闭，PCM 收缩关闭尿道和支撑“N”，因此减少了加速神经核的数量

3.3.5.1　外周神经学支配机制在“不稳定开放”状态中所起的作用

在正常人体中，外周神经学支配机制由肌性—弹力复合体组成，支配来自牵拉感受器“N”的加速神经核（图 3-16）。这种神经—肌性—弹力复合体作为“排尿反射”被认识，该反射像“发动机”样促进流出道的开放。

结缔组织损伤与神经末梢过度敏感二者一起可造成过多的、来自“N”的加速神经核，使排尿反射在低膀胱容量时不恰当地被激活，大脑皮质将此翻译为尿频、急迫症和夜尿症。

加速神经核激活排尿反射。通常，对加速神经核的正常反应是耻骨尾骨肌收缩而向前牵拉吊床以稳定尿道和支撑“N”。然而，一旦排尿反射被充分激活到超过抑制中枢“C”（图 3－16），排尿反射就会驱动外部肌性—弹力开放机制“O”，致使耻骨尾骨肌松弛，尿道被开放，膀胱收缩和尿液排出。

反之，若受损的结缔组织中神经末梢不敏感，患者可能出现膀胱排空问题，甚至发生尿潴留。

在下一节中，症状起源的解剖部位将用相关的圆圈注明（Petros & Ulmsten，1998，1999），使用国际控尿协会定义的术语（ICS，1998）。

“逼尿肌不稳定”和“膀胱不稳定”两种术语可交叉使用。在整体理论框架内，两者都是正常、但却是过早激活的排尿反射表现。

3.3.5.2 运动性急迫症（前部、中部和后部缺陷）

根据整体理论，运动性急迫症主要是指一种无抑制的排尿。在前部韧带缺陷（PUL）的患者中，向前的肌力（PCM）（图 3－16）不能锚定尿道，而在获得关闭尿道的信号时（如患者起立时），强有力的向后的肌力（LP 和 LMA）牵拉开放流出道就像排尿时发生的情况一样。这种动作进一步刺激牵拉感受器“N”，此时它已经被膀胱中的尿液激活。大量的加速神经核完全可以越过抑制中枢，激活排尿反射，继而出现大量的漏尿。这种症状经常在 70 岁以后发生，推测因耻骨尿道韧带萎缩所致。在以前施行过手术的患者中，受到瘢痕“束缚”的向前和向后的肌力以类似的方式作用，强有力的向后的肌力（图 3－16）压倒向前的肌力，强制性地使流出道开放。膀胱颈下方的组织需要有足够的弹力才能使 3 种定向肌力在尿道闭合中独立地发挥作用。若膀胱颈无紧固的瘢痕，则伴有这些症状和以前施行过手术的患者就不太可能有“阴道束缚综合征”。牵拉感受器敏感和后部韧带松弛两者一起有时会引起与运动性急迫症相似的临床表现。

3.3.5.3 夜尿症——后部缺陷

将图 3－16 顺时针旋转 90°到表示睡眠状态（图 3－13）有助于更好地理解夜尿症的解剖学基础。当夜晚膀胱充盈时，膀胱内尿液在重力的作用下向下牵拉近侧阴道。若子宫骶骨韧带是强壮的，它将阻止过分牵拉并将支持牵拉感受器“N”；若子宫骶骨韧带是薄弱的，牵拉感受器“N”就会在低膀胱容量的情况下被“激活”。解释夜尿症——醒着去排尿。若牵拉感受器非常敏感，排尿反射很易被激活，患者则可能在如厕前就尿湿衣物了。另外一种情况是，牵拉感受器不敏感和组织松弛无弹力，尿液仅仅是泄漏而尿湿自己的床。

3.3.5.4 感觉性急迫症（后部、中部和前部缺陷）

当膀胱充盈时，来自牵拉感受器“N”的加速神经核到达大脑皮质并被翻译为膀胱胀满，即感觉性急迫症——是排尿反射激活的最初预告。中枢抑制“C”和阴道牵拉支持牵拉感受器两者一起常可阻止漏尿。若这些作用不够充分，患者就会尿湿，这种症状称为“急迫性尿失禁”。尚需排除因膀胱内的病变（癌）、慢性膀胱炎和外部的压力（子宫纤维瘤）引起的急迫症。

3.3.5.5 无意识的尿失禁、持续的漏尿（前部、后部缺陷）

无意识的尿失禁和持续的漏尿表明，尿道闭合肌肉—耻骨尾骨肌（图 3－16）无力充分牵拉阴道致使尿道闭合不漏尿。无意识漏尿主要由前部松弛造成，但偶尔也可能由慢颤纤维向后和向下的肌力无力关闭膀胱颈造成。尚需排除其他情况引起的无意识漏尿，如膀胱瘘和多发性硬化症。

3.3.5.6 逼尿肌不稳定（后部、前部、中部缺陷）

逼尿肌不稳定（DI），表现为一种压力上异常相位的升高，纯粹由尿动力学诊断，并可以出现在正常妇女中。若将 DI 看着是无抑制的、过早激活的、但在另外一方面又是正常的排尿反射的一部分（Integral Theory 1993），这种矛盾就会彻底消除。过早激活排尿反射的观点受到洗手诱发试验的支持。洗手可通过拮抗中枢对来自膀胱底牵拉感受器的加速神经核的抑制而起到诱发作用（Mayer et al. 1991）。在 115 例急迫性尿失禁患者中观察到的系列事件，总体来说，与正常排尿时的发现是一样的：洗手试验开始后的几秒钟内就有急迫感（108 例），然后，尿道压力降低（91 例），逼尿肌压力升高（56 例），最后，出现漏尿（52 例）（Petros & Ulmsten，1993）。DI 的典型正弦曲线可以理解漏尿是两个反馈系统——排尿反射（开放）“O”（图 3－16）和关闭反射“C”“较量”的结果。换言之，排尿反射力图开放流出道，而大脑力图通过中枢抑制更多的冲动和通过使盆底收缩来抵消这种反射，然后关闭尿道，若逼尿肌在此时间节点收缩，则逼尿肌压力升高；若流出道在此时间节点被牵拉开放，则逼尿肌压力降低。尿动力学上的正弦压力曲线表示在“开放”和“关闭”的转换中时间的延迟，标志为“逼尿肌不稳定”。

3.3.5.7 不稳定尿道（后部、前部、中部缺陷）

对膀胱相位性收缩的解释同样适用于尿道：两者具有相同的平滑肌，故对相同的反馈系统起反应。膀胱平滑肌纤维到纤维的传递（Creed ，1979）不仅排除了尿道和膀胱具有独立的神经支配，也意味着所有的肌纤维作为“一个整体”收缩排出尿液。

3.3.5.8 伴有神经损伤的排尿无力

这种情况可通过横断脊髓索以阻止外部开放机制的作用来说明。此时，逼尿肌是对着一个封闭的流出道反射性地收缩。由于尿道阻力与尿道半径的四次幂成反比（r^4），因此逼尿肌需要有更高的压力才能排出尿液。

3.3.5.9 顺应性的改变（后部、前部、中部缺陷）

为膀胱容积压力测定而充盈时出现的“低顺应性”与由膀胱充盈激活的排尿反射一致，部分受到大脑皮质的抑制反射“C”（图 3－16）和盆底收缩控制。盆底收缩压迫尿道从而增加了尿道阻力,因此又增加了逼尿肌压力,后者被解释为“低顺应性”。

3.3.5.10 膀胱感觉(后部、前部、中部缺陷)

根据ICS分类,膀胱感觉分为“正常”、“增强”、“减弱”和“缺乏”。现已证明,急迫感是洗手试验诱发的过早排尿反射的最初和最固定的表现(Petros & Ulmsten,1993)。因为反馈系统的复杂性,膀胱感觉不可避免地会在强度和频率上发生变化,即使在同一个患者中也是如此。伴有结缔组织损伤的患者其膀胱牵拉感受器敏感性的变异可解释ICS的分类。

3.3.5.11 膀胱容量

膀胱容量的变异反映牵拉感受器“N”(图3-16)的敏感性、中枢抑制机制的能力以及肌性弹力机制牵拉阴道的能力。检查时得到的精确的膀胱容量就是这三者结合的结果。

3.3.5.12 储尿期的尿道功能(前部、后部缺陷)

在正常人体中,尿道压力随着尿动力学检查时膀胱充盈而升高。在无逼尿肌收缩的情况下出现漏尿,反映耻骨尾骨肌和吊床的复合体无力关闭尿道(图3-16)。对于低尿道压的尿失禁,即“括约肌内在缺陷”(ISD)或“III型”尿失禁,已证实采用前部尿道中段悬吊带术并同时紧固吊床可获得较高的治愈率。当手术将吊床与关闭肌分离时已经证实了该机制的重要性。此时,即使患者的“咳嗽传导比”(CTR)升高,也会发生漏尿(Petros & Ulmsten,1995)。

3.3.5.13 真性压力性尿失禁(前部、后部缺陷)

根据ICS的定义(1988年),真性压力性尿失禁(GSI)是严格与混合性尿失禁相区别的,它意味着在缺乏逼尿肌收缩时伴随着压力出现漏尿。GSI是一种模糊的定义,因为它试图区分根据整体理论的解剖学分类给出的、相同来源,即阴道或其韧带松弛的各种情况。当然,逼尿肌不稳定不能作为判断IVS手术(Petros,1997)或者传统的膀胱颈抬高手术(Black,1997)预后的负面因素。虽然在整体理论的手术决策途径中,DI的检查似乎没有什么实际用处,但动力学上的尿道压、尿流率和残余尿的测定将有助于改进图示诊断法诊断的准确性。

3.3.5.14 咳嗽激活的逼尿肌不稳定

虽然,压力性尿失禁患者常在咳嗽时漏尿,但并非始终如此。此前许多研究者已经观察到咳嗽有时可以激活逼尿肌收缩,因而在咳嗽停止后的若干秒钟内仍然有持续的漏尿。在ICS注明为不可靠的压力性尿失禁症状中,这一观察结果已经成为一个关键的因素。

然而,对于这种情况还有以下的另外一种解释:松弛的耻骨尿道韧带(图3-16)不能锚定尿道,结果是提肌板和肛门纵肌向后牵拉膀胱底刺激牵拉感受器“N”,从而激活排尿反射,引起膀胱收缩,于是咳嗽停止后仍漏尿。在这种情况下的尿动力学检查可以显示相位性的压力升高,即逼尿肌不稳定。尿道中段的悬吊带常可治愈这种情况。

但是，在作者的经验中，至少已经有一例患者需要使用后路悬吊带。

虽然尿急和尿频可伴随任何部位的损伤而出现，但根据作者的经验，最可能由后部缺陷引起，尤其在老年患者中更是如此。

3.3.5.15　反射性尿失禁

根据ICS(1988)的定义，反射性尿失禁是指缺乏感觉的漏尿。神经损伤与该情况相同。这一概念与神经学上的损伤，如多发性硬化症一致，它阻碍大脑皮质或脊髓索抑制中枢“C”的活动(图3-16)。由于加速神经核不能被抑制，从而激活了瀑布式的事件，形成排尿反射“O”(图3-16)。然而，伴有括约肌内在缺陷和吊床非常松弛的患者也会没有感觉就漏尿，这种情况的发生原因纯粹是机械学的。

3.3.5.16　逼尿肌收缩无力、功能低下、充溢性尿失禁、排尿后淋漓(后部、中部缺陷)

正常的膀胱排空需要有效的机械学和神经学机制。相对不敏感的牵拉感受器“N”(图3-16)加上阴道中部或后部的结缔组织松弛可引起逼尿肌收缩无力、功能低下、充溢性尿失禁、排尿后淋漓、甚至尿潴留。作者已经发现几位患有尿潴留和阴道顶部脱垂的老年患者，在采用后部IVS手术矫正脱垂和(或)采用膀胱膨出修补手术后恢复了排尿能力。牵拉感受器不敏感可解释“腹压排尿”：向前的肌力松弛，由Valsalva动作开放流出道使尿液排出。该动作激活了两种后部的肌力。

3.3.5.17　逼尿肌/膀胱颈协同失调(前部、后部缺陷)

无论是前部还是后部，韧带松弛都不能充分激活两种后部横纹肌的开放力，结果是尿道不能充分地被开放。由于尿道阻力与尿道半径的四次幂成反比(r^4)，即使很轻微的阴道松弛也可引起逼尿肌对抗较高的尿道阻力而收缩(图3-14)。因为记录到的逼尿肌压力完全反映尿道的阻力，故可以记录到“协同失调”的模式。

3.4　本章总结

本章描述了结构损伤的两种诊断途径，即比较简单的临床途径和为专科医生临诊设计的结构评估途径。两者都以诊断阴道3个部位的结缔组织损伤为基础，两者都使用相同的检查技术，以及两者都使用“模拟操作”技术验证哪一种结缔组织结构可引起压力性或急迫性症状。虽然结构评估技术使用了特殊的经会阴超声和尿动力学参数帮助诊断，但是，在大多数情况，仅使用患者问卷表、24小时排尿日记、咳嗽压力试验和24小时尿垫试验、阴道检查及“模拟操作”技术就能获得适当的诊断和处理。

第四章　整体理论和盆底重建手术

> 对于现代盆底手术医生来说，思考两个问题对盆底重建是有益的：首先，应从建筑师的角度考虑如何设计重建后的形态；其次，应从工程师的角度考虑，重建后的结构如何才能对抗强加于其上的骨盆力。

4.1　引言

以整体理论为依据的盆底重建手术不同于传统手术，主要表现在以下 4 个方面。

（1）手术侵袭性最低和倾向于日间医护。

（2）通过分析阴道各部位的结缔组织对功能障碍的影响程度，采用整体方法来解决盆底功能障碍问题。

（3）强调症状的重要性（图示诊断法），放宽手术指征，包括那些症状严重而仅有很轻微脱垂的病例。

（4）手术原则旨在最大限度地降低患者的危险、疼痛和不适。

本章中介绍的手术方法是从前面几个章节中所描述的解剖和诊断的观点发展而来的。整体理论强调完好的韧带和筋膜在盆底功能中的作用，故整体理论手术方法的重点就是集中在对这些韧带和筋膜的修补上。

本章的第二节介绍支持该手术方法的概念、原理和实践；第三节介绍了该手术方法如何被用来修补阴道 3 部位中的结缔组织损伤；最后一节则介绍复发和出现症状时的治疗对策。

4.2　整体理论对盆底重建手术的解决方法

4.2.1　侵袭性最低的盆底手术的概念性基础

在混沌理论中（Gleick，1987），自然系统被视为一系列互相连接的部分，其中初始条件下即使很小的改变也可以引起“瀑布”样的严重事件（“蝴蝶效应”）。整体理论强调以症状为基础。这一观念源自极其轻微的韧带松弛（脱垂）也可以引起相当严重的症状这一事实。正如前文所述，在一个神经末梢非常敏感的患者中，即使轻微的韧带松弛也可引起外周“神经学”上调控机制在低阈值时就被“激活”。

接着可能出现一些相当严重的症状，如急迫性尿失禁、盆腔疼痛、咳嗽引起的逼尿肌不稳定，等等。另外，手术中发生的某些“严重并发症”（例如血栓、出血和感染）可能是致命的，但追踪它们的起因也许仅仅是一些很“轻微的”改变。

整体理论手术系统强调手术方法要适当，不宜盲目扩大，技术要安全。比方说，为了使患者避免术后远期的并发症，在任何可能的情况下，应考虑保留子宫和阴道组织（这些将在本书后面的章节中介绍）。整体理论与混沌理论的观点一致，也与历史上的观点一致，都认为手术结果不能完全预知。

所有手术都含有 5 个要素。整体理论手术系统针对这 5 个要素，提出一种特殊的方法学。这 5 个要素即：

※ 指征。
※ 组织。
※ 结构。
※ 方法。
※ 工具。

应用整体理论的方法学进行手术实践，许多以前认为复杂的情况在日间医护的基础上就可以得到治疗。

4.2.1.1　指征：严重脱垂、症状严重伴轻微脱垂

在图示诊断法中概述了整体理论的诊断框架（图 1－12）。图示诊断法体现了这一方法核心中的关键性概念：

※ 重建结构也将恢复功能；
※ 盆底功能障碍也可由轻微的脱垂引起；
※ 不管结构损伤所留下的瘢痕如何，都可使用侵袭性最低的手术进行治疗。

这就意味着，尽管后部吊带术最初的指征是子宫—阴道脱垂，患者的损伤虽然轻微，但却有尿频、尿急、夜尿症、排空异常和盆腔疼痛等所谓“无法治愈”的症状时，也可以应用该手术方法进行治疗。

在以下的章节里，将介绍结构和功能两方面的手术适应证。应予指出的是，所描述的治疗严重脱垂的手术同样可用于改善与轻微解剖缺陷有关的症状。

4.2.1.2　组织：保留并加强组织

保留和加强组织是日间医护手术的关键。随着年龄的增长，结缔组织的强度逐渐削弱。阴道是一个器官，不能再生。为了避免阴道缩短和性交困难，整体理论方法主张切除尽可能少的阴道组织，或最好不切除阴道组织。在需要的部位，准确地植入特制的带子以形成胶原的人造新韧带，以此来修补受损的前部韧带（PUL）或后部韧带（USL）。保留组织和缝合时采用“无张力”技术，将最大限度地减轻术后疼痛。避开在阴道的膀胱颈区域，即“关键弹性区”手术（ZCE，图 4－1），就可在排尿期为膀胱颈的漏斗形成保留足够的弹性，从而最大限度地减少术后尿潴留。

4.2.1.3 结构:各种结缔组织结构的相互协同作用

对盆底功能障碍的发生起作用的结缔组织结构主要有9种,它们是:

1) 前部

1=尿道外韧带(EUL);

2=耻骨尿道韧带(PUL);

3=尿道下阴道(吊床)。

2) 中部

4=盆腱弓筋膜(ATFP);

5=耻骨宫颈筋膜(PCF);

6=子宫颈环的前部;

ZCE=过度紧固,通常因膀胱颈下方的瘢痕组织引起("被束缚的阴道")。

3) 后部

7=子宫骶骨韧带(USL);

8=直肠阴道筋膜(RVF);

9=会阴体(PB)。

如图4-1所示,3种肌力使这些结缔组织结构伸展;又如悬吊桥模拟图所示,正是由于这些结缔组织结构的伸展,才形成了盆底的结构和形态。

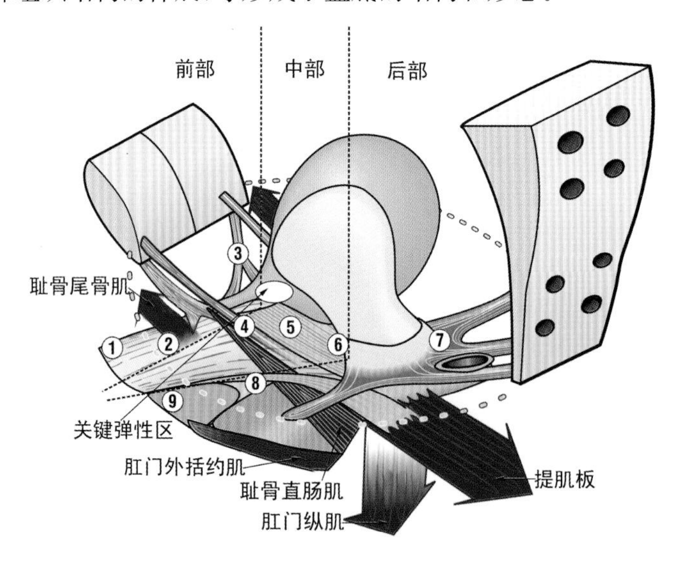

图4-1 盆底主要的结缔组织结构

视角:从骨盆边缘平面的上面和后面观察

这些结缔组织结构中的部分或全部结构松弛变弱,都可影响盆底器官的位置和功能。因此,手术医生必须重建所有受损的结构,包括每个部位中以及在3个部位中交叉出现的全部受损结构(图4-1)。

4.2.1.4 方法:避免术后疼痛和尿潴留

David Nichds(1989)指出,需要修补的部位可以有多个。因此,明确各受损部位的重建要求是很重要的。Quoting Cnarles Mayo 指出,不存在所谓的“标准手术”术式;应该,也只能根据患者的具体情况“量身定制”选择手术术式。本书的看法是,至于哪些结构需要修补,最终决定只有在手术室里做出。

手术医生尤其需要明白重建手术本身会怎样改变盆底结构和功能的动力学,从而导致术后不久或甚至许多年以后出现一组新的异常症状。最典型的例子是 Burch 阴道悬吊术后出现的疼痛、尿潴留、新发急迫性尿失禁和肠膨出;其他较少见的例子是阴道组织切除后发生的“阴道束缚综合征”、子宫切除后发生的顶部脱垂以及吊带及缝合过紧所引起的疼痛和尿潴留。

4.2.1.5 工具:加强受损的胶原组织

基于整体理论的外科手术方法侵袭性最低。它通常要求用专门的器械,插入吊带以加强受损的韧带和筋膜,这是整体理论手术系统的基本原理(Petros &Ulmsten,1993)(图 4-2)。

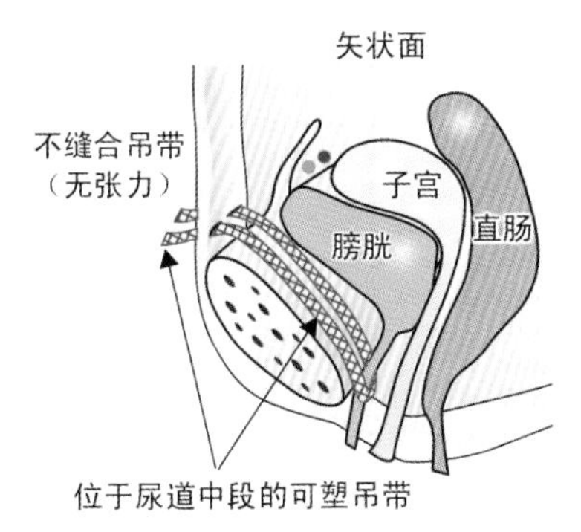

图 4-2 尿道中段的可塑吊带
用于加强耻骨尿道韧带

前部“无张力”悬吊带术的初始目的是通过使用一种专门的器械将一根可塑性带子植入到耻骨尿道韧带的位置(图 4-2),减少术后疼痛和尿潴留,从而建立日间医护的程序。虽然这一目的在很大程度上已达到,但因为手术过程本身是所谓“盲视”的,故已经引起了一些质疑。有报道发生小肠(图 4-3)、大血管(髂外血管及闭孔血管)穿孔和重要的神经(闭孔神经)损伤,所有这些都直接归因于“盲视”的手术过程。在耻骨的下面和背面正好有静脉窦存在(图 4-4),而已知在 Retzius 间隙不可能用压迫法控制出血。因此,一旦静脉窦穿孔,就可能形成严重的耻骨后血肿。临床上经闭孔途径的“TOT”手术(Delorme,2001)看来和经耻骨后途径的手术一样有效,而且可避免在耻骨后途径的手术中可能发生的膀胱、肠和髂外血管的损伤。虽然如此,但已经有 TOT 手术中膀胱和尿道穿孔的报道;闭孔神经和血管损伤的可能性也始终存在,尤其在盲视的阴道手术中可能性更大。后部吊带经坐骨直肠窝插入，因此，可能穿破直肠、损伤窝内的痔血管及阴部血管的末枝以及神经。针对一种有伸长的臂的网片，已经设计了专门的器械将伸长的臂经闭孔或坐骨直肠窝穿入而使网片固定以修补前部或后部的阴道壁脱垂。这些也是“盲视”的操作过程。

虽然这种“无张力”吊带手术已经成功地在临床应用，并取得了效果，但已报道的手术并发症促进了手术方法朝着直视下操作的方向改进与发展。

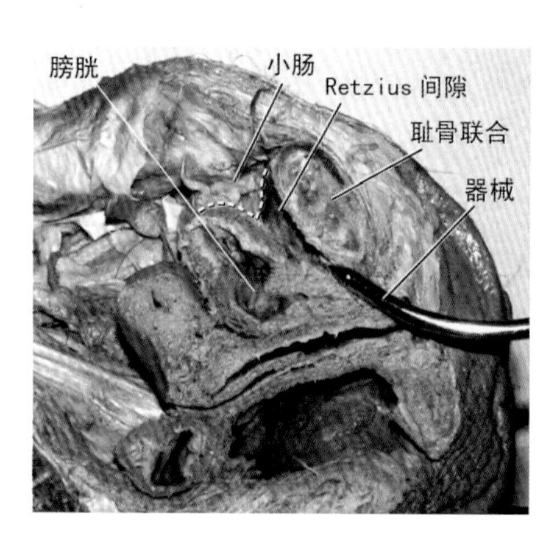

图 4－3 仰卧位尸体的盆腔

图示一种盲视穿入的器械是怎样可能损伤膀胱、小肠的(SB)，如果过分偏向侧方，也可能损伤髂外血管

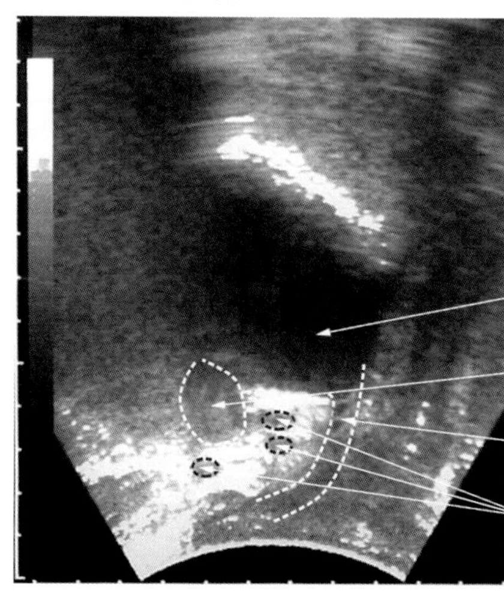

图 4－4 静脉窦——超声矢状面

静脉窦“V”位于盲穿的器械进入的直线途中

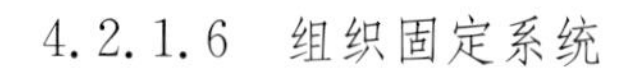

4.2.1.6 组织固定系统

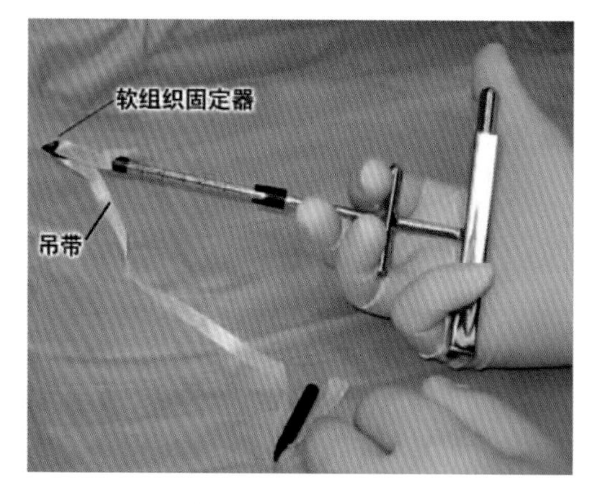

图 4－5 TFS 放置器

组织固定系统(tissue fixation system, TFS)(图 4－5)的发展为前部和后部吊带的插入提供了一种侵袭性极低的方法，同时使得该手术主要可在直视下操作。TFS 的

设计也考虑到怎样避免吊带在"无张力"状态下可能引起的"滑动"。

TFS 使用一种小型的软组织固定器，将一根 8mm 宽的聚丙烯吊带固定到肌肉或筋膜组织上以加强韧带或筋膜，用位于软组织固定器底部的一种单向、不滑动的紧固装置来调整吊带的张力(图 4-6)。

图 4-6　TFS 固定器

聚丙烯带子通过位于固定器底部的单向"活塞"

TFS 几乎可用以加强盆底全部的韧带和筋膜组织。在前部，聚丙烯带子被植入到耻骨弓下方的组织；在后部，被植入到子宫骶骨韧带的残迹上；在侧方，则被植入到盆腱弓筋膜。TFS 还可横向植入用以加强受损的耻骨宫颈筋膜或直肠阴道筋膜。在前部，带子可被固定到正好位于耻骨下面的肌层；在后部，带子可被固定到子宫骶骨韧带。

因为多纤丝带子没有伸展性，故第一代 TFS 手术选用了它。单纤丝带子的弹性性能使它在最小的张力状态下也可回缩，以至手术后易束紧尿道，这正如 Rechberger (Rechberger 等，2003)证明的一样。多纤丝带子柔软，有较大的表面积，因此极少会损伤尿道。

至今，TFS 手术没有出现过严重的并发症，它的成功率与应用已久的前部和后部"无张力"悬吊带术相当，至少在中期随访时结果是这样(Petros & Richardson，2005)。

因带子滑动而造成组织下垂，这在任何使用带子或网片的手术中都可能发生。在 TFS 软组织固定器的设计上，特别应注意到如何能牢固地"抓住"耻骨下方组织使滑动减到最小。显然，能否有效"抓住"，取决于固定器植入的组织的质量以及固定器本身的弹性。至少理论上认为，极端薄弱的组织可使 TFS 的机械系统失效。目前，尚无确定组织质量的方法。但不管怎么说，至今累积的经验已经表明，即使在组织薄弱的老年和虚弱患者中，TFS 也和"无张力"吊带一样适用。实验室研究表明，只要固定器正确植入，它就能抓重达 2kg 的组织。佩思皇家医院的生物工程部测试了固定器"头部"逆着手柄移动的性能，用以确定该头部是否具有抗断的弹性，结果发现，固定器头部的 4 个弹簧在 4 万次移动后仍然完好无损。

虽然至今的临床结果是令人鼓舞的(Petros & Richardson，2005)，但尚需进行长期的跟踪研究，以及与其他手术方法进行比较分析。

澄清：无张力(tention—free)吊带并非没有张力(without tention)

首次使用“无张力”吊带手术这一术语是在1994年(Ulmsten & Petros, 1994)。这时“无张力”意指带子不应在绷紧的情况下用于尿道。之后，它就成为常被曲解的术语。

对于“无张力”吊带手术，吊带的两端是游离的。它们进入到前腹壁肌肉中，并与肌肉紧紧地贴在一起，为尿道中段提供了稳固的支撑点，这样可防止用力时尿道开放。当然，在最初描述这种手术时(Petros & Ulmsten,1993;Ulmsten 等,1996;Petros,1996)，一个基本的环节就是向膀胱内注入300ml液体，向上牵引吊带，直到足以防止患者咳嗽时尿液流出为止。

4.2.2 整体理论的手术原则

4.2.2.1 引言

1）形态(结构)的重建导致功能的恢复

整体理论的主要观点是，在阴道3个部位中筋膜和韧带的结缔组织损伤不但可引起脱垂，还可引起盆底异常的症状。此外，即使结缔组织损伤很轻微，也可引起异常症状。

据此有两个主要的推论：首先，用于治疗严重脱垂的手术同样也适用于那些症状表现严重、但实际上仅有轻微脱垂的患者。其次，症状成为重要的手术指征，尤其对于具有阴道后部症状的患者更是如此。因此，在整体理论的诊断系统方面要强调症状的诊断。

无论如何，在选择一种特殊的手术方法之前，手术医生应努力去评估结缔组织结构的强弱状态，并思考功能性解剖对手术可能作出的反应。

2）对于日间医护阴道手术的指导原则

最大程度地减轻疼痛：

※ 缝合时避免缩紧阴道壁。

※ 避免切除阴道壁。

※ 避免在会阴皮肤处做手术。

避免尿潴留：

※ 在阴道的膀胱颈区避免紧固。

※ 使用尿道中段吊带时避免尿道受压。

除阴道口受体神经支配外，阴道内受副交感神经支配。像肠道一样，阴道疼痛由施压、抓捏或破碎引起。

伸展或缝合时绷紧阴道切缘可刺激副交感神经而引起即刻的或较长期的疼痛。这就解释了为什么Burch阴道悬吊术后有高达20%的患者会发生术后的慢性疼痛。尤其是手术中过分紧固主韧带和子宫骶骨韧带肯定会引起术后疼痛。因此，应注意不要将经阴道支持缝线很紧地牵拉在一起。为避免手术涉及会阴皮肤，应限制阴道切口距阴道口 1.0cm 以内，这样可避免体神经损伤引起的术后疼痛。

阴道的筋膜即纤维肌性层是构成阴道壁的一部分，因此，手术时必须全层切开阴道壁，避免在上皮组织的所谓“筋膜”内分离。

尿道中段的吊带不应使尿道受到压缩；阴道修补术中阴道膀胱颈区的紧固可阻碍流出道在排尿期主动伸展开放。尿道压缩与膀胱颈区紧固两者均可造成尿流减少，甚至发生尿潴留。

4.2.2.2　保留和加强组织：手术推论

保留和加强组织这一原则对结缔组织获得足够的强度是十分重要的。

实质上，阴道是一个管状的弹性膜，它的强度来自其纤维肌层。可是，该层的弹性成分很薄弱，易致破裂。一旦弹性成分被破坏（如经过分娩），胶原纤维将沿张力线重新排列，重力下就可发生脱垂，导致疝形成（直肠膨出、肠膨出和膀胱膨出）。

已经有研究报道表明，传统的阴道修补术后性交困难或性感不快的发生率高（Jeffcoate，1962）。因为这些传统的手术步骤中常包括阴道上皮切除。由此可见，尽可能避免阴道上皮的切除是十分重要的；再者，阴道作为一个器官，切除了就不能再生。此外，泌尿生殖道组织的伸展可使组织削弱近 30%（Yamada，1970），故手术中要避免牵拉阴道。

对一些有较多多余阴道组织的患者，手术医师可采用双层技术，即将多余组织用来代替网片。这种方法既安全，又可使修补的强度成倍加强，同时也保留了阴道的弹性。

对一些因组织薄弱致手术失败的患者，术中利用某种类型的聚丙烯网片或生物学上异种移植片来代替薄弱的组织，这种选择也许是最好的。

韧带里的胶原纤维提供了强有力的结构支持。与阴道不同，韧带仅具有有限的伸展能力（Yamada，1970），然而韧带的抗断强度远比阴道强得多。纯胶原韧带（如子宫颈）的抗断强度接近 1 500mg/mm^2（Yamada，1970）。分娩中，就在胎儿娩出前，子宫颈胶原（可能还有相关韧带的胶原）解聚，从而使它们的强度下降到正常强度的几分之一；分娩可使这些组织过度伸展，以至它们在伸长的状态下重新组合。已经伸展的韧带的锚定点不足以锚定器官或锚定作用于韧带上的肌力；由于韧带已经非常薄弱，也不可能通过缝合使其缩短。因为以上原因，植入的聚丙烯网带就被用来形成新的胶原组织以加强韧带。

手术后结构适应性的改变：

在一个所谓成功的手术后数周、甚至数日内出现一组新的症状，提示另一个部位的疝形成。正如图 4-1“盆底主要的结缔组织结构”中显示的，盆底所有的结构都作为一个器官闭合系统的部分而相互影响，因此，仅加强系统中的一个部分，就会使肌力转而作用到系统的另一个薄弱部分，这就解释了 Shull 的观测结果（1992），即阴道手术后达38%的患者中,常在阴道其他部位形成疝。

4.2.2.3 适应于伤口康复、组织薄弱和瘢痕形成的手术技巧

正确的解剖技巧可避免许多器官被损伤,尤其对以前做过手术的患者更是如此。唯一最重要的解剖技巧,就是在切开前使组织伸展直到完全绷直,一旦在张力下切开,弹性组织就能通过自动缩回而显露出解剖平面。若有以前手术留下的瘢痕,比如,致密的瘢痕组织把阴道和直肠粘附在一起,手术的关键就是用牵引钳把直肠和阴道向相反方向牵引使其伸展,直到能清晰地识别器官后再切开瘢痕。牵引使瘢痕胶原紧张,切开后缩回,就能显露出直肠或者膀胱和阴道间的平面。在以前做过阴道手术的患者中,应避免用手指尖分离器官,因为这样操作在瘢痕组织被分离前常可能撕破器官。

手术后早期,瘢痕组织仅有很小的强度;在手术后最初两周,康复中的伤口也仅有非常小的结构强度(图 4-7)。在此期间,伤口依靠缝线的完整性抵挡肌力对阴道的牵拉(撕裂阴道筋膜层缝线所必需的压力约为8磅/每平方英寸(Van Winkle,1972))。

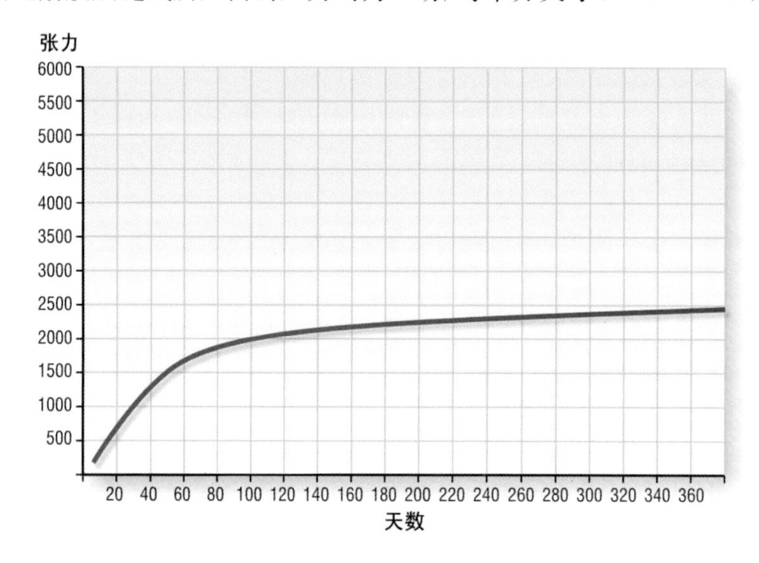

图 4-7 康复中筋膜的抗张强度(引自 Douglas)

试图用卧床休息抑制所有正常的反射功能是不可能的。因此,手术操作本身应在方法学上采用包含有抵挡阴道被牵拉的措施。

内脏神经对压力很敏感,过紧的缝合可牵拉阴道并引起严重的疼痛,故阴道的缝合应较宽松。

应用经阴道的"支持缝线"有助于保护康复中的伤口,使其有足够的时间直到瘢痕组织胶原交联以抵挡被修补组织的疝形成。经阴道支持缝线经贯穿阴道全层获得强度。新发明的 TFS 软组织固定器系统可更加牢固地将侧向移位的组织接合在一起,因为该固定器的抗撕拉力可达 2kg。

影像观察资料表明,阴道的某些部位在用力、排尿和排便期间可显著地被伸展。

在有些情况下，即使相对小的力也可引起手术后保留缝线的撕裂，尤其在绷紧阴道壁的修补中，供血减少与已恢复的肌性弹力两者一起就可使缝线撕裂，从而导致伤口裂开与复发性的阴道疝形成。

对于以前做过手术和组织薄弱的患者，应用网片治疗巨大的疝常是有效的（当使用正确时）。然而，技术上尚难以达到用网片来恢复合适的组织张力，尤其在高位膀胱膨出和高位直肠膨出的患者中更是如此。在治疗诸如尿急、尿频、夜尿症、膀胱排空异常甚至粪失禁这些异常症状时，恢复合适的组织张力就更加至关重要（参考第二、三章）。事实证明，使用 TFS 将侧向移位的筋膜接合在一起对恢复合适的组织张力是有效的，无论其单独使用，还是与“桥式修补”或网片结合使用都是有效的。

4.2.2.4　专门针对日间医护盆底手术患者的照顾问题

针对日间医护手术，需采取一些特殊的预防措施。因为，若某些方面发生问题患者可能不能及时得到医治。绝对需要制订一些完善的制度去处理任何可能发生的问题，这些制度包括：可立即与手术医生接触、立即能进入医院以及对术后出血这样的急症立即执行禁食制度的指导。

1）早期出血

阴道是一个含有血管的器官，尤其在绝经期前的女性和以前做过手术的患者中，阴道更富含血管。最初仅非常小的血管收缩就可引起出血。但在张力下缝合阴道则可造成缝线在 72 小时内撕裂，若延迟到达医院，就可能造成大量出血。因此，手术中需仔细而小心地止血，缝合后的线应处于无张力状态。

在手术前 10 天应停止使用阿司匹林以及可能改变凝血机制的其他一些镇痛剂；可能的话，应避免在手术前使用肝素。

2）适当补充液体

对安排在下午施行手术的老年患者或糖尿病患者，手术前摄入液体可能已超过 12 小时，由此而引起的脱水可诱发血栓形成和栓塞。因此，入院时立即给予静脉补液比手术中补充要有益得多。

3）手术前抗生素的使用

若可能的话，所有的患者在手术前口服 2g 替硝唑（Tinidazole），或手术当天的早晨直肠内给予甲硝唑（Flagyl）1g，然后在麻醉开始时给予广谱抗生素，如使用单剂量头孢菌素静脉内注射。手术前还应作阴道拭子培养以查找如葡萄球菌和 β—溶血性链球菌这样的致病菌，阳性者应在手术前给予治疗。

4）手术后指导

一般而言，手术已经设计好使患者在手术后数日内能合乎情理地从事完全正常的活动，如家务劳动、驾驶小汽车甚至职业工作。然而，患者应避免伸展自己的双腿以及做涉及下蹲的活动，这样的锻炼和运动可引起吊带移位以及缝线撕裂。

5）手术后随访

伤口感染和迟发性血肿形成是罕见的。手术后能排出200～250ml尿液的患者极少发生尿潴留。

6）局部麻醉镇静技术

在本书中描述的所有手术都可以采用局部麻醉镇静技术。

在麻醉师给予咪达唑仑5～12mg之后，通过手术医师的操作，将0.25％的丙胺卡因（或利多卡因）80～160ml浸润到相关的肌肉、阴道的手术部位和韧带的附着处。相应的，使用导引针的阴部神经阻滞麻醉也可采用。至于子宫颈阻滞，需应用一对Littlewood钳轻轻而无张力地抓住子宫颈，并轻轻地向上牵引使子宫骶骨韧带伸张，充分地浸润阴道的手术部位和韧带附着处。药物起效需10min。在手术关键时间，如在进行局部麻醉（LA）时和制造通道时，使用丙泊酚是有帮助的。LA技术尤其适用于老年患者。较年轻的妇女，特别是年龄在50岁以下的妇女，一般不能很好地耐受局麻，有1/4女性感受到疼痛。尿道下悬吊带的三要点修补，即紧固尿道外韧带、紧固吊床和插入尿道中段吊带“分散了负载”，使施加在吊带上的压力显著减小，因此能获得与全身麻醉同样的良好结果。

7）可能发生的远期并发症

这类手术的远期并发症，如深部血栓形成和感染，虽然相当罕见，但仍可能在手术后10～15天内发生。

手术主要的并发症是阴道3个部位中结构平衡的改变。尿道中段悬吊可使盆底肌力转而作用于亚临床上已薄弱的阴道中部或后部，引起膀胱膨出、肠膨出，或出现一个或多个后部症状却仅伴有轻微脱垂（图1-12）。这样的功能障碍可以发生在手术后数天、数周或数月内。

有时网带在植入后数年会引起异物反应，表现为无菌性脓肿，可能就出现在腹部皮肤下方，或者偶尔出现在阴道内。若该异物很致密且附着在器官上，如附着在尿道、膀胱或直肠上，患者就会出现疼痛或功能异常，其程度取决于纤维化所引起的解剖变异结果。

4.2.3 整体理论的手术实践

4.2.3.1 结缔组织损伤的修补

韧带和筋膜的损伤是两类主要的结缔组织损害。在受损韧带的修补方面，使用专门的递送器械以侵入性最小的方式植入带子，利用异物反应有效地形成胶原的人造新韧带。在受损筋膜的修补方面，主要有两种类型：第一，使用内在瘢痕的“胶水”作用，经切断和缝合简单地修补受损的筋膜；第二，使用同源组织、网片或异源组织来加强筋膜组织。

无论使用什么手术方法都需要考虑胶原的内在特质和由异物诱导的瘢痕所产生的机械后果，尤其在器官需要彼此独立移动的部位更应这样考虑。

胶原，也包括瘢痕组织的胶原在内，是一种有活力的结构，它不断地被破坏和再生。但免疫学上不同的蛋白质在某个阶段会被再吸收。而诸如聚丙烯一类不能被吸收的刺激物就会形成永久的新韧带支持受损的韧带和筋膜（图1-13）。由于“滑动”、宿主组织薄弱或过度瘢痕化，有时聚丙烯也会产生一些因机械腐蚀引发的问题。

胶原随年龄增加而收缩。一位30岁的妇女应用聚丙烯悬吊带也许能很好地恢复功能，但当她70岁的时候，因吊带处的瘢痕收缩就可能使尿道变窄。

薄弱的阴道组织可用聚丙烯网片得到加强，但植入致生纤维的网片对盆底功能的长期效果仍然应被随访。随着时间的推移，网片周围的纤维化会愈益加重，阴道就会变得紧缩和无弹性。显然，直肠和阴道后壁必须有充分的弹性才能彼此自由地活动，否则可引起性交疼痛。

同样地，阴道和近端尿道也应能够彼此独立地活动。从结构上看，横向放置在ATFPs之间或放置在直肠侧韧带之间的带子，可能起到用网片来加强薄弱的PCF及RVF一样的效果，这就像天花板托梁支撑着石膏板(阴道上皮)。

整体理论手术系统的历史是一部不断研发安全而简单的手术技巧以便为盆底结缔组织修补提供更有效的方法的发展史。该系统研究的主题一直是关于使用专门的精密器械植入网带以修补阴道3个部位中韧带和筋膜的缺陷(图1-13)。在下一章节中，将介绍如何选择手术以矫正结缔组织的损害，及由此引出的问题，特别是网带、网片和递送器械的使用等，也将予以介绍。

4.2.3.2 用形成人造新韧带来修补受损的韧带

横纹肌需要有牢固的锚定点才能完成最佳的功能。韧带的强度来自其中的胶原成分，诸如PUL、ATFP或USL这些悬韧带(图1-13)，一旦韧带薄弱或受损，就无法用缝合法成功地进行修补。在这些受损韧带的部位植入聚丙烯带子，带子刺激组织并围绕带子形成胶原的新韧带从而使韧带加强，这种胶原的线性沉积就起着人造新韧带的作用(Petros等，1990；Petros，1999，外科博士论文)。

1）支持形成人造新韧带这一策略的机制和研究

在整体理论发展的极早期，人们就认识到带子的特性和行为对以该理论为基础的手术成功是十分关键的。现在将提供一个对所遇到的问题的简短概述，以及实验室和其他研究的总结。这些实验和研究是为评估带子的特性和组织学反应而实施的。

植入的带子引起的有益异物反应：

早期的质疑是，需要明确带子引起的异物组织反应是否可有效地加强耻骨尿道韧带。在13条实验用犬的腹直肌和尿道中段之间植入聚酯带子6～12周，带子的两端游离在阴道腔中(Petros，Ulmsten & Papadimitriou，1990)。在所有犬中，都观察到围绕带子产生线性的胶原沉积(图4-8)，这种现象持续到带子被移走之后(图4-9)。在带子空隙处观察到巨噬细胞浸润。在这些犬中，没有观察到明显的不适、发热、食欲变化或白细胞球计数升高(Petros，1999，外科博士论文)；在接受经典的阴道内悬吊手术的患者中观察到的情况也是如此(Petros & Ulmsten，1990，1993)。

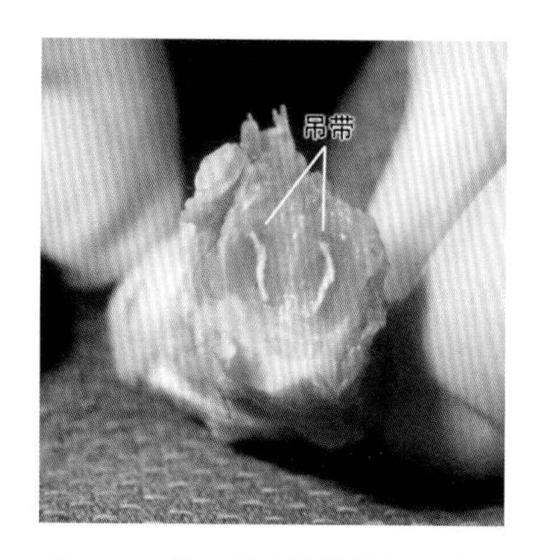

图 4－8 植入聚酯带子的组织反应

来自实验动物的样本，在其尿道的周围植入带子，带子末端游离在阴道中达 12 周。带子“T”由一层肉芽组织包绕，再由一层胶原包绕

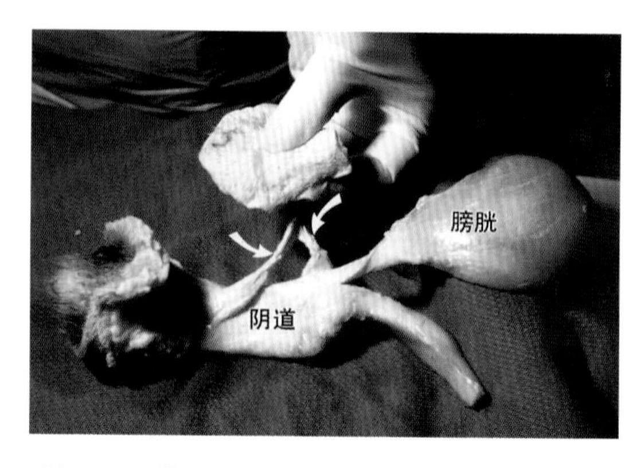

图 4－9 带子去除后 6 周的新胶原韧带（犬样品）

箭头所指为新胶原韧带

评价不同带子的材料：

Ulmsten 等（1996）证明了聚丙烯网在人体组织中比其他材料（例如聚酯、特氟隆、聚四氟乙烯）有更好的耐受性。聚丙烯的腐蚀率低，且有惰性，甚至在感染时亦如此（Iglesia 等，1997）。它是阴道重建手术首选的材料。

无论使用什么材料，处于修整平衡状态的网将不被磨损。磨损的部分可穿出阴道上皮引起性交疼痛，或甚至使器官穿孔形成瘘。

各种带子的机械性质：

单纤丝和多纤丝带子都已经成功地应用于尿失禁手术。

单纤丝网（图 4－10）能膨胀，与多纤丝网比较，纤丝较粗（100～150μm），在纤丝之间有相对大的菱形空间，在拉紧单纤丝网带时，它可伸展成狭窄的、细绳一样的结构。这种性能使施加在尿道上的压强（单位面积受到的力）大大增加，像尿道这样松软萎缩的组织很容易被横断（如 Koelbl 等人所报道的，2001）。若在压力性尿失禁手术中使用可膨胀的单纤丝网带，则网带应松松地放置在尿道下方。

多纤丝网（图 4－11）与单纤丝网比较，纤丝较多、较细（20～30μm），纤丝间的空间也较小，比较柔软和不能膨胀。多纤丝网有比较大的表面积，适用于尿道，明显地减少了施加在尿道上的压强（单位面积的力），因而也减少了穿孔的可能性。若在压力性尿失禁手术中使用多纤丝网带，则网带应正好与尿道接触而无压痕，这样才能收到良好的效果。

纤丝直径对组织反应的影响：

多纤丝（20～30μm）引起很小的个体组织反应和形成胶原的圆柱体，该圆柱体围绕带子而形成并含有精细的、互相连接的胶原或葡糖胺聚糖纤丝。较粗的单纤丝

(100～150μm)在纤丝周围形成非常致密的胶原反应,其特征是手术不易切除。多纤丝带子被包在一个胶原的圆柱体内,因而非常容易切除。

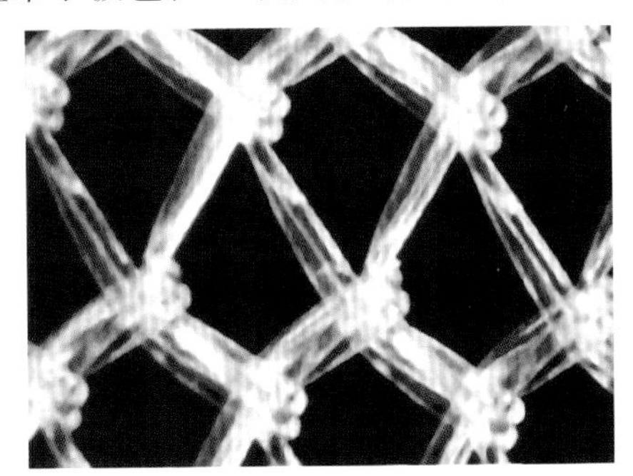

图 4－10　单纤丝带子

单纤丝粗 100～150μm,菱形空间相对较大。菱形可使带子伸展成有可能横断尿道的细绳样结构

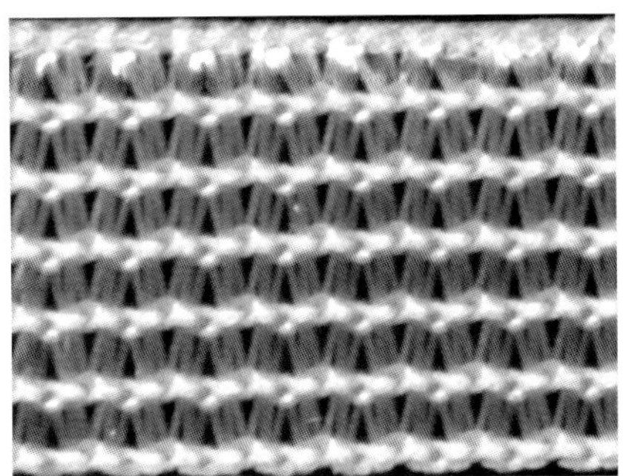

图 4－11　多纤丝带子

带子很软、无弹性和不能膨胀,对尿道单位面积施加的力较小。纤丝粗 20～30μm,空隙 55～75μm,明显小于单纤丝带子

带子编织密度的影响:

在西澳大利亚大学材料工程学院,对单纤丝和多纤丝的检验表明:多纤丝带子单位表面积的编织密度是单纤丝带子的 2 倍,提示多纤丝带子更有可能引起致密的组织反应(未出版的资料,1999),这在组织学上已被证实(Papadimitriou 等,2005)。

韧带要锚定的是对盆底结构的整体性起关键作用的三维肌力的着力点。因此,根据整体理论,由多纤丝带子引出的这种纤维化反应的类型对韧带的重建是有利的(图 1－13)。

若使用相对大的网片修补直肠膨出或膀胱膨出,则足够引起独特的瘢痕反应。作用在筋膜上的压强(单位面积的力)远比作用在悬吊韧带上的小,故筋膜修补仅需要利用单纤丝网片产生的最小的纤维组织反应。

2)深入研究植入网状物的组织学反应

研究的第二个主题是植入网状物的组织学反应。

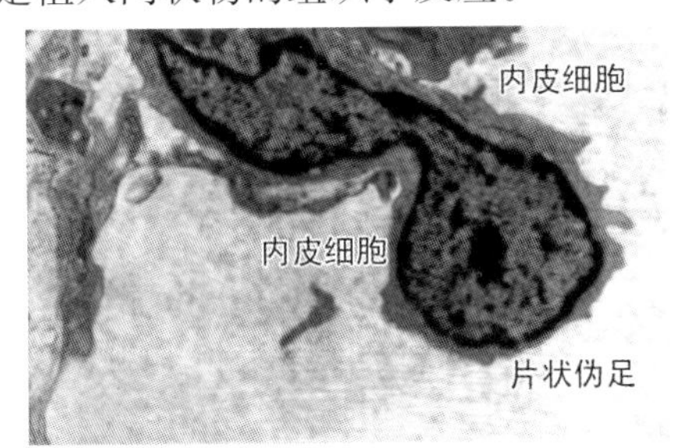

图 4－12　巨噬细胞穿透网孔

电子显微镜图像显示,因细的片状伪足的形成,巨噬细胞能穿过内皮间直径<1μm 的空隙(Papadimitriou 等,1989)

纤丝间空隙大小的重要性：

Amid(1997)没有提供实验的证据，但指出为了让巨噬细胞穿透网孔，需要纤丝间空隙小于 10μm；而为了让纤维血管束穿透，则需要纤丝间空隙为 75μm。然而，Papadimitriou 等学者(2005)在实验上已经证明了多纤丝带子在植入后两周会被巨噬细胞包围(图 4－19)，以及纤维血管束常在小于 5μm 的空隙间穿透(图 4－14，图 4－16)。

从电子显微镜的研究知道，巨噬细胞能穿过直径<1μm 的内皮细胞间空隙(图 4－12)(Papadimitriou 等，1989)，这种能力通过巨噬细胞的形状扭曲和细的“片状伪足”的形成而获得。

Rechberger(2003)就单纤丝和多纤丝两组带子做的一项随机临床实验(n＝100)报道说：每一组都没有腐蚀，但是从统计学上来看，在单纤丝的一组中手术后尿潴留的发生率较高。根据 Rechberger 的解释，其原因是可塑性带子(唯一的变量)受到了牵拉。

过度对带子施加压力也可压缩柔软和通常已萎缩的尿道。由此看来，似乎单纤丝带子更可能引起尿道腐蚀，因为单纤丝带子具有弹性、有较宽的空隙和较粗的纤丝(100～150μm)，这些特性使其对尿道单位面积施加的力更大。

多纤丝带子不能膨胀、具有很多和很细的纤丝(20～30μm)，因而它对尿道单位面积施加的力也较小。

在 2005 年，Lim 等学者根据一项 3 种方法的随机试验报道，对于两种商业品牌的单纤丝型带子其阴道腐蚀率分别为 13.1％和 3.3％；而对一种多纤丝型带子为1.7％(n＝180)。据他们的分析，推断带子腐蚀主要是技术上的差别造成的，而与带子本身无关。这一结论加强了由作者近 20 多年的经验积累起来的观点。

组织学的图案：

不管使用的材料是什么，网状物周围形成的组织学图案却都是相似的。1956 年，Harrison 对带子植入后的异物组织反应作了如下描述：

> “在急性阶段，显微镜中可看到以多形核白细胞和巨噬细胞浸润为特征的早期急性炎症反应；此后急性反应逐渐消退，表现为以淋巴细胞、浆细胞、巨噬细胞和异物巨细胞为特征的慢性炎症反应。这种反应在 6 个月期间不断减退，其后仅偶然能发现巨噬细胞或异物巨细胞。带子植入后第七天出现明显的纤维化，至第十四天植入的带子已完全被增生的纤维组织包裹。”

Petros 和 Ulmsten(1990)使用组织固定系统(TFS)对动物作的实验研究(图4－13 和 4－14)证实了 Harrison 的描述。这个研究表明，在两个星期时，纤维组织包裹了 TFS 系统的聚丙烯固定器，并穿透聚丙烯多纤丝网的微纤维。

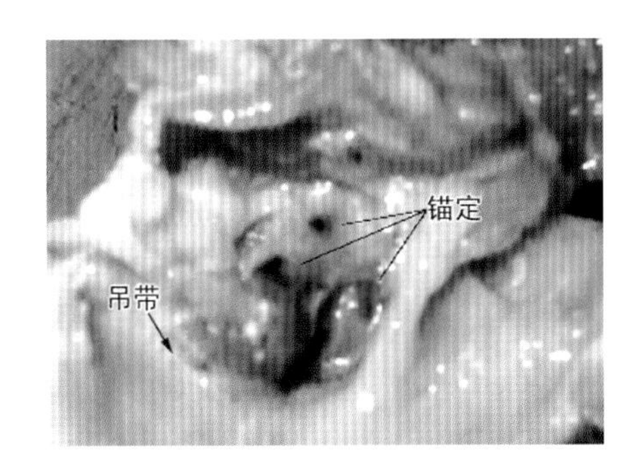

图 4-13 两周时的纤维组织(动物标本)

本图显示纤维组织如何包裹 TFS 系统的聚丙烯固定器

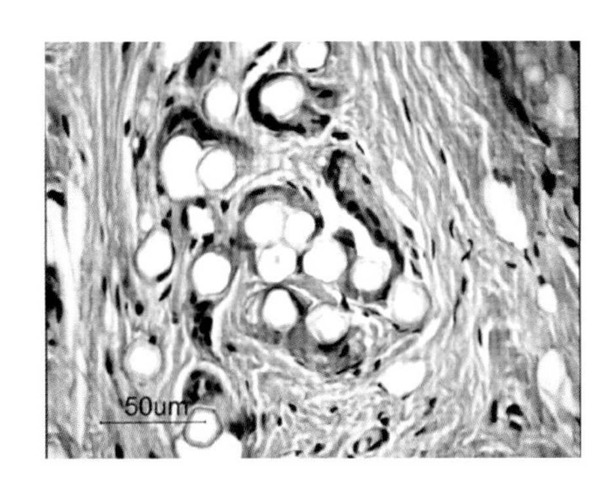

图 4-14 两周时的纤维组织

本图显示巨噬细胞和纤维血管组织在 2 周时如何穿透多纤丝聚丙烯网的微纤维

异物反应的性质和行为：

不管组织反应的数量如何，异物炎症总是一种良性反应。典型的异物反应以巨噬细胞和多核巨细胞的浸润为特征(图 4-15 和 4-16)。组织反应的强度随植入物的体积而变化，且患者间也有显著的不同，无菌性脓液的量可从极少到大量(Petros PE，外科学博士论文，1999)。带子引起的无菌性脓肿是很罕见的，即使发生也是一种与碎片脓肿相同的极度的异物炎症。

图 4-15 至图 4-18 获自西澳大利亚大学的 Papadimitriou 对单纤丝和多纤丝网在人体中的组织学研究结果(Papadimitriou 等，2005)。载玻片的染色是为了显示胶原1、3 和蛋白聚糖。可以发现胶原 1 的纤维在多纤丝网周围较厚、较紧地结合在一起，形成一个圆柱体。表明胶原形成的量与网的密度直接相关(也就是说，较密的网＝较多的胶原)。胶原圆柱体使带子很容易被切除。比较起来，围绕着 150μm 单纤维带子的浓厚胶原可能嵌入器官以及难以被切除。

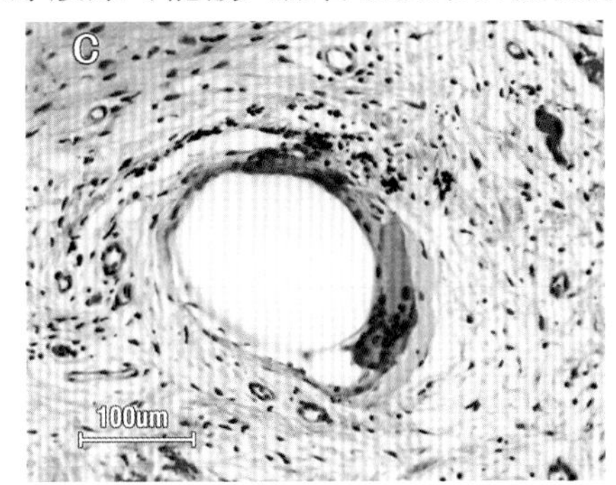

图 4-15 与单纤丝网毗邻的结缔组织

注意：在单纤丝网附近存在那些相对较小又较松散的胶原束以及多核巨细胞，在毗邻的结缔组织中存在炎症细胞

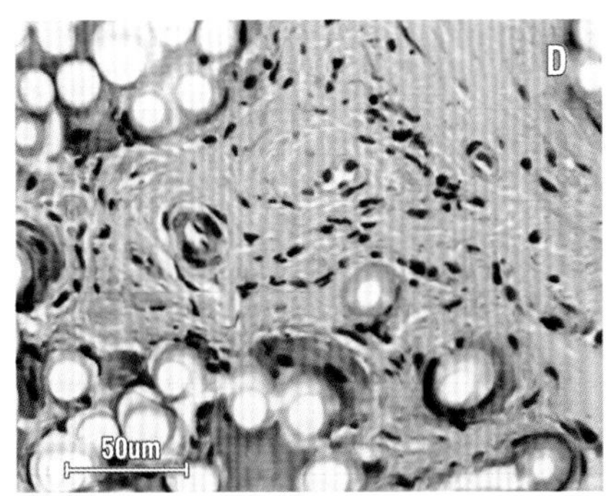

图 4-16 与多纤丝状网毗邻的结缔组织

注意：在多纤丝网周围存在那些相对较粗较紧密的胶原束和小的多核细胞。在空隙中能见到无定形的粉红凝结物(蛋白聚糖)。只有很少的炎症细胞存在于毗邻的结缔组织中

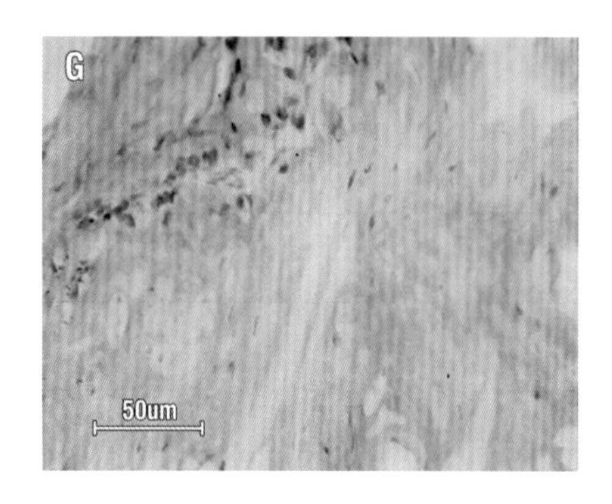

图 4-17　阿新蓝染色显示与单纤丝网毗邻的结缔组织中存在蛋白聚糖

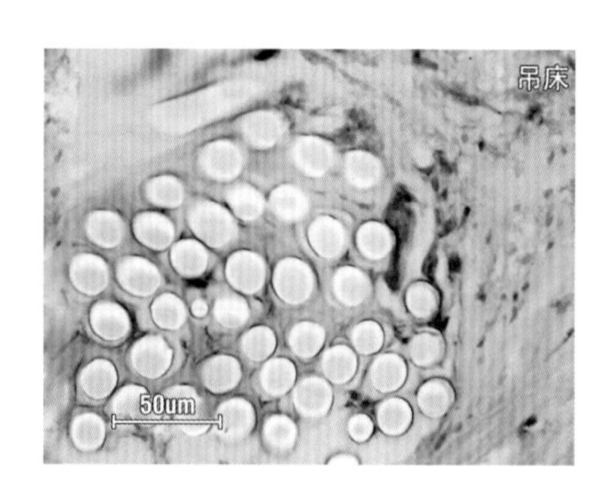

图 4-18　阿新蓝染色显示在多纤丝网的空隙之间和在毗邻的结缔组织中存在蛋白聚糖

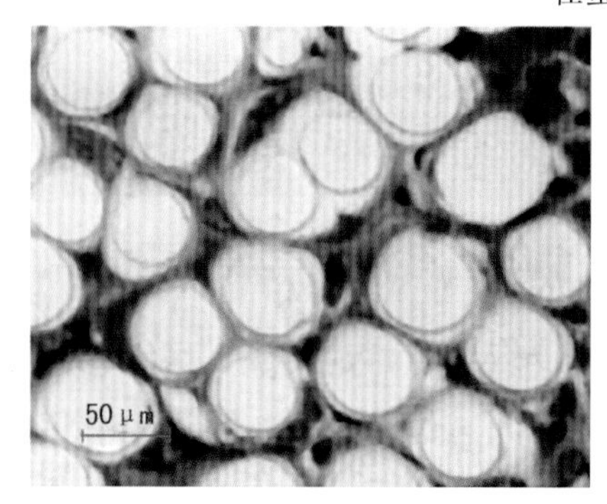

图 4-19　围绕多纤丝小纤维的巨噬细胞

植入后 2 周的小鼠样本。其中微纤维被巨噬细胞、蛋白聚糖和胶原 3 包围(Papadimitriou J.和 Petros,PE,(2005))

蛋白聚糖(图 4-18)和一些嗜银纤维(胶原 3 小纤维)在多纤丝间被发现,证明在多纤丝和巨噬细胞之间有结缔组织堆积(图 4-19)。已知 3 型胶原是在早期修复过程中由纤维母细胞分泌的胶原,随着伤口的老化,它被巨噬细胞和纤维母细胞所降解。它出现在两年的植入物中,表明在植入物中具有某种可塑性。

4.2.3.3　受损筋膜的修补

筋膜的损害有两种类型:在直肠阴道筋膜和耻骨宫颈筋膜薄片中不连续的撕裂和同源的过度伸展。这两类损害始终不可能被区别,然而直接修补撕裂的筋膜可能有效,而直接修补过度伸展的筋膜簿片多半是不能成功的。

1) 最佳张力的筋膜对恢复器官功能的重要作用

横纹肌只能在固定的距离上收缩,阴道任何的松弛“L”(图 4-20)都意味着阴道隔膜不能完全伸展,以致那些由肌肉所调节的功能将不能达到最佳状态。尽管植入的网状物能够作为一种有效的屏障阻止进一步脱垂,但是在图示诊断法则中详细说明的任何一种症状都可能继续存在。例如,如无法充分地伸展阴道来支持牵拉感受器“N”(图

4－20)，尿急和尿频就可能持续存在。

因为阴道的筋膜传送横纹肌力激活器官的开合功能，所以修复筋膜原始的张力对于恢复器官的功能是很重要的。图 4－21 显示筋膜的脱垂状态。在这样的状态下，除非筋膜正常的张力已被修复，任何当作屏障使用的网状物都不能恢复器官功能。这意味着，向侧方移位的筋膜应在网状物放置和附着之前先向中线接合。若筋膜或网状物的缝合在 10～14 天内不被撕裂，则由网状物诱导的纤维化将使筋膜加强，从而使筋膜修复到张力状态。

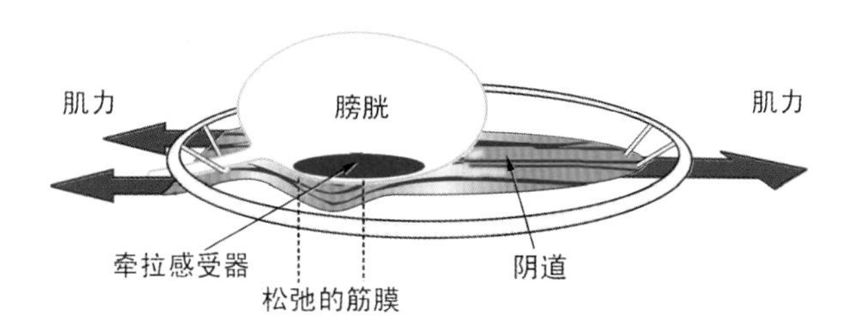

图 4－20　盆底肌力不能使松弛的阴道隔膜获得足够的张力

松弛的筋膜使肌力(箭头)无法完全拉紧阴道隔膜

然而，依靠缝合将张力施加在网状物上，这是冒险的想法，技术上极难做到，张力的计算也不准确(以达到最适宜的张力来表示)。

最新的全网片替代技术使用附有 4 个“臂”的网片来解决阴道前壁脱垂的问题。4 个“臂”经由闭孔窝上、下内侧缘穿出，然后牵拉 4 个“臂”对网片施加张力。因为这种方法不是正常的解剖修复，它的应用可能会受到限制。

附于后部悬吊带的网片被用来解决阴道后壁脱垂的问题。这个方法因为无法拉紧向侧方移位的直肠阴道筋膜而受到限制。

TFS 系统使用一个具有植入结构的软组织固定器，配以可调整带子张力的机械构造。这种方法在阴道前后壁的任何部位都能准确地恢复筋膜的张力(图 4－22)。

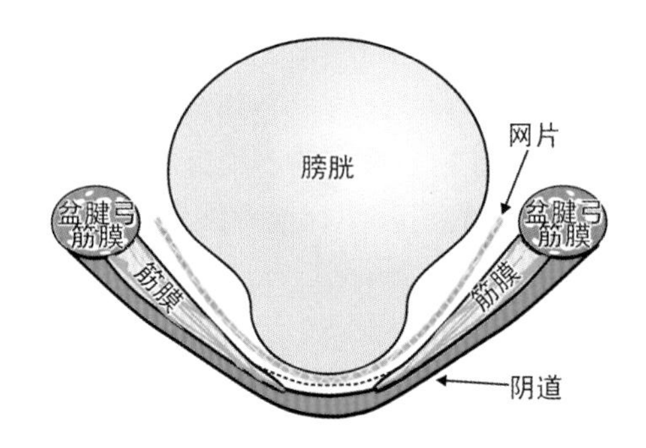

图 4－21　作为一个屏障放置的大网片

注意筋膜的脱垂状态

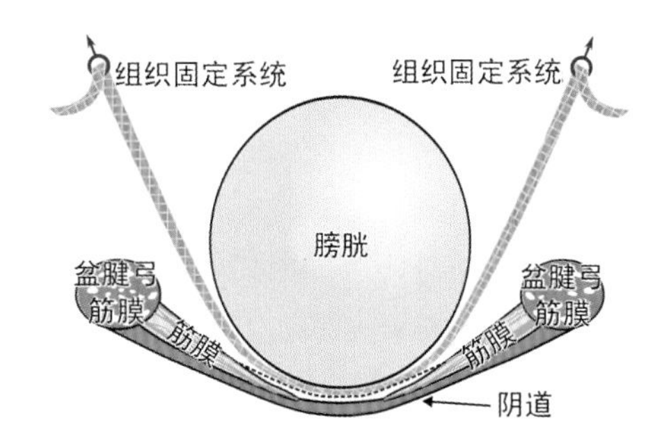

图 4－22　网状物获得了张力，也使筋膜获得张力

获得张力的网状物重建了形态，因而也恢复了功能

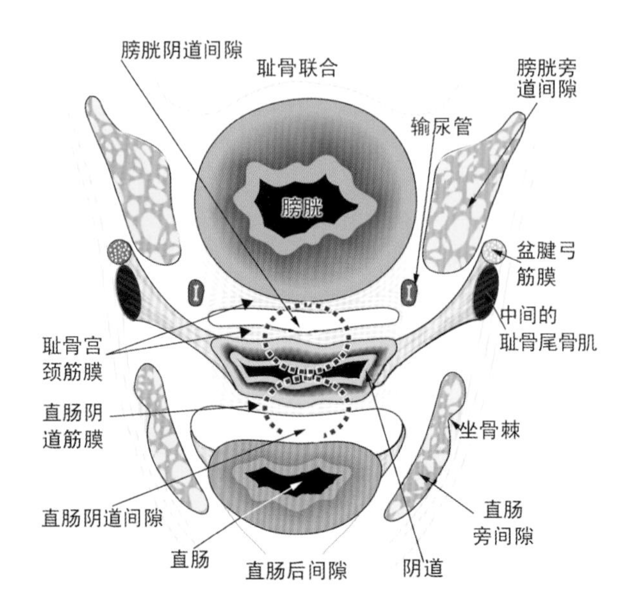

图 4-23　保留器官间隙的重要性(引自 Nichols)

红色的圆圈显示，当阴道组织从阴道的前后壁被切除时，器官间隙是如何消失的

2）筋膜的直接修复

保留器官间隙对维持器官的独立活动是很重要的。切除多余的组织(图 4-23，红色的圆圈)只可能加重网状物的瘢痕，引起器官的粘连。比较安全的做法是不切除任何组织，而仅仅将多余的组织复位。

即使对于赞成植入网状物的手术医生，需要考虑的第一个问题仍然是："这位患者是否真的需要用网状物去加强阴道的修补?"根据作者的经验，在以前未施行过阴道手术的患者中，可以不用植入任何网状物修补多种类形的筋膜损伤，而且成功率仍可能达到 80%。

3）使用同种组织、网片或异种组织加强筋膜组织

使用同种组织加强筋膜("桥式修补")：

在"桥式修补"中，用因直肠膨出而多余的阴道组织在膨出的中心部分上，即最薄弱的部分形成双层组织(图 4-24a 至图 4-24c)，同时将侧方移位的筋膜(F)接合在一起(图 4-25a，图 4-25b)。用两把 Allis 钳放在阴道壁的左右两侧向中线靠拢以确定桥式切口的宽度。这是很重要的步骤，因为过宽的桥可能因阴道壁张力过大，导致撕裂和手术后该部位形成疝。一旦长度和宽度被确定，则在阴道壁上作一个全层、叶状的"桥式"切口(图 4-24a)，烧灼"桥"的表面以破坏表面的上皮细胞。"桥"的上方附着到子宫骶骨韧带周围的筋膜上，或者与 TFS 或后部悬吊带固定；"桥"的下方附着到会阴体上；"桥"的侧方用可吸收线间断地缝合在下面的筋膜上(图 4-24b)。若需要，可使用经阴道的"支持缝线"帮助组织保持在原位，直到瘢痕组织变强(图 4-25b)。

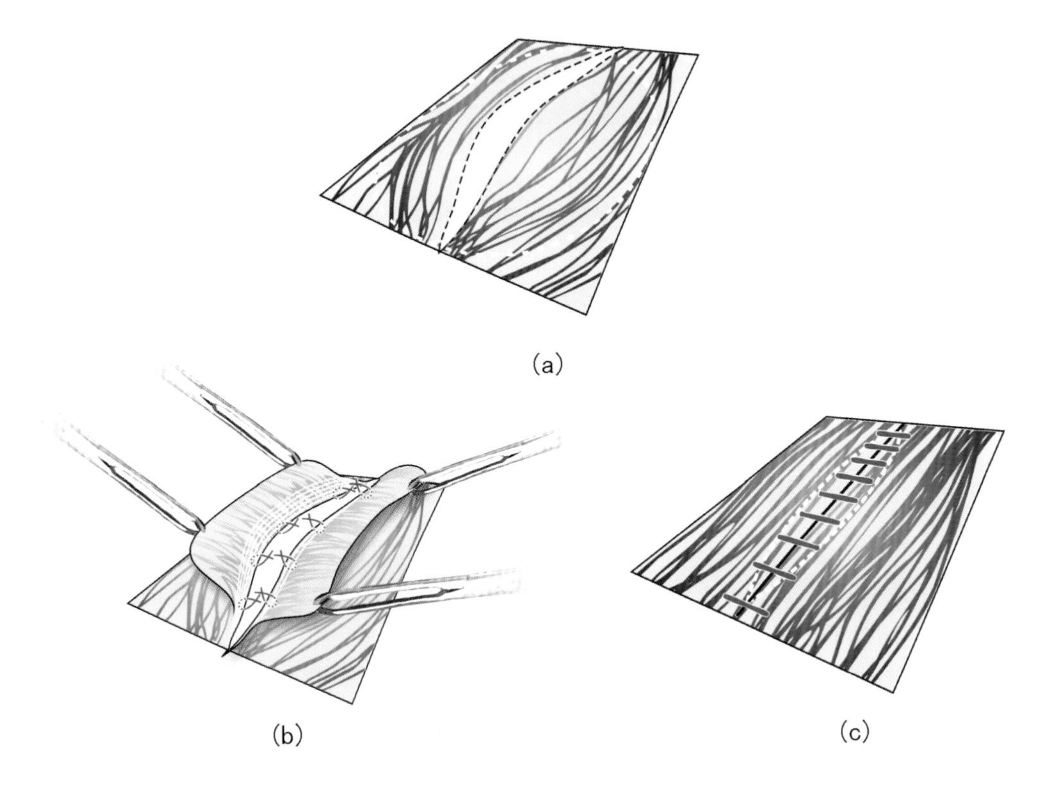

图 4-24　“桥式”修补

a. 通过全层切开阴道壁形成 1～2cm 宽的“桥”　b. 阴道后壁作全层、叶状椭圆形切口，然后在“桥”上缝合侧方的阴道壁。用间断缝合法将椭圆形的侧方缝合到健康的筋膜上　c. “桥”因阴道切缘的接合而被覆盖

“桥式修补”尤其适用于阴道后壁，但它只应用在有多余阴道组织的情况，而通常这些多余的阴道组织是被切除的。“桥式修补”也能用于阴道前壁膨出，不过，若中心缺陷与阴道旁缺陷同时存在，那么，手术后数周或数月就可能出现包括整个前壁在内的复发。虽然阴道壁腺体很少，但是 5%的患者在数月后仍可能出现潴留囊肿，这种情况常可用抽吸、囊肿切除或阴道壁修补来予以治疗。

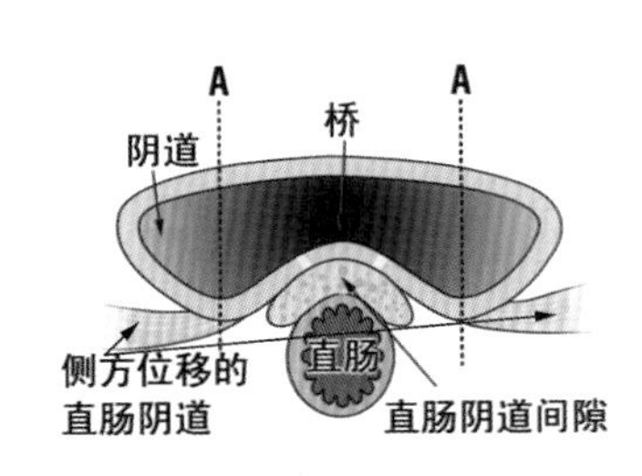

图 4-25(a)　用于“桥式修补”的切口

视角：横截面。为形成桥而作的切口

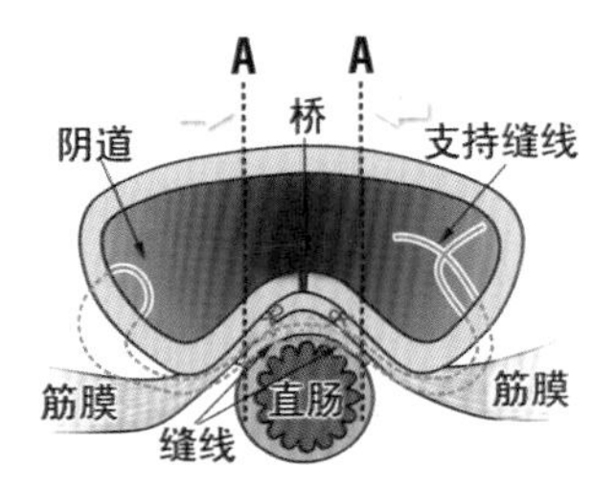

图 4-25(b)　已完成的“桥式修补”

用缝合将桥的侧面附着到筋膜上。请注意到“A”与“A”的接近

使用网片加强筋膜：

对于因年龄或以前手术的原因而变薄弱的筋膜，手术医生除了使用网片或者猪的真皮来加强薄弱的筋膜外，可能就别无选择了。

网片的使用可能仅对既往手术修补失败的患者最适合。在这样的患者中，尤其当整个阴道都薄弱时，通常已没有肌肉—筋膜组织可用来在其下方形成支持结构。

使用时，将网片裁剪成需要的尺寸，并造成两个伸长的臂放在耻骨下进入到 Retzius 间隙；或使用穿过闭孔膜的各种不同构型的网片。底端剪成半圆形可减少腐蚀和脏器穿孔。许多手术医生提出使网片处于“无张力”状态，他们建议广泛的分离使膀胱或直肠从阴道组织侧方游离，以至在组织压力下网片可保持在原位。另外一些手术医生提出将网片缝合到侧方和子宫颈环的后方，在这种情况，网片必须足够地大，以致能不受牵拉地向侧面沿伸接近 ATFP。为了不干扰膀胱颈关闭机制，网片的前缘应该位于膀胱颈向后 1cm 的部位（参考本章“阴道束缚综合征”）。

对于网片的使用在某些方面仍然是有争论的。例如，Milani 等学者（2004）反对在阴道手术中植入网片。他们报道称，在植入网片的阴道修补术后，阴道腐蚀率达到 13％，性交困难增加达 63％，性活动减少达 20％。

正如前文所述，植入网片的组织学变化和植入带子的组织学变化是相同的。

使用异种组织加强筋膜：

在这里仅仅讨论无细胞的猪组织。尸体筋膜组织因无法回避传播病毒性疾病的指责，故不能使用。

用猪的皮肤或肠黏膜来加强筋膜时，必须进行处理以去除所有的细胞组织，然后把它制造成薄片作为聚丙烯网的替代品使用。人们认为猪的组织可以避免因使用网片引起的许多并发症，例如，表面磨损、炎症、感染和性交困难等。猪组织使用的短期和中期成功率已见诸报道。然而，对于具体的患者来说，异种组织植入的有效性与物种、供体、部位和年龄有关，故使用起来还是很复杂的。另外，动物胶原和人类的胶原可能仅 85％是同源的（Peacock，1984）。这些都是基本的免疫学问题，因此增加了关于这种材料能否在人体内长期存活的关注。

4）修补受损的筋膜：手术中和手术后的考虑

胶原性质远期改变的可能影响：

胶原随年龄增长而变硬、缩短（Peacock，1984）。70 岁老人的胶原比 25 岁年轻人的僵硬 4 倍。随着时间的推移，尿道下的吊带会收缩。因此，许多年后可能会出现尿道阻塞。阴道中大网片周围的瘢痕组织收缩，数年后会因此而限制直肠和阴道间的自由活动。因此，为了避免远期的并发症，需要密切关注网状物的选择和放置。

瘘管：

盆底器官一直在活动，因此，网状物即使被缝合也可能跟随着一起移动甚至发生撕裂，从而造成表面磨损、腐蚀或瘘管。如果网状物太狭窄，就更可能被折叠和穿透器官，如穿透膀胱或直肠。穿孔引起的纤维化是严重的，故修补时需作广泛的分离才能恢复膀胱和阴道的活动性，这样做也是为了保证瘘管手术的成功。

器官间的粘连：

器官仅仅在它们末端3cm处被紧密地束缚在一起，在那个间距之外，器官需要能够彼此间独立活动。大的网片可引起直肠或阴道、或阴道和膀胱底之间紧密的纤维粘连，导致性交困难；胶原瘢痕随年龄增长变硬和收缩从而导致远期的功能异常。

对网状物的排斥：

对网状物的“排斥”可能是由于网状物表面磨损、异物反应或偶尔的感染引起的。它的发生率在3%～28%之间（Von Theobold P，Salvatore，S.，Pers Comm.）。

所有被植入的材料都会引起异物反应，但反应的强烈程度却相差很大。异物反应和组织感染两者都被定义为炎性反应。此前，John Hunter曾就异物反应和组织感染作出过区别。他将前者定义为“粘连性的炎症”，将后者定义为“化脓性的炎症”。然而异物反应相对较温和，组织感染却并不如此。在对感染作出诊断之前，需要进行必要的细菌培养（>1 000 000个生物体/mg组织）（Van Winkle，Salthouse，1976）。因异物反应和感染引起排斥的网带和网片被包裹在液体中，若全部被排斥，通常很易被拉出。完全的排斥较常见于使用尼龙或聚酯带子时，而较少见于使用聚丙烯带子时。

表面化：

在手术后的最初48小时，带子的周围会有液体溢出，类似创伤反应。在一些患者中，这可能导致带子的滑动。在早期阶段，滑动通常是最小的。若带子靠近阴道瘢痕，带子引起的异物反应可使瘢痕分裂，从而导致在手术后数周或数月带子表面化，尤其在阴道组织薄弱的患者中更是如此。有时，没有肉芽肿形成或阴道流液，这种“表面化”最终可能是自发的再上皮化。

紧固前部吊床与后部子宫骶骨韧带（USL）上的筋膜将使带子保持在原位，并在带子和阴道瘢痕之间形成一道屏障。因为吊床对尿道闭合机制所起的作用，故紧固吊床将改善SI和括约肌内在缺陷（ISD）的治愈率。紧固子宫骶骨韧带可能使“阴道后穹窿综合证”的症状获得较高的治愈率。

阴道内的肉芽肿腐蚀：

阴道内带子或网片的腐蚀，常伴有肉芽肿，几乎都是一种异物反应。通常这是一个小问题，大多数病例通过修剪暴露的片段可在门诊中得到处理。对末端游离在阴道内的聚酯带子，不同患者的免疫系统所产生的反应很不相同（图4-26，4-27）（Petros，外科博士论文，1999）。研究中发现，6周时，一些患者有非常少的肉芽组织，另一些患者有适量的肉芽组织，少数患者有无菌性化脓反应，然而没有患者有体温或白细胞计数升高的现象。在前部和后部悬吊带手术中，阴道内露出的带子的拭样和细菌培养很少见细菌生长（Petros，1990，1996，1997，2001）。即使用革兰氏染色法在带子上检到细菌，也不是意外的发现，因为阴道内本来就有丰富的细菌。

Van Winkle 和 Salthouse 在他们 1976 年的专题文章《爱惜康》中详细说明了细菌污染：

> "区别污染和感染是重要的。细菌存在，则污染存在，但是，这时细菌的数量没有如此多，以致身体的防卫系统在局部能消灭它们。当污染的水平达到局部组织的防卫系统已不能够对付入侵的细菌时，感染就发生了。现已发现，对大多数生物体而言，污染转变为感染的细菌浓度大约为每克组织含 1 000 000 个细菌。当存在组织坏死、组织供血减少、血凝块等时，污染的伤口就可能演变为感染的伤口。细菌能在细胞为局部组织提供防卫系统所创造的安全环境中繁殖。"

由此可见(Van Winkle，1976)，不管带子的结构如何，在植入健康组织中的带子上出现少量细菌，这都不可能成为排斥反应的因素，因为任何细菌将不断被巨噬细胞"肃清"。在多纤丝带子的纤丝间发现蛋白聚糖和巨噬细胞(图 4-18，4-19)，更进一步地证明了巨噬细胞和纤维母细胞已经渗透在纤丝之间并有结缔组织沉积，这就使得细菌在纤丝间"藏匿"(正如 Amid 宣称的，1997)，是不可能的。

在施行压力性失禁手术的患者中，聚丙烯带子的腐蚀率为 1%～3%。这种并发症极少引起像脓肿那样的严重问题。带子滑动和机械因素可能是带子腐蚀的重要因素。薄弱的阴道组织更容易使带子暴露。

当带子腐蚀或者暴露到阴道内时，最初的征象通常是无痛性排出稠厚的黄色液体。腐蚀的部位通常在围绕带子形成的肉芽组织区域(图 4-26，4-27)。有时尽管带子暴露但却没有丝毫腐蚀的表现。患者几乎总是无热，且白细胞计数也正常，从带子上也很少培养出细菌。组织学证实带子周围存在肉芽组织，它主要由巨噬细胞、多核巨细胞、淋巴细胞和中性粒细胞组成，被一层胶原包裹(图 4-26，4-27)。为了剪去暴露的那段带子，用一把止血钳抓住带子并使其伸展。一根完全被排斥的带子很容易被拉出。一旦遇到阻力就停止牵拉，用剪刀在带子周围修剪，修剪时剪刀将阴道表面向下压再剪断。强行牵拉植入牢固的带子可能引起损伤和小血肿，而这些正是有利于脓肿形成的理想细菌培养基。若网状物是单纤丝的且在尿道下，则需要更加小心，因为在切除过程中非常容易发生尿道穿孔。多纤丝带子常被一个纤维囊包裹，通常从囊中切除它，故切除多纤丝带子显得更安全和容易。

感染：

在严重临床感染的病例中，临床医生将会发现红斑、发热、白细胞计数上升，在组织学检查上发现微脓肿以及细菌生长大于 1 000 000 个/mg 组织。

轻度的感染可以与异物反应共存，此时临床过程通常还是温和的。如果有任何关于感染的疑虑(在笔者的经验中极少发生)，则应对暴露的节段进行细菌学检查。相应地，在切除前，应适当应用抗生素治疗。腹部皮肤窦道常起源于阴道的肉芽，在这种情况下，带子应从阴道中被牵拉切除，但这只能在对病原菌进行检查和治疗后进行。在适当应用抗生素的情况下，在尿道中段正确地作一个切口。因为带子沿着它的径路全程被液体所包围，因而抓住和牵拉带子就能将它切除。对于后部悬吊带引起的会阴部窦道，需在阴道后穹窿作一纵形切口来切除。一般情况下，窦道常在带子切除的48小时内封闭，但窦道的切除始终应该被避免，因为这可能使包含在胶原圆柱体内的细菌感染播散到周围组织。无论是否存在感染，或无论感染的程度如何大，感染对带子的腐蚀作用都是一个有争议的问题。在任何范围的阴道手术中，植入的带子或网片发生感染的可能性是很小的，因为聚丙烯带子的腐蚀率一般＜3%，脓肿也极为罕见。对动物和人类的研究已经证实没有发生临床感染，即使当带子的一端游离在阴道中时也没有发生感染（Petros 等人，1990）。没有发生感染的原因是因为带子周围形成的胶原鞘（图4－8）阻止了细菌进入组织。

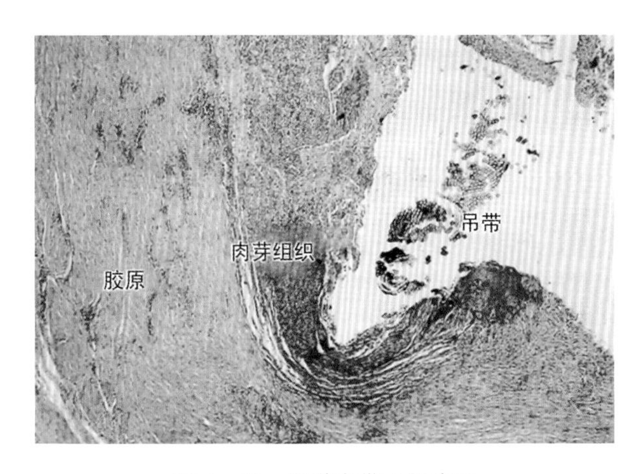

图4－26　阴道中带子的腐蚀

肉芽组织包围了带子，而胶原层又包围了肉芽组织

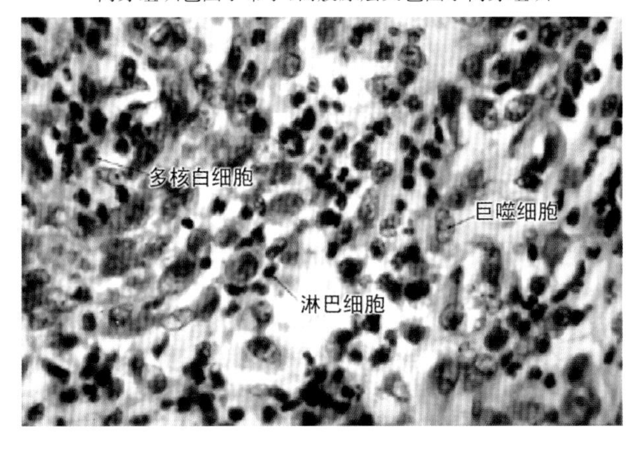

图4－27　阴道中带子的腐蚀

本图为图4－11(a)中的带子被肉芽组织围住的高倍显微镜视图。注意：极少量的多核白细胞和优势的淋巴细胞及特别优势的巨噬细胞

虽然如此，任何由手术引起的潜在感染可通过以下途径而减少：

※ 手术前常规的阴道拭样以识别并且治疗链球菌和葡萄球菌；
※ 手术中预防性抗生素的使用；
※ 无菌的外科技术；
※ 确保带子平坦地被植入（即须避免折叠或伸展）；
※ 有效地止血以避免血肿形成。

4.3 根据受损部位应用整体理论的手术方法

在这一节中，将介绍应用本章前述的手术方法修补阴道 3 个部位中特定的结缔组织损伤的方法。

4.3.1 阴道前部手术

4.3.1.1 阴道前部的结构

阴道前部是指从尿道外口延伸到膀胱颈间的部分，尿道完全位于前部范围内。若尿道丧失闭合能力就会引起不自主的漏尿，这就表现为压力性尿失禁、无意识漏尿，等等。

耻骨尿道韧带是控制压力性尿失禁的最重要的结构（图 4－29），其次为阴道吊床和尿道外韧带（图 4－28 至图 4－30）。在这些结构协同作用下关闭尿道。由于必须识别和修补每一种受损的结构，故本节首先从介绍手术解剖开始。图 4－31 至图4－33 说明了吊床和尿道外韧带（EUL）在尿道闭合中的作用。

4.3.1.2 阴道前部手术的适应证

1）结构方面

在压力性尿失禁患者中，若尿道外口明显松弛，尤其伴有尿道黏膜外翻，表示需修补尿道外韧带。由于"静息时"尿道闭合是通过慢颤纤维沿着尿道的长轴牵拉充分绷紧的吊床而达到的，故同样地，"尿道膨出"（吊床松弛）也应该被紧固。平坦的尿道侧沟表明，需要经两侧尿道旁的切口修补阴道吊床和毗邻的耻骨尾骨肌之间的结缔组织。

2）功能方面

经尿道中段锚定试验可控制的压力性尿失禁是尿道下悬吊带手术的主要适应证。间歇性的"无意识漏尿"症状是括约肌内在缺陷（ISD）的表现。耻骨尿道韧带、尿道外韧带及吊床 3 种结缔组织结构的部分或全部松弛（图 4－29）可能是括约肌内在缺陷的主要促进原因。"运动急迫症"尤其可在耻骨尿道韧带萎缩的老年患者中发生。耻骨尿道韧带萎缩到一定程度，流出道被向后/向下的定向肌力（提肌板和肛门纵肌）强行牵拉开放。例如，当患者从椅子上站起时就会出现急迫症，这在图 4－31 中已经说明。

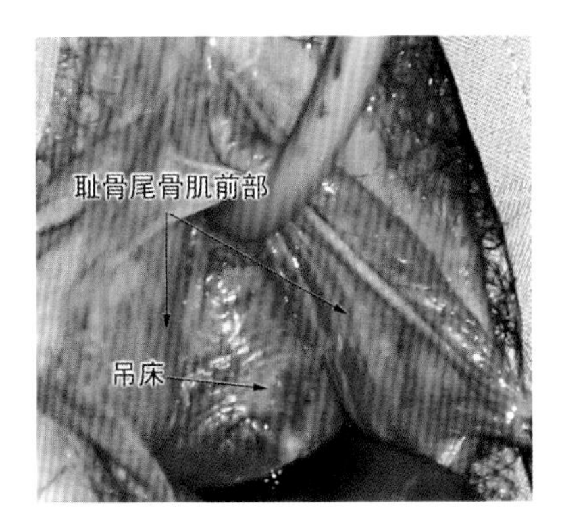

图 4-28 松弛的尿道下阴道吊床(H)

视角:向患者的阴道里看

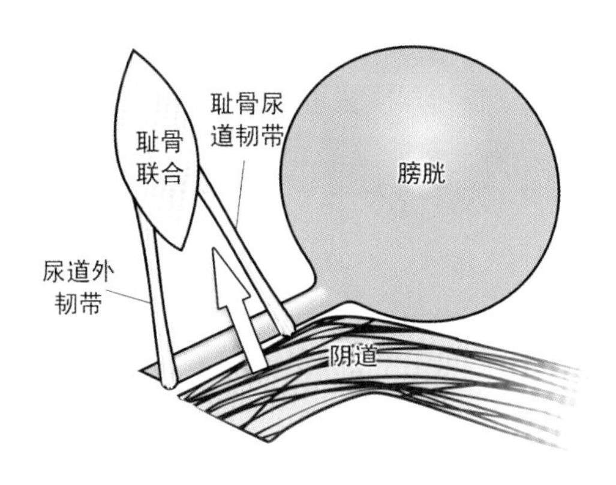

图 4-29 尿道闭合机制

阴道(V)经耻骨尾骨肌前部(箭头)对应于尿道外韧带(EUL)和耻骨尿道韧带(PUL)牵拉被拉向前、向耻骨方向。EUL、PUL 或 V 的松弛可使经肌肉的关闭力失效

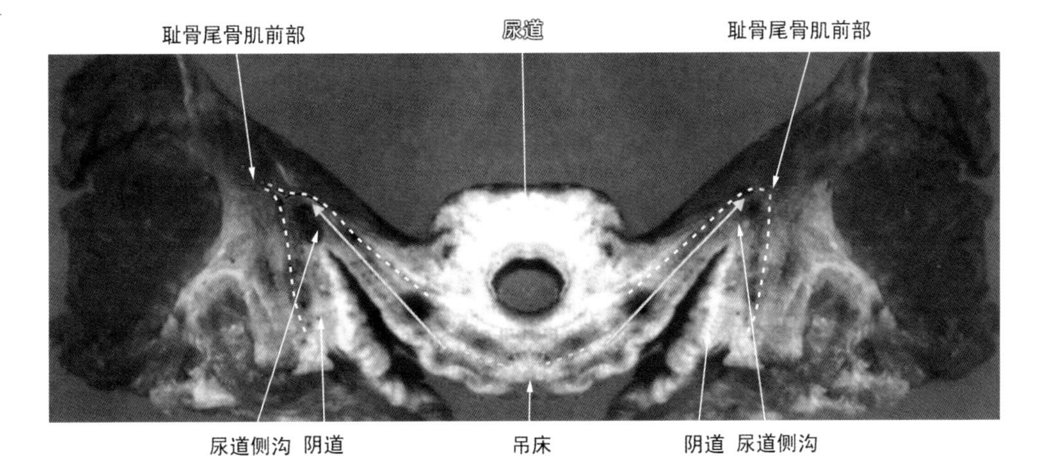

图 4-30 阴道的冠状切面(引自 zacharin)

注意阴道(V)是如何在侧沟(S)处附着于耻骨尾骨肌前部(LA)的。箭头标示吊床"H"从后方关闭尿道的定向运动。[尸体解剖,经许可,引自 Zacharin(1961)]。1990 年使用超声检查证实了吊床关闭机制(图 4-32 和图 4-33),并在 1994 年得到 DeLancey 的证实

4.3.1.3 方法:用吊带加强薄弱的耻骨尿道韧带

若耻骨尿道韧带薄弱,提肌板(LP)和肛门纵肌(LMA)可将流出道从"C"(关闭位置)牵拉到"O"(开放位置)(图 4-31)。吊带用来加强耻骨尿道韧带(图 4-31)。提肌板对应于吊带向后牵拉尿道,从而使膀胱三角具有张力。三角延伸到尿道外口,并像吊床的"夹板"一样在耻骨尾骨肌关闭尿道时起作用。因此,阴道吊床必需充分地绷紧才能够充分地关闭尿道。

若吊床或吊带过分松弛，就会导致手术失败，使得尿道内径被牵拉开放，从关闭位置“C”状态到开放位置“O”状态（图 4－31）。反之，若悬吊带过分紧固，可压缩尿道。肛门纵肌可激发膀胱三角平面围绕着吊带转动，该功能依赖于子宫骶骨韧带能够满足肛门纵肌向下的肌力发挥正常作用。这一机制解释了后部吊带手术后为什么常可使压力性尿失禁的症状得到改善。

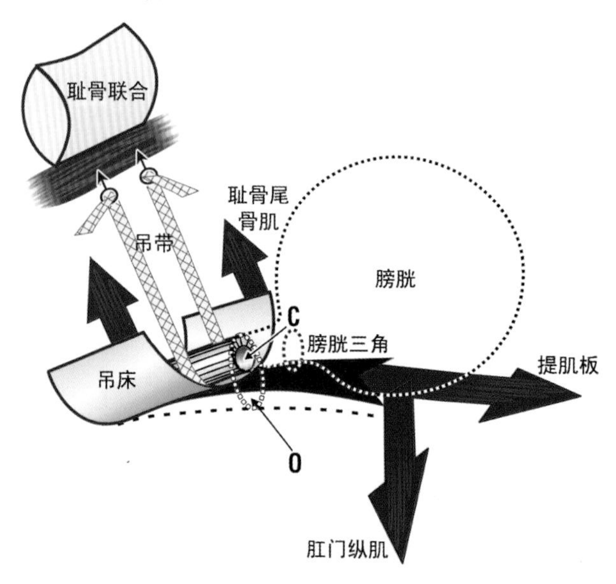

图 4－31　耻骨下的组织固定系统

植入尿道中段的聚丙烯网带通过为所有肌力（箭头）提供坚固的锚定点而加强耻骨尿道韧带，若耻骨尿道韧带薄弱，后部肌力（箭头）则强制性地将尿道从关闭位置“C”牵拉到开放位置“O”

修补阴道前部缺陷的目的有以下几点：通过植入吊带加强耻骨尿道韧带但不压缩尿道中段；紧固松弛的阴道吊床；通过缩短松弛的尿道外韧带固定尿道外口。坚固的尿道外韧带对于球海绵体肌和坐骨海绵体肌固定尿道外口以及对于吊床关闭机制正常地发挥功能是必需的（图 4－33）。

1）修补尿道外韧带（EUL）和吊床的基本原理

尿道闭合发生在尿道远端（图 4－33）。通常需要额外地缝合一针，但最多额外地缝合两针即可紧固吊床和 EUL。若存在括约肌内在缺陷（ISD）[最大尿道压低于 20cmH_2O]，那么同时修补吊床和尿道外韧带是很关键的。因为解剖的完全恢复无疑将提高手术的成功率。在 11 例患者的亚组中，ISD 患者的治愈率大于 90%，高于总组的治愈率（88%）（Petros，1997）。

2）修复前部解剖的手术方法

尿道下“无张力”悬吊带：

主要的指征是治疗压力性尿失禁。聚丙烯悬吊带以“U”型的方式被植入在尿道中段下方，两端到腹直肌鞘的平面（图 4－34）（Petros & Ulmsten，1993；Petros 1996，1997；Ulmsten

等,1996)。吊带可以用一些商业上可得到的递送器械经腹或阴道植入。吊床要充分紧固,尿自禁与尿失禁之间的区别也许仅是2mm的松紧度,故精确性是非常关键的。

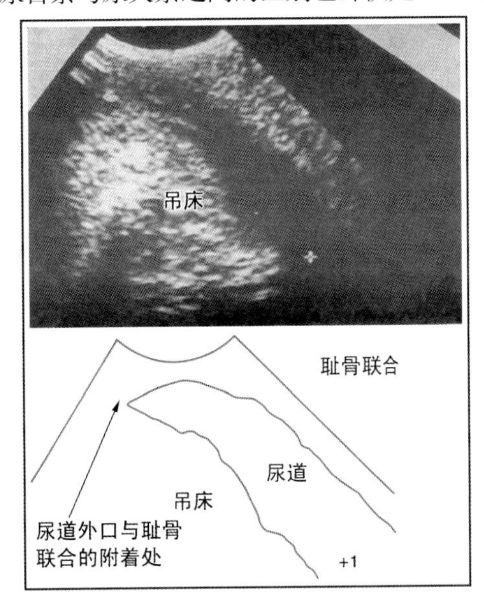

图4-32 一个尿自禁妇女静息时的经腹超声图像
(引自Petros & Ulmsten,1990)

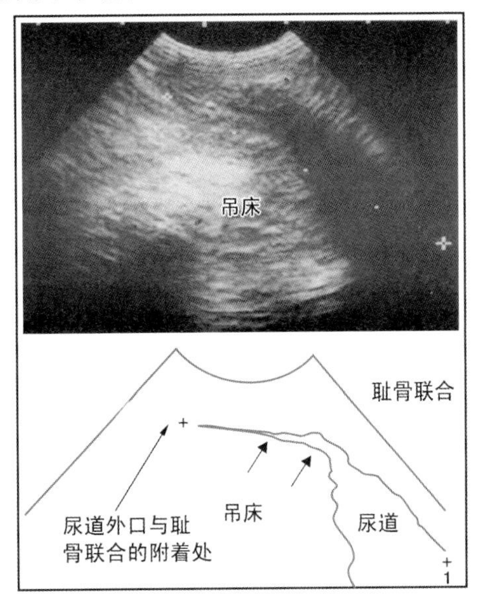

图4-33 用力时的超声图像
箭头显示作用于阴道壁的肌力是如何从后方(箭头)关闭尿道腔(U)的。"E"表示尿道外口与耻骨联合(PS)的附着部位。显然,若"E"松弛,尿道远端的闭合就要受到损害了

吊带向膀胱颈的滑动是术后尿潴留的原因。对于一个很可能滑动的特殊的患者,可用00号的Dexon线将吊带缝合固定在一侧的尿道旁组织上。

下面介绍尿道下"无张力"悬吊的四种手术方式:经阴道中线的方式、经耻骨上的方式、经尿道旁的方式和经闭孔的方式。

经阴道中线的方式 尿道中插入的导尿管当作夹板以减少尿道穿孔的可能性。牵拉阴道壁,沿中线从尿道外口到尿道中段作全层切开(图4-35a,图4-35b),在阴道和尿道间用剪刀向侧方分离,继续在耻骨骨膜和耻骨下韧带之间用剪刀穿透泌尿生殖膈,造成一个直径约6mm的空间,足够让递送器械顺利进入。下面介绍的方法适用于所有经阴道的递送器械。

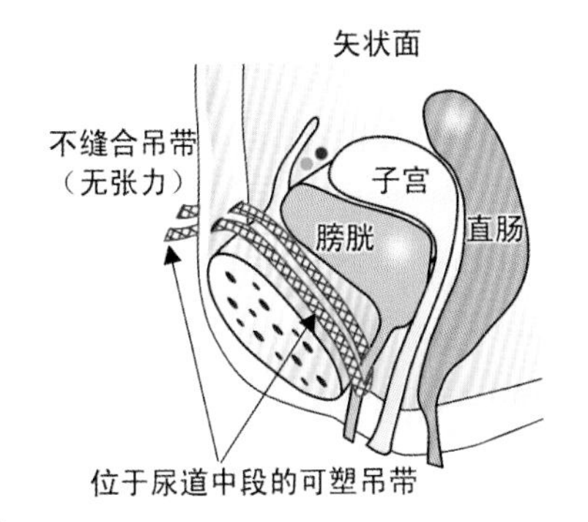

图4-34 尿道中段"无张力"悬吊带加强了耻骨尿道韧带(Petros和Ulmsten,1993)

无论使用何种递送器械,在会阴隔膜造孔都是最关键的步骤,因为这种方法增加

了本质上为盲视操作的安全性。所造之孔既可避免递送器械的过度插入，又可使递送器械始终在很好的控制范围之中，从而有助于避免该操作的严重并发症，如膀胱和大血管损伤等。此外，若耻骨下静脉窦破裂，因为有血液自孔中流出也能及时发现。用手指从下方靠着耻骨压迫3分钟就可以控制出血。

一旦递送器械的尖端进入泌尿生殖膈后，立即将三角形的翼柄移动至水平位置，这是另一个关键的步骤。因为髂外血管可能在递送器械尖端旁仅1.5～2cm，若三角形翼柄是水平的，递送器械只能向上移动而不会损伤髂外血管。压迫止血不适用于耻骨联合后方。

只要轻轻地用指尖的压力在耻骨后表面向上推动递送器械的尖端，就可以极大地减少膀胱穿孔的发生率；在腹直肌鞘水平会遇到阻力，在这一点给予足够的力量使器械的尖端"突破"而通过；保留吊带在原位。对侧重复该项操作。

当两侧吊带都就位后，用500ml生理盐水充盈膀胱，并行膀胱镜检查。为了充分扩张膀胱以确保没有折叠掩盖任何穿孔，500ml的容量是必需的。应仔细搜寻，尤其在11点和1点方向位置处气泡的周围更要仔细检查，这是该操作最易发生穿孔的位置。

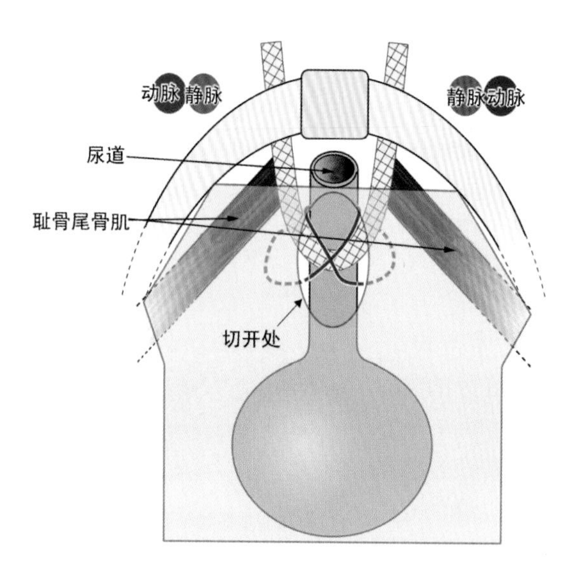

图4-35(a) 中线切开

紧固吊床可以从下方支撑吊带。视角：从阴道前壁看进去

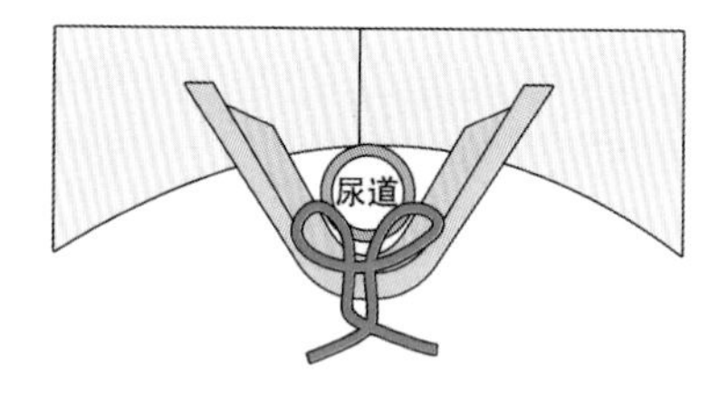

图4-35(b) 吊床的缝合

绷紧阴道筋膜，这样阴道在尿道下方起支撑作用，缝合尿道外口下方的切缘紧固松弛的尿道外韧带。注意尿道是如何向上向耻骨支方向移位的。视角：尿道外口水平的冠状切面

若所用吊带无伸展性，则插入一根 7 号 Hegar 扩张棒固定尿道，并向上一点一点地牵拉吊带，牵拉时要施以适当的张力以确保吊带没有被折叠。操作时，扩张棒应始终向下压以减少尿道的压缩。在这一点，可以直接观察吊带是否过紧：吊带应当与尿道接触而不使尿道成穴（图 4－36），若尿道被吊带压缩出现压痕，应放松吊带。保持吊带的无张力状态，切不可将吊带缝合在腹部肌肉上。

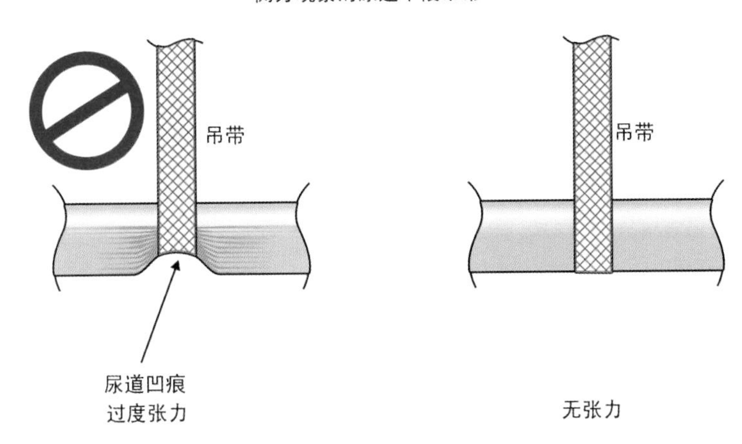

图 4－36　无弹性的吊带（侧方观察）

吊带应当与尿道接触，接触增加了吊带的黏性摩擦力，使其表面化的可能性减小。若使用弹性吊带，因为其术后的弹力回缩，手术医师必须"推测判断"吊带与尿道间需要留下的空隙大小

若所用吊带是弹性的单纤丝带子，则应考虑到带子以后的收缩而在吊带和尿道之间留下 0.5mm 的空隙。

经耻骨上的方式　在解剖学上，经耻骨上的方式除了递送器械的进入是从上向下以外，其他均与经阴道中线的方式相似。

经尿道旁的方式　经尿道旁的方式在 20 世纪早期首先被用于 Goebell-Frangenheim-Stoeckel 悬吊带手术中。在应用该方式的修补中，吊床被重新锚定于尿道关闭肌上，因此，该方式提供了解剖学上更加精确的修补。若尿道侧沟较浅，该方式尤为适合。修补尿道外韧带则是更多地从解剖学上的考虑，因为这不会压缩尿道外口。该方式的缺点是需要两个切口，而且在阴道壁和尿道之间的组织中必需制造一个隧道。在尿道侧沟较深的患者中，该项操作很难完成。

在两侧的尿道侧沟各作一个纵向的全层切开，正好从尿道外口平面的下方至尿道中段平面（图 4－37）。用 Foley 导尿管来辨别膀胱颈。

在尿道中段平面，在阴道和尿道之间制造一个尿道下隧道（Tu），将吊带插入隧道并用递送器械使其从前腹壁穿出。用膀胱镜检查。向上牵引吊带，一次一边，同时用 7 号 Hegar 扩张棒调整吊带的张力。

经闭孔的方式 在该方式中，用一种特殊的器械在尿道中段植入无张力吊带，从闭孔的中间边缘进入。因为耻骨尿道韧带垂直下降，而吊带被水平放置，故严格地说，这不是一种解剖上的修复。该术式最大的优点是避免了膀胱穿孔，潜在的缺点是从内向外穿刺时可能损伤闭孔神经和血管，以及从外向内穿刺时可能损伤尿道。

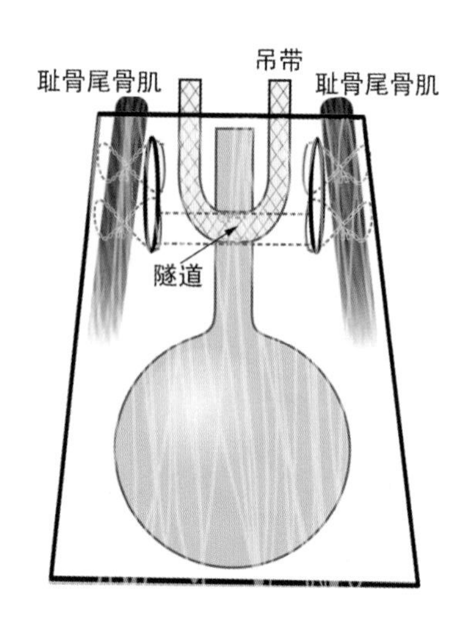

图 4－37 尿道旁的阴道壁切口

吊带穿过切口之间的隧道“TU”。视角：直接向阴道里看

阴道前部 TFS 悬吊带手术：

前部 TFS 悬吊带手术(Petros & Richardson，2005)(图 4－38)是从治疗压力性尿失禁的“无张力”吊带手术直接发展而来的。在尿道外口正下方至尿道中段之间的阴道壁上，沿中线作全层切开，用剪刀将阴道与尿道向侧方和向下方分离，分离超过会阴隔膜上方 0.5～1cm，制造的空隙应足够让放置器通过。放置器进入分离的空隙后被触发而释放 TFS 固定器，吊带受到牵拉并有一个急速而短促的移动将固定器的弹簧固定到组织中。牵拉吊带的游离端可以测试固定器的“抓力”。在另一侧重复该操作步骤。由于放置器对固定器的底部提供了反向的压力，吊带在用 18 号 Foley 导尿管扩张的尿道上被充分绷紧但不会使尿道成穴。剪去游离端的吊带。然后，阴道吊床筋膜和尿道外韧带与尿道外口的附着处用 00 号的 Dexon 线缝合紧固，就像前面描述的一样。不需要膀胱镜检查，平均手术时间约 5min。

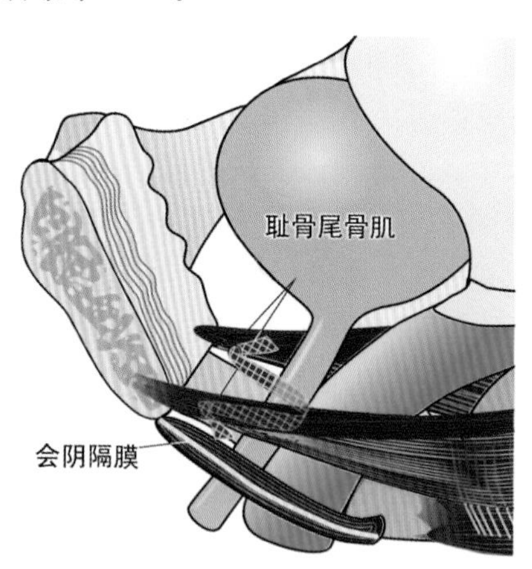

图 4－38 TFS 固定器的解剖位置

吊带被锚定到盆底肌肉的下面

所有患者在手术 24h 内出院，没有发生术后尿潴留，仅在第一组的 36 例患者中需要用对乙酰氨基酚（扑热息痛）镇痛（Petros & Richardson，2005）。压力性尿失禁的 TFS 手术治愈率似乎与“无张力”悬吊带术相同。

缩短尿道外韧带（EUL）：

保留 18 号 Foley 导尿管在尿道内，用带有 0 号或 00 号缝线的小针从 EUL 附着于尿道外口处旁约 1cm 处进针，缝线插入两侧的 EUL 并向中线靠拢，在阴道吊床缝合后打结。该步骤只在 EUL 松弛时应用，特别要注意不能压缩尿道远端。在大多数患者中，该步骤可与吊床缝合结合在一起。若该操作不能加固 EUL，就需要插入吊带（参见下文）。

用一小段聚丙烯吊带加强尿道外韧带（EUL）：

该手术适用于尿道外韧带十分松弛的患者，对漏尿可用“模拟操作”技术控制的患者更加适用：当患者咳嗽伴膀胱充盈时，用手指压迫尿道外口旁侧（参见第三章）。在韧带处作垂直切口，几乎达耻骨；将尺寸约 0.5cm×0.8cm 的矩形带子插入切口内并缝合使切口关闭。该手术可非常有效地加强 EUL，然而，在某些患者中可能发生吊带的滑动和被挤出/脱落。

吊床紧固：

在尿道内保留 18 号 Foley 导尿管，用短针的尖端从里面穿透阴道两边的筋膜组织，采用水平褥式缝合使筋膜组织向中线靠拢（图 4－35a 和图 4－35b）。缝合时避免与吊带接触。针插入到 EUL 下端，这样仅用一次缝合就能同时加固 EUL 和吊床。

4.3.1.4　尿道中段“无张力”悬吊带手术可能的术中并发症

需要强调的是，用递送器械在尿道下植入悬吊带是盲视的操作过程。膀胱前凹内的小肠、膀胱、髂外血管以及闭孔神经和血管均位于递送器械插入途径的 2～4cm 内。在骨正下方的盆膈上制造一个洞穴以确定递送器械的方向，使其只能向上移动，这样就可以大大减少严重的并发症。

1）递送器械难以通过

再次用剪刀打通通道以及避免在三角形翼柄上施以过度的压力是很重要的。因为这样会使递送器械的尖端“插入”到耻骨联合的软骨中，阻碍其向上移动。在再次插入过程中，应始终保持三角形翼柄处于水平位置。

2）由以前尿失禁手术引起的耻骨后纤维化

在由以前手术引起耻骨后过度纤维化的部位，可以用分离剪在骨膜和瘢痕组织之间分离出一个解剖平面，一旦平面形成，继续向上分离 2.5～3cm，这样就在骨和瘢痕组织之间为递送器械的插入制造了一个空隙。若仍有阻力，再次插入剪刀并继续进一步向上分离，始终使剪刀的角度朝向耻骨。然后再次插入递送器械。在罕见的情况下，只能插入一侧的悬吊带，这时就将悬吊带的另一侧深深地插入到耻骨尾骨肌上。

3）腹直肌鞘的瘢痕形成

若以前腹部手术形成的瘢痕组织阻碍递送器械穿出腹部表面，手术医师偶尔需要用手术刀切开腹部直到腹直肌鞘，以帮助递送器械穿出。

4）吊带引起的尿道压缩

在尿道中插入 7 号 Hegar 扩张棒，在紧固无伸展性吊带的另一端时向下压以扩张尿道，可以避免吊带所致的尿道压缩。若用的是弹性吊带，则必须在吊带和尿道之间保留一定的空隙。

5）出血

若插入时有来自静脉窦的出血，用手指压迫 2～3min 即可止血；若出血持续存在，可以沿吊带下面涂以止血胶后再用手指压迫，直到出血停止。

6）膀胱穿孔

膀胱穿孔可以发生在膀胱上侧表面，通常是在 11 点钟和 1 点钟之间的部位。若发生了穿孔，取出吊带并重新插入。用 500ml 液体充盈膀胱后用带鞘的膀胱镜检查。有时，有穿孔而没有出血，穿孔的唯一征象是手术结束时发现因腹膜外漏出引起的低膀胱容量。若怀疑膀胱穿孔而不能明确时，在 500ml 盐水中注入一安瓿的亚甲基蓝并充盈膀胱，观察耻骨上吊带出口处是否着色。

7）吊带引起的尿道阻塞

若手术后 48h 内完全不能排尿，通常表明吊带阻塞了尿道，必须用手术解除。在作者已经历的少数病例中，曾用显微镜发现这些吊带始终处于张力下，已经被磨光，用尖刀片轻触吊带时，吊带立即缩回。

8）TFS 固定器的滑动

在最初 36 例患者中，只在 1 例患者中出现了一侧吊带的整体滑动，表现为巨大的阴道肉芽肿（Petros & Richardson，2005）和复发性的压力性尿失禁。此后，对这位患者又实施了 TFS 手术并取得了成功，这表明不论前次手术失败的原因是什么，该手术在方法学上是合理的。

4.3.1.5 尿道中段悬吊带术结束时对尿自禁的测试

以前认为，咳嗽时调整吊带的张力是该手术的重要部分（Petros and Ulmsten，1993）。然而，因为三要点的修补（PUL，EUL 和吊床）分散了负载，使尿自禁的测试不很重要了。这样，就可以在患者全身麻醉的状态下更安心地做手术（Petros，1999）。

4.3.2 阴道中部手术

4.3.2.1 阴道中部的结构

耻骨宫颈筋膜作为一种阔筋膜伸展在膀胱颈与子宫颈环或子宫切除术后的瘢痕之间（图 4－39），膀胱底就位于该筋膜之上。阴道壁内的胶原和平滑肌为该筋膜提供主要的结构成分。中心（膀胱膨出）、侧方（“阴道旁缺陷”）或者子宫颈环附着处（“横向缺陷”）的结缔组织松弛造成的疝很难用传统的方法进行修补。因为其复发率高达 1/3。

第四种缺陷(医源性)是指在膀胱颈区域因手术瘢痕引起过度紧固或膀胱颈过度抬高。须用整形手术重新恢复该区域(“关键弹性区”)的弹性。

阴道中部没有横向韧带,耻骨宫颈筋膜便是主要的支持结构。由于其上受到腹腔内压力和其下受到重力的双重作用,该筋膜具有内在的脱垂倾向。所以,通常认为这是阴道最难修补的部分。

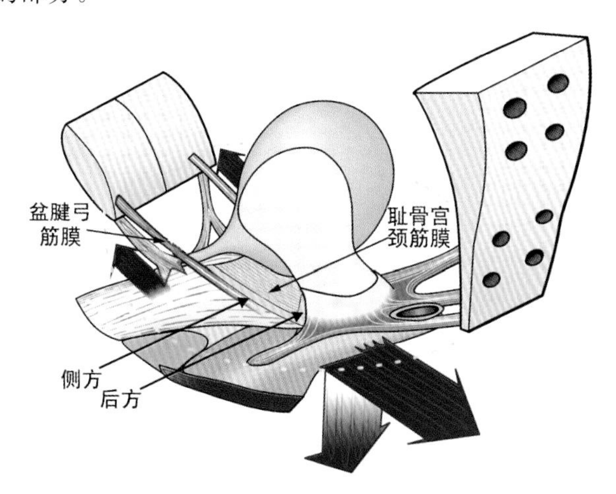

图 4－39　耻骨宫颈筋膜

阴道壁的纤维肌层(耻骨宫颈筋膜)在侧方附着在盆腱弓筋膜上,在后方通过胶原组织(黄色)附着在子宫颈环上。侧方的移位将导致阴道旁缺陷,后方的移位则导致高位膀胱膨出。肌肉收缩(箭头)牵拉耻骨宫颈筋膜以支撑膀胱底(见“蹦床模拟图”)

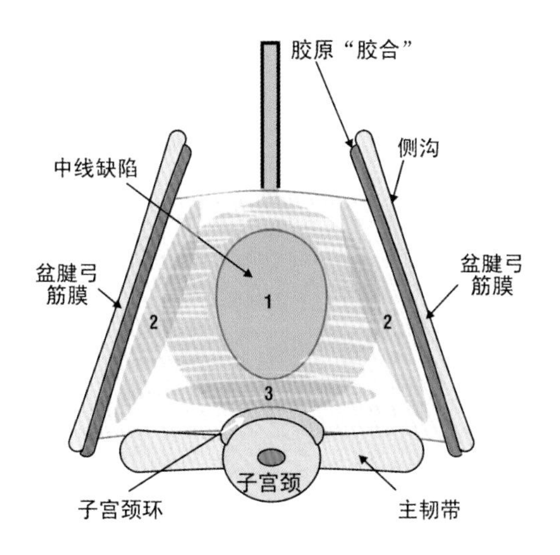

图 4－40　盆底筋膜潜在的损伤位置

1. 中心缺陷(耻骨宫颈筋膜的中心部分);2. 阴道旁缺陷(盆腱弓筋膜及其胶原结构);3. 高位膀胱膨出(耻骨宫颈筋膜与子宫颈环的附着部分,“横向缺陷”)。从下面看的二维视图,视角:从阴道前壁看进去阴道悬吊在侧方的盆腱弓筋膜(ATFP)和后方的子宫颈环之间。正确诊断何种结构受损，如中心膜、粘附在 ATFP 上的胶原结构或 ATFP 本身或者与子宫颈环的附着等损伤，是修补的重要前提(图 4-39,4-40)。

盆腱弓筋膜(ATFP)作为两条悬吊线伸展在耻骨联合和坐骨棘之间，认识到这一点很有帮助。ATFP 从坐骨棘移位将使该悬吊线"下陷"。过度牵拉阴道和相邻肌肉之间的胶原结构可以使阴道侧沟变平。若中心筋膜层(PCF)完整，则可以看到阴道皱褶。若要修复成功，所用手术方法需同时处理 PCF、ATFP 和子宫颈环 3 种结构。

4.3.2.2 受损筋膜的定位

图 4-41 中的圆圈简单地表示胎头下降时是如何伸展阴道的纤维肌层("耻骨宫颈筋膜"，PCF)这个主要的支撑结构的。当 PCF 从子宫颈环移位时，形成高位膀胱膨出；损伤进一步向下延伸，则形成中心的膀胱膨出以及侧方的阴道旁缺陷(图 4-40,4-41)。

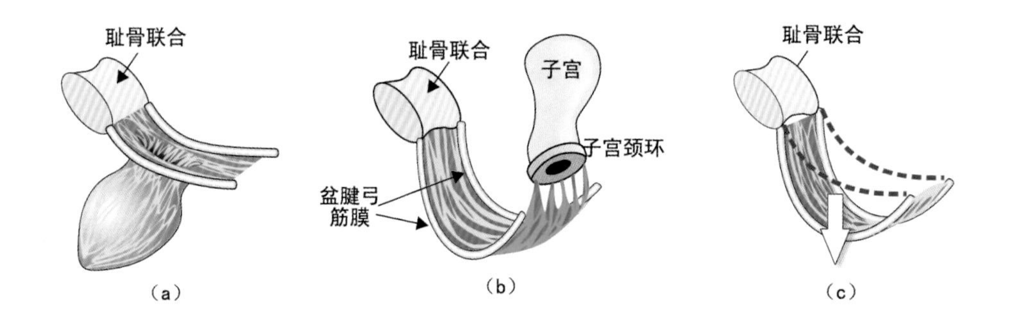

图 4-41 3 种缺陷之间的结构差异

a. 膀胱膨出；b. 脱位的子宫颈环，高位膀胱膨出；c. 阴道旁缺陷(矢状面视图，3 种情况都表现为阴道"肿块")

中心膀胱膨出(图 4-43)是由耻骨宫颈筋膜(PCF)断裂或变薄引起的膀胱底脱垂，检查时可见到膨出的表面是光亮的。

膀胱膨出时，因支撑筋膜断裂(或变薄)，故阴道上皮看上去是光亮的。而单纯的阴道旁缺陷，可以看到横向皱褶，在阴道侧沟用带有海绵的环形钳支撑可恢复因阴道旁缺陷引起的脱垂。当患者用力时膀胱膨出会不断增大。这两种缺陷常同时存在(图 4-44)。

图 4-44 显示了中心疝(箭头)下侧方的膨出。假若胎头压力的分布是广阔的(虚线)，在阴道旁区域中更加侧方的组织则很可能受损伤。

排除 PCF 从子宫颈环(图 4-45)移位作为急迫症状的原因是很重要的。可以采用"模拟操作"技术进行排除，即用 Littlewood 钳轻轻地压住子宫颈环的侧缘，并观察对急迫症状的影响。

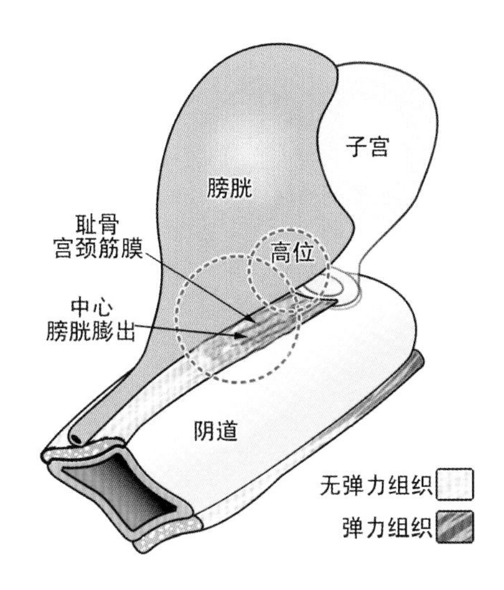

图 4-42　筋膜的损伤可引起中线或子宫颈环的缺陷(三维矢状面视图)

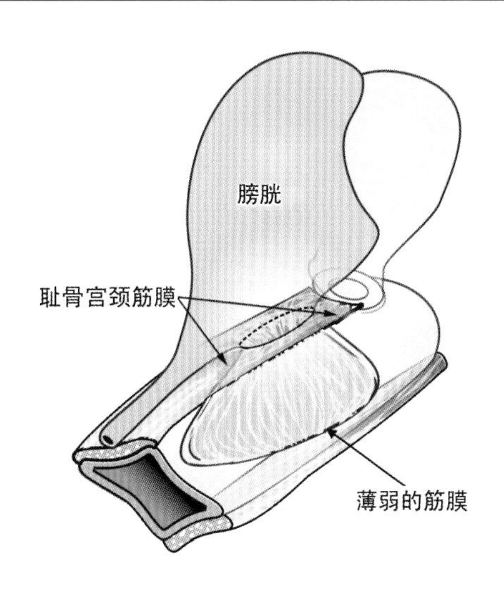

图 4-43　耻骨宫颈筋膜的薄弱引起膀胱底脱垂(三维矢状面视图)

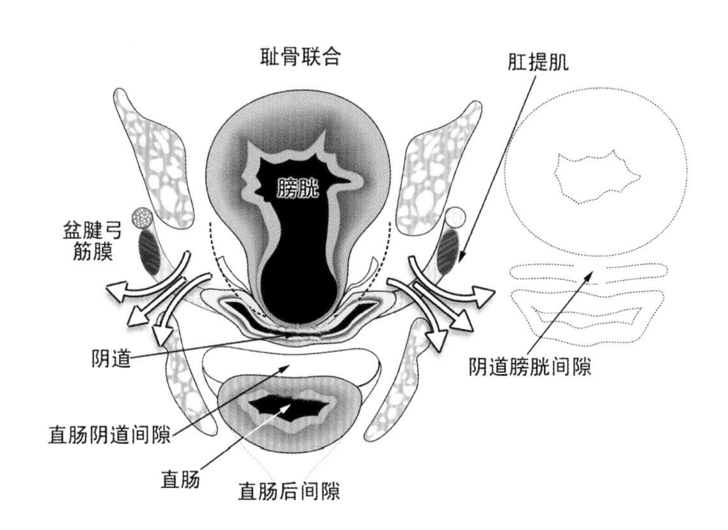

图 4-44　中心和侧方缺陷的共存(引自 Nichols)

右边的幻影图显示未损伤的阴道和膀胱的形状，虚线表示胎夹的压力

中部和后部之间的关系：

图 4-46 显示了中部和后部之间的结构关系。修补顶部脱垂也许能暂时“治愈”膀胱膨出。然而，若筋膜受损，膀胱膨出则很可能复发(图 4-47)。从功能方面来看，表面的“治愈”似乎表示对膀胱底“N”(图 4-46)提供了充分的结构支持，从而能在数周内缓解同时存在的急迫症状，但当膀胱膨出复发后急迫症状多半会重现。

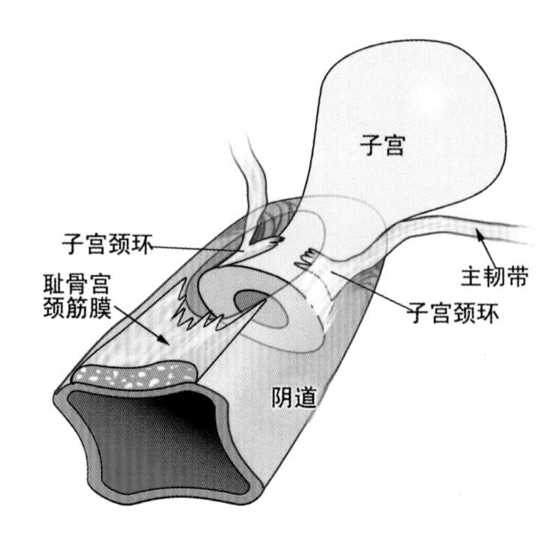

图 4-45　子宫颈环的范围

子宫颈环的侧方延伸到主韧带，断裂后因主韧带向侧方移位从而引起耻骨宫颈筋膜脱垂或子宫脱垂

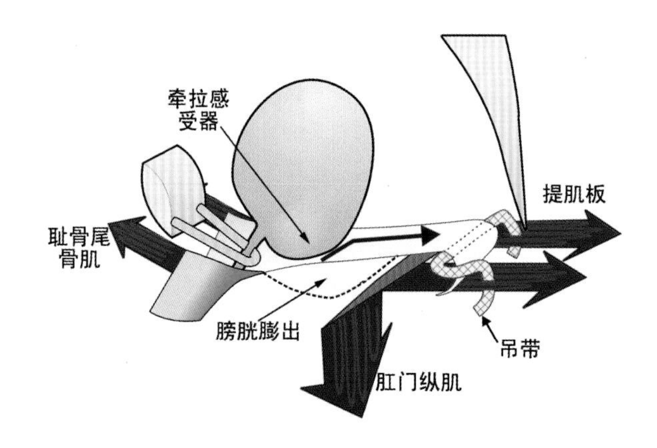

图 4-46　阴道中部和后部脱垂之间的关系

后部 IVS 向后牵拉阴道前壁也许可“治愈”膀胱膨出。但是若耻骨宫颈筋膜受损，膀胱膨出则可能复发

4.3.2.3　阴道中部手术的指征

1）结构方面

由于阴道旁缺陷、中心缺陷或子宫颈环移位所致的阴道前壁外翻可引起牵拉痛、不适，外翻时间长甚至可形成溃疡。

2）功能方面

与中部缺陷有关的主要症状是排空异常。若患者的神经末梢是敏感的，则会出现急迫症状。

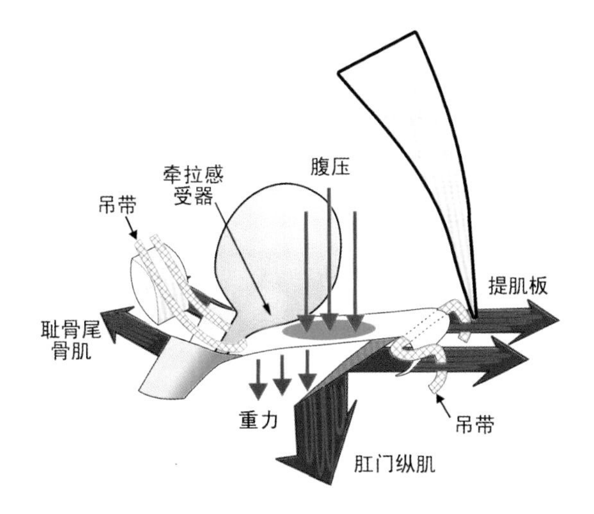

图 4－47　若筋膜受损，则阴道中部的脱垂就具有内在的复发倾向

这是由于阴道隔膜受到腹压和肌力的双重影响，而其却缺乏来自下方的结构支持

4.3.2.4　方法——阴道中部的手术修补

1）手术选择

可供选择的手术如下：

※ 直接修补——最大程度地保留阴道组织。

※ 利用多余的自体固有组织，形成“双排钮扣式”或“桥式”修补。

※ 利用网片或猪真皮来加强组织。

※ 直接利用 TFS 系统或者与“桥式”修补、应用异体组织或网片相结合，修补膀胱膨出或阴道旁（盆腱弓筋膜）缺陷。

直接修补：

直接修补始终不能充分修复被牵拉受损的组织。此外，手术部位至少需要 6 周才能获得足够的强度，从而使伤口免受作用于其上的腹压和肌力的影响而发生移位。即使伤口没有裂开，但附着在一起的组织大多已受损。

中心缺陷（膀胱膨出）　自膀胱颈下方 1cm 开始，垂直切开阴道壁全层并延伸至子宫颈环或子宫切除术后的瘢痕处。采用最小限度的分离，将膀胱从阴道壁分开，侧方至可见牢固的纤维肌性组织为止。若有可能，应避免切除阴道组织，并保证阴道上皮始终受到其下的筋膜支持。术时避免从阴道上皮内分离“筋膜层”。因为“筋膜层”只是上述阴道组织的纤维肌性层，若从阴道上皮内分离就会削弱修补的效果。

筋膜与阴道上皮之间分离只会使这些组织移位。在阴道完全外翻的患者中，尤其在前次手术修补后完全外翻的患者中，通常阴道管全部从正常的筋膜上移位（图 4－49）。应确保阴道上皮与正常的筋膜再附着（图 4－50）。阴道若缺乏下层支持（图 4－48），将再次发生完全脱垂。尽管术后阴道壁组织看上去像“打褶”，但多余的阴道上皮通常随着时间的推移而逐渐萎缩。

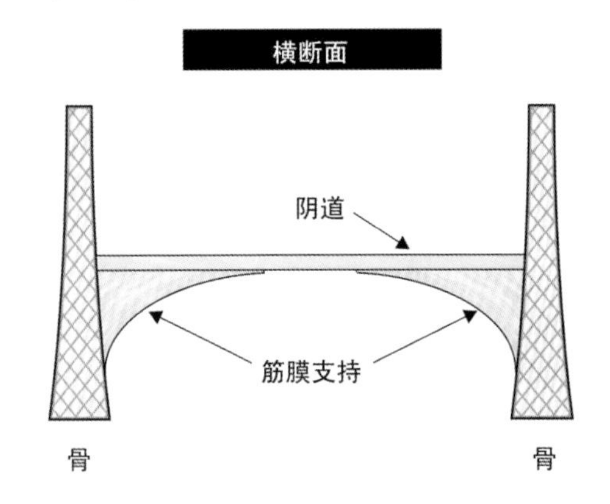

图 4-48 阴道壁及其支持筋膜的横断面
确保阴道上皮总是被下层的筋膜支持着，筋膜作为一种支持结构，类似于桥拱

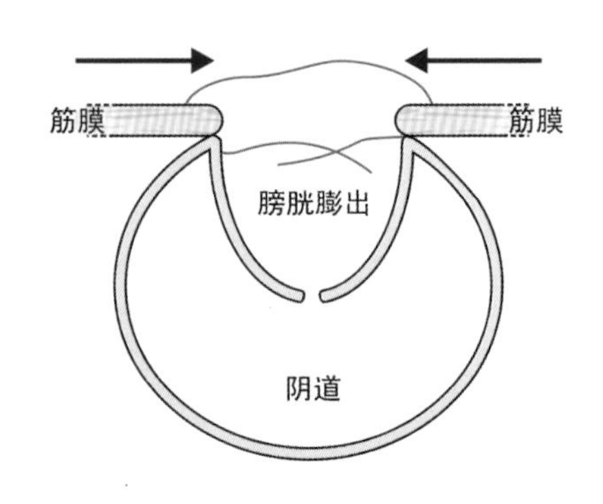

图 4-49 使筋膜层接合在一起的深层间断缝合
可使用 Dexon 线经阴道垂直褥式缝合，若不可能消除过大的张力，则可应用“桥式”、网片或横向吊带修补

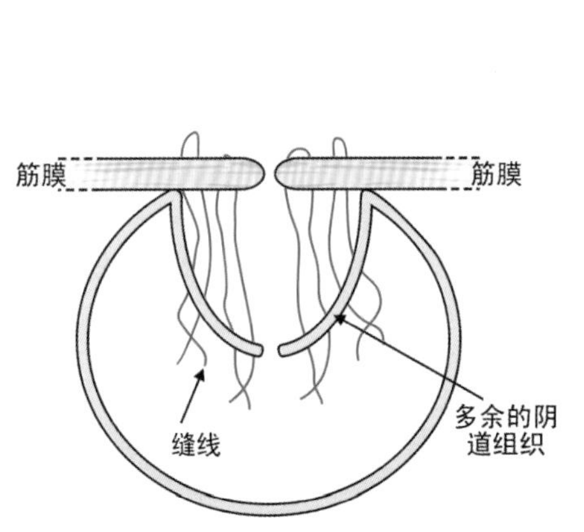

图 4-50 移位的阴道上皮与下层筋膜的再附着

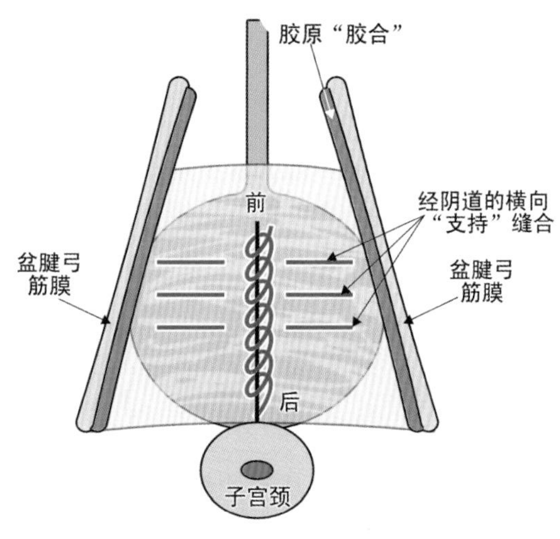

图 4-51 阴道的横向“支持”缝合

阴道的横向缝合可将筋膜层接合到中线(图 4-51)，缝合时轻轻地将横向的支持缝线收紧而不要压缩组织。用 00 号 Dexon 线连续或间断缝合切口。

子宫颈环移位(高位膀胱膨出) 在许多病例中，就在子宫颈前方或子宫切除术瘢痕处存在一个特殊位置的膨出。这种损伤通常伴随有急迫症状和膀胱排空异常。在耻骨宫颈筋膜和子宫颈环连接点正上方的阴道壁上作倒“T”型全层切开，长度距底部 2.5cm。直视下分离阴道筋膜层与膀胱达左右两侧(子宫颈环移位，“横向缺陷”)，可以避免意外的膀胱穿孔。用 1 号 Dexon 线将侧方移位的筋膜缝合在一起，并修复耻骨宫

颈筋膜(PCF)与子宫颈环的连接。缝合阴道上皮而不作任何上皮的切除。解剖学上，子宫颈环横向延伸到主韧带。筋膜附着部位的断裂引起典型的“气球样”膨出。根据作者的经验，直接修补高位膀胱膨出有高达30%的复发率。水平方向的TFS吊带沿着主韧带伸展横向越过子宫颈环，不仅重建了子宫颈环，还将耻骨宫颈筋膜融合到子宫颈环上，并通过向后牵拉从而恢复了子宫颈轴。从功能上来看，恢复筋膜张力支撑了膀胱底的牵拉感受器。迄今为止，使用TFS方法修复解剖结构的失败率是微乎其微的。

阴道旁缺陷　早在20世纪初，Dr G White就描述了该手术。但有时技术上很困难，失败率高达30%。

在两边的阴道侧沟各作一个全层切开(图4-52)。切口的平面从膀胱颈水平开始延伸几乎达坐骨棘。用Littlewood钳牵拉切口的上缘和侧缘，分离打开膀胱和肌肉之间的空隙，用一个薄的直角牵开器牵开阴道切口的中间部分，判别膀胱和耻骨尾骨肌侧方的界限。用粗针穿入0号或1号Dexon线，深深地插入耻骨尾骨肌，最好插入到盆腱弓筋膜上，然后再插入到阴道切口的中间部分，在最低张力下打结。至于在哪儿插入缝线，这是个判断问题。过紧的缝合非常可能造成缝线撕裂。

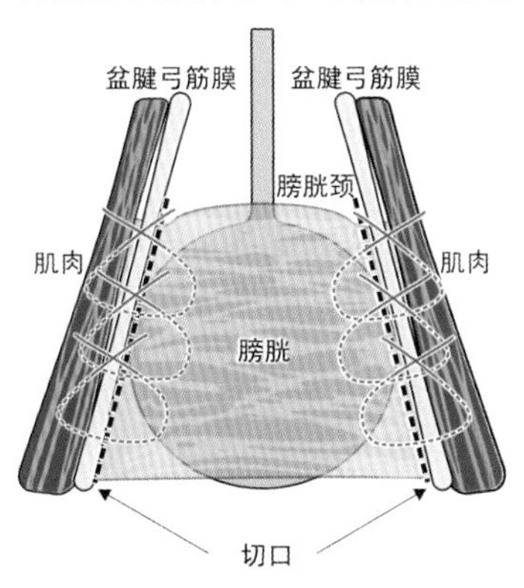

图4-52　阴道旁缺陷的直接修补

视角：从阴道前壁看进去

存在几种可能的并发症。输尿管位于盆底肌肉上方，紧贴在腹膜下，其进入膀胱壁的部位易受到损伤。由于手术是在腹膜表面的下方进行，故输尿管只在进入膀胱的这一点易受损伤，因此用直角舌状压板轻轻地将膀胱壁向中间推开即可避免损伤。

在重建筋膜连接时，将薄弱的阴道壁向侧方牵拉可进一步削弱阴道的中心部分，从而在以后的日子里引起膀胱膨出。其实无需介意所采用的手术方法，手术者只不过是将受损的组织与受损的组织缝合在一起而已。

自体固有组织的保留和再利用技术：

自体故有组织的双层技术可以有效地阻止疝的进一步形成，并可以代替网片的使用。这项技术仅用于伴有巨大疝形成的患者。需要强调的是，这些手术并非总能使组织获得充分的张力，某些症状会持续存在。因此，在与有张力的 TFS 悬吊带联合使用时，手术效果更好。

膀胱膨出的桥式修补 对于巨大疝形成的患者来说，在阴道前壁作一个叶状切口（“桥”），并将其深深地固定到侧方的正常筋膜而不切除阴道壁组织，这种做法是明智的（图 4－54）。主要的并发症是在桥上向中间牵拉阴道可使阴道侧方薄弱，从而造成阴道旁缺陷。5％的患者会出现尿潴留。阴道前壁桥式修补的步骤和注意事项如下：

※ 评估桥的宽度。

※ 用 Allis 钳将估计要作的桥的远端与近端挟起，将侧方的阴道壁向中线牵拉以确定桥的宽度。

※ 牢记：过宽的桥更可能受到损坏。

※ 在阴道前壁作一个全层叶状切口，任何时候切口都应位于膀胱颈的后方。

※ 应用最小限度的解剖分离切缘。

※ 烫除或切除叶状切口表面的上皮细胞。

※ 在膀胱和阴道之间向侧方分离，将桥的边缘与侧方的正常筋膜缝合在一起，桥的前端固定在阴道壁下面，桥的后端固定在围绕子宫颈环或顶部瘢痕的组织上。用一根连续的 1 号垂直褥式支持缝线将桥和其余的阴道壁缝合在一起。

※ 用 00 号 Dexon 线缝合阴道壁切口。

※ 避免桥过度绷紧。

阴道壁修补时缩窄环的形成：就形状而言，阴道实际上是一个管道（图 4－53）。切除阴道组织可能使阴道缩短和狭窄，同时修补阴道前后壁可能使阴道节断性缩窄成"V"形。为了避免这种“沙漏”状缩窄，最好不要切除阴道组织。

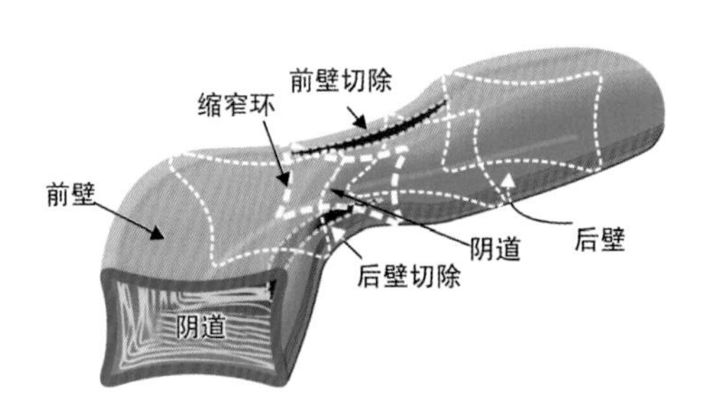

图 4－53 阴道节断性狭窄

视角：患者仰卧位

膀胱膨出的双排钮扣式修补 “双排钮扣式”技术（图 4－55 至 4－59）适用于阴道组织过多和菲薄的患者，或者外翻性膀胱膨出的患者。手术方法简单，效果很好。其基本原理是双层组织的强度远比替代物、切除组织或牵拉组织要强得多。在中心膨出的上方造成两个皮瓣。主要的并发症是缝合过紧而可能撕裂一侧皮瓣。

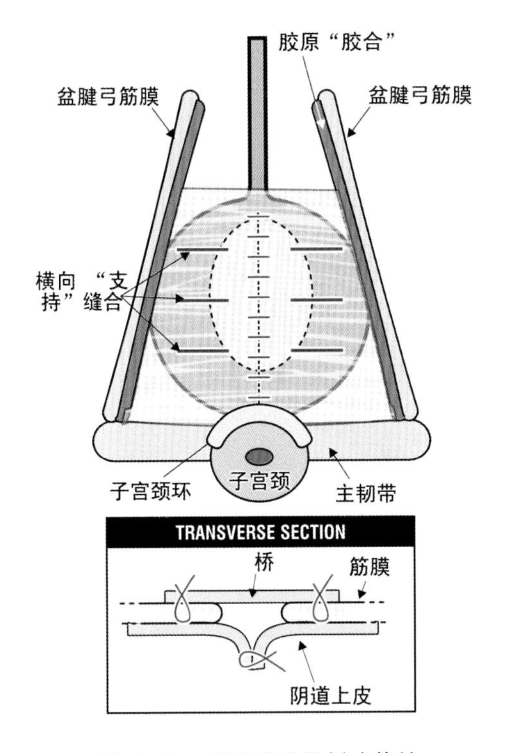

图 4－54　膀胱膨出的桥式修补

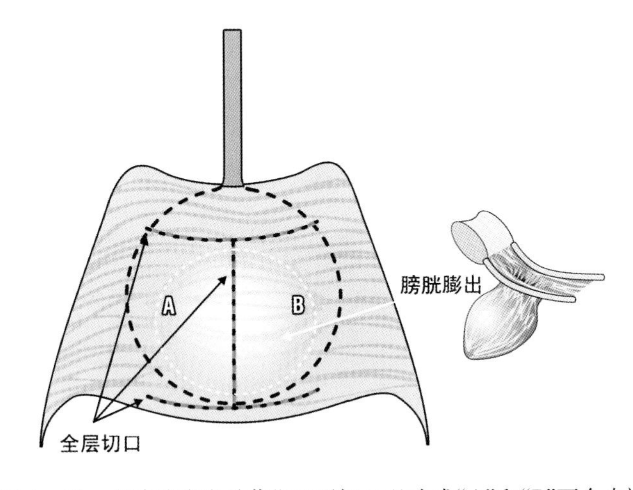

图 4－55　在膀胱膨出处作“H”型切口以造成“A”和“B”两个皮瓣

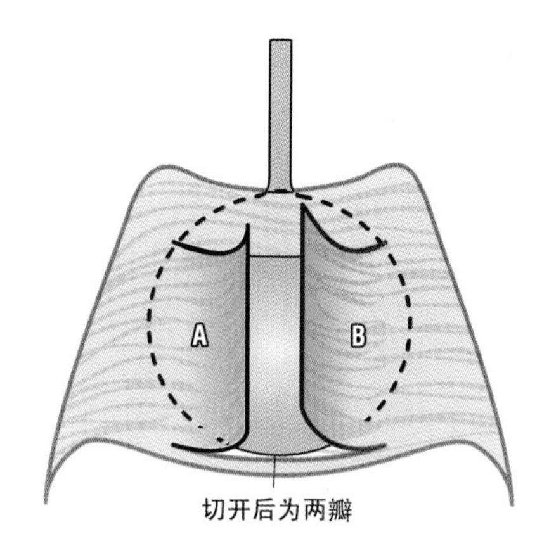

图 4-56　采用最小限度的解剖分离皮瓣“A”和“B”

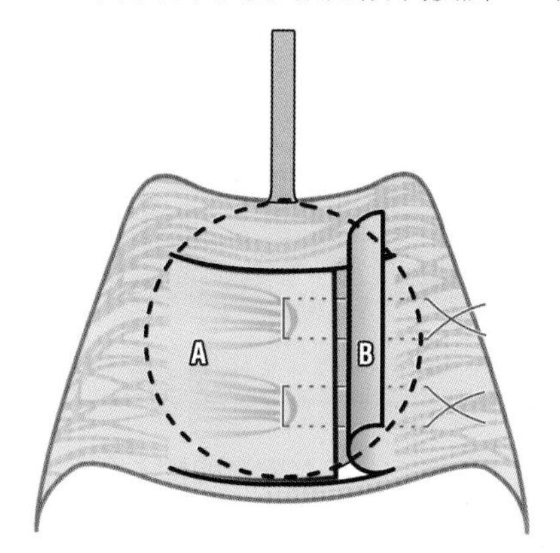

图 4-57　将皮瓣“A”牵拉到皮瓣“B”的下方

用 1Dexon 线缝合底部皮瓣“A”2～3 针，并将线完全拽向侧方，穿过皮瓣“B”的外面打结

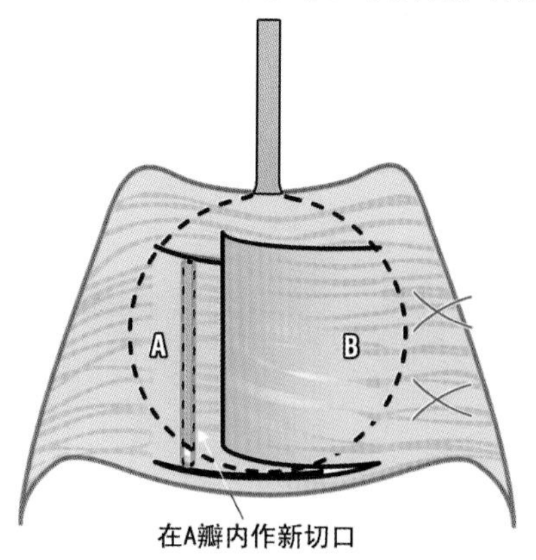

图 4-58　在皮瓣“A”作一个全层的垂直切口

切口充分地向侧方显露使皮瓣“B”的切缘固定到该切口中，但不能产生张力

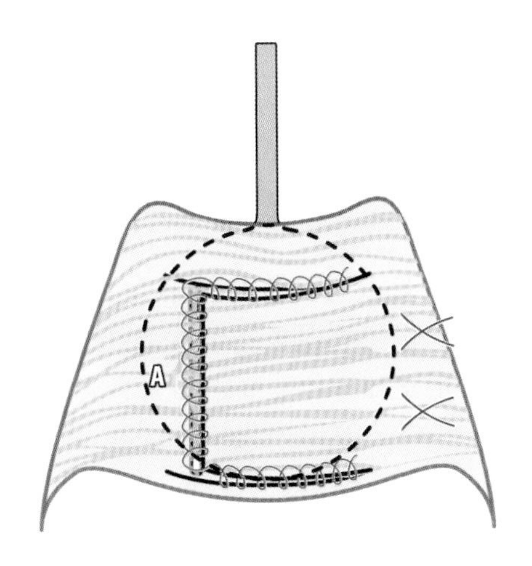

图 4-59　将皮瓣"B"的切缘缝合到皮瓣"A"的切缘内

最低限度地向对侧牵拉皮瓣"B"就像双排钮扣式外套一样,用间断缝合将皮瓣"B"缝合到皮瓣"A"的切口内。通过缝合连接皮瓣"A"和"B"的水平切缘后,修补就完成了

用 TFS 或网片加强修补效果:

阴道中部的 TFS 修补　如何获得阴道中部缺陷的长期治愈,这是阴道重建手术中最困难的问题(Shull,B. ,pers. comm.)。对使用大块网片造成瘢痕组织过度挛缩的担心促进了用于修补膀胱膨出的 TFS 手术的发展。因为网片周围的瘢痕组织具有年龄相关性挛缩的特征,故仍有相当一部分患者在手术后若干年发生"阴道束缚综合征"。

TFS 修补中部缺陷的应用一直在发展。最初,中心和阴道旁缺陷分别被修补,但发现许多患者同时存在两种缺陷。后来采用植入 3 个水平方向的吊带治疗两种缺陷,尽管有效,却浪费吊带,并且需要相当大的阴道侧方的解剖,在以前做过膀胱膨出修补术的患者中,因为有膀胱穿孔的风险,这种方法是困难的,甚至是危险的。随着仅使用一根吊带可同时修补侧方和中心缺陷的"U-悬吊带"手术的发展,这种困境才得以摆脱。

在较低的水平方向植入吊带修补子宫颈环缺陷时,应注意子宫颈环实际上是主韧带的一部分,这种认识导致了独立的"子宫颈环"手术的发展,在该手术中,吊带在侧方沿着主韧带被植入。可采用横向植入,或者"U"形悬吊与子宫颈环手术结合使用,并完全可取代网片。以下就介绍 TFS 手术。

阴道旁的 TFS 修补　该手术仅用于单纯盆腱弓筋膜缺陷的患者,但通常已被"U-悬吊带"手术代替了(图 4-60 和 4-64)。"U-悬吊带"手术也可用来修补中心缺陷。

自尿道中段平面至近坐骨棘,在阴道侧沟作一切口,将膀胱向中间推移,吊带的一端被固定在距坐骨棘中间的组织上,另一端很像耻骨下的 TFS 悬吊带一样被固定在耻骨下方。然后将切开的阴道中间部分深深地固定到肌肉或 ATFP 上(但是不要太紧),这非常像经典的 White 手术一样。与经腹的阴道旁修补方法比较,该技术更简单、安全,且手术仅花费少量时间。但其主要缺点是不能处理同时存在的中心缺陷。

膀胱膨出的TFS横向修补 沿膀胱膨出的长轴作全层中线切口(图4-61),尽量向侧方分离膀胱与阴道,使TFS手术完全在直视下操作。解剖分离时要部分充盈膀胱,以便提供TFS插入的安全性,因为任何的穿孔都可通过尿液泄漏而迅速得到识别。

用TFS将数条0.8cm宽的聚丙烯网带呈水平方向固定在侧方,充分收紧以支撑位于其上的膀胱,犹如石膏板加固的天花板托梁。可以使用一条、两条或3条吊带(图4-61),手术时手术医生会很清楚知道所需要的吊带数量。此方法的优点是很大程度上维持了阴道前后壁的弹力,这一点不同于大网片。

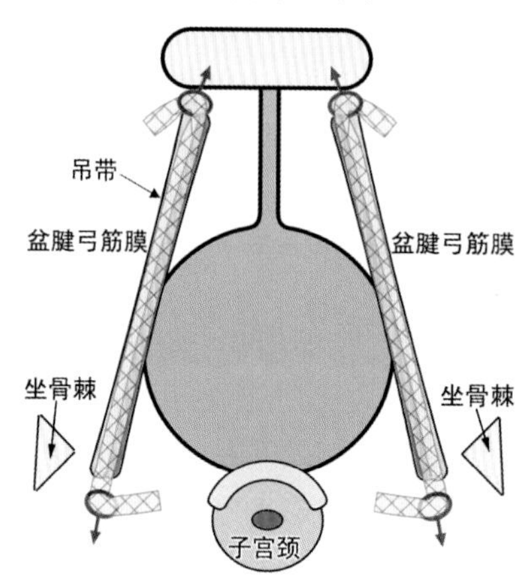

图4-60 组织固定系统修补盆腱弓筋膜
用吊带加强盆腱弓筋膜并通过胶原样反应使阴道再次粘附到盆腱弓筋膜上

与大网片比较,此方法的并发症最少。很少形成瘢痕组织,瘘管、阴道束缚和器官粘连的风险也大大减少。若必须在近膀胱颈处植入吊带,则吊带不要植得太紧,否则会阻碍排尿时流出道的开放。在后部IVS手术后主诉有持续性急迫症状的患者中,以及主诉为检查膀胱基底部缺陷(图3-9)而采用的"模拟操作"可减少其急迫症状的患者中,在子宫切除术的瘢痕上方放置横向的TFS,似乎能获得较高的治愈率。由于膀胱壁常很薄或者粘连,在解剖时须极其小心,以避免膀胱穿孔。因此,应将膀胱与阴道壁和子宫颈(或子宫切除瘢痕)完全分离。任何吊带植入之前须间断缝合膀胱筋膜层,使其折叠。倒"T"型切口可使困难病例中的解剖变得容易。

子宫颈环"横向"缺陷(高位膀胱膨出)的修补 子宫颈环"横向"缺陷是一种常见的损害,尤其在子宫切除术后更多见,它必然地使附着的筋膜移位。如图4-62和图4-63所示,沿子宫颈下端呈水平方向切开,作倒"T"形切口,将膀胱与阴道和子宫颈完全分离,并折叠缝合其筋膜层。用一把纤细的解剖剪沿着主韧带朝向盆腱弓筋膜分离出4～6cm长的通道,但不一定要到达盆腱弓筋膜。将TFS放置器插入隧道中并弹出TFS固定器,等待30s后用力牵拉吊带使TFS固定器固定。对侧重复该操作,像前述

一样植入吊带并拉紧，从而使子宫前倾，以及使阴道顶前部的脱垂恢复正常。用大圆针、1 号 Dexon 线将侧方移位的筋膜交叉缝合到中间以覆盖吊带。缝合阴道壁而不切除任何组织。

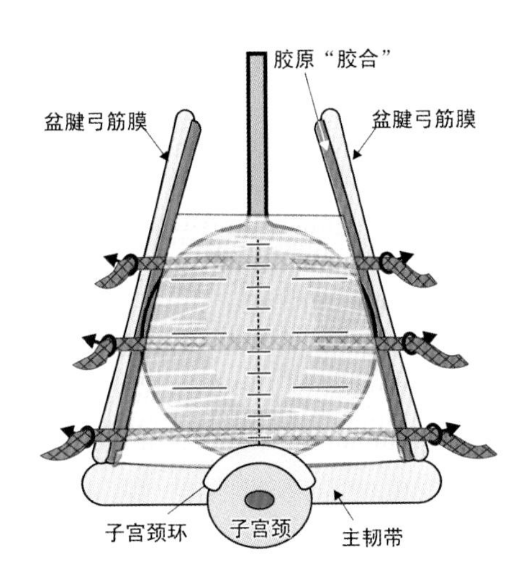

图 4－61　组织固定系统修补膀胱膨出

横向吊带加强受损的中心筋膜，很像天花板托梁支撑着天花板，受损的 ATFP 和阴道旁筋膜很像天花板的横梁支撑着托梁

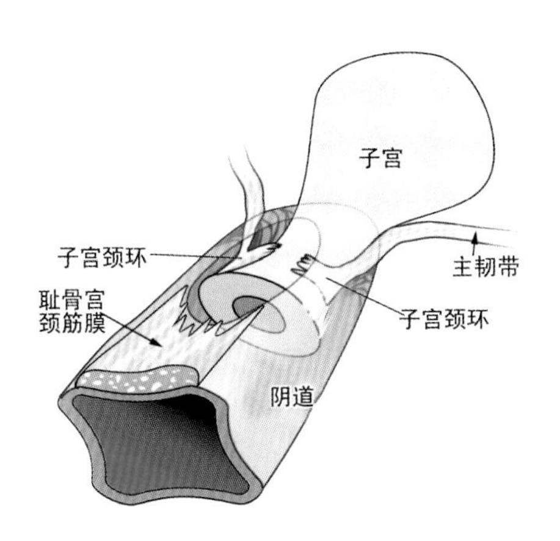

图 4－62　子宫颈环缺陷

子宫颈环在两侧主韧带(CL)之间起着桥梁作用，它的断裂不仅使耻骨宫颈筋膜(PCF)的附着发生移位而引起高位膀胱膨出，而且使主韧带向侧方移位，从而导致子宫后倾，以及使子宫和(或)阴道顶向下移位

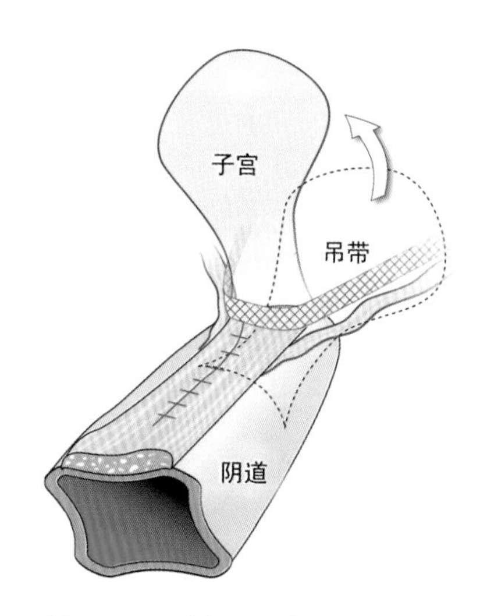

图 4－63　子宫颈环或主韧带的修补

吊带沿着子宫颈前唇植入并沿着主韧带延伸，拉紧时子宫颈被向后牵拉，子宫呈前倾位

TFS 的"U"形悬吊　该手术的基本原理是为了模仿盆腱弓筋膜，以及为了提供一种横向的新筋膜"横梁"来加强受损的耻骨宫颈筋膜。

若膀胱膨出较广泛，可以插入第二条"U"形悬吊带(图 4－65)。将阴道与膀胱壁分离，并使解剖平面向侧方延伸，一直到闭孔后方的肌肉为止。将膀胱膨出上方残留的筋膜接合在一起。TFS 被放进闭孔后间隙，TFS 固定器转移到相邻的肌肉上，牵拉并使其固定。另一侧重复上述操作，然后拉紧吊带使其足以使松弛的筋膜复原。

注意避免过度牵拉，因为向上、向膀胱颈方向牵拉吊带均可引起手术后尿潴留。有时，需要在拉紧吊带之前将吊带的水平部分缝合到筋膜上。

与"桥式"修补结合的 TFS"U"形悬吊　该手术修补大的膨出比"吊带＋网片"手术更精确、更容易。"桥"的形成如前所述(图 4－24)。桥的侧方缝合到筋膜上亦如图 4－66 所示，吊带放置在桥的中间或下端呈"U"形悬吊并予拉紧。

悬吊桥模拟图(图 1－9)显示阴道前壁是如何被支持的。若合并存在子宫颈环缺陷("横向缺陷")，则应该用第二个 TFS 修补(图 4－66)，这样"桥"就不会像"拉开拉链样"从基底部向上被撕开，从而避免膨出的复发。

与网片结合的 TFS"U"形悬吊　该手术起初用于前次手术后组织薄弱的患者。图 4－67 阐述吊带是怎样穿过网片的上方与下方，然后又是怎样被紧固以抬高前壁的。

现在，网片很少用作"U"一吊带，同时发现子宫颈环吊带(图 4－64 和图 4－63)可提供充分的支持。

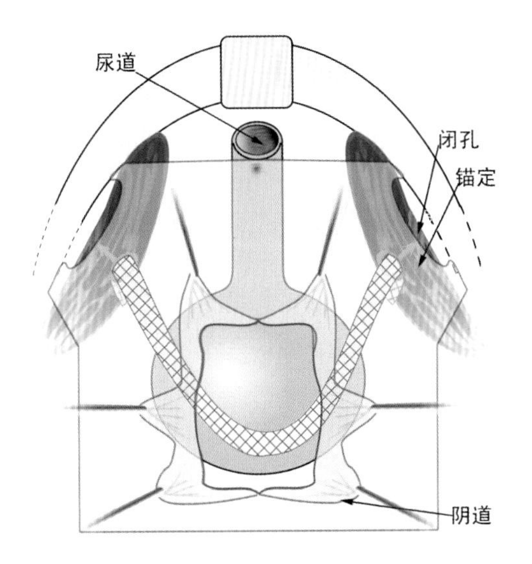

图 4－64　单“U”形悬吊带

从阴道前壁看进去，分离阴道（V）与膀胱壁并向侧方延伸。组织固定系统吊带被锚定（A）在闭孔（OF）肌的后方

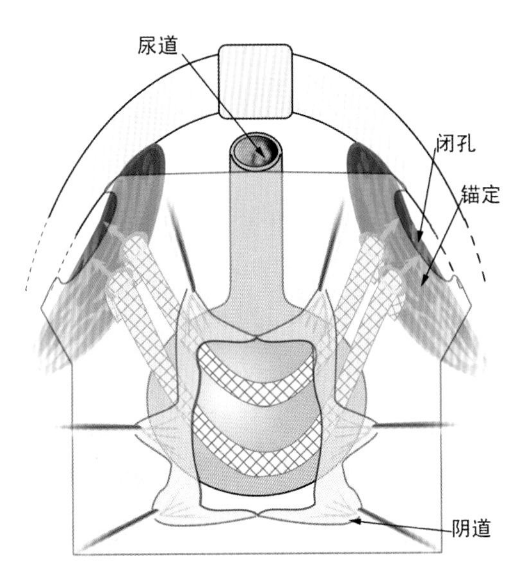

图 4－65　双“U”形悬吊带

从阴道前壁看进去。分离阴道（V）与膀胱壁并向侧方延伸。组织固定系统吊带被锚定（A）在闭孔（OF）肌的后方

2）阴道中部紧固——特殊情况的阴道束缚综合征

整体理论明确说明结缔组织松弛是盆底功能障碍的主要原因。“阴道束缚综合征”是一组罕见的、纯粹医源性的症状，是由瘢痕造成的阴道中部过度紧固所致。因

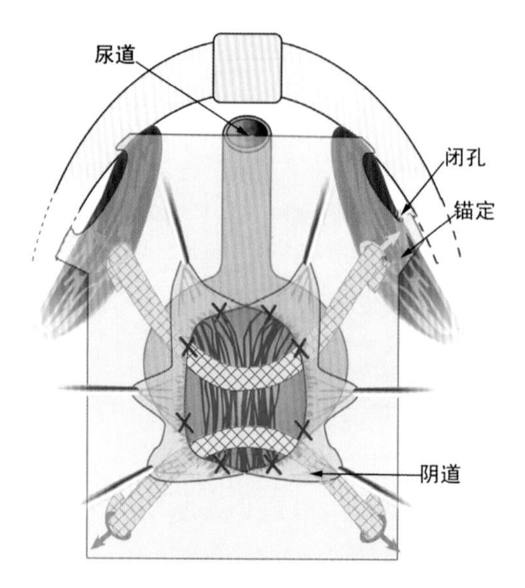

图 4-66 组织固定系统"桥式"修补

桥式修补巨大的膀胱膨出受到前方"U"形悬吊带与后方子宫颈组织固定系统的保护

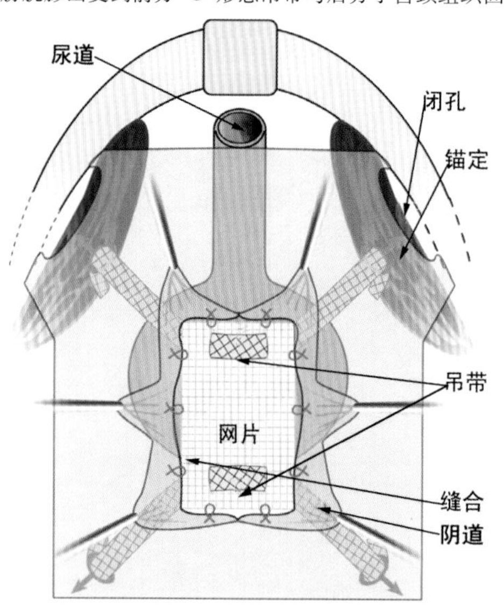

图 4-67 TFS 与网片结合

从阴道前壁看进去。组织固定系统的吊带穿过网片的裂隙恰好固定在闭孔肌的后方，以及沿着主韧带的残迹到达盆腱弓筋膜。将网片与阴道下方的筋缝合在一起

此，"阴道束缚综合征"是一种特殊的情况。对于严重尿失禁和多次手术的患者来说，必须考虑到这种情况。这种综合征与"运动性逼尿肌不稳定"（MDI）有些相同。典型的症状是一旦患者的脚接触到地面就出现无控制的漏尿，甚至常在患者翻身起床时就出现漏尿，但没有夜间尿湿床的主诉。这些症状是由阴道的膀胱颈区域，即"关键弹性

区”(ZCE)失去弹力引起的。因为瘢痕组织随着时间的延长而收缩，故这些症状也许在阴道修补或膀胱颈抬高术后 20 年才出现。可以用整形手术来恢复阴道膀胱颈区域的弹力而治愈。

关键弹性区(ZCE)：

图 4－68 显示关键弹性区(ZCE)在尿道(U)和膀胱颈(BN)闭合机制中的重要性。ZCE 从尿道中段延伸到膀胱底，穿过 ZCE 的瘢痕“束缚”肌肉的向量 F_1 和 F_2，然后在用力时 F_2 克服 F_1 牵拉开放阴道吊床，引起无控制的漏尿。

阴道束缚综合征的发病机制　阴道束缚综合征完全是一组医源性症状，由阴道的膀胱颈区域(关键弹性区)过度紧固引起(Petros & Ulmsten 1990，1993)。在教授手术医生作阴道修补术而切除大片阴道壁时，该综合征要常见得多，但通常很少有压力性尿失禁，原因是咳嗽引起快颤纤维短暂而剧烈的收缩，正好使关键弹性区有充分的弹力阻止咳嗽时漏尿。

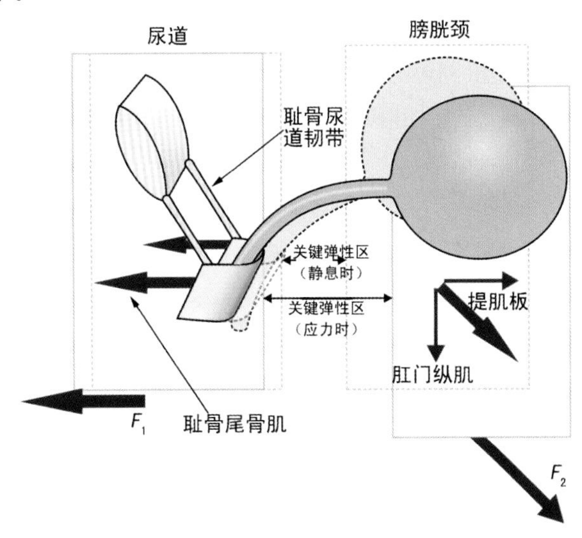

图 4－68　关键弹性区(ZCE)和尿道(U)及膀胱颈(BN)的闭合机制

早晨起床时由于盆底收缩支持腹腔内所有脏器，故 ZCE 受到很多脏器的牵拉。阴道束缚综合征的典型症状是患者的脚一旦接触地面就会不由自主地漏尿，通常没有急迫症状。关键弹性区的瘢痕束缚向后的肌力“F_2”和向前的肌力“F_1”中(图 4－68)，F_2 较强大，F_1 较薄弱，于是膀胱就像排尿时一样被牵拉开放。手术的目的就是要恢复阴道膀胱颈区域，即“关键弹性区”的弹力，使“F_1”和“F_2”能相互独立地起作用。

暂时性的“束缚”：

暂时性的阴道“束缚”可能发生在膀胱颈抬高后，但是，在阴道的膀胱颈区域，即关键弹性区弹力很差的地方，甚至无张力吊带手术后偶尔也能发生“束缚”。患者在早晨起床时重新出现不由自主的膀胱立即排空。一般这种症状最初在术后几天被注意到，并持续数周到数月，随着关键弹性区弹力的逐步自然恢复，症状会缓慢得到改善，其原因极可能是经阴道壁的组织张力最终达到了平衡。

特异的临床所见　一般而言，阴道膀胱颈区域的紧固在阴道窥器检查时是明显的(图 4-69)。咳嗽甚至紧张用力时患者常没有漏尿，超声图像上通常膀胱颈有极轻微的下降，或许仅 2～3mm。作一个刺激试验也许是有帮助的，即用 Littlewood 钳轻轻夹住阴道的膀胱底部，要求患者咳嗽时向后压迫，这样就消除了关键弹性区任何剩余的弹力，于是在咳嗽时出现了很频繁的喷射状漏尿，而在先前咳嗽时是没有漏尿的。该项试验特别适用于关键弹性区弹力低下的检查，对本质上就存在的阴道束缚是没有必要的。必须注意不要夹紧钳子，否则会因阴道的内脏神经受刺激而引起剧烈疼痛。

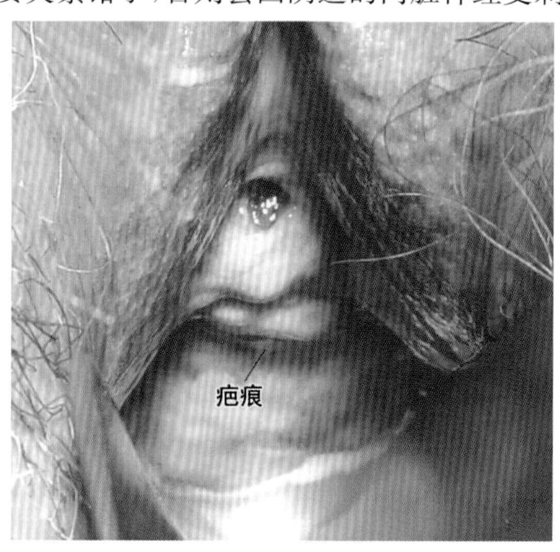

图 4-69　膀胱颈的瘢痕

瘢痕“束缚”了阴道前部和阴道后部的肌力，以致患者在早晨起床时尿道被强制性地牵拉开放。

(图片由 Goeschen，K. 提供)

3) 手术修复阴道膀胱颈区域的弹力

预备步骤：

无论采用什么手术，基本点都是将阴道与膀胱颈和尿道分离，然后从尿道和膀胱颈游离切除所有瘢痕组织(“尿道松解术”)。膀胱颈必须不被瘢痕组织固定到骨盆侧壁。

修复关键弹性区(ZCE)的弹力：

应用的手术原理是必须使阴道的膀胱颈区域恢复有活力的阴道组织。若该区域组织严重缺乏，解决办法只能是植皮。可以是游离皮片、Martius 大阴唇皮瓣或者小阴唇分层皮瓣。游离皮片的问题在于有高达 1/3 的不成功率或者过度皱缩。小阴唇或 Martius 皮瓣除皮瓣自身有血供外，在技术上也是有争议的。

I—成型术　这是最简单的方法。若伴有膀胱膨出，则尤其适用。手术目的是为了增加阴道膀胱颈区域的组织容量，从而恢复该区域的弹力(图 4-70)。但若阴道组织有内在缺陷，则手术疗效不会持续很久。

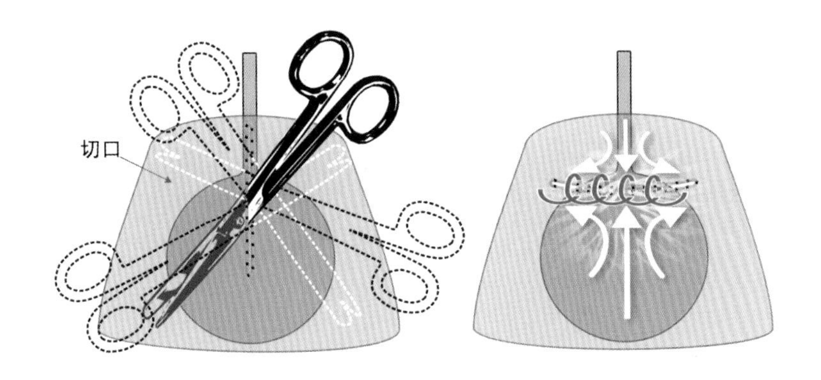

图 4 - 70　I—成型术

将阴道与其下方的组织广泛地分离(左上图)。横向、无张力缝合游离的阴道(右上图)

从尿道中段到超过膀胱颈至少 3～4cm 处作一垂直切口,分离阴道壁与瘢痕组织并广泛游离,向前到阴道吊床边缘,向后尽可能一直到子宫颈或子宫切除术后的瘢痕处,以及尽可能地向侧方游离。已游离的组织集中到 ZCE,并横向、间断缝合,以此增加该区域的阴道组织容量。

膀胱颈的皮片移植　根据普通的几何学原理,在膀胱颈部可以作横切口,也可以作垂直切口。切开后,将阴道、尿道和膀胱颈与瘢痕组织分离并广泛地游离,就像 I—成型术中所作一样。这一步完成了,阴道壁就会向侧方缩回,组织缺陷变得很明显。

从身体的弹性部位如下腹部或者臀部取全层皮片,前者很少会出现术后疼痛。很难测量皮片的准确尺寸,通常,一块取得很满意的皮片在以后的 6 个月将皱缩 50%,过大的皮片因可造成吊床和相邻组织的过度松弛,有时在 6～9 个月内会引起尿失禁。要确保皮片床干燥。

去除皮片上所有的脂肪,然后将皮片放在阴道的膀胱颈区域(ZCE),用连续褥式缝合将皮片固定到膀胱颈和膀胱底上。这样做的目的是为了预防血肿形成使皮片移动的可能性。

最后,用 00 号或者 000 号的 Dexon 线将皮片与周围的阴道组织间断缝合。为了保证手术的成功,在最初几例手术中采纳整形医生的建议是有帮助的。

褥式缝合(图 4 - 71)后缝合皮片与阴道切缘,注意不要缝合过紧以至减少组织的血液供给。一旦皮片移植成功,就使向前和向后的关闭力能够相互独立地起作用。

并发症　在 1/3 的病例中皮片可能被排斥。若排斥反应发生了,则在关键弹性区的纤维化可能更严重,症状也会进一步加重。过大的皮片可能使吊床松弛,从而引起压力性尿失禁。

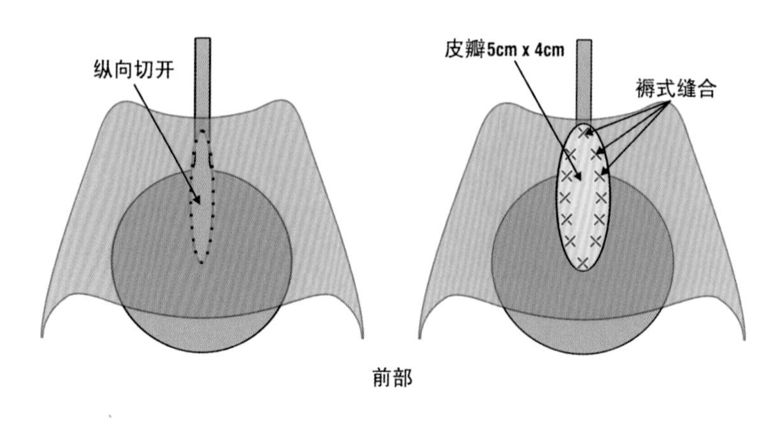

图 4－71 用褥式缝合将皮片与阴道的膀胱颈区域附着

带脂肪血管蒂的大阴唇 Martius 皮瓣移植

该项手术(图 4－72 至图 4－76)是德国汉诺威 Klaus Goeschen 教授设计的。在大阴唇的外阴皮肤上作 4×2.5cm 椭圆形切口,形成 Marfius 脂肪瓣植入解剖部位。将该脂肪瓣与邻近的阴道皮肤附着,小心避免其血管蒂受到压缩。

图 4－72 至图 4－76 由 Klus Goeschen 友情提供。

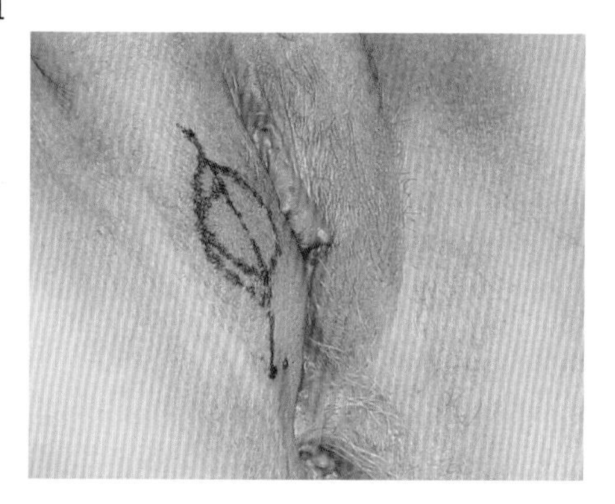

图 4－72 作大阴唇皮瓣标记

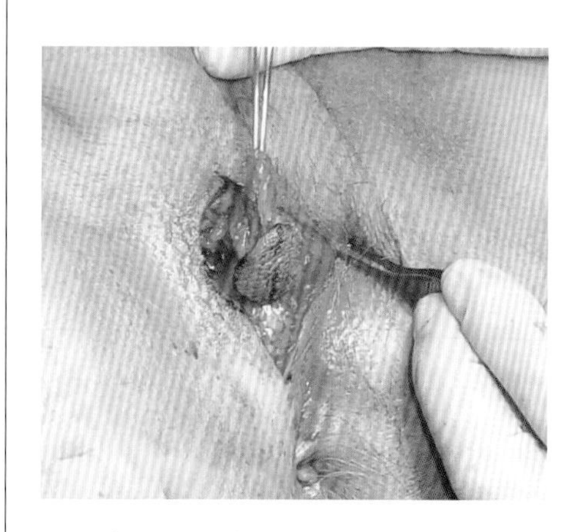

图 4－73 从下层组织上游离皮瓣

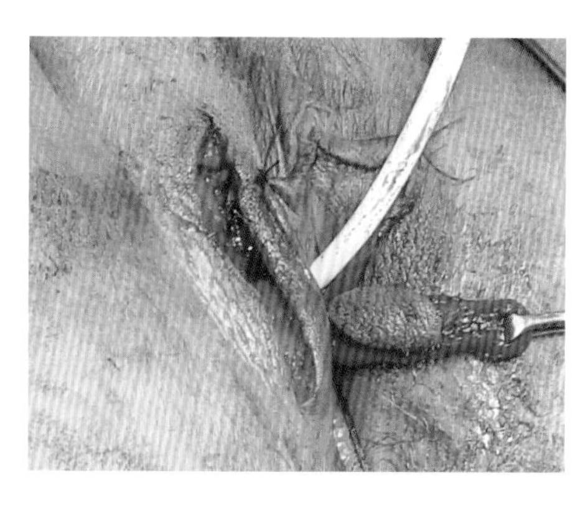

图 4－74 将皮瓣穿过阴唇隧道引导至阴道

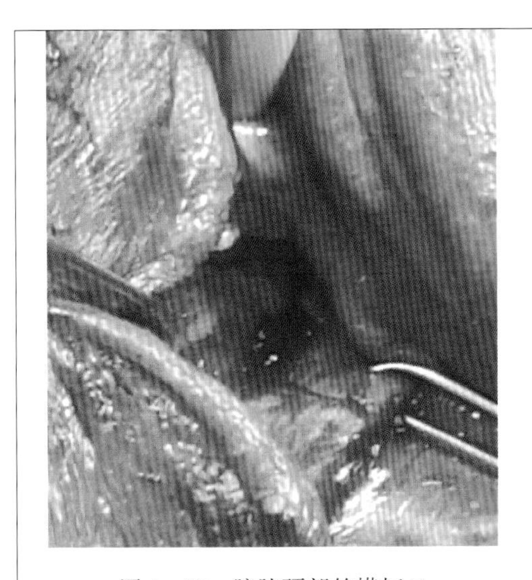

图 4-75 膀胱颈部的横切口
阴道、尿道和膀胱颈从瘢痕上游离

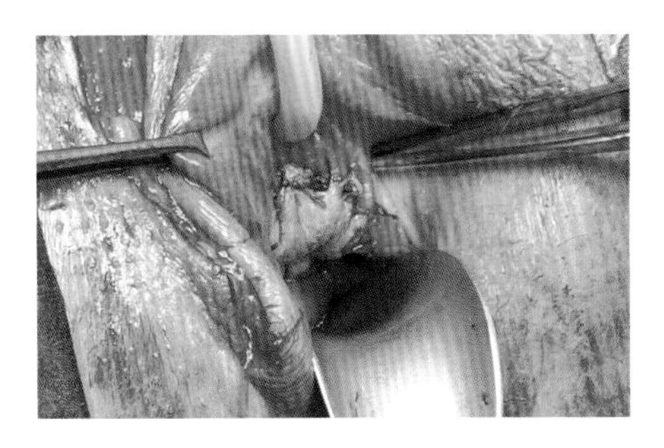

图 4-76 将 Martius 皮瓣缝合到阴道切缘
Dexon 线作表皮下缝合关闭左侧皮瓣部位的创面

带脂肪血管蒂的大阴唇 Martius 皮瓣移植：

Klaus Goeschen 教授报道说，该手术效果显著好于 I一成型术或游离皮片移植（见图 4-72 至 4-76）。他比较了“阴道束缚综合征”的 3 种治疗方法（n=57）：I一成型术（n=13），游离皮片移植（n=21），来自大阴唇的球海绵体 肌肉 脂肪 皮肤 皮瓣移植（n=23）。经过 6 个月的随访，治愈率分别为 23%、52%和 78%（漏尿量<10g/24h）。包括瘢痕切除和皮瓣修补的平均手术时间是 73min（范围是 41～98min）。没有观察到严重出血，没有患者需要输血。平均住院时间是 5d（范围是 2～9d）。术后 4h，所有患者都可活动，3 例患者在术后 1d 拔除导尿管后不能排尿，因此重新留置导尿管 1d。

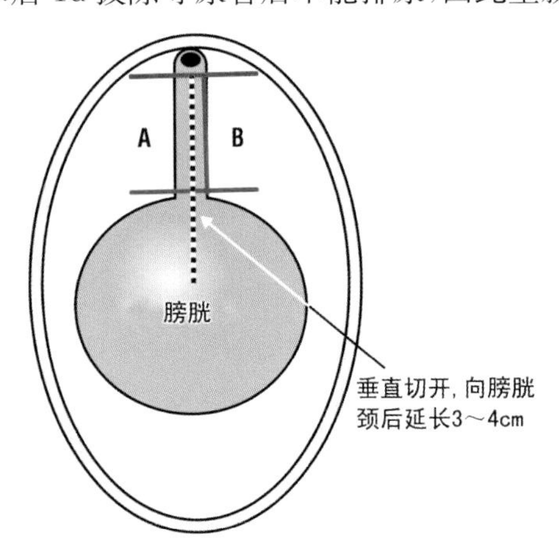

图 4-77 小阴唇皮瓣移植
作一个“H”型阴道切口以形成“A”和“B”两个部分

小阴唇皮瓣移植：

对于有正常或巨大小阴唇(labia minora，LM)的患者来说，小阴唇皮瓣移植术(图4－77至4－82)是可行的。手术实质上包含：将小阴唇内侧的黏膜面与小阴唇的外表面分离。将分离的黏膜切开并横着转向阴道，从而为阴道的尿道区域提供新的组织。通常，治疗阴道束缚综合征时只要一张瓣就足够了。预期这些皮瓣对于那些在尿道和膀胱颈周围存在组织损伤的瘘管手术也会有帮助。

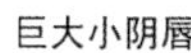

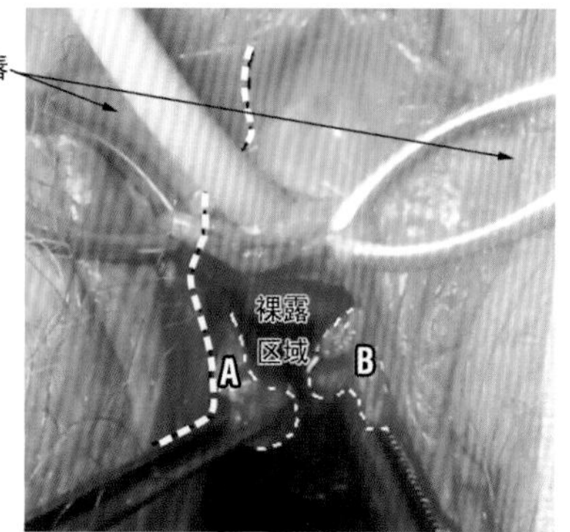

图4－78　皮瓣的准备

移动"A"和"B"并向下牵拉到关键弹性区。用一把锐利的解剖刀在小阴唇内面的底部作横切口，向上延伸到阴蒂(虚线)

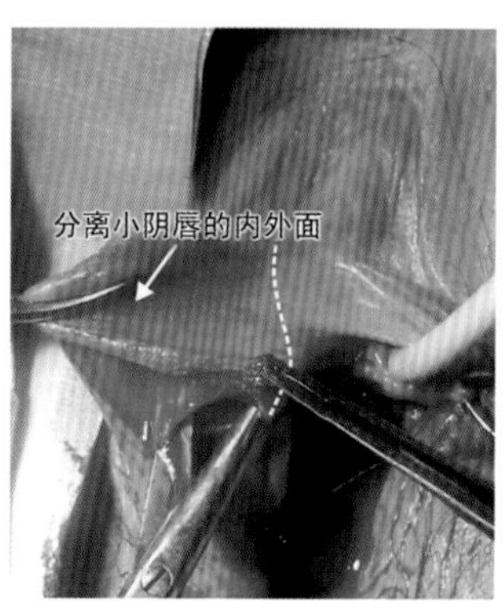

图4－79　分离小阴唇内外两面

用解剖剪分离小阴唇的内面和外面，因为小阴唇组织常很薄，分离时注意不要穿破外面(开钮扣孔)。沿着小阴唇的边缘到中央嵴作两个平行的垂直切口切开小阴唇皮瓣

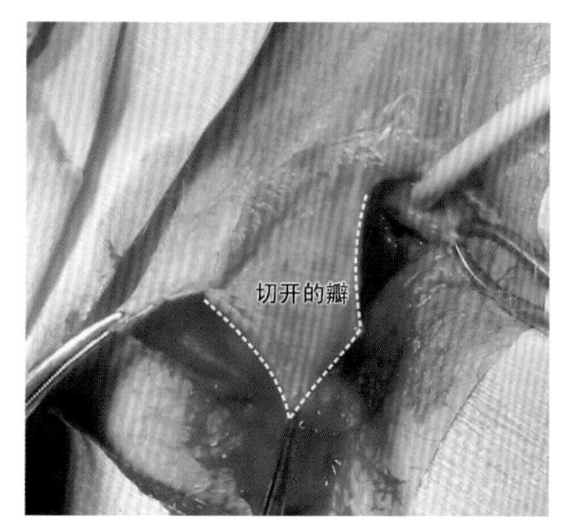

图4－80　小阴唇皮瓣已完成

小阴唇的内面(黏膜)已经与它的外面(皮肤)分离

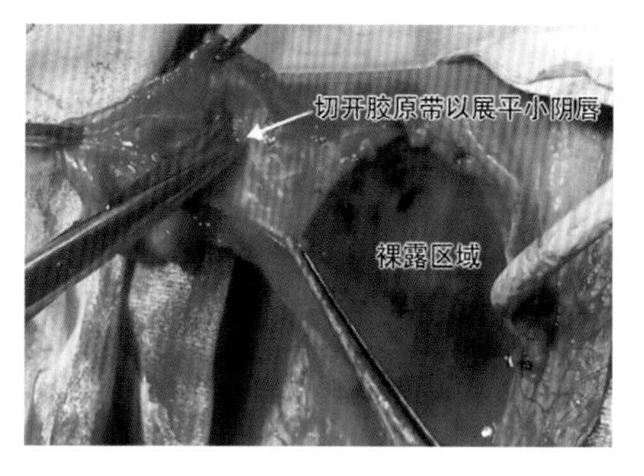

图4－81　切开嵴

翻转小阴唇皮瓣，分离形成嵴的胶原带，使嵴变薄，这样能明显增加皮瓣可利用的表面积

手术包括两个步骤：首先，从尿道开始分离并向下延伸到膀胱颈形成"A"和"B"两个部分(图4－77)。其次，将小阴唇皮瓣横向牵拉覆盖在"A"和"B"留下的裸露区域。作3个全层切口(如图4－77所示)。先从尿道外口延伸到超过膀胱颈3～4cm的部位作一垂直切口，与I－成型术的切口一样；再作两个水平切口：一个切口正好位于尿道

外口下方，另一个切口在膀胱颈水平。切开后形成“A”和“B”两个部分。分离阴道与尿道、膀胱以及来自下方的与耻骨相关的部分。

分离的目的是将阴道从瘢痕组织游离，并尽可能地向下方、侧方和上方游离。

手术后有很轻微的疼痛。小阴唇成为残迹且移向中间(见图 4－82 中标示)。至今还没有关于该方法并发症的报道。由手术部位再瘢痕化导致的失败率在术后 12 个月时为 25％。

小阴唇小的患者不能施行该手术为其局限性。

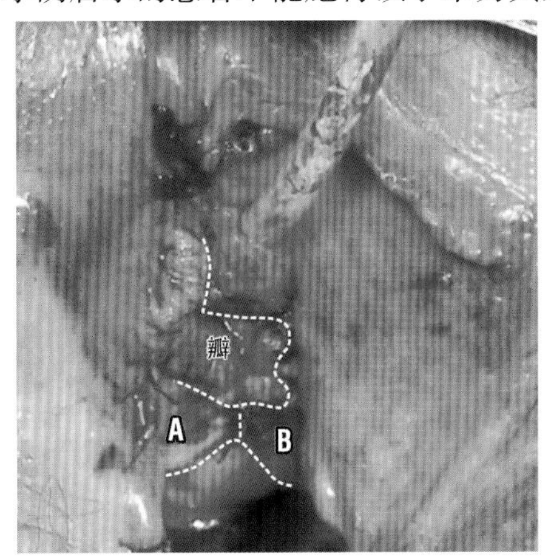

小阴唇皮瓣现已固定到耻骨尾骨肌的侧方、尿道和吊床的两个部位。“A”和“B”已经被移动并向下旋转，与引进阴道膀胱颈区域的新鲜组织缝合。因为术后有可能出现压力性尿失禁，故依照手术医生的判断，有必要在某些患者中植入尿道中段悬吊带

图 4－82　手术完成

4.3.3　阴道后部手术

4.3.3.1　阴道后部的结构

阴道后部的范围延伸在子宫颈环至会阴体之间(图 4－83)，包括子宫骶骨韧带和主韧带、阴道顶部、直肠阴道筋膜、会阴体和肛门外括约肌。这些结构作为盆底的一个子系统与其他部位的结构互相协调起作用。因此，常常需要对 3 个部位进行修补。子宫的作用犹如盆底的一块“楔石”，故在可能的情况下须强调子宫的保留，就像强调阴道的保留一样。阴道和子宫同样都是一个器官，在修补直肠膨出时，应尽量避免切除阴道组织。

1) 阴道的纤维肌性支持结构

阴道后部筋膜的互相连接：

图 4－83 显示，子宫颈是阴道后部关键的固定点。子宫骶骨韧带(USL)和主韧带中平滑肌的收缩有助于使阴道获得张力，并能拮抗“*F*”(重力)的作用(图 4－84)。

直肠阴道筋膜的内在强度及其被提肌板(LP)向后牵拉是防止脱垂的主要因素. 这种脱垂实质是肠套叠的一种形式。子宫动脉下行支是阴道顶部筋膜和子宫骶骨韧带(USL)主要的血液供应来源，须注意其重要性。这也解释了为什么已施行子宫切除术

的患者常难以查找子宫骶骨韧带，原因就是它已萎缩。

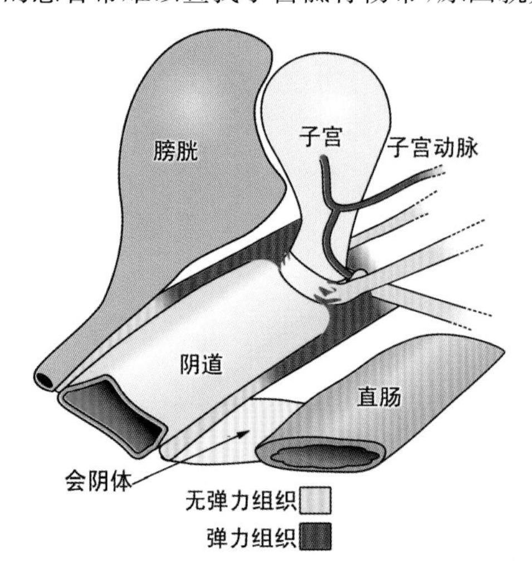

图 4-83　阴道的纤维肌性支持结构

注意在阴道、尿道和肛门末端 2～3cm 的部位有致密的纤维组织，而在该部位的上方却有较少的胶原组织，以及较多的平滑肌和弹性蛋白

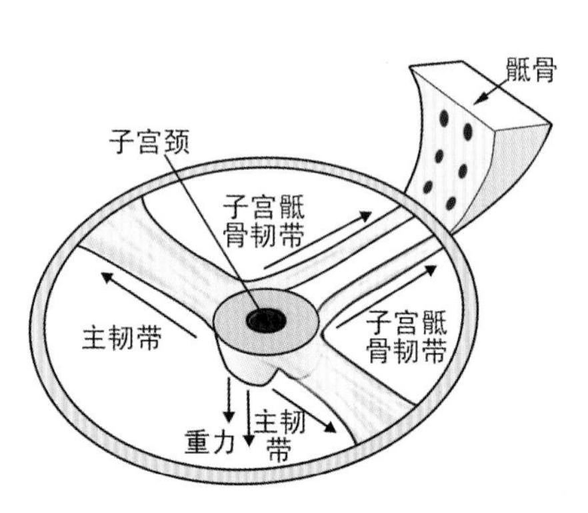

图 4-84　子宫颈的韧带支持

图中的箭头表示韧带牵拉形成的张力方向。视角：从上向下

就结构来说，子宫的功能犹如拱门中的楔石(图 4-85)。

子宫切除可使筋膜的侧壁支持削弱，同时由于子宫切除使子宫骶骨韧带丧失了主要的血液供应，故子宫骶骨韧带的支持也减弱了。因此，保留子宫对阴道脱垂和失禁的长期预防是重要的(Brown，2000；Petros，2000)。

筋膜层(图 4-86)是互相连接的，它向前延伸为耻骨宫颈筋膜，上侧方为盆腱弓筋膜，向后为阴道顶部筋膜，下侧方为直肠和阴道之间的直肠阴道筋膜(RVF)。因此，在子宫或顶部脱垂的患者中，阴道前部和阴道后部的筋膜都必须修补。

子宫颈环由纯胶原组成(图 4-87)。因此，它是以下纤维肌性组织(筋膜)牢固的固定点：向前到膀胱下的耻骨宫颈筋膜，向后在直肠上至会阴体的直肠阴道筋膜(Denonvillier 筋膜)。该附着点的撕裂可表现为高位膀胱膨出、高位直肠膨出或肠膨出。

直肠阴道筋膜(或者 Denonvilliers 筋膜)将阴道后壁附着到下方的会阴体(PB)和上方的提肌板肌群(LP)(图 4-88)(Nichols，1989)。如图 4-87 所示，提肌板对应于会阴体收缩(箭头)向后牵拉阴道后壁成水平位，腹压和重力作用同时维持这种位置。

由于提肌板(LP)是通过直肠阴道筋膜(RVF)牵拉阴道的，故所有筋膜的修补必须充分地被绷紧，使肌力能够通过它们的张力作用加强盆底系统。这在 X 线片图 6-37到 6-40 中是很清楚的(详见第六章)。因此，一张网片用得很松弛，本质上就不能使系统加强。在盆底器官通过肌力被充分拉紧而恢复功能前，还需要先修补移位的筋膜。

阴道脱垂：

正常情况下，阴道由主韧带(CL)和子宫骶骨韧带(USL)固定，侧面和下方受直肠阴道筋膜(RVF)支持，上方受耻骨宫颈筋膜(PCF)支持，提肌板肌群使其绷紧(图4－87、4－90中箭头)。注意子宫是怎样作为中心固定点而起作用的。

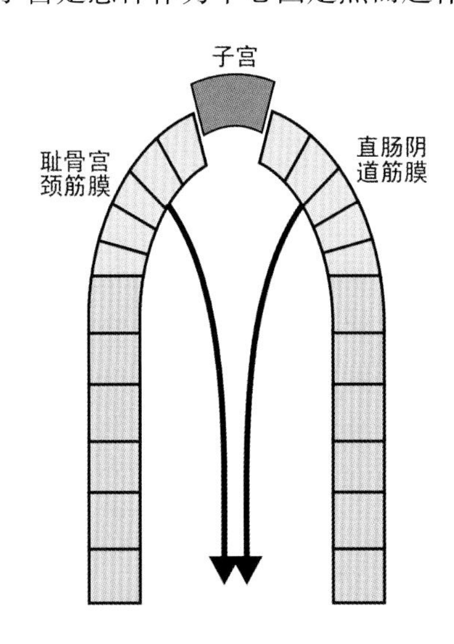

图4－85　子宫的作用犹如拱门的楔石

充分绷紧的筋膜(PCF，RVF)可从下面支持子宫，因此PCF和RVF同样都需要修补

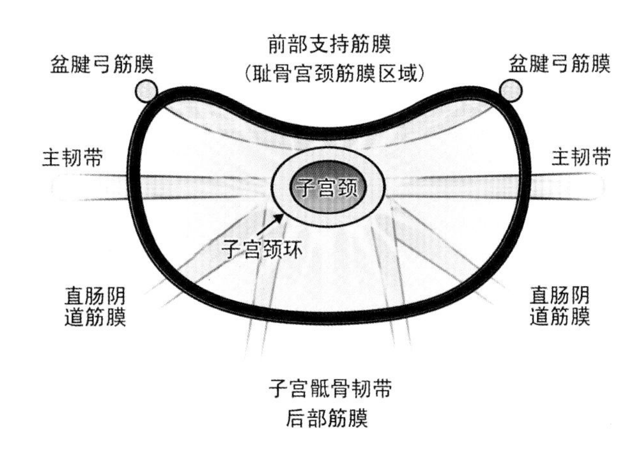

图4－86　盆底筋膜的互相连接

三维视图：从阴道后穹窿看进去，所有的筋膜和韧带结构都直接或间接地连接到子宫颈环上

阴道脱垂本质上是一种肠套叠(图4－89)。疝(脱垂)是由于筋膜的断裂和侧方移位和(或)悬吊韧带的伸展造成的。反复伴随着顶部脱垂的发生可引发肠膨出、高位膀胱膨出和直肠膨出(图4－89)。特发的松弛可出现在未产妇女中。为了永久地减少脱

垂的发生，阴道侧壁必须很好地被加强，使顶部不会发展到翻出来，这很像修补肠套叠一样。前方筋膜(PCF)和后方筋膜(RVF)也需要同时进行修补。

子宫脱垂：

子宫脱垂(图 4－91)是由主韧带(CL)或子宫骶骨韧带(USL)削弱引起的，同时常伴有侧壁支持筋膜的薄弱和移位，这种缺陷可使子宫下降至阴道腔内。

显然，和后部悬吊带一样，接合侧壁支持筋膜(图 4－92，箭头)不仅是支持顶部修补的需要，也是增加阴道长度的需要。对那些明显的上方缺陷(子宫颈环/主韧带)也必须予以修补。

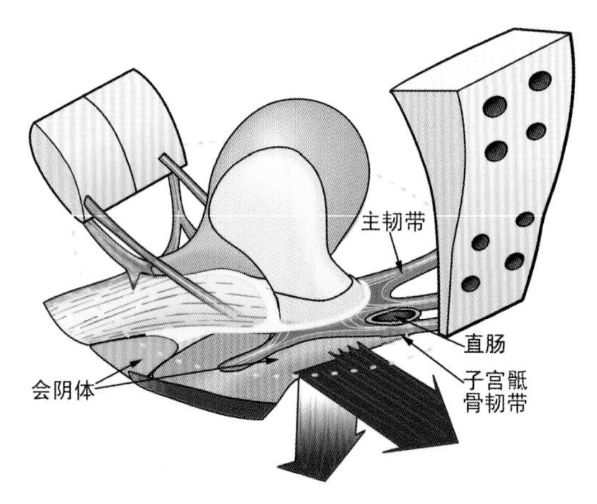

图 4－87 子宫颈环的作用示意图

子宫颈环(黄色)是耻骨宫颈筋膜、直肠阴道筋膜和顶部筋膜的重要附着点

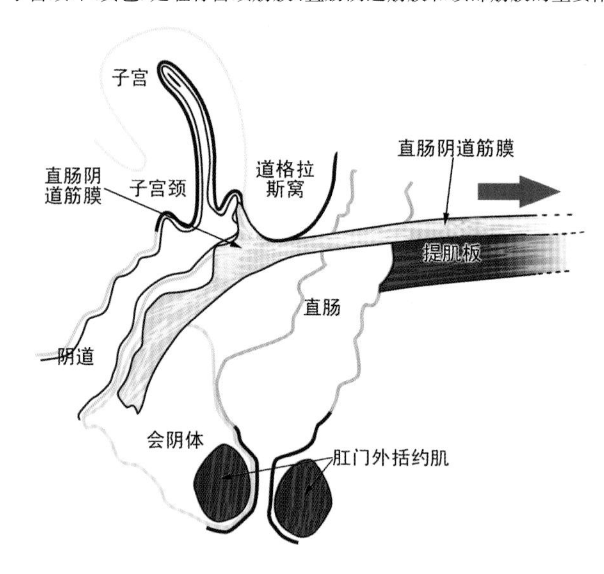

图 4－88 直肠阴道筋膜(RVF)的延伸部分(Denonvilliers 筋膜)到提肌板(LP)(引自 Nichols)

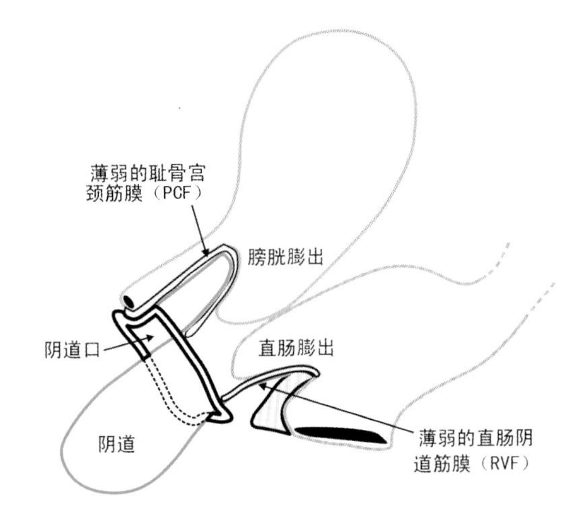

图 4-89　阴道脱垂——"肠套叠"

图示相邻筋膜的"牵引式"脱垂

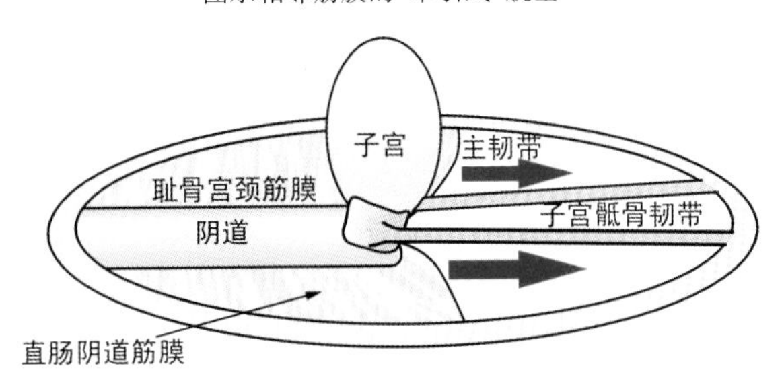

图 4-90　图示正常情况下筋膜对阴道顶部的支持

箭头＝提肌板的收缩

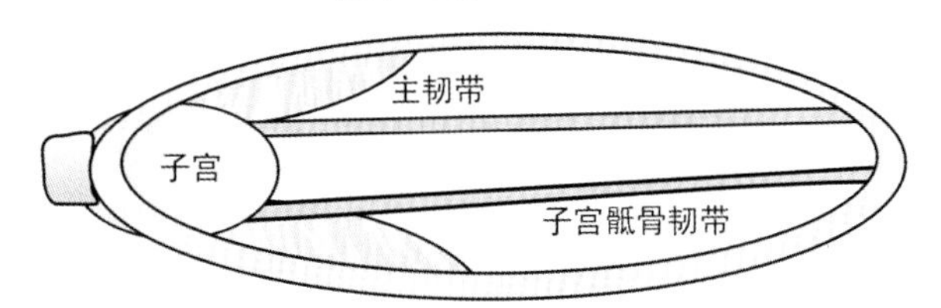

图 4-91　子宫脱垂可由主韧带、子宫骶骨韧带和相邻筋膜的松弛引起

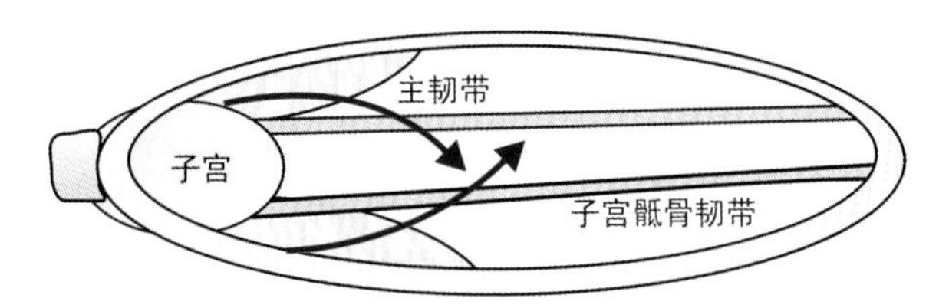

图 4-92　筋膜修补在顶部脱垂中的重要性

图示说明加强阴道前侧壁筋膜(PCF)和后侧壁筋膜(RVF)的必要性

2)直肠阴道筋膜的损伤(直肠膨出)

直肠阴道筋膜(RVF)受损时,该筋膜与附着的韧带(CL、USL)可向侧方移位(图 4-93,箭头)。直肠前壁可能像气球样向前膨胀,甚或向上使直肠阴道间隙(RVS)消失而与相邻的组织粘附在一起(图 4-94)。顶部筋膜的损伤可引起肠膨出。

直肠阴道筋膜与提肌板(LP)和会阴体(PB)附着的断裂(图 4-95),像会阴体(PB)向侧方移位或与肛门外括约肌(EAS)分离一样都可使阴道向后伸展无效。直肠前壁伸展成一种半刚性膜是排便的先决条件,故当这些结构松弛使直肠前壁不能伸展成一种半刚性膜时,即可导致排便困难。

无论采用什么类型的手术,器官粘连(如图 4-94 中)的手术意义都在于必须恢复器官解剖的完整性和恢复残余筋膜的皱折。切除中心膨出的阴道壁,再缝合阴道切缘,这样只会进一步削弱已经薄弱的结构。

高位直肠膨出可能被误认为肠膨出(图 4-95)。腹膜是一种薄弱的结构,所以,在修补时,外科医生为显露肠膨出而打开腹膜往往会一无所获,却可能错误地进入直肠。应该做的事是,用接合和加强顶部筋膜以及受损子宫骶骨韧带的方法修补膨出。更适宜的方法是用网带加强(如 TFS)。

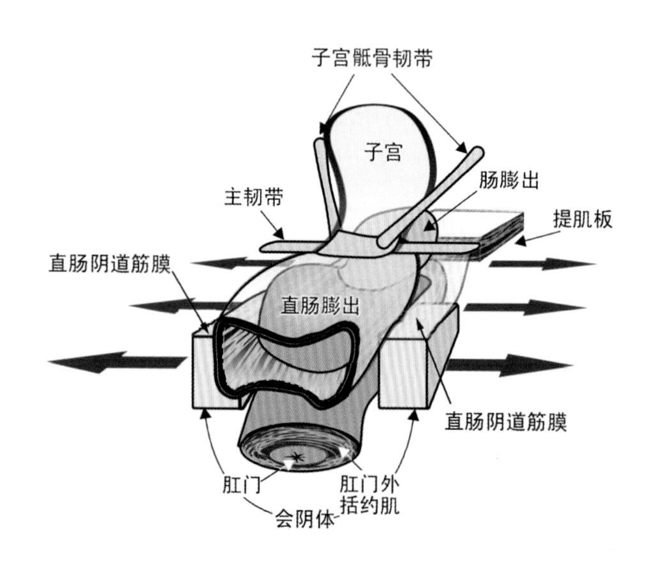

图 4-93 直肠膨出的原因

直肠阴道筋膜(RVF)和会阴体(PB)向侧方移位使直肠膨出到阴道腔内,顶部筋膜的损伤可引起肠膨出

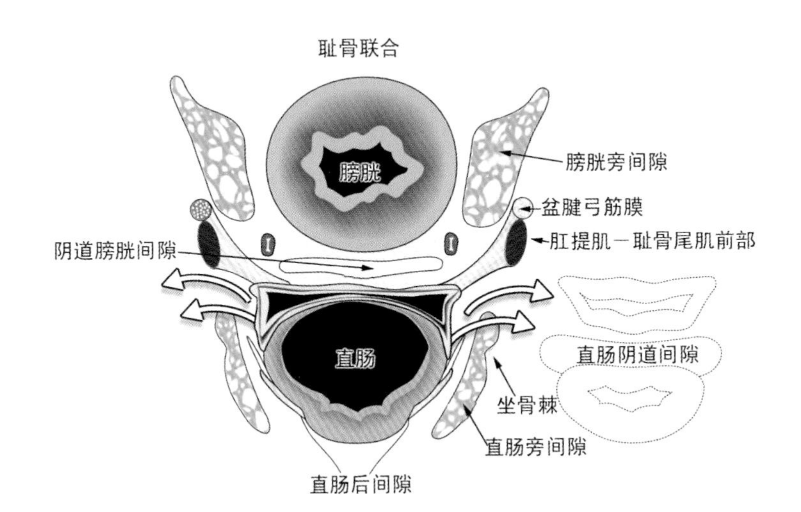

图 4－94 向上侧方移位的直肠膨出(引自 Nichols)

直肠膨出使直肠阴道间隙(RVS)消失并向侧方移位，从而导致阴道和直肠间的粘连

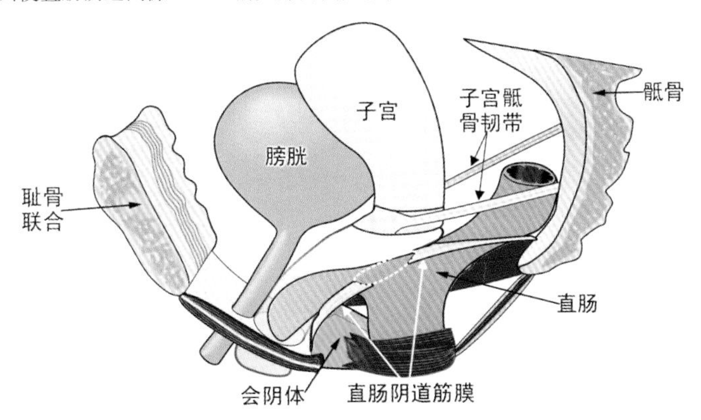

图 4－95 高位直肠膨出(直肠阴道筋膜缺陷)

可能与肠膨出(顶部缺陷)相混淆

4.3.3.2 阴道后部手术的指征：子宫骶骨韧带损伤

损伤可表现为结构性或功能性的。

1) 结构性损伤

该损伤为子宫脱垂、阴道顶部脱垂或阴道后壁缺陷，可引起不适。

2) 功能性损伤

与阴道后部缺陷(第三章，图 3－2)有关的主要症状包括尿急、尿频、夜尿症、排空异常和盆腔疼痛在内的所谓“后穹窿”综合征的症状。在一些伴有子宫骶骨韧带缺陷的患者中，也可能出现不易察觉的漏尿即轻微的压力性尿失禁。在患有“后穹窿综合征”的患者中脱垂可能很轻微。

子宫骶骨韧带通常已萎缩(子宫切除术后)，或者削弱(器官脱垂时)。图 4－88 显示，提肌板(LP)收缩向后向下沿轴平面牵拉阴道，致使阴道被腹内压所压缩而变得扁平，这需要直肠阴道筋膜有足够的强度才能发生。

4.3.3.3 方法——阴道后部的手术修补

阴道后部作为一个子系统而发挥作用，只要存在明确的损伤，就必须修补该系统中所有受损的部分，即子宫骶骨韧带、顶部筋膜、直肠阴道筋膜和会阴体都应进行修补。

对子宫脱垂和阴道顶部脱垂采用的手术方法，原则上是相同的。在子宫切除后顶部脱垂的患者中，子宫骶骨韧带及局部的筋膜通常更加薄弱。

在阴道后部，子宫骶骨韧带(USL)远端部分的损伤是主要的损伤，可引起功能障碍。然而，子宫颈环断裂和主韧带侧方移位(图 4－96)本身就能引起顶部或子宫脱垂。根据作者的经验，这些损伤常常延伸到上方邻接的直肠阴道筋膜。

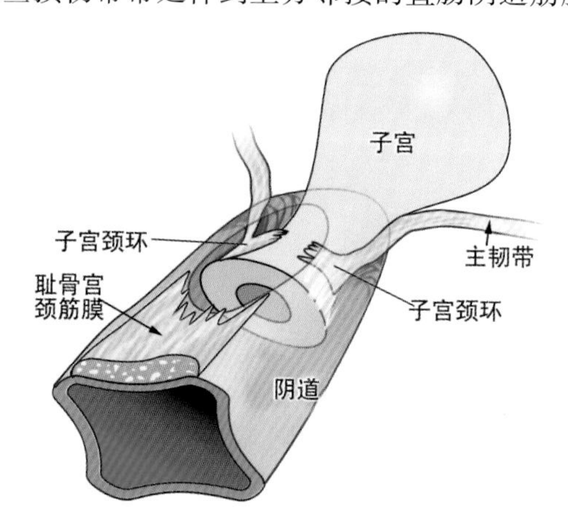

图 4－96 子宫颈环断裂可致主韧带松弛，从而引起子宫后倾或脱垂

1) 治疗阴道顶部脱垂或子宫脱垂的后部 IVS 手术(尾骨下骶骨固定术)——平面 1 的修补

对顶部脱垂和子宫脱垂所施行的手术本质上是相同的(图 4－97 至 4－101)。后部悬吊带或“尾骨下骶骨固定术”所起的作用与 TFS 不同，因为它只加强子宫骶骨韧带的末端以及用聚丙烯吊带将阴道顶端固定在盆底后部肌肉上(Petros，2001)。高位膀胱膨出表明子宫颈环/主韧带复合体已经断裂(图 4－96)，需要进行修补。若阴道顶端宽大(图 4－97)，则在子宫切除的瘢痕线下 1cm 的阴道后壁上作全层切开的横切口约 2.5～3cm 宽；若阴道顶端狭窄，或者根据手术者的喜好，可从瘢痕水平向下作一纵切口。应用解剖剪的尖端分离阴道壁，形成一条足以容纳引导手指的到达坐骨棘的隧道。查找坐骨棘，确定 IVS 穿刺锥穿过盆底肌肉的进入点(图 4－100)。若显露有肠膨出，则需用高位荷包缝合结扎疝囊。

患者取膀胱截石位(图 4－98)，在肛周皮肤的 4 点和 8 点方向处、在尾骨和肛门外括约肌之间距肛门外括约肌外缘 2cm 的线上双侧各作一个 0.5cm 长的切口，将穿刺锥推入 3～4cm，进入坐骨直肠窝(ischiorectal fossa，IRF)，保持塑料锥尖与地面平行。将引导手指放进已形成的隧道内确定穿刺锥尖端的位置，然后将锥尖引导到盆底肌肉的突破点。该点在坐骨棘尾部内侧 1cm 处(图 4-99 和图 4-100)。在这一点，穿刺锥的位置远离直肠和腹膜，故很安全。

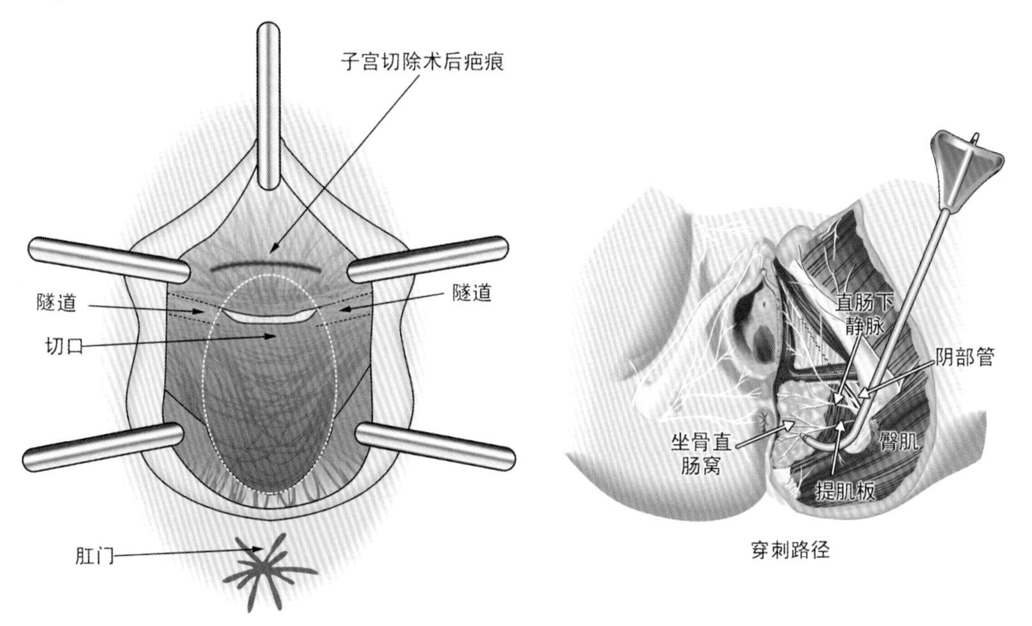

图 4-97　后部 IVS 手术(“尾骨下骶骨固定术”)　　图 4-98　穿刺锥的插入

引导手指始终与塑料锥尖接触(图 4-100)。穿刺锥稍微向内侧倾斜，朝向阴道顶部，推进阴道切口。伴子宫脱垂时，吊带穿过子宫骶骨韧带是有益的。应做直肠检查以保证直肠没有穿孔。倒转穿刺锥内芯，将一根 8mm 的聚丙烯吊带穿过塑料内芯的洞眼，抽出穿刺锥将吊带带到会阴部。在另一侧重复该操作后，吊带成“U”形留下，会阴端的带子是不需要固定的。

使吊带保持平坦，然后用 00 号的 Dexon 缝线行间断缝合，将吊带牢固地固定在子宫切除瘢痕的后面，或者最好固定在子宫骶骨韧带上。吊带的位置要远离阴道切口。这样可最大地减少吊带的腐蚀。子宫骶骨韧带的残迹及附着的筋膜也用来覆盖在吊带上。一般将横切口改成纵切口，可使阴道顶端变窄而使阴道延长。若张力过大，可将阴道作“Y”形缝合或者作横向缝合。过大的张力会导致切口裂开以及吊带外露。根据手术者的喜好，可用一根或两根 1 号 Dexon 缝线松松地经阴道褥式缝合，以便伤口康复时使组织保持在原位。牵拉吊带的会阴端到完全露出后剪断，使其游离不缝合。皮肤切口可缝合但不要有张力，或使用无菌薄膜使其并拢。因为这个部位通常是疼痛最明显的部位，故若采用缝合则应在 24 小时内拆除缝线。

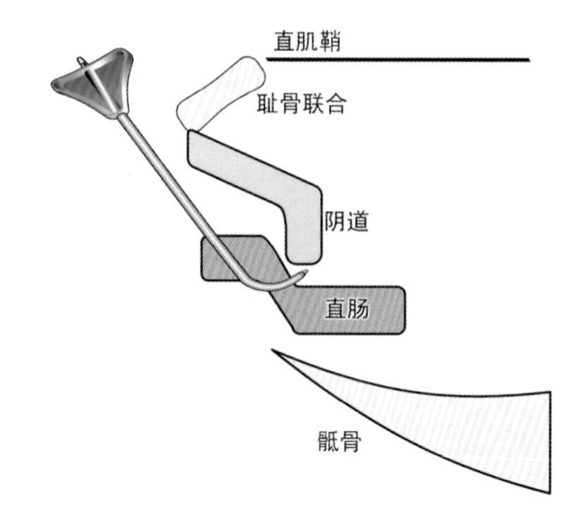

图 4-99 插入穿刺锥
患者仰卧位,穿刺锥越过直肠前壁

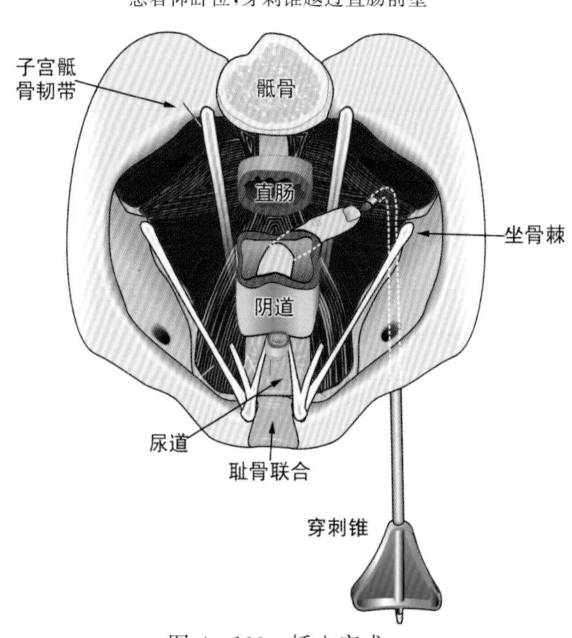

图 4-100 插入完成

横切口或纵切口间的选择:

一些手术医生常规采用纵切口,而另外一些手术医生只在阴道顶端狭窄的时候采用。在子宫骶骨韧带平面向侧方移位的筋膜应被用来覆盖在吊带上,这可使阴道顶端进一步移向后方。

覆盖筋膜的修补:

筋膜层不仅可保护吊带免受腐蚀,还有助于减少脱垂。筋膜将在术后第十天左右开始与吊带粘连。1 号 Dexon 缝线经阴道的支持缝合有助于伤口康复时保持组织在原位。TFS吊带能更好地修复侧方移位的筋膜(图4-106),因此能更好地恢复功能。

2）使用后部悬吊带修复子宫脱垂

对于这种患者,采用与曼彻斯特修补术类似的原则,切除延长的子宫颈,同时使用后部悬吊带。

在阴道与子宫颈连接处的下方1.5~2cm处作一个横切口,切开分离,暴露子宫骶骨韧带。

在子宫颈正常的患者中,在阴道后壁上从子宫颈开始向下作纵切口也许更好。

切断的子宫颈被重建后,则按照前述的方法插入后部悬吊带。若有可能,穿刺锥的出口指向子宫骶骨韧带和子宫颈之间,吊带缝合在子宫骶骨韧带附着于子宫颈的附近。首先用一根暂时的0号Maxon缝线将侧方移位的直肠阴道筋膜接合,注意不要将吊带缝于其上,里面的接合缝线尽量向侧方进入阴道组织内,这样做的目的是将子宫骶骨韧带的残迹和侧方移位的阴道筋膜靠拢。然后在修补直肠阴道筋膜时用1号Dexon缝线经阴道连续褥式缝合,从子宫骶骨韧带平面开始,到会阴体结束,使该筋膜保持在中间位置。手术结束时拆除Maxon缝线。

在恢复子宫位置时,充分接合子宫骶骨韧带和直肠阴道筋膜对于后部悬吊带是同样重要的(Petros,2001)。若脱垂的修复不充分,可能是经阴道的筋膜缝合没有足够地向侧方。若合并高位膀胱膨出,则必须将侧方移位的耻骨宫颈筋膜重新缝合在子宫颈环上,这有助于进一步减轻脱垂。

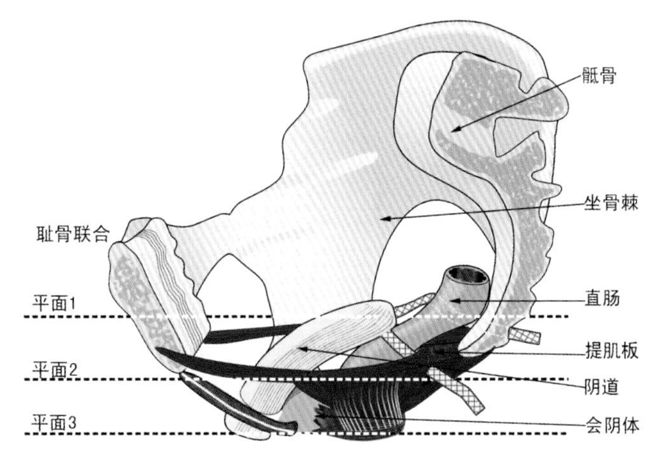

图4-101　后部悬吊带在固定阴道顶端中的作用

根据阴道后部IVS手术步骤,该手术没有加强子宫骶骨韧带,而是将阴道顶端固定在盆底后部肌肉上,肌肉收缩使其保持在原位

同时修补阴道前后壁可导致该部位的环状缩窄(图4-53)。阴道纵切口以及不切除组织可避免这种缩窄。

如果子宫颈很宽,可作楔形切除,范围从4点钟到8点钟方向(图102)。这样做使子宫骶骨韧带和直肠阴道筋膜的接合变得容易,而且没有张力。然而,选择性地结扎子宫动脉下行支必须小心仔细，因为若子宫颈缝线松弛，则可引起严重的术后出血。这是在缝合子宫颈时经常会遇到的难题。

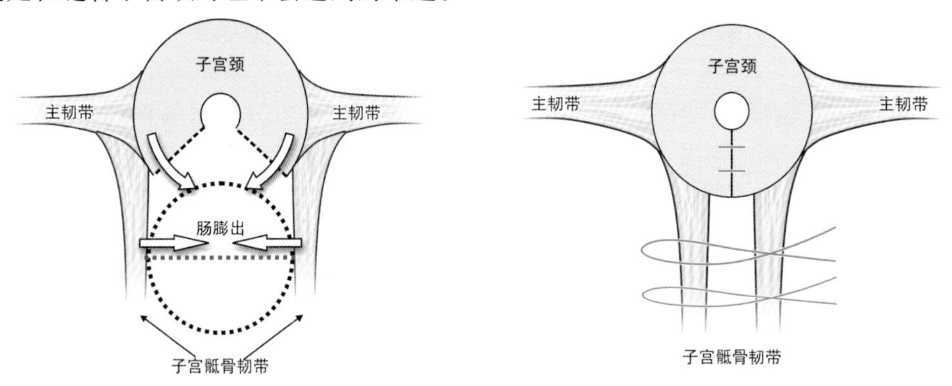

图 4－102 楔形切除肥大的子宫颈

3）使用后部悬吊带修补顶端缺陷（肠膨出）（平面 1 修补）

顶端缺陷的修补遵循着与顶部脱垂相同的手术原则。在肠膨出的顶端，通常在子宫颈或子宫切除瘢痕的后方 1.5～2cm 处作纵切口或横切口，小心仔细并充分游离肠膨出，以便查找出主韧带和子宫骶骨韧带。不需要常规打开肠膨出，对于较大的膨出，则需要彻底地分离。若进人疝囊，荷包缝合可使其关闭。施行阴道后部悬吊带手术，吊带被固定在子宫骶骨韧带或子宫切除瘢痕的后方。像前文所述一样，用阴道内和经阴道的缝合接合子宫骶骨韧带与附着的筋膜以关闭肠膨出、覆盖吊带。不切除多余的阴道组织，宁可将其与筋膜缝合在一起。切除阴道组织只会使其缩短变窄。

4）阴道后部 TFS 悬吊带

在使用阴道后部 TFS 悬吊带之前，评估阴道前顶端的支持结构（图 4－62 和 4－63）和直肠阴道筋膜上部的支持结构是重要的，两者对盆底所有结构的完整性起着很重要的作用（参见悬吊桥模拟图，图 1－9）。

在将阴道顶端的筋膜固定到子宫骶骨韧带上这一点（图 4－103），阴道后部 TFS 悬吊带手术和 McCall 手术是相似的。在子宫颈下方或者正好在子宫切除瘢痕的下方 2cm 的阴道顶端做一个 2.5cm 长的横切口，找到子宫骶骨韧带或其残迹，用 Allis 钳抓住。如果存在肠膨出，则切口位置要降低。在子宫骶骨韧带附着点的正下方、在该韧带残迹和阴道壁之间用精细解剖剪倾斜 30°分离出一个 4～5cm 长的空间，足够容纳 TFS 放置器。在达到 TFS 需要的深度时，TFS 放置器被触发并弹出固定器，随后移去放置器，等待 30s 以便组织复位，固定器经牵拉吊带而固定。对侧重复插入放置器，保持放置器支撑固定器底部，沿着放置器的轴拉紧吊带并调整至合适的松紧度。吊带的游离端从固定器下 1cm 处剪断，吊带上方松弛的子宫骶骨韧带以及毗邻的筋膜被接合，作为附加层来支持 TFS。整个手术时间为 5～10min。

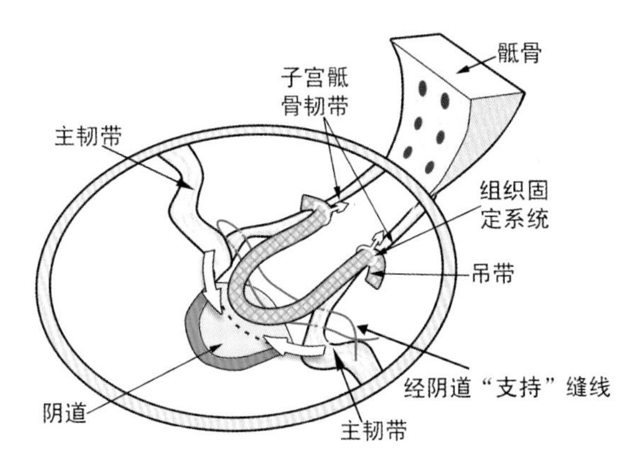

图 4-103　后部组织固定系统

视角:从上向下。吊带要恰好固定在子宫骶骨韧带上。箭头表明若阴道顶端宽大,则必须将残留的子宫骶骨韧带和主韧带接合以防止肠膨出的形成

后部 TFS 悬吊带在经阴道子宫切除时的应用:

阴道顶部脱垂是子宫切除术后主要的远期并发症。在经阴道子宫切除时应用后部 TFS 悬吊带是很简单的,只需花费几分钟即可完成。近 12 个月的手术观察证明其为阴道顶部提供了强有力的支持(Petros and Richardson,未发表的资料)。

4.3.3.4　直肠阴道筋膜(平面 2)和会阴体(PB)(平面 3)的修补

传统的阴道修补只是通过缝合将侧方移位的筋膜接合,被缝合的都是受损的组织。直肠阴道筋膜承受着强大的牵拉力(图 4-107)。康复中的伤口在术后最初几周抗张强度很低。这类手术的复发率高可能是因为缝线撕裂而导致切口被牵拉。

会阴体作为会阴肌肉以及肛门外括约肌的锚定点(图 4-95),承受着强大的肌力作用。仅仅通过缝合很难修复一个薄而被伸展的会阴体,而且存在着受损组织与受损组织缝合在一起的问题(图 4-106a 和图 4-106b)。

1) 直肠阴道筋膜的修补(平面 2 修补)

有 6 种主要的可供选择的方法。

传统的阴道组织切除和切缘的再缝合:

这是所有选择中最差的一种,与以下描述的直接修补法比较,该法并没有优势。手术医生需估计向侧方移位的筋膜的位置,若切除组织过多,则阴道切缘必然被牵拉,或者需彻底分离筋膜才能使切缘互相接合。这两种情况都会使阴道壁更加削弱、变短或变窄。由于过度地牵拉阴道,手术会引起明显的疼痛。

不切除阴道组织的直接修补:

若移位的组织看起来很强壮,这种方法是很适合的。只要筋膜很健康,就能被接合到中线。作中线切口,分离直肠与阴道,接合侧方移位的筋膜,将多余的阴道组织附着到深层筋膜上而不是切除它(图 4-50)。术后访视时常常可以看到多余的阴道组织

明显地起皱。尽可能经阴道临时向侧方放置一根 Maxon 缝线有助于使健康的筋膜接合到易受修补影响的中线。

“桥式修补”：

“桥式修补”(图 4 - 104 和 4 - 105)采用自体筋膜(“桥”)来加强疝的中间部分。在疝的中心，即疝最薄弱的部分建立一个坚固的中心桥。这种方法仅用于疝很大且通常需要切除阴道组织的病例。

“桥的建造” 沿阴道后壁作两个平行的全层纵切口，向下到阴道口皮肤内 1cm 建造一座 1～1.5cm宽的组织“桥”(图 4 - 104)。用最小限度的解剖分离切口的边缘；分离阴道和直肠间的粘连；用热疗破坏桥表面的上皮细胞；用间断缝合将桥的边缘附着到邻接的阴道组织下方的筋膜上。

桥的末端固定在会阴体上(图 4 - 105)。近侧端固定在上部的直肠阴道筋膜上。用间断褥式缝合将侧方移位的筋膜向中间缝合，桥就固定到这个筋膜中。

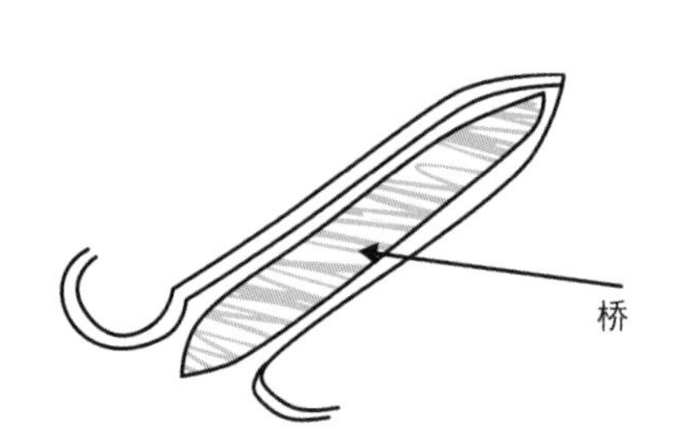

图 4 - 104 桥的建造

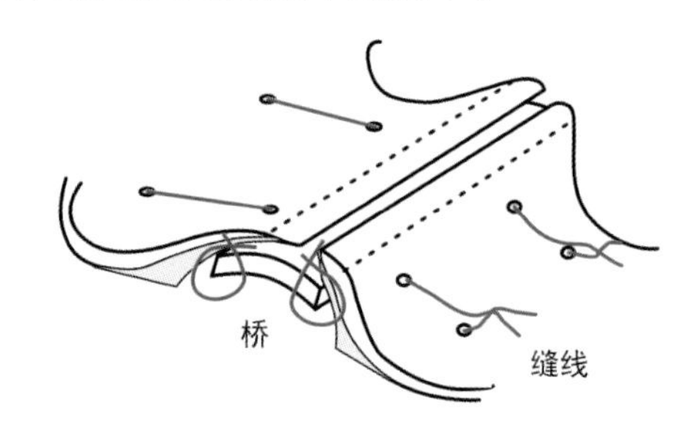

图 4 - 105 桥的缝合

“桥式”修补可能的并发症 ① 过宽的桥可能使阴道变窄或者在术后断裂。②在5%的患者中可形成潴留囊肿，这种囊肿充满黄色无菌液体，可经会阴超声检查定位。

用网片覆盖整个阴道后壁：

对以前施行过阴道修补的患者，尤其是侧方筋膜薄弱的患者，除了用聚丙烯网片加强薄弱的上皮组织外别无选择。据报道，网片的腐蚀率为 3%～28%。腐蚀率的高低可能与手术技巧有关。一般的原则是尽可能多地将直肠上方的筋膜层接合在一起，以及使用的网片要大到足以附着到阴道侧方。有一些手术医生喜欢将网片缝合在侧方，另一些医生则不喜欢这样做。

网片或“桥”与后部悬吊带联合使用：

从结构和解剖上来看，这项技术比独立使用网片或“桥”更有优势，因为这种网片或“桥”通过悬吊带被固定在后部肌肉上，排尿和排便时使阴道能更好地向后移位。任何时候都必须避免将网片或者悬吊带与骶棘韧带固定。这是因为：① 这不是解剖学上的修补，在用力和排尿时将阻止阴道向后伸展(图 2 - 19 和 2 - 21)。② 存在损伤阴部神经和血管的显著危险。③ 这不是必须的步骤。创建阴道后部悬吊带手术就是为了避免将阴道与骶棘韧带固定而引起的并发症。

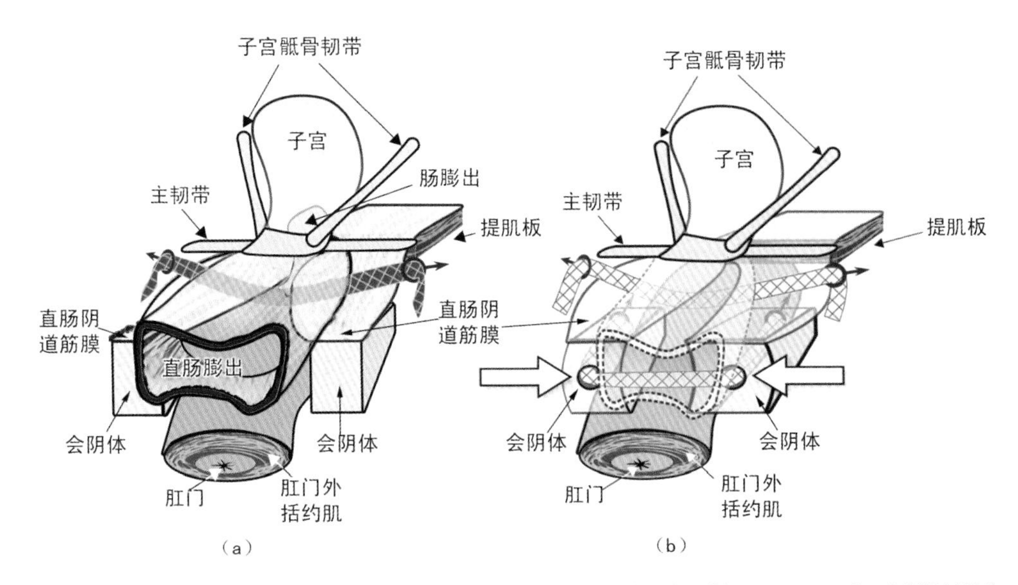

图 4－106(a)　接合侧方移位的直肠阴道筋膜　图 4－106(b)　组织固定系统垂直插入 3～4mm 进入会阴体并附着

在这两种情况，康复中的伤口极少因提肌板肌力“LP”的持续作用而撕裂

使用 TFS 接合侧方移位的直肠阴道筋膜：

牢固地放置在侧方移位的直肠阴道筋膜中的 TFS(图 4－106，图 4－107)将使该筋膜接合，有助于控制肠膨出，并将阻止因提肌板肌力的作用引起的术后侧方移位。吊带犹如为直肠阴道筋膜“加强了力量”。TFS 每个固定器的牵拉强度达 2kg，结构上优于在以前后部悬吊带术中应用的经阴道缝合(图 4－107)。在以后数周发生的伤口康复中，较低位置的缝线更可能起“支持”作用。有趣的是，自从应用 TFS 修补直肠阴道筋膜作为修补阴道顶部或者子宫脱垂的一种方法以来，已经显示出后部症状有了极其显著的改善。

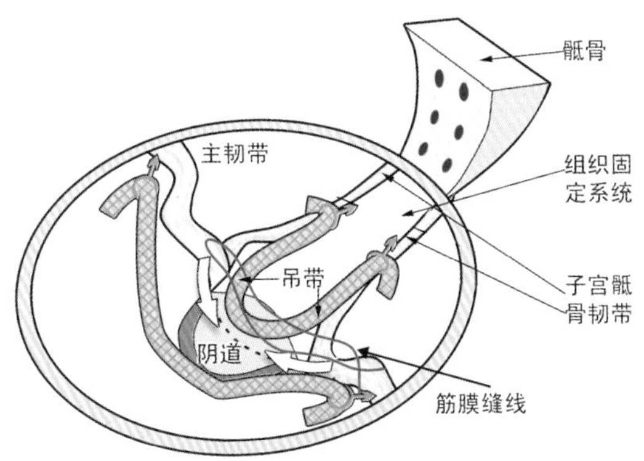

图 4－107　修补侧方移位的直肠阴道筋膜

植入到后部悬吊带的下方和侧方的第二条 TFS 吊带将比经阴道的“支持”缝合更牢固地修补侧方移位的筋膜。视角：从上向下

2）会阴体的修补(平面 3 修补)

会阴体长 3～4cm。常发现它在肛门的前表面被伸展得很薄，尤其在为了排空粪便而不得不用手扶持会阴体的患者中更是如此。应注意确保修补会阴体最低的部位，即肛门的前面。充分向侧方分离以确定会阴体，并需要作深层定位缝合。当接合侧方移位的切缘时要避免张力过大，否则术后会感到很疼。也要避免在此部位使用 Maxon 或者 PDS 缝线。因为若肛门组织很薄且缝线很紧则会形成针眼瘘管。

尤其在有阴道手术史的患者中，在距离阴道口 0.5～1cm 的阴道黏膜处作一个横切口，可使会阴体侧方移位部分的定位极大地简化，也可减少直肠穿孔的可能性。

TFS 修补被伸展的会阴体：

这种情况是指会阴体已被伸展得很薄，越过肛门下部。用示指(放在肛门中)和拇指(放在阴道中)检查有助于准确评估会阴体的完整性。若组织既脆弱又菲薄，就存在手术引起直肠阴道瘘的危险。在手术重建中，在皮肤黏膜交界的里面作一个横切口，非常有利于达到会阴体侧方移位的原始部位。在会阴体的每一侧作 3～4cm 长的垂直通道，两则的结构就被轻轻地接合在一起。患者及其伴侣在性交时不会感到 TFS 的存在。

折叠直肠浆膜作为阴道修补的辅助方法：

直肠的浆膜层可像“气球样膨出”，这和直肠膨出时阴道的表现几乎一样。用折叠加固膨出的直肠浆膜层。分离阴道切缘，将一个手指放在直肠内，用间断褥式缝合使直肠浆膜折叠，然后用标准的方法修补阴道后壁。

4.3.3.5 阴道后部修补可能的并发症

1）阴道修补时直肠穿孔的危险

在会阴有瘢痕的患者中，为了使直肠穿孔的危险降到最低，关键的一点便是在张力下进行分离。在这种情况下用手指分离尤其危险，建议用止血钳夹持阴道切缘及直肠壁，以便为使用组织剪分离形成足够的张力。一个好助手，可造成反向张力并能放一个手指在直肠里进行指引，对防止直肠穿孔是非常有帮助的。若直肠穿孔，则直肠壁必须与邻近的瘢痕组织充分游离，便于在直肠壁上进行至少两层的无张力修补。

2）血肿

从解剖上看，穿刺锥穿入坐骨直肠窝，已远离直肠周围的静脉或阴部神经；穿刺锥圆钝的锥尖也减少了(但不是排除)血肿形成的危险。感染是罕见的，但较常见的是来自阴道修补的血肿。

3）穿刺锥造成的直肠穿孔

任何穿孔都是腹膜外的、点状的，可由平滑肌收缩而关闭。若穿孔发生了，就将穿刺锥移开并重新穿刺。所有小的损伤可在阴道末端外加两次缝合来进行修补。极少形成瘘管。

4）聚丙烯带子的腐蚀

聚丙烯网带的腐蚀是不常见的。腐蚀通常在中心发生并进入阴道内。抓住带子，围绕带子向下推开阴道黏膜；张力下，在阴道黏膜下方用剪刀向下压，剪除腐蚀的片段。该操作通常在门诊进行。深深地将吊带埋在子宫切除瘢痕的后方有助于降低腐蚀率到1%～2%。尽管临床感染罕见，但还是建议作细菌学检查，以便在任何手术干预之前明确病原菌以及选择合适的抗生素对患者进行治疗。在罕见病例中，可能会发生坐骨直肠窦，一旦发生，窦道常延伸到阴道顶端的肉芽组织处，从这里窦道可以被切除。吊带固定的部位（子宫骶骨韧带）离直肠较远，因此不大可能发生直肠腐蚀。

5）聚丙烯带子的完全排斥

对聚丙烯带子的完全排斥是很少发生的。抓住阴道末端并轻轻地牵拉带子就能很容易地将带子全部去除。去除带子后脱垂可能复发。

6）继发于桥式修补的潴留囊肿

这种情况并不常见（发生率＜5%）。一旦发生，它可表现为卵圆形的、无痛的囊肿。治疗包括囊肿切除和阴道修补。

4.4　手术后监护：控制复发或新症状的策略

在整体理论手术系统的应用中，手术医生必须从前瞻性控制和治愈的观点出发，而不是从单一手术修补的观点来处理手术后出现的症状。

在一些患者中，由于组织薄弱、多部位损伤，或由于术后盆底结构的重新调整而暴露出新的薄弱部位，因此需要多次手术才能达到充分的改善。鉴于整体理论手术系统强调保留组织、侵入性最低和相对无痛，故对于复发或者新发症状的患者可以重复手术而不伤害患者。手术前将上述情况向患者解释清楚是很重要的，尤其对于那些在新发症状还是手术前持续下来的症状之间难以作出区分的患者更要解释清楚。她们可能都不会自愿讲述哪些症状得到改善而哪些症状没有得到改善，她们通常声称："我没有被治愈。"

使这些患者消除疑虑并燃起重建希望的最好办法是借助"模拟操作"来证明急迫症状或压力性症状可得到改善（参见第三章和第六章）。

对治疗失败的解剖基础进行分析可能是一个复杂的问题。从手术医生的观点来看，治疗失败可能由诊断错误以及由干预本身或手术的失败造成其他结缔组织结构的失代偿而引起。

笔者的方法概括如下：这种方法以手术医生对结缔组织结构（图4-1）和整体理论诊断系统的良好认识为基础，尤其对怎样诊断轻度的结缔组织损伤（因为这可能会引起严重的症状）要有一个清晰的认识。这些认识对评估任何复发或新发症状都是很关键的，对此在第三章和第六章（6.2.4节）中有详细描述。

第三章中提出的手术前诊断方案[问卷表、24h排尿日记、咳嗽和24h护垫试验

(附录)],用作手术后发生问题的患者的标准检查程序也是非常有用的。

4.4.1　亚临床损伤的起源——一个部位在另一个部位修补后怎样失代偿

在正常骨盆中,盆底力量通过韧带、肌肉和筋膜的弹力成分得到缓冲。所有这些结构都起着“减震器”的作用。图 4-108 显示胎头不容易通过产道时,多个部位是怎样可能有被损伤的——每个部位损伤的程度不同。因为盆底的结构是相互依赖的,故 3 个部位之间可能有平衡结构的缺陷,以至于出现的全部症状未必能反映损伤的整个范围。

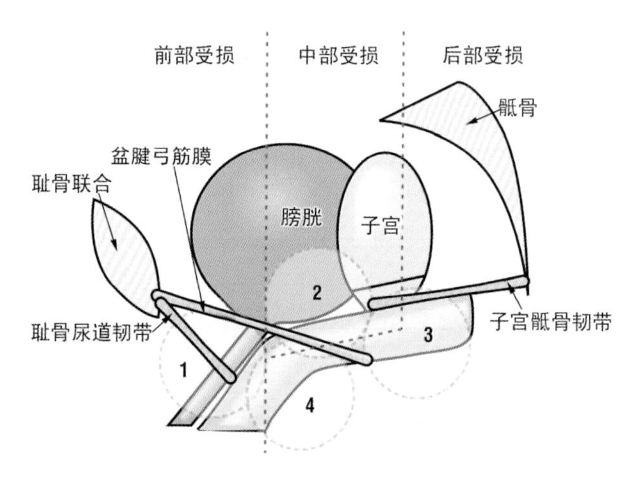

图 4-108　胎头(圆圈)可能在阴道的一个或多个部位使韧带或筋膜断裂或削弱(亚临床损伤)

因此,修补阴道的一部分可能使骨盆和腹部的力量从被修补的这一部分转向另外两个部分。最薄弱的部分就可能出现两种情况,或表现为完全的疝(脱垂),或表现为轻微的疝,但是症状却很明显。在阴道后部行悬吊带手术的患者中,作者已经观察到 16%的患者有这样的失代偿。

4.4.2　症状形成的动力学

新发症状形成的解剖学基础并不十分清楚。症状的产生是一个动力学过程,是继发于肌肉、结缔组织和感觉神经之间的相互作用。在 20%的病例中受损部位的诊断不能明确。然而,全面的动力解剖学知识(参见第二章)、“模拟操作”技术(参见第三章和第六章)以及对以症状为基础的神经学的认识,如夜尿症状、尿急和盆腔疼痛等,这些症状均可由轻微的解剖缺陷引起,它们对阐明症状的解剖学基础都是非常有帮助的。

持续存在的症状,尤其是尿急,可掩盖引起症状发生的另一部位的结缔组织失代偿。对这种患者,医生需要对手术前后的症状进行比较,比较时可用图示诊断法(图 4-109)作为指导。

新的不同症状的出现对损伤的定位是一个强有力的提示。手术前后使用的标准的半定量问卷表(附件)与图示诊断法配合(图 4-109),能够提供全面的认识。然而,图示诊断法则的应用不能帮助诊断"阴道束缚综合征",在进行过多次阴道修补的患者中,若主诉大量漏尿,应考虑患有"阴道束缚综合征"。在该综合征中,瘢痕组织"束缚"了定向肌力,以至在慢颤纤维延长的收缩中尿道后壁被后部肌力牵拉开放(见第四章)。

例 4.1　症状的持续存在

一个部位手术修补后尿急持续存在,这并不总是因手术失败造成,也可能因另一部位的结缔组织失代偿("爆裂")造成。医生应始终明白,症状仅反映了由手术干预引起的结构上的动力学变化。在这种情况下,首先要仔细比较手术前后的症状,最好使用标准的半定量问卷表(附件)进行比较。

例 4.2　新发症状

众所周知,尿急和膀胱排空困难是最多见的"新发"症状。在 Burch 阴道悬吊术后,有 20%的患者可出现这些症状。它可归因于膀胱颈过度抬高激活下面的牵拉感受器,并阻止流出道的主动开放(图 2-21)。这两种症状的改善,可用黏弹性的滋生蔓延导致阴道正常张力的恢复来解释。Burch 术后出现尿急和膀胱排空异常且有肠膨出的患者,很可能有后部结缔组织的"爆裂"。这些患者常有其他的阴道后部症状,如盆腔疼痛和夜尿症(图 4-109)。

例 4.3　后部悬吊带术后压力性尿失禁的治愈

许多患者诉说在施行后部悬吊带手术后其压力性尿失禁症状得到了改善,这可归因于手术改善了向下旋转的肌力(LMA)的功能,而这种肌力是对应于子宫骶骨韧带而起作用的。

例 4.4　膀胱膨出治愈后的压力性尿失禁

许多患者诉说在膀胱膨出加重后,其压力性尿失禁的症状得到了改善,这可用膀胱膨出使阴道吊床被向后牵拉来予以解释。耻尾关闭肌更好地控制并从后面关闭尿道。用手指支撑膨出的膀胱以阻止其膨出,咳嗽时患者就会漏尿。

4.4.3　处理持续存在的症状——解剖学的方法

4.4.3.1　第一步:诊断受损的部位

用第三章中描述的诊断方案识别损伤的部位:问卷表、体格检查以及相关的"模拟操作"和经会阴超声检查。

有些病例,尤其伴有阴道后部症状(图 4-109)时,临床检查中可能没有发现明显的脱垂,但是若存在两个或更多的阴道后部症状,则在手术室里几乎总能发现一定程度的阴道后部脱垂。

4.4.3.2　第二步:鉴别新老症状——质询时间

需要比较手术前后的症状,具体方案是:

1）新发症状的出现

很可能另一部位的结缔组织已失代偿。通常，任何新发症状会在手术后数周或数月内出现，但也有些症状可在数天内出现。

2）手术后立即持续存在的同样的症状

手术后立即持续存在的症状可能因错误地诊断了损伤部位引起，或者因伤口裂开导致手术失败。在伴有尿急症状的患者中，诸如纤维瘤、膀胱癌、术后感染等病因必须被排除。

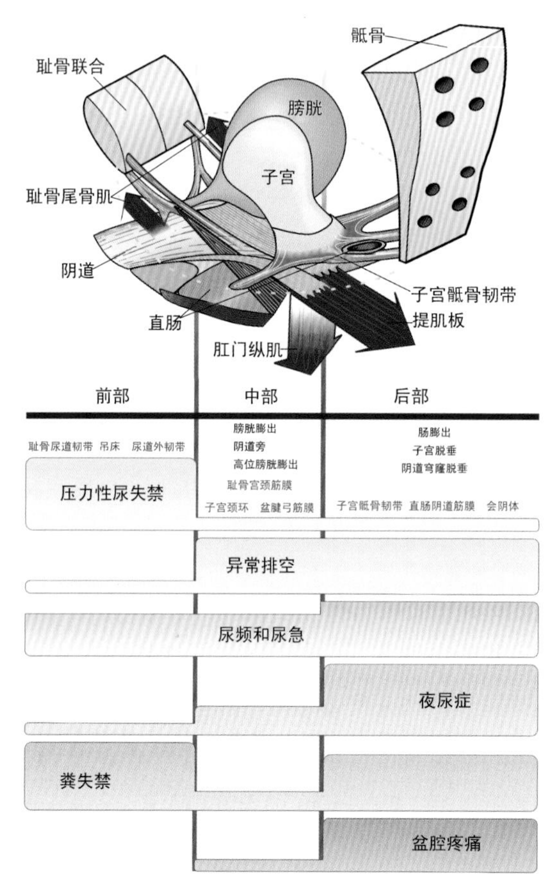

图 4-109 参照图示诊断法有助于指导医生确定损伤的部位

3）症状改善一段时期后同样症状的复发

若同样的症状复发，原因可能是由于组织薄弱导致的远期手术失败。诸如尿急这种与 3 个部位都有关的症状，可被患者主诉为“持续存在的症状”。此时，详细询问患者就显得格外重要了。

若患者主诉数周或数月后症状复发，只有两种可能性的诊断：原有的缺陷复发，或者另一部位的失代偿（“爆裂”）。鉴于轻微的解剖缺陷也可引起严重的症状，故需要仔细地检查每一个部位(图 4－109)。

“模拟操作”(参见第三章)尤其适用于损伤程度较轻的患者。医生须确保患者的膀胱充盈足以在仰卧位时能引发尿急的症状。这可能需要患者在诊室里等待一段时间,直到她诉说有尿急的症状为止。有些手术医生插入导尿管使膀胱充盈到患者有尿急的症状。然后进行“模拟操作”,如第三章和第六章(6.2.4)的描述。

4.4.3.3　第 3 步:按部位的解决方法

手术后前部的症状——持续性压力性尿失禁:

尿道中段悬吊带术失败的一个主要原因是吊带过度松弛。然而,其他结构对控制压力性尿失禁的特定作用需要通过“模拟操作”来进行评估:尿道外韧带、耻骨尿道韧带、阴道吊床和后部韧带(参见第三章和第六章)。

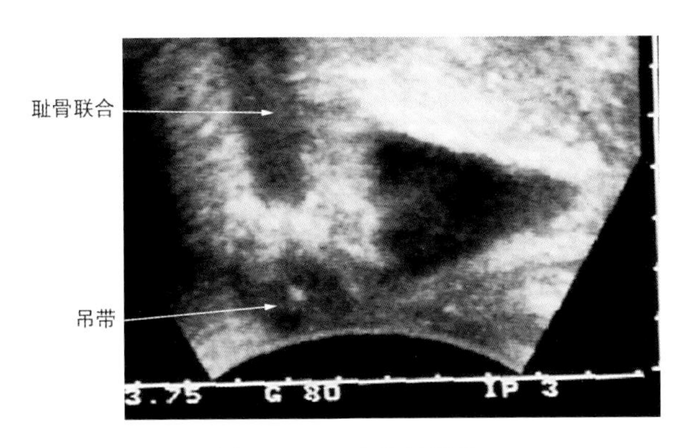

图 4－110　失败的悬吊

矢状面看,用力时注意旋转、漏斗形成和吊带“T”的末端位置

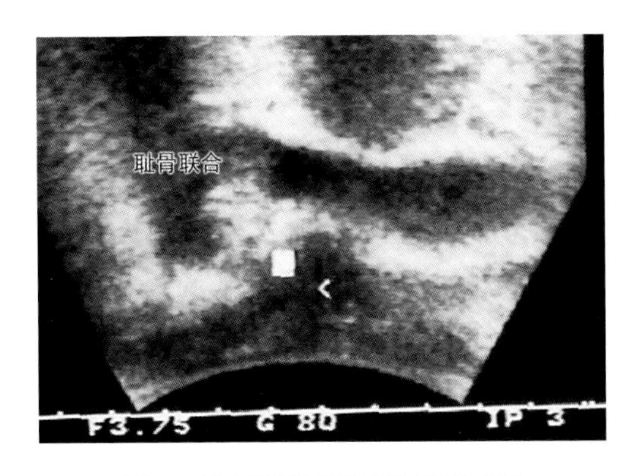

图 4－111 “开放”状态的尿道远端

本图与图 4－110 是同一患者,用力时,用止血钳(标志<)锚定尿道中段恢复尿道膀胱的几何学形态和尿自禁

在已经施行尿道中段悬吊带术的患者中，若在突然活动而非咳嗽时出现不能预料的漏尿，应考虑有尿道外韧带的松弛，特别当患者主诉从尿道里溢出水泡时更应考虑，尿道外口张开或者尿道黏膜脱垂亦提示尿道外韧带松弛。经会阴的超声检查在手术后的超声图像上显示膀胱底的旋转和下降(图 4－110)，这表示耻骨尿道的锚定机制过度松弛。如图 4－111 所示，应用一把止血钳锚定尿道中段的一侧，尿道膀胱的几何学形态和尿自禁就恢复了，提示患者需要再作一次尿道中段悬吊带手术。

在图 4－111 所示的病例中，细致的检查显示膀胱颈已经关闭，但是远端尿道仍然开放着。在这种情况下，为了获得理想的疗效，几乎一定需要加固尿道下阴道吊床筋膜，可能也要加固尿道外韧带。

以前已证实(Petros，2003)，在曾经施行过膀胱颈抬高手术的患者中，漏尿可以不伴有膀胱底的旋转和下降，用尿道中段的模拟操作。这些患者显示了尿道关闭压的显著变化(图 6－8 和图 6－12)。尿道中段悬吊带术和吊床修补可使这些患者获得很高的治愈率。在罕见情况下，术后吊带的滑动可引起尿道持续开放，类似于历史上记述的纤维化“烟斗管”式尿道。通过一个横向应用的超声探头可作出诊断。在这种情况下，尿道没有关闭，甚至可能在用力时被尿道后壁上的纤维附着物牵拉开放，很像排尿时发生的情况(图 2－23)。

压力性尿失禁主要是一种阴道前部的症状。然而，在阴道前部悬吊带手术失败的患者中，她们已经施行了子宫切除术，并且在咳嗽时、甚至在尿道中段模拟操作时持续漏尿。那么，子宫骶骨韧带的松弛可能是她们压力性尿失禁的相关原因。在咳嗽压力试验时支撑阴道后穹窿可证明这种可能性(参见第六章，第 6.2.4 节)。

4.4.3.4 多次手术，以及失败的尿道中段悬吊带术

在多次施行压力性尿失禁手术不成功的患者中，可以作一种探索性或治疗性的操作。首先，仔细作一个全层中线切口来检查尿道的解剖，若吊带与尿道附着，并使尿道扩张至开放的状态，则必须将尿道从瘢痕组织上游离，尽量多地切除吊带；若尿道壁很薄，被牵拉和扩张，则必须恢复尿道的圆柱形，用 3 号 Dexon 缝线缝合外表面来达到此目的。

若可能，这些手术应在局部麻醉/镇静下施行。每一个对尿自禁的控制起作用的结构都应一个一个地检查和修补。向患者的膀胱内注入 300ml 生理盐水，要求患者在每一步手术的前后咳嗽：

※ 重新插入一根新带子；

※ 紧固吊带；

※ 然后紧固吊床；

※ 并修补尿道外韧带。

若这些步骤完成后患者仍然漏尿，则必须检查后部韧带的作用。用 1% 的利多卡因浸润阴道后穹窿，用 Allis 钳分别夹住穹窿的左右部分，轻轻向中线接合，要求患者

咳嗽。若该操作能控制压力时的漏尿，表明必须紧固后部韧带，最好借助于后部悬吊带来紧固。

特别在多次阴道修补和(或)Burch阴道悬吊术后主诉大量漏尿的患者中，始终应排除“阴道束缚综合征”。在这种病例中，手术本身已导致了这个问题。主要的症状是患者早晨起床脚接触地面时便立即出现大量漏尿，主要的体征是阴道的膀胱颈区域瘢痕化和固定。压力性尿失禁不是阴道束缚综合征的主要特征。

4.4.4 手术后阴道中部的症状

阴道后部手术之后有16%～18%的患者出现膀胱膨出(Shull，1992；Petros，2001)。参考图示诊断法(图4－109)及用窥器检查有助于诊断中部损伤的确切部位——中心的、阴道旁的或子宫颈环附着处。为急迫症状所行的“模拟操作”(见第三章和第六章)有助于确定中部损伤对急迫症的形成起多大的作用。已知阴道中部和阴道后部在解剖上是相关的，故在术后有尿急症状的患者中应始终不忘检查阴道后部。

早晨起床时出现大量漏尿并在膀胱颈区域有紧密瘢痕的患者中，应考虑有“阴道束缚综合征”的可能。

4.4.5 手术后阴道后部的症状

若新发急迫症发生在压力性尿失禁手术之后，医生应参考图示诊断法则(图1－109)检查新发的盆腔疼痛、异常排空和夜尿症。出现这些症状中的任何一种症状均有力地提示阴道后部松弛。有时候在阴道检查时会发现轻微的子宫或者顶部脱垂。为了证实这些患者中常可见到特征性的后穹窿膨出，在要求患者向下用力时，手术医生需要用卵圆钳在阴道前壁上施加向上的压力。用手指压迫后穹窿能够再现盆腔疼痛，该操作需要十分小心地去做，只能作一次，不然它将引起患者剧烈的疼痛。排空时间延长(大于60s)以及残余尿增加有助于证实后部松弛的诊断。尿流率减慢(＜20ml/s)对个别患者是不可靠的参数，有关此方面更详细的内容见第三章和第六章(6.2.4节)。

4.4.6 展望——对结缔组织损伤部位的客观诊断

展望未来，使用高分辨的超声仪器以及发展更先进的诊断技术，可能用来诊断筋膜的断裂或薄弱，并因此诊断较早期的器官脱垂。在这个时期，超声因其易得性、价格低以及图像的动力学特征，比MRI更有优势。

新出现的技术，比如能测量组织强度的弹力计或者压电仪器，都对异常松弛或组织损伤的客观诊断起很大的作用。

4.5 本章总结

本章讨论了整体理论盆底手术系统的概念、原理和实践。

最为重要的概念是:形态的重建也将导致功能的恢复,9 种结构(每一部位中有 3 个)中结缔组织损伤的修补将使脱垂修复,同样也能使功能恢复;严重的症状可能仅仅伴有轻微的结构缺陷。

手术需要遵循一定的原则:尽可能保留子宫和阴道组织(为了长期的效果);使用聚丙烯网带加强受损的韧带(因为它们不能用其他方法修补)。为了实现日间手术,需要遵守以下的基本规则:

※ 缝合阴道时避免张力;

※ 避免阴道切除;

※ 避免在会阴皮肤手术;

※ 避免紧固阴道的膀胱颈区域。

手术实践有两个主要的原理:

※ 使用特殊的器械使手术微创;

※ 在特定的部位植入带子以修补每一个部位中受损的结缔组织结构。

按照对盆底功能的重要性描述这些结构:

※ 阴道前部:耻骨尿道韧带,阴道吊床和尿道外韧带;

※ 阴道中部:耻骨宫颈筋膜(子宫颈环附着,中心和阴道旁);

※ 阴道后部:子宫骶骨韧带,直肠阴道筋膜/会阴体。

本章介绍了重建耻骨尿道韧带和子宫骶骨韧带的两种操作方法:“盲视”的“无张力”吊带技术,以及更新、更安全、直视下的“组织固定系统”。

本章还对与修补受损筋膜有关的问题和技术,或作为这些方法的补充,或作为一种替代,进行了讨论:网片、自体“桥式”修补、使用异体组织以及 TFS 网带。

最后一节提出了手术后复发或新发症状的处理框架。该框架以 3 个部位的诊断步骤为基础,也包括对来自于干预本身的某些可能混淆的解剖学问题进行评估的策略。

第五章　盆底康复

5.1　引言

整体理论系统的盆底康复(pelvic floor rehabilitation，PFR)与传统的方法主要有4个方面的不同：

(1) 除压力性尿失禁之外，还可用于治疗尿急、夜尿症、尿频、排空异常以及盆腔疼痛。

(2) 介绍了两种新的方法，即蹲下和反向下推锻炼以增强3种定向肌力。

(3) 将电刺激治疗、激素治疗和快、慢颤纤维收缩训练结合在一起。

(4) 无创性设计以适合患者日常的常规使用。

传统的盆底康复方法主要局限于通过凯格尔锻炼(Kegel exercise)改善压力性尿失禁，以及用膀胱训练(bladder drill)改善尿急症状。"膀胱训练"是为了取得最大的效果而对从大脑皮质到各个抑制中枢的神经抑制环路的训练。虽然传统的盆底锻炼并没有解决急迫症状，但是患者听到的有关用"交叉双腿并缩夹"的方法控制急迫症状的有趣的传说，却与盆底肌肉在控制急迫症状时的作用是一致的。这可用盆底肌肉牵拉阴道隔膜支持了牵拉感受器来予以解释(即蹦床模拟图)。

现行的盆底康复(PFR)方法主要是用于治疗女性压力性尿失禁。Kegel(1948)描述的"缩夹"、上提盆膈是所有传统方法的核心成分。

通过"缩夹"(图5-1)使所有器官甚至提肌板(LP)均被向上向前牵拉时，只有耻骨直肠肌能主动收缩。尽管耻骨尾骨肌(PCM)可反射性地收缩对抗耻骨尿道韧带使其向前牵拉吊床，但是这些运动都不能直接牵拉对抗任何的盆底韧带。图5-1中实线代表静息时的位置，虚线代表"缩夹"时的位置。阴道前壁放置了血管夹："1"是指尿道中段，"2"是指膀胱颈，"3"是指膀胱底。

5.2　整体理论用于盆底康复

盆底系统的任何部分对于维持功能都是不可或缺的。用于盆底康复的整体理论方法强调要加强系统中所有对尿自禁发挥作用的成分：肌肉、结缔组织和神经肌肉传导。

致谢：经澳大利亚佩思Kvinno中心的Patricia M. Skilling博士的实践所提出的常规。

尤其是治疗方案中包括了诸如蹲下、反向下推这样的锻炼和后穹隆电刺激疗法，以加强 3 种定向肌力及其与韧带的附着。整体理论体系用于盆底康复，特别是针对为家庭、孩子、工作和事业而奉献和繁忙的女性设计。其主要目的是为了组合全部的治疗元素并用最少的时间而成为可被常规使用的无创性治疗。

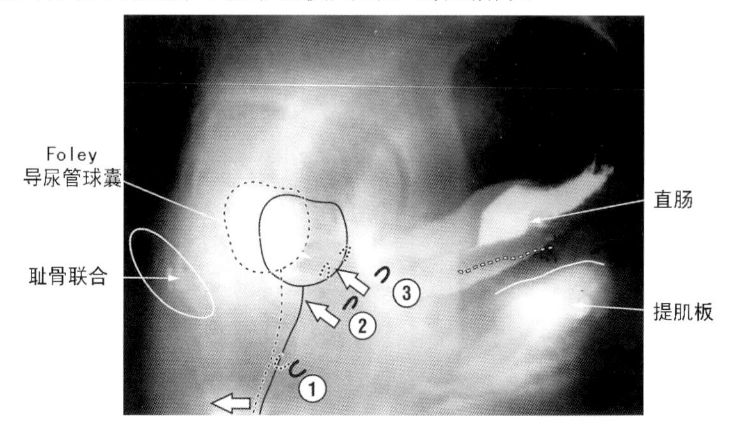

图 5-1 “缩夹”时肌肉向上向前运动

注意与图 5-2 所示运动的区别。由于“缩夹”不是自然的功能，它必须通过学习才能掌握(图 5-2)(Kegel 1948)。虚线表示缩夹，实线表示静息

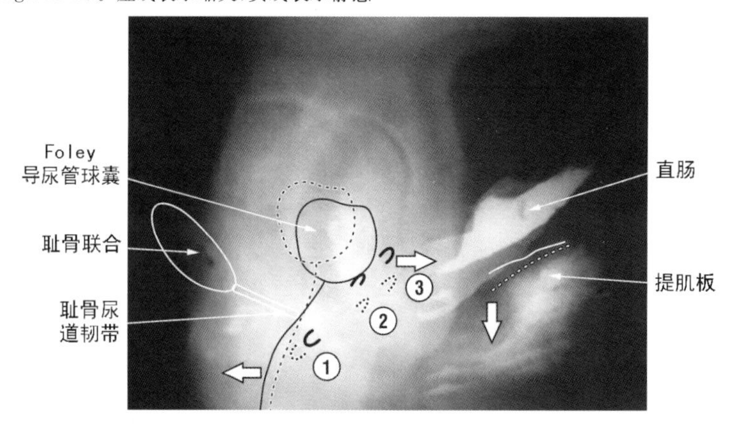

图 5-2 咳嗽或用力时肌肉的反射性运动

与图 5-1 是同一患者。注意 3 种不同的定向运动和提肌板向下成角是如何对抗耻骨尿道韧带和子宫骶骨韧带的。虚线表示缩夹，实线表示静息

5.2.1 适应证

在下面的描述中没有列出排除标准。任何患者，不管她的症状多么严重，都能接受盆底康复(PFR)。特别鼓励咳嗽压力试验中漏尿量<2g，或者 24h 尿垫记录漏尿量<10g 的患者做 PFR。同样，也鼓励手术成功的患者学习 PFR 以巩固疗效。

5.2.2　方案设计

方案由3个月中的四次就诊组成。图示诊断法(图1－12)指导诊断阴道前部、中部和后部的解剖缺陷。激素替代治疗(hormone replacement therapy,HRT)使上皮增厚并阻止胶原丢失。最初4周中每日给予20分钟的电刺激治疗以改善神经肌肉传导,接着做慢颤肌训练,蹲下或坐在橡皮健身球上,每日总共20分钟。

5.2.2.1　第一次就诊

指导患者如何进行Kegel锻炼的常规方法,每次分两组,每组连续做12个动作,每日3次。根据Bo(1990)的方法,早晨和晚间在床上锻炼,脸朝下,两腿分开;余下的24个缩夹动作可在午餐时间或如厕时做,想象着从四面八方向内缩夹一个柠檬,或故意中断尿流,这对患者的锻炼是非常有益的。每日阴道腔内电刺激20分钟,共四周。伴有任何前部缺陷时,电极探头今天放在阴道口内,则明天就放在后穹隆,交替放置,这样做是为了同时加强耻骨尾骨肌(PCM)和提肌板(LP)的肌力。对于单纯后部缺陷,电极探头只需放在后穹隆。可能的话,应鼓励每日做20分钟的蹲下或坐"健身球",作为慢颤肌的一般性训练。锻炼的目的是希望将这种动作融入到患者的日常行为中去。例如,鼓励患者在任何时间里都用蹲的动作代替弯的动作。对关节炎患者,可嘱其两腿分开坐在椅子的边缘或坐在健身球上。向患者解释这些锻炼蕴涵的原理,并鼓励患者规划或记录每日的活动,可大大提高患者的依从性。

5.2.2.2　第二次就诊

对没有膀胱膨出的患者,在第二次就诊时要教她们做反向下推动作。患者将放在从阴道口向内约2cm处的电极探头或手指向上压紧,同时向下用力。这种向下推的动作可与Kegel的缩夹动作交替做,每日各做3次。下推锻炼增强了快颤纤维的所有3种定向肌力。

5.2.2.3　第3次就诊

助手检查患者的依从性(检查日记),与患者讨论怎样将锻炼计划编进其日常事务中去,并强化制定锻炼计划的目的和原则。

在3个月的复查时(第四次就诊),通过与患者协商,决定下一步是手术,还是继续进行盆底康复训练。

5.2.2.4　继续进行盆底康复训练(PFR)

到第3个月末,假设患者已经将锻炼融入其日常事务中。缩夹动作和下推动作交替做,每日总共做6组,每组做12个动作。至此蹲下已经成为习惯性动作。电刺激疗法每月5天。建议患者终身进行这种常规锻炼。

5.2.2.5　结果评论

在完成治疗的患者中,约70%的患者似乎不愿意做反向下推锻炼,但对于蹲下动作、Kegel 锻炼和电刺激疗法能很好地接受。

1)最初的研究结果(Petros & Skilling, 2001)

60 名患者完成了研究。症状改善 50%以上为好转(见表 1)。

表 5-1 患者症状的转归(n=60)

症状	>50%的改善率(%)
压力性(n=42)	78
急迫性(n=39)	61
尿频(n=53)	62
夜尿症(n=24)	75
盆腔疼痛(n=20)	65
漏尿(n=50)	68
肠问题(n=28)	78

表 5-2 患者症状的转归(n=78)

症状	>50%的改善率
压力性(n=69)	57(82%)
急迫性(n=44)	33(68%)
仅仅有尿频(n=12)	10(83%)
夜尿症(n=32)	29(90%)
盆腔疼痛(n=17)	13(76%)

2) 第二次研究结果(Skilling, PM & Petros PE,2004)

147 名患者(平均年龄 52.5 岁)中,53%的患者完成本研究。报道生活质量(QOL)的中位改善是 66%;咳嗽压力试验平均漏尿量从 2.2g(0~20.3g)减少至0.2g(0~1.4g(P≤0.005);24 小时尿垫试验漏尿量从平均 3.7g* (0~21.8g*)减少至平均 0.76g* (0~9.3g),P≤0.005。

尿频和夜尿症明显改善(P≤0.005)。残余尿从平均 202ml 减少至 71ml(P≤0.005)(表 5-2 所示为不同症状的改善情况)。

5.2.3 结论

盆底康复方法将非手术治疗的适应证从压力性尿失禁扩展到包括阴道后部症状

注:* 表示译者将原著此处的"mg"改为"g",译者认为这样较为妥当。

在内的功能障碍。关于整体理论盆底康复效果的两项主要的研究目前已经发表(Skilling,PM & Petros PE,2001,2004)。研究结果是令人对 PFR 抱有希望的,似乎也支持这些方法所依据的理论。

5.3 本章总结

整体理论系统用于盆底康复扩大了治疗的适应证,除压力性尿失禁以外还可用于治疗尿急、尿频、夜尿症、盆腔疼痛和排空异常。至少在 2/3 以上的患者中这些症状的改善率超过 50%。

第六章　盆底结缔组织功能障碍的动力学图解

6.1　盆底功能和功能障碍的图解

1976 年，国际控尿协会（the International Continence Society，ICS）首先介绍了尿动力学检测的定义，这是盆底科学史上开创性的举措，由此建立了客观评估下尿路的标准。此外，通过建立标准的定义，也为研究者制定了一种共同的术语。后来在超声、放射学、MRI 检查和生物力学方面的发展又为临床医生提供了识别受损结构以及向量化损伤的方向发展的方法。本节介绍如何利用这些方法更加准确地识别受损结构。因为并非所有明显的结构缺陷都必然导致功能障碍，因此精确描绘盆底功能和功能障碍是一件十分困难的事情（相对于诊断特殊的结构缺陷而言）。例如，不是所有在用力时伴有“漏斗形成”（阴道前部缺陷）的患者都必然出现压力性尿失禁；一些有盆底器官严重脱垂（阴道后部缺陷）的患者没有与阴道后部韧带松弛相关的症状，而一些轻度脱垂的患者却可能“主诉”自己“痛苦不堪”（Jeffcoate，1962）。在缺乏症状的患者中，发现“逼尿肌不稳定”的高达 70%（Van Doorn，1992）；然而，有 50%具有膀胱不稳定症状的患者却没有发现“逼尿肌不稳定”。为了解释这些问题，提出了“模拟操作”的概念。该技术通过锚定特定的结缔组织结构并观察其变化以帮助临床医生更准确地评估盆底功能。

尽管所有的尿动力检查都是客观的，但它们也只是提供了在某一时间点对盆底系统的初步印象。即使是相同的检查，半小时后的结果也可能有所不同。原因是盆底行为的控制机制是非线性（混沌）的模式，即盆底系统微量组分中甚至很小的变化，就可能引起严重的结果。非线性控制有助于解释为何症状（甚至是客观的检测结果）会逐日而变。显然，如果利用客观的检测结果绘制盆底功能和功能障碍的“图解”，则必须认识到检测结果的变异性的基础（Petros & Bush，1998；Petros，2001）。

6.1.1　尿动力学——解剖学的视角

通过简单的日间医护技术（如第四章所述）修复图 4－1 中所示的 9 种解剖缺陷，则本书所描述的盆底功能障碍都可能得到治愈。绘制“图解”的最初目的是为了客观评估 9 种结构缺陷中是哪一种导致了患者的功能障碍。前面的章节强调的是尿道和肛门的物理学特性。简单地讲，两者都是平滑肌管，并通过结缔组织连接到具有主动开合效应的盆底肌群。这些平滑肌管所产生的阻力可能是确定与膀胱或直肠相关的正常功能和功能障碍的最关键因素。通过建立该阻力的物理表达公式可以深刻理解压力和流速的关系。尿动力学是测量膀胱和尿道内压以及尿流参数的方法,整体理论力求在这方面将尿动力学应用于女性骨盆底。

对于女性来说,国际控尿协会主要强调通过膀胱测压诊断出"逼尿肌不稳定"(detrusor instability,DI)。逼尿肌不稳定是手术的禁忌证。然而,它忽略了作为病因的解剖缺陷。在整体理论体系中,DI 并不是一种手术禁忌证:修复导致 DI 的解剖缺陷,就可能治愈非神经源性的 DI 患者,特别是无压力性尿失禁,却伴有尿急、夜尿症和其他可能的后部缺陷症状的患者,重建其阴道后部韧带则可以达到 80%的治愈率(Petros,1997; Farnsworth,2001)。

没有一成不变的尿动力学检测技术。在检测的每个方面几乎都存在争议,尤其是操作本身也可能显著改变观察结果。本节的目的是提供有关尿动力学检测的解剖学和生物力学方面的基础,并阐述这些检测方法和症状之间的关系,包括对神经反馈机制的深刻理解。通过锚定关键的韧带来观察尿动力和超声参数的实时变化,使整体理论的"模拟"操作概念脱颖而出。在这种情况下,患者的大脑皮质正如尿动力"仪器"一样,可以敏感地分辨出在"模拟操作"的每一次锚定后膀胱急迫感的变化。

6.1.1.1　*尿动力学的基础:尿道阻力*

就尿道最基本的形态来说,它是连接储尿器官膀胱与外界的管道。膀胱收缩对抗尿道内阻力而排出尿液。如放射学研究所示,尿道在闭合时沿着其纵轴为 3 种定向的肌力牵拉而变得狭窄,但在排尿时只有两种定向的肌力牵拉使其开放。尿道内阻力与其半径的四次幂成反比(r^4)(图 6-2),且与其长度成正比。因此,尿道无法主动闭合或开放的原因可能是由于松弛的结缔组织对自禁或排空产生了不均衡的影响(如膀胱排空时间、尿流峰值和残余尿)。

6.1.1.2　*尿动力学检测的解剖学基础*

压力传感器用于测量膀胱、尿道和直肠内的压力。直肠压等同于腹压,膀胱压减去直肠压为"逼尿肌压"。

然而,这种方法学有其固有的缺陷。如膀胱一样,直肠是一个被平滑肌包绕的容器,这就可能干扰检测结果。如果传感器放在盆膈水平以下,则压力值会受到肛门外括约肌(EAS)和耻骨直肠肌(PRM)收缩的影响。只有腹膜内的传感器才能准确地反映腹腔内压力。显然这种方法是无法接受的。通过测量压力增加而诊断逼尿肌不稳定的更可行的途径——一种更有效的方法用以诊断 DI 的压力增加,那就是找到一种膀胱相位模式,因为这种模式能够精确地反映主动的排尿反射。

在充盈时的膀胱测压中,正常女性通过 3 种定向的肌力反射性地拉伸阴道以支持尿液静水压,这样就减少了牵拉感受器"N"所受到的压力。同时,在膀胱充盈时通常可以观察到尿道管腔被拉长、变窄,于是尿道内压随之增加。

韧带松弛的患者，阴道不容易被拉伸(见"蹦床模拟图")。松弛的阴道不能支持牵拉感受器"N"所受到的压力，就可能提前激活排尿反射。耻骨尾骨肌放松，尿道压下降，逼尿肌收缩，这就被记录为"逼尿肌不稳定"。"N"受体感染或受压(如恶性肿瘤、子宫肌瘤和膀胱颈过度抬高)可以直接刺激牵拉感受器而产生一系列结果。

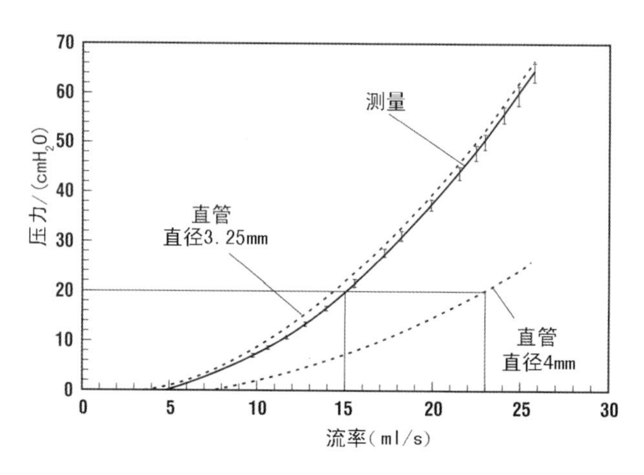

图 6-1 实验测量的压力/流率关系图

注意：直管直径增加 0.75mm，则流率增加 50%(从 15ml/s 上升到 23ml/s)。引自 Bush 等(1997)

尿道阻力和压力/流率的关系

尿道阻力是影响膀胱功能和尿动力检测的主要可变因素，被开合尿道的肌性弹力机制所支配。尿道直径决定排尿时的压力和尿流率，也影响闭合，简单地说，也就是膀胱收缩和经尿道排出尿液(图 6-2)。

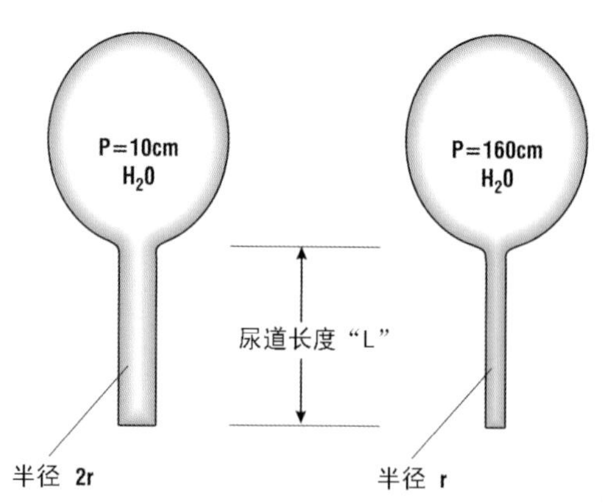

图 6-2 尿道半径对排尿压的影响

闭合时 3 种定向肌力使尿道阻力按照半径的四次幂改变，排尿时两种定向肌力改变尿道阻力

Hagen—Poisseuille 定律——压力/流率关系

Hagen Poisseuille 定律是理解尿动力学解剖原理的基础，其阐述了在尿道闭合（尿自禁）和开放（排尿）时发生了什么变化。该定律指出“排出管道内液体所需要的压力 P 随着管道内阻力而变化”，可以简单地表达为：“管道内流体的阻力与管道长度成正比，与管道半径成反比（达 r^4）”。因此，在图 6-2 中，如果尿道从半径 r 增加到 $2r$ 时开放，则所需要的排尿压降低 16 倍（即 2^4）。

如果两种定向的肌力不能开放尿道（如增加 r），就意味着膀胱不得不对抗更高的阻力以排出尿液，就患者来说，表现为“梗阻性排尿”。相反地，如果患者咳嗽时，通过 Kegel 收缩能使尿道半径从 $2r$ 减小到 r，则只有当膀胱压高于 16kPa（160cmH_2O）时才会发生漏尿。

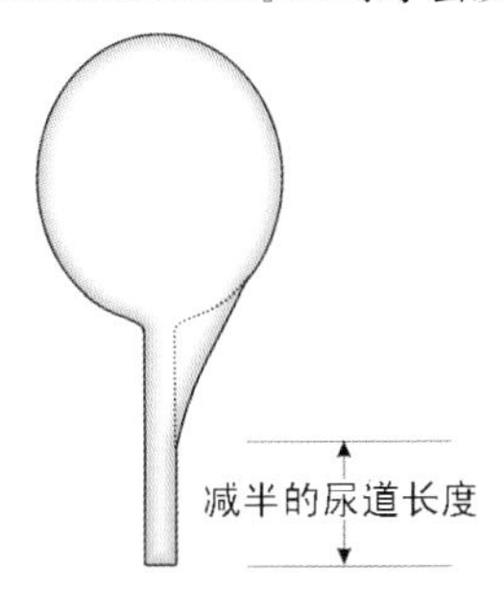

图 6-3 尿道长度对排尿压力的影响

排尿时的“漏斗”形成有效地缩短了尿道，进一步降低了尿道阻力，因此而降低了排尿压

腹腔内压的起源：

由于盆底和腹部肌肉具有共同的胚胎学来源（Power，1948），盆腔肌肉的收缩反射性地激活了腹部肌肉的收缩，使腹腔内压成比例地增加。这也解释了 Enhorning（1961）和 Constantinou（1985）的研究结果，即在咳嗽时，尿道压的增加先于膀胱压的增加，前者是被盆底肌群的收缩所激活，而后者是来自于腹部肌肉的收缩。

6.1.1.3 尿道压变化的动力学

利用压力传感器沿尿道纵轴每一点所测量的压力是由作用在该点的力和尿道内面积所决定的（压强等于每单位面积的力）。

1）“闭合压”

“闭合压”（closure pressure，CP）是指尿道压减去膀胱压的差值。当 CP 为 0cmH_2O 时没有阻力，会引起漏尿。然而，许多患者在检查时，当 CP 为 0cmH_2O 时却没有漏尿，因为即使当 CP 在 0cmH_2O，闭合压的动态变化和摩擦的阻力因素也可能阻止漏尿。

2）“咳嗽传导率”

“咳嗽传导率”（cough transmission ratio，CTR）是指咳嗽时增加的尿道压与增加的膀胱压的比值，以百分比表示。

充分绷紧的吊床和耻骨尿道韧带（PUL）对用力时（如咳嗽）闭合尿道“d”和“p”两

个部分是必需的(图 6-4)。肛门纵肌(LMA)向下的定向力也作用于 PUL 四周。手术医生观察到,后部 IVS 手术后压力性尿失禁也会好转,提示子宫骶骨韧带(USL)作为 LMA 的锚定点在尿道闭合中也发挥了作用。

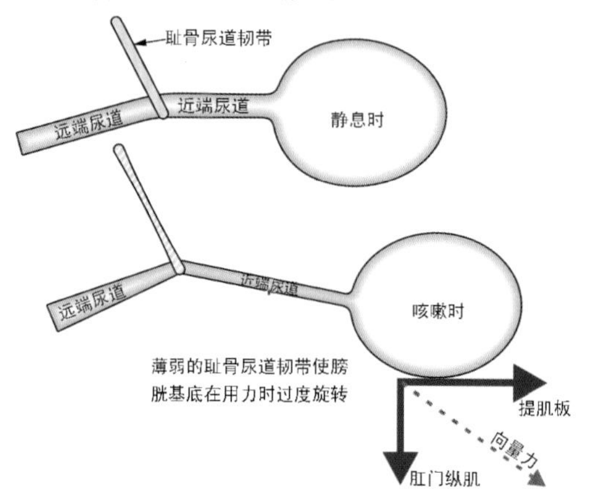

图 6-4 耻骨尿道韧带的长度影响了尿道压

薄弱的耻骨尿道韧带可以被 LP/LMA 定向力过度拉伸,这样就使近端尿道"p"拉长并缩窄,薄弱的耻骨尿道韧带就不能作为耻骨尾骨肌的锚定点而闭合远端尿道"d"

假如在咳嗽时,远端闭合机制有缺陷,尿道"d"保持相同的尺寸,则此处测得的压力值低,是由于"d"比"p"内的尿道面积大(如图 6-4 的下部所示)。"咳嗽传导率"(CTR)是低的(图 6-8 至图 6-12)。一些患者的耻骨尿道韧带(PUL)薄弱,膀胱底被 LP 和 LMA 定向力拉伸,使得尿道"p"被拉长变窄(图 6-4)。即使患者可能是压力性尿失禁,咳嗽时也能测量到高的 CTR 值。然而,若 LMA 是无力的,如子宫骶骨韧带松弛,尿道"p"不能被拉伸,则此处的压力低,患者的 CTR 可能是低的;若是远端闭合机制充分,则仍然可保持尿自禁。

3) Valsalva 闭合压

在尿道中段所测量的 Valsalva 闭合压通常低于 100%。在压力性尿失禁患者中,尿道"p"经常是开放的(呈"漏斗"样)。若是松弛的子宫骶骨韧带(USL)造成 LMA 薄弱,"p"(图 6-4)可以保持相对的狭窄,则仍可以测量到 Valsalva 闭合压呈正值。若是压力性尿失禁患者能够测得 Valsalva 闭合压呈正值,则提示 USL 松弛(Petros and Ulmsten, 1993)。

4) 临床意义

CTR,甚至是闭合压测量都没有直接包括在手术的决策树中。通过单侧的锚定和(或)"折叠试验"("模拟操作")控制咳嗽时的漏尿更有助于手术决策。

6.1.1.4 尿道压

马蹄形横纹肌(striated muscle, SM)集中在尿道的中 1/3(图 6-5)。牵拉 T2 通过尿道时就获得了尿道压力的全貌。耻骨尿道韧带(PUL)附着于尿道中段。所描记的反映尿道压力全貌的曲线与尿道中段马蹄形横纹肌(SM)的密度有关,但作用在PUL的肌力的活力也是一个因素。

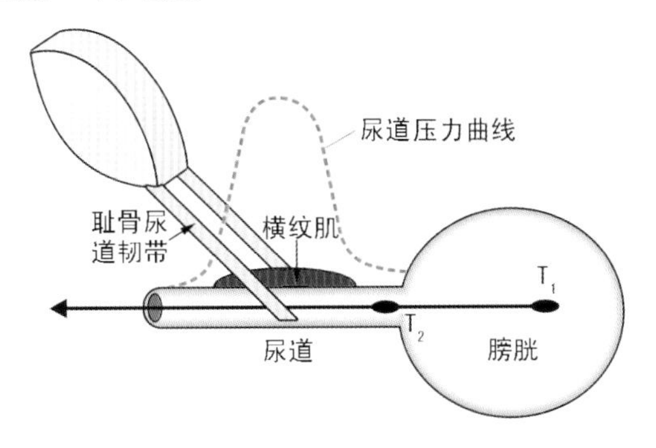

图 6-5　尿道压力测量—尿道纵切面示意图

T_1 和 T_2 是两个相隔 6cm 的压力传感器

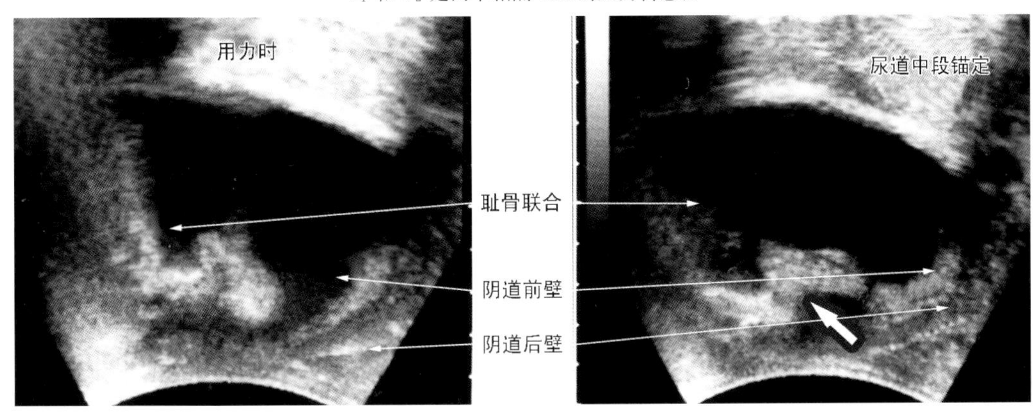

图 6-6(左)和图 6-7(右)——通过锚定尿道中段恢复尿自禁(箭头所示)的超声图像

尿道中段锚定后,尿道得以闭合。压力性尿失禁患者的经会阴超声

图 6-6 和 6-7 是在图 6-8 和 6-9 中所描记情况的超声图像。超声提供了对尿道中段被锚定前后的实时评估。图 6-6 和 6-7 是压力性尿失禁患者的会阴超声图像,显示在用力时膀胱颈和远端尿道的开放。锚定尿道中段一侧时,实现了该部位的几何形状的重建(图 6-7)并恢复了闭合压(图 6-9)(Petros and Von Konsky, 1999)。

图 6-8 至图 6-12 显示的是对尿道压的连续测量,阐明了尿道压测量的解剖学基础。绿色轮廓代表膀胱和尿道,红色箭头标记尿道中段这一点,红色虚线描记的是静息状态下的尿道压力全貌。

膀胱(腹压)和尿道内产生的压力是成比例的,因此,用力时动态尿道压的变化给出了尿道内面积改变的瞬间指数。

在压力性尿失禁的患者中(图 6-8 和图 6-9,曲线"A"和"B"),将血管钳支撑在尿道中段模仿有力的耻骨尿道韧带的效应,恢复向后的定向肌力(LP)拉伸膀胱三角的能力，并使吊床从后面纵向关闭尿道。若尿道中段锚定后尿道远端的压力降低，则说明吊床是松弛的。图 6－11 显示了 1 例类似的患者，曲线“D”所示为锚定尿道中段(midurethral anchoring，MUA)后对闭合压只造成了轻微的影响。此时，将尿道下阴道吊床的一侧夹紧(“折叠试验”，图 6－12，曲线图“E”)，就可以恢复耻骨尾骨肌的肌力(PCM)，使远端尿道变窄，增加尿道闭合压。

在图 6－8 中，“咳嗽传导率”(CTR)的第二个峰值是 40/60＝66％。注意在图 6－9 中，锚定尿道中段后 CTR 升高了，同时压力也升高，这是盆底肌肉和腹肌收缩后相互作用的结果，两者肌节的胚胎学起源相同：腹肌收缩增加膀胱压，盆底肌收缩增加尿道压。

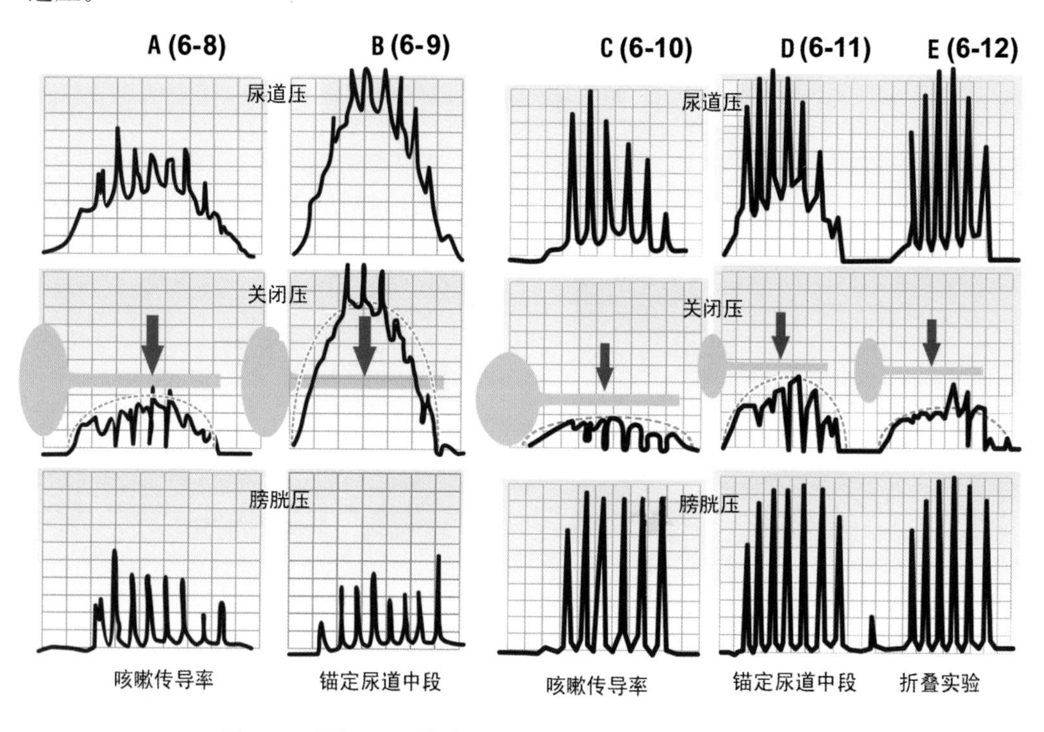

图 6－8 至图 6－12(曲线 A～E) 尿道压测量的解剖学基础

“A”—表明每一次咳嗽时闭合压的下降。“B”—与“A”相同的患者，尿道中段锚定(MUA)，注意静息时尿道压升高，每一次咳嗽时闭合压更高。“C”(另一个患者)—表明静息时尿道压低，咳嗽时闭合压为零。“D”—(与“C”相同的患者)尿道中段锚定(MUA)，静息时尿道压略有升高，但是咳嗽时闭合压仍为零。“E”—在远端尿道，一侧阴道隔膜被折叠(“折叠试验”)，与“C”相同的患者，注意闭合压升高了。［有关生物力学的详细分析见 Petros PE《神经学和尿动力学》(2003)］

6.1.1.5 排尿的尿动力学

膀胱有两种稳定的模式：闭合和开放(“排尿”)。在图 6－13 和图 6－14 中，红色表示闭合模式的环路(尿自禁)，绿色表示开放模式的环路(“排尿”)。两者都具有中枢(神经学的)和外周(肌性弹力的)的因素。

开放模式需要激活排尿反射。当膀胱充盈时，静水压刺激牵拉感受器(N)，产生加速神经核。这些神经冲动被抑制中枢阻断(类似一个活塞阻断了传入神经冲动)，同时盆底3个定向肌力(PCM、LMA和LP)的合力拉伸阴道隔膜以支持尿液静水压，使"N"停止被"激活"。图6－13中的红线代表闭合模式"C"，绿线为开放模式"O"。

越过临界值后，传入神经冲动使抑制中枢饱和，直接将信息传递到大脑皮质，患者感知到"尿急"。通过洗手诱发试验，可以获得有关不稳定膀胱的有价值信息。此试验干扰了皮质对排尿反射的抑制。

在开放("排尿")模式中(图6－14中的"O")，中枢抑制停止，"活塞"开放，使传入神经冲动可以通过脑桥，向前的肌力PCM放松，使LP和LMA向后拉伸阴道以开放尿道，逼尿肌收缩。在此过程逆转之前须等待数秒钟，这可以说明在逼尿肌不稳定曲线中所看到的波形。

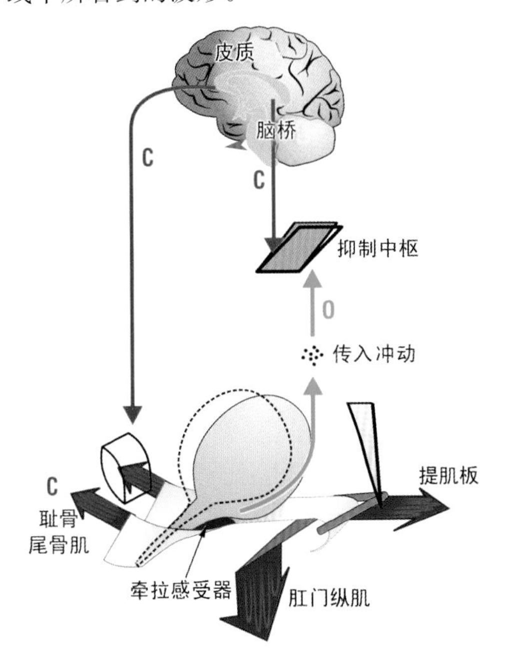

图6－13　闭合：控制尿急的解剖系统(排尿反射的提前激活)

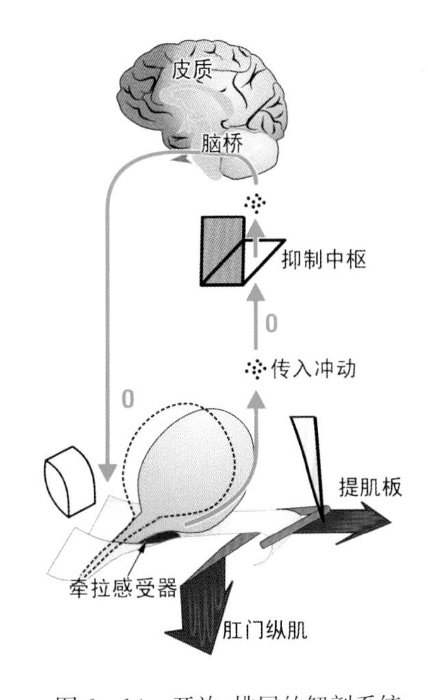

图6－14　开放：排尿的解剖系统

6.1.1.6　膀胱不稳定的尿动力学——排尿反射的提前激活

波峰(图6－16中的小箭头)表示闭合期，波谷表示排尿反射的开放期。开放和闭合两个时期相互交替出现，并因从一个模式转换到另一个模式经历的时间而表现为正弦曲线。根据混沌理论，图6—15显示了开放和闭合作为两个竞争的"吸引子"相互转换的模式。开放或闭合"吸引子"是一种相态，是作为某些条件的结果而出现的。正常的组织弹性是闭合“吸引子”的必要条件之一。没有弹性，尿道就像一根开放的管道并形成开放“吸引子”。弹性的丧失可能引发一系列“瀑布样”事件。这些事件与敏感的牵拉感受器结合可使膀胱在开放期与闭合期之间摆动(图 6 - 15)。参照图 6 - 16，开放期只在记录到漏尿量为 16.6g 的中心点战胜了闭合期。

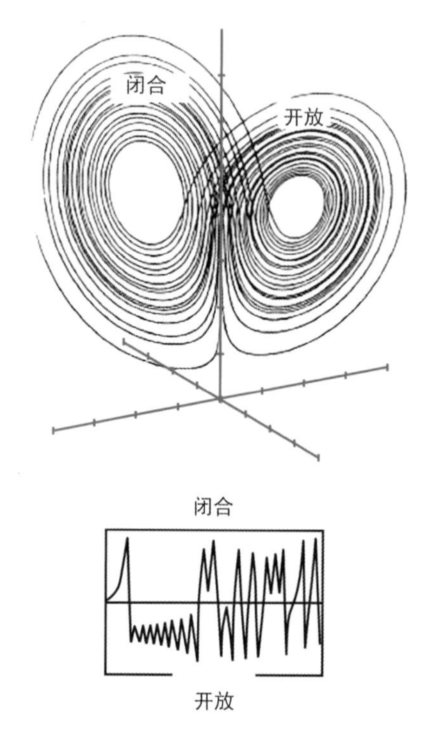

图 6 - 15 逼尿肌不稳定可以解释为两种吸引子:“开放”和“闭合”(引自 Glieck)

组织弹性无法维持闭合状态则可导致膀胱不稳定，从而在闭合期(尿自禁)和开放期(排尿)之间摆动。由于摆动时间的延迟，压力曲线呈正弦型，图 6 - 16 和 6 - 17 中的“U”和“B”都清楚地说明了这一点。该过程与混沌理论附描述的反馈系统是相似的(Gleick)

6.1.1.7 排尿反射的自主控制

患者常见的病史是在购物时停下来，交叉自己的双腿，通过“缩夹”动作来控制尿急(图 6 - 18)。做“缩夹”动作时阴道隔膜被牵拉而支撑牵拉感受器，这样就控制了来自膀胱底牵拉感受器的加速神经核，这种冲动被患者感知为尿急症状。

图 6 - 17 是一个膀胱充盈的患者在作洗手试验的尿动力图。在“X”点，患者产生急迫感，其尿道压开始下降，然而“缩夹”时盆底肌主动收缩控制了漏尿(“摒住”)。当患者“放松”时，尿道压明显下降，逼尿肌收缩(Y，“d”)，尿液漏出(红色箭头)。

图 6 - 18 是对图 6 - 17 所示情形的解剖学图解。“缩夹”(黄色箭头)时使提肌板(LP)抬高，并使阴道隔膜向前拉伸，这些都支撑了牵拉感受器(N)。

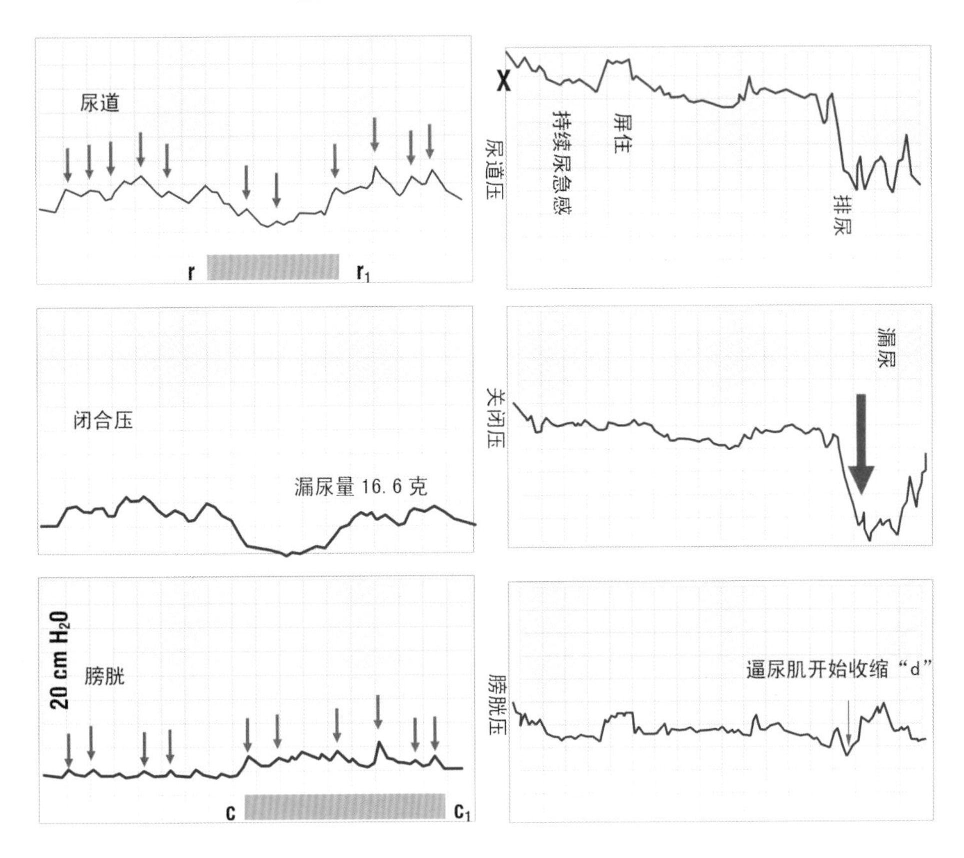

图 6-16　尿动力学的膀胱不稳定——排尿反射的提前激活

膀胱(B)和尿道中段(U)中的微型传感器。注意尿道松弛($r-r_1$)是怎样先于逼尿肌收缩的($c-c_1$)

图 6-17　盆底肌收缩控制逼尿肌不稳定

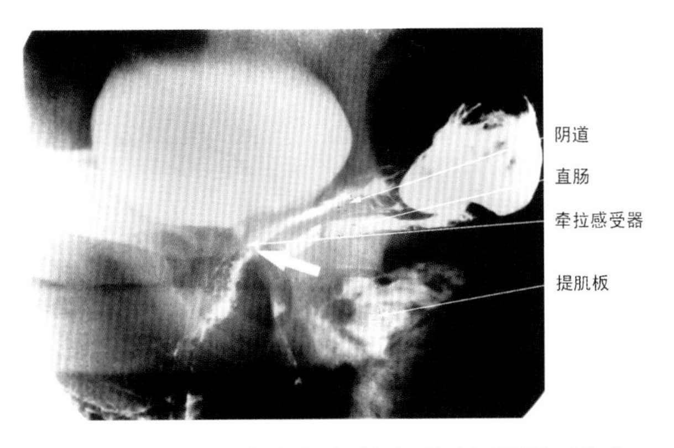

图 6-18　盆底肌自主收缩(箭头)控制逼尿肌不稳定

提肌板(LP)、阴道、直肠和膀胱都被向上向前牵拉——可能是由于耻骨直肠肌收缩所致

6.1.1.8 正常排尿和“后期收缩”——象征着正常的组织弹力

图 6-20 显示正常的排尿曲线，它与图 6-19 中的尿液流出道的几何形状一致。在尿流的峰值，膀胱腔开放几乎到达尿道中段，尿道阻力极大地降低，在排尿终点出现逼尿肌压的升高（“后期收缩”）。在图 6-20 中，第 3 个曲线中“尿流”停止与第二个曲线中“逼尿肌”压力相对照，可以清楚地看到这一现象。“后期收缩”指在排尿末期，盆底向后的肌力放松（斜向箭头，图 6-19）使阴道回缩并闭合尿道（黄色虚线，图 6-19），而逼尿肌对应于闭合的尿道正在进行的收缩导致逼尿肌压升高“后期收缩”。

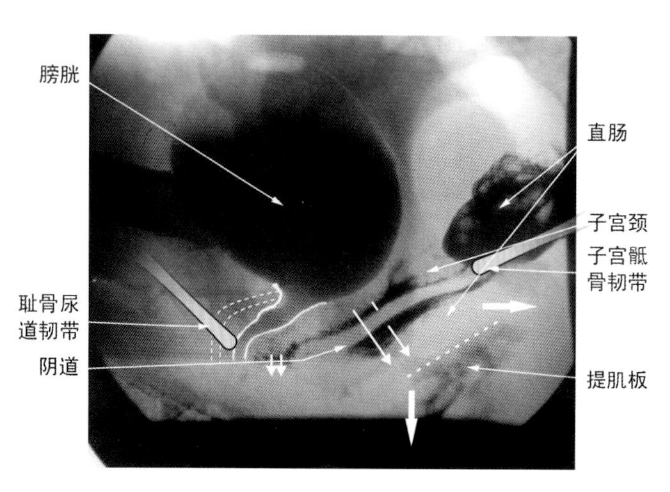

图 6-19 排尿期放射影像显示尿道后壁外口的开放
黄色的虚线标示静息时闭合的尿道位置

6.1.1.9 “流出梗阻”

若尿道塌陷是因为结缔组织松弛而使尿道不能在排尿时扩张，该患者可被诊断为“梗阻性尿道”。然而，在尿道扩张术中很少见到梗阻，因此“梗阻”是功能性的，是因膀胱试图通过比较狭窄的高阻力的尿道管排尿造成的。

图 6-21 是一个患者的尿流图。该患者的阴道后穹窿内置入了一个肌电图（EMG）电极，记录提肌板（LP）的收缩。在尿流开始前肌电活动就被激活了，提示 LP 的收缩先于尿流的开始。可以看到，那儿有盆底肌的持续激活和由快颤纤维的疲劳引起的缓慢延长的尿流。流出道的几何形状比较接近闭合的位置（黄色的虚线）（图 6-19）。

6.1.1.10 现有检测的局限性：需要一种有限元模式的尿动力学

现有的检测依赖于瞬时的单组测量方法，但这也仅是对高度复杂和可变系统的一种“大致印象”。即使尿道管直径微小的改变，也可能导致排尿压力和尿流率的很大变化（图 6-1）。

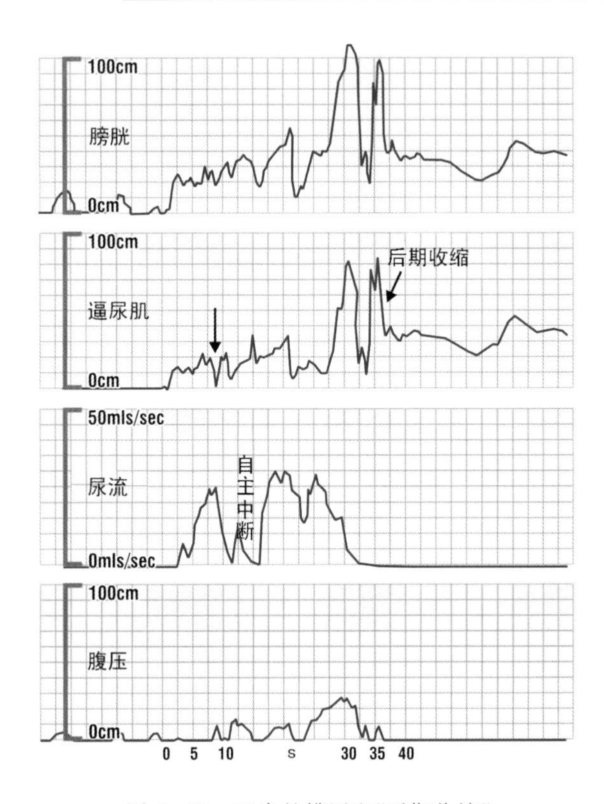

图 6-20　正常的排尿和“后期收缩”

逼尿肌对应于因弹性回缩而闭合的尿道继续收缩[排尿速度曲线(2mm/s)]

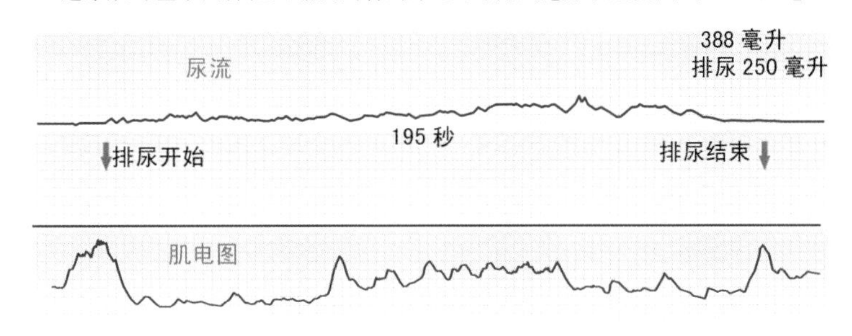

图 6-21　女性的“流出梗阻”

结缔组织松弛需要定向肌力 LP/LMA 维持长久的活性

理论上,图 6-20 和 6-21 的尿流曲线可以用组织弹力来解释。因此用某种弹力测定器测量组织质量具有重要的发展前景。Lose 已经发明了用气囊扩张尿道检测尿道弹性的方法(Lose,1990、1992),这是个重要的贡献。但是,我们需要测定的是整个系统的弹性。采用组织张力和弹性作为参数,测量压力和流率以及肌肉的体积(结合大的数据库),就可能开发出一种适合每一个患者的有限元模式(Petros,2001)。这可以为导致功能障碍的力和事件提供一种连续统一体模式,远较现在只依赖“大致印象”

好得多。

6.1.2 混沌理论框架——对理解膀胱控制和尿动力学图的影响

作为20世纪最令人振奋的科学进步之一，“混沌理论”已经广为传播(Gleick，1987)。该理论论述了每一个生物有机体都由一系列相互关联的系统组成，每一个系统都由多种相互协调工作的部分组成(整体是大于部分的总合)。系统内每一个组成部分发生了变化，无论其改变多么微小，都可能使系统和机体本身产生深远的后果。

女性盆底也是这样一个系统。就膀胱和直肠而言，盆底主要有两种功能，开放(排尿、排便)和闭合(自禁)。该系统由盆腔骨骼、横纹肌、平滑肌、韧带、筋膜、器官和将该系统中所有成分连接到中枢神经系统的交感和副交感神经所组成。人各有异，每一个组成部分也有不同的重要性，对系统内的正常功能所起的作用也不同，由此产生一种概率曲线。

根据混沌理论框架，大量的症状(如急迫性尿失禁)可能是由结缔组织的轻微功能障碍(平衡障碍)所引起的。因此，整体理论框架强调要清晰和准确地理解每一种结构对盆底动力结构解剖学的影响。这是探明盆底功能障碍病因的至关重要的阶段。只有获得了较为精确的诊断，手术者才能利用第四章所述的手术技术，以最小的创伤获得最佳的临床疗效。

特别需指出的是，混沌理论已经有两个方面被整体理论所采纳:碎片和“蝴蝶效应”。

6.1.2.1 碎片

碎片解释了微观领域和宏观领域之间的关系，以及各组成成分的自身相似性。肺和动脉系统就是这种关系的一个好例子。每一个微观领域(肺泡)反映了宏观领域(肺)的情况。在盆底3个部位中，一个或一个以上部位的松弛是一个宏观领域;其组成的筋膜和韧带、胶原和蛋白聚糖构成较小的微观领域，这种关系在治疗上可被利用。激素治疗是为了减少伴随年龄而引起的胶原丢失。盆底训练，使肌肉、韧带与肌肉的附着点以及这些韧带与骨膜的附着点加强，并可能改变肌肉的代谢。碎片的另外一个例子是逼尿肌不稳定的正弦波形曲线及其碎片状的分段。

6.1.2.2 对初始状态的极度敏感(“蝴蝶效应”)

混沌理论中使用的“蝴蝶效应”说明了一种对初始状态极度敏感的现象。它阐述了一个微小的干扰或变化(就像蝴蝶扇动翅膀)是如何扰乱一个处于动态平衡的系统(如气候)，并可以导致该系统其他部位的巨大变化(如飓风)的。盆底的多个系统体现了这种作用模式。后部盆腔极轻度的松弛可能导致盆腔疼痛和膀胱直肠的多种症状。逼尿肌排尿压和尿流率随着尿道内阻力的变化而改变。简单地说，尿道阻力与尿道半径的四次幂成反比。当尿道半径增加1倍时，尿道阻力随半径的增加下降16倍(即2^4)(图6-2)，于是尿道能主动开放(“漏斗形成”)。与组织松弛可完全阻止排尿比较，这时仅需1/16的压力就能排尿。这是“非线性”的一个例子，同时也解释了为何很难重复诸如尿流率(图 6-1)这样"客观"的检测结果。任何有助于主动开放流出道的因素的轻微改变都将呈指数律地影响某一特定检测中的尿道内阻力,尿流率亦然。在应用线性系统框架分析时,如果阻力减半则需要的排尿压力亦减半,并非如应用非线性系统框架所发现的,排尿压力降低 16 倍。非线性系统内的动力学极大地缩短了尿道开放和闭合的间期。对于一个普通患者来说,尿失禁的阈值也成指数律地增加。在线性系统中,动力学应当是这样的:随着尿液流入膀胱,将刺激牵拉感受器,患者将会在低膀胱容量时漏尿。

逼尿肌不稳定是混沌理论提供的一个帮助我们揭开膀胱功能和大脑皮质之间复杂的相互关系有益框架的又一个例子。最初应用混沌理论时,有一种理论框架能够描述微小结构缺陷怎样能导致一种神经学上的反应,这种反应可进一步诱发整个系统的不稳定性。在排尿的同时具有"机械"因素和神经因素的作用,但两者并不是简单的线性关系。膀胱功能不是连接到大脑皮质的"牢固的有线"网络。根据定义,失禁包括某种故障,或者说是"假性"急迫。即使在有正常功能的系统内,洗手试验也可能"引起"排尿急迫。

当患者的神经末梢非常敏感时,只要阴道隔膜的张力有微小的变化,牵拉感受器就可能被"激活"(如"蹦床模拟图"),从而激活排尿反射。有一连串的事件可使失控的漏尿或急迫性尿失禁极端严重。这个现象说明了轻微的"脱垂"怎样诱发严重的症状,并支持以下的观点:即使患者只有极轻的脱垂,手术时利用聚丙烯网带加固也可以改善图示诊断法所显示的症状(图 1-12)。

应用混沌理论作为基本框架,作者就能将低顺应性与"逼尿肌不稳定"联系起来解释洗手试验所获得的明显矛盾的数据(Petros,1999)。

经使用基底反馈方程 $X_{\text{next}}=Xc(1-X)$,其中"X"代表传入神经冲动的数量,"1"表示神经冲动的最大值,"c"表示皮质和外周神经抑制机制逆转。该公式使模仿膀胱的所有状况,包括非收缩性、膀胱充盈时的正常反应、"低顺应"(排尿反射被激活但是可控的)以及不稳定性(图 6-25)成为可能。

6.1.3 排尿反射神经学控制的非线性视角

6.1.3.1 正常功能

排尿反射基本上是由反馈系统控制的。图 6-22 中的正方形里的圆点代表神经冲动,包括传入神经冲动(Oa)或传出神经冲动(Oe)。当膀胱充盈时,牵拉感受器(N)被"激活",传入神经冲动"Oa"经脊髓传递,这就是排尿反射的开始。如果不方便排尿,则大脑皮质激活闭合反射(C)。这个过程有两个阶段:首先激活大脑和脊髓中的抑制中枢。这种功能恰似活塞切断了传入和传出神经冲动;接着盆底肌收缩(Cm)闭合尿道,并拉伸阴道隔膜以支撑"N"。

反之,在方便排尿的情况下,则加速神经核受到刺激,抑制中枢被压制,于是"活塞”开启，耻骨尾骨肌的前部(Cm)放松，LP/LMA定向肌力收缩，开放尿道，并进一步刺激“N”产生更多的神经冲动。

6.1.3.2 功能障碍

如果阴道隔膜“V”松弛，牵拉感受器“N”就可以在膀胱容量较低时被“激活”，“C”就不能控制排尿反射“O”，患者发生漏尿。同样地，在神经通路“C”上的任何神经损伤(如多发性硬化症)都可能阻止闭合反射，导致传入神经冲动直接通过脑桥而诱发失禁。脊髓横断使传出神经冲动“Oe”不能通过，患者会发生尿潴留(图6-22)。

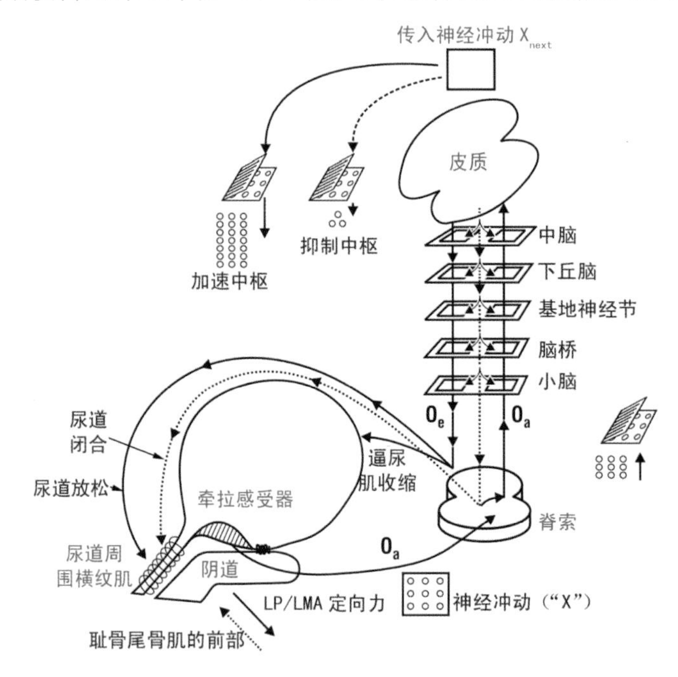

图6-22 排尿的神经学控制机制

“O”(连续线条)代表“开放”期(排尿)，“C”(虚线)为闭合期(自禁)在大脑和脊髓旁的成对的长方形代表加速中枢和抑制中枢

注意：“活塞”系统只有两个相位，开放(“O”)和闭合(“C”)相(如计算机的二进制系统)。

6.1.3.3 膀胱不稳定——开放(O)和闭合(C)反射的较量

图6-23是一个尿动力曲线图，反映了图6-22的所有事件，下面的注释将图6-23中的尿动力曲线和图6-22中的动力学事件联系起来。关于图6-22和图6-23的情况是：

※ 来自于牵拉感受器的传入神经冲动到达大脑皮质，形成急迫意识，这些神经冲动通过脑桥导致尿道压降低(X，曲线U)，是由Cm和PUSM的松弛造成的(图6-22)。

※ 然而，这个反应不久就因闭合反射的坚持而中止(曲线U上的“C”)，于是尿道压升高。

※ 这与盆底向前的肌力 Cm 和 PUSM 的收缩相关(图 6-22)。然而排尿反射“O”太强烈了,终究是占优势的。

※ 从而,闭合压明显地下降(曲线 CP),逼尿肌压力升高(曲线 B 的 Y)并伴随漏尿(曲线 CP 的白色箭头)。

※ 注意曲线 CP 的陡峭下降(Om,曲线 CP)。这和盆底后部的肌力 Om 使尿道开放相关,如图 6-22 所示。

※ 由于膀胱平滑肌的收缩是以肌肉-肌肉的方式传递的(Creed,1979),因此形成有效的“痉挛”。在图 6-23 中,这种“痉挛”以开始于“Y”点的曲线表示。小的向下箭头(曲线 U)与对抗“痉挛”无效收缩的快颤横纹肌耻骨尾骨肌(图 6-22,“Om”)的作用力相一致。

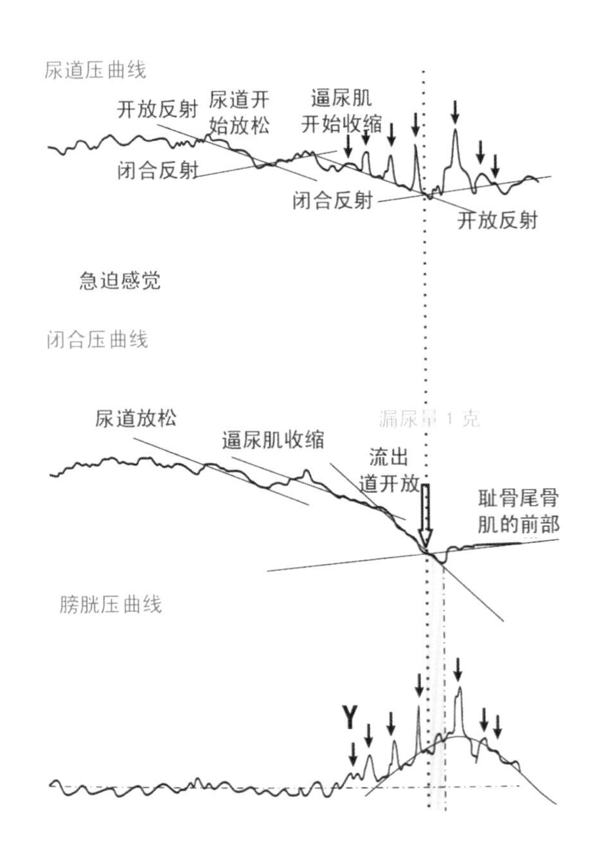

图 6-23　逼尿肌不稳定——正常排尿反射的提前激活

这是一个膀胱充盈的患者洗手试验时的尿动力曲线图,一系列事件是:①急迫的感觉。②尿道压在 X 处降低(曲线“U”)。③膀胱压在 Y 处升高(曲线“B”)。④漏尿,箭头标记,(曲线“CP”)

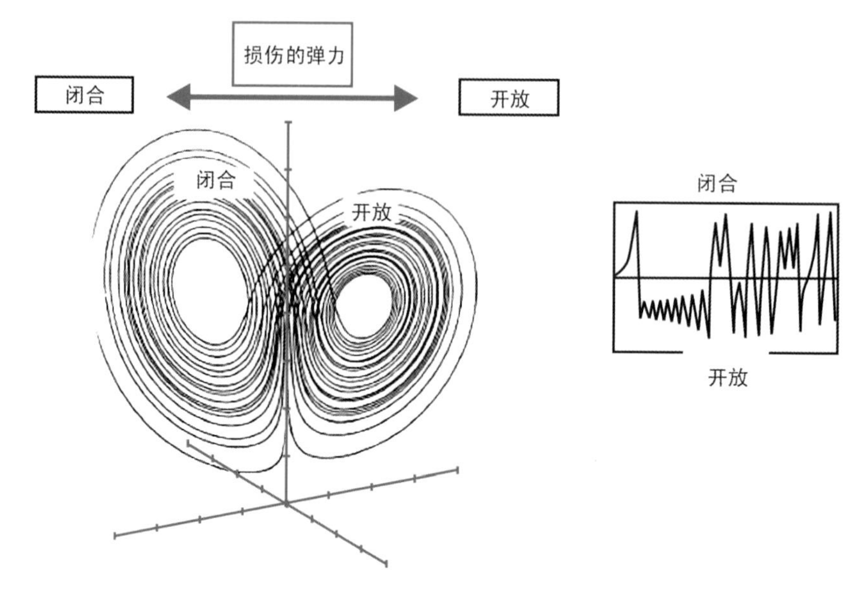

图 6-24 膀胱不稳定的开放和闭合——两种竞争的“吸引子”

组织损伤使得被动弹性闭合削弱，因此膀胱不可能正常地闭合或开放。对于一个能自禁的患者来说，“开放”期（排尿）是由正常排尿反射引起的临时状态。因为结缔组织损伤可以阻止被动的弹性闭合，以致患者立刻出现两个相互竞争的“吸引子”：“开放”和“闭合”。关于急迫感，因松弛的阴道组织不能支撑尿液静水压，故牵拉感受器在较低的膀胱容量时就被激活，即“逼尿肌不稳定”。（引自 Gleick，1987）

6.1.3.4 反馈控制排尿反射的数学实验

曲线（图 6-25）是经典反馈方程的迭代，即 $X_{next}=Xc(1-X)$，式中“X”代表传入神经冲动的数量，“c”代表中枢和外周神经控制机制，“1”代表该系统所能传递的最大数量的神经冲动，而 $X<1$。随着膀胱的充盈，传入神经冲动“X”到达皮质并受到“c”的控制。

当“c”微弱时，迭代公式显示，传入神经冲动被压制，这与储尿阶段有关。

当“c”在 2 和 3 之间时，整个系统稳定而且保持闭合状态。当“c”>3 时，系统分裂为两个相位。随着“c”的进一步升高，相位呈几何级数分裂为 4、8、16 等，以至达到无序区域（Gleick，1987）。

在尿动力学的范围中，低顺应性被解释为“c”所控制下的膀胱收缩。曲线的上部（图 6-25）解释了常见的从低顺应性向逼尿肌不稳定性的逆转，膀胱内存在一种相位性的压力变化。

为了说明以上的数学实验过程，下面介绍迭代的一次反馈方程 Viz $X_{next}=Xc(1-X)$。该方程来自于真实的实验，在这个实验中，一组患者在快速膀胱充盈测压时接受洗手试验。可从 Petros (1999)处获得完整的试验过程和更详细的分析资料。

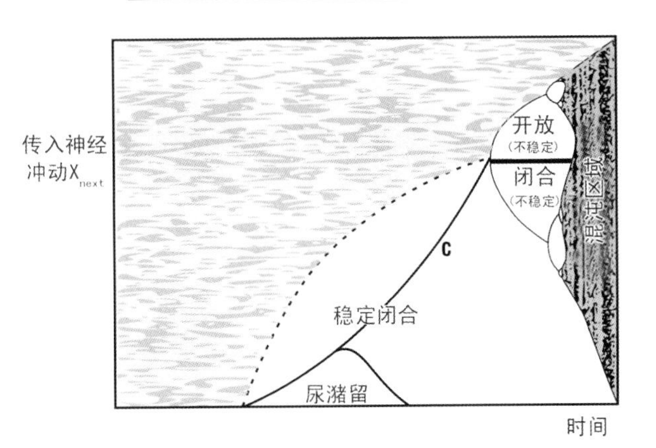

图 6-25　反馈控制——膀胱不稳定性，混沌理论的实例

"c"线代表通过肌性一弹力系统(两个变量)的皮质和外周神经冲动抑制的总和，虚线代表着只有一个变量时画出的曲线。X_{next}等于传入神经冲动的数目和逼尿肌压力(引自 Gleick，1987)

一次反馈方程迭代的例子(按照图 6-25)

取正常的膀胱容量为 300ml、起源于牵拉感受器的神经冲动的最大数量为 0.5(即 50%可能的最大量)，然后，根据观察结果(普通患者正常无尿急，一些患者呈低顺应性，另外一些患者则有逼尿肌不稳定和漏尿)可以假设，排尿反射的抑制正在起作用：

※ 在普通患者中抑制是成功的。

※ 在低顺应性患者中有部分作用。

※ 在逼尿肌不稳定的患者中，抑制是失败的。

当中枢和外周神经控制机制对排尿反射的抑制相同时(c)，应用公式 $X_{next}=Xc(1-X)$就可以计算出每一个经历反馈程序的系统所出现的反应。

无尿急患者：

在图 6-22 中，假设所有的控制系统都完美地各司其职，牵拉感受器"N"的刺激得到控制，在"c"值低至 0.2 时公式迭代。

第一次迭代：$X_{next}=0.5\times0.2(1-0.5)=0.05$

第二次迭代：$X_{next}=0.05\times0.2(1-0.05)=0.019$

第三次迭代：$X_{next}=0.019\times0.2(1-0.019)=0.0037$

第三次迭代时"X"几乎消失了，这就是图 6-25 中的"尿潴留"区域。

低顺应组：

由于膀胱收缩是可接受的低顺应性的原因，而膀胱充盈时没有漏尿，这就需要一个能反映一种活跃的但又是"稳定闭合"状态的"c"值，如图 6-25 所示。当"c"值为 2.0 时，公式被迭代，以反映恒定的"X"值。

第一次迭代：$X_{next}=0.5\times2(1-0.5)=0.5$

第二次迭代：$X_{next}=0.5\times2(1-0.5)=0.5$

第三次迭代：$X_{next}=0.5\times2(1-0.5)=0.5$

"X"值保持在 0.5，在第三次迭代时处于稳定状态(图 6-25 中"稳定闭合"的区域)。

膀胱不稳定组：

图 6－22 中所示的尿道压和膀胱压显然很少受到控制，提示膀胱牵拉感受器发出了更多量的传入神经冲动。由于“c”值需要>3.0 才能反映“不稳定开放”和“不稳定闭合”之间的波动，故“c”值达到 3.6 时公式的迭代如下：

第一次迭代：$X_{next}=0.5\times3.6(1-0.5)=0.9$

第二次迭代：$X_{next}=0.9\times3.6(1-0.9)=0.324$

第三次迭代：$X_{next}=0.324\times3.6(1-0.324)=0.788$

第四次迭代：$X_{next}=0.788\times3.6(1-0.788)=0.601$

第五次迭代：$X_{next}=0.601\times3.6(1-0.601)=0.864$

第六次迭代：$X_{next}=0.864\times3.6(1-0.864)=0.423$

如图 6－25 所示，“X”在两种状态间振荡，即“不稳定开放”和“不稳定闭合”。

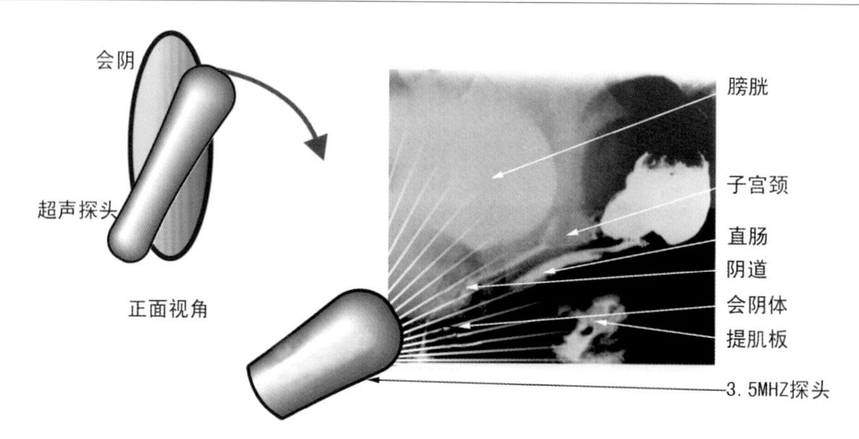

使用超声探头（上方）：

应用探头呈 5°～10° 角直至尿道和膀胱的轮廓被显露。慢慢旋转探头使尿道保持在图像中心。为显示提肌板，较大角度地转动探头直至直肠与后部肌肉进入视野。然后通过使探头成角而跟随着移动。

X线（上右）显示静息状态器官间的解剖关系。

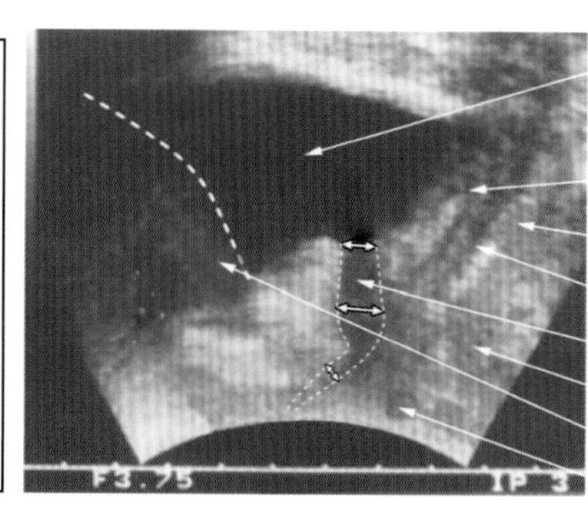

图 6－26　静息时的超声图像——矢状面视角

患者呈半卧位。在膀胱颈、尿道中段和远端的箭头显示了用于测量直径的位置从静息到用力的变化

6.1.4　经会阴超声图像

超声利用反射的声波探测软组织结构，是一种较廉价的检查工具。临床医生可以利用它观察患者静息、用力以及锚定特定的结缔组织结构时盆底器官、尿道、膀胱、阴

道、肛门和直肠的动态几何图形。同时，经会阴超声可以识别盆底肌肉及其活动和静止之间的关系，以及所置入网片和吊带的位置。本节阐述了临床医生如何利用超声评估膀胱颈的漏斗型开放和旋转（盆腔前部），并进一步评估盆腔其他的部位。用“模拟操作”锚定特定的韧带并观察尿道膀胱的几何形态。临床医生可以深刻地理解合适的韧带张力对维持盆底功能的重要性。这些技术也是直接检验整体理论预见性的方法。

经会阴超声图像必须在矢状面才能获得准确的资料。将3.5MHz或3.75MHz的弧形腹部超声探头轻轻放在会阴部，向上指向阴道内，利用两个分割的超声图像可以对比静息时和用力时的几何形态。静息时定位膀胱和尿道的位置，接着，让患者用力，同时轻轻旋转探头以观察膀胱基底部下降时尿道的移动情况。在咳嗽和用力时很容易识别盆底3种定向的肌力。当患者用力“缩夹”时，可以观察到盆底所有器官和提肌板向上移动。经会阴超声是一种简便易学的检测方法。

6.1.4.1　阴道前部的超声评估

可以利用用力时尿道直径的变化（图6－27右图）来评估尿道和膀胱颈闭合机制的完整性。用力时膀胱基底部下降超过10mm并且呈漏斗型，提示耻骨尿道韧带（PUL）可能存在缺陷。用力时明显的旋转和漏斗形成证明了PUL明显松弛。单侧锚定尿道中段后，重复这个操作过程，可观察到几何形态和自禁的恢复（Petros & Von Konsky，1999）。

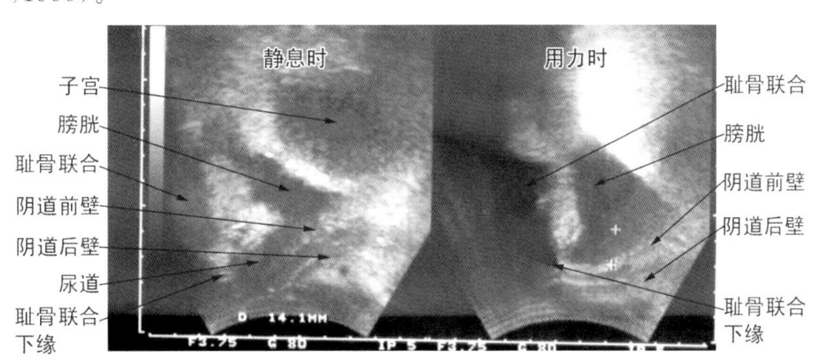

图6－27　压力性尿失禁患者的超声图像

阴道前后壁被向后拉伸以开放膀胱颈。咳嗽和用力一样会引起相同的动作

6.1.4.2　阴道中部的超声评估

在用力、咳嗽和锚定不同结缔组织结构，如耻骨尿道韧带（PUL）、盆腱弓筋膜（ATFP）或子宫骶骨韧带（USL）时，通过观察形态学的变化可以认识中部及其与前后部的关系。当膨出的膀胱向下移动时，有时也可以观察到尿道下吊床受到拉伸并因此变紧固（Petros，1998）。

在膀胱颈后面可以容易地辨认出膀胱膨出。用力时，膨出的膀胱向下呈气球样扩张，并经常呈不规则外形（图6－30）。阴道旁缺陷不易被识别，需要将超声探头移向更侧方才能发现该缺陷，其图形是比较弯曲的。如果穹窿有些脱垂，在用力时锚定后穹窿，常可明显减少膀胱膨出的程度。这说明阴道后部和中部存在内在的关联。

网片(Mesh, M)的侧方附着：

膀胱膨出修补术后网片的侧方附着可以通过转动探头呈水平位并指向后方而精确地被识别(图 6-31)。如果网片附着的两侧不在同一水平面上，则可见一侧比另一侧低。

识别网片很有用，可以明确地判断网片有否从植入点脱离。

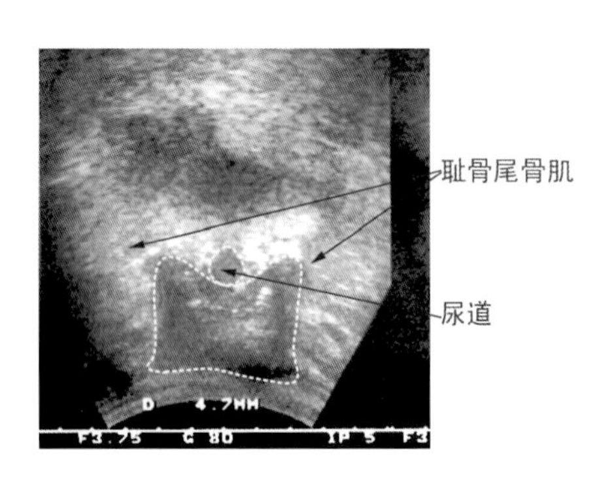

图 6-28 前部超声图像——3.5MHz 超声探头的横断面——聚焦在尿道中段

注意"H 形"阴道和位于阴道前壁上的尿道(U)。用力或咳嗽时，角度明显上移，像远端尿道一样。如果探头再向后聚焦一些，则可以观察到膀胱颈和近端尿道也被向下牵拉

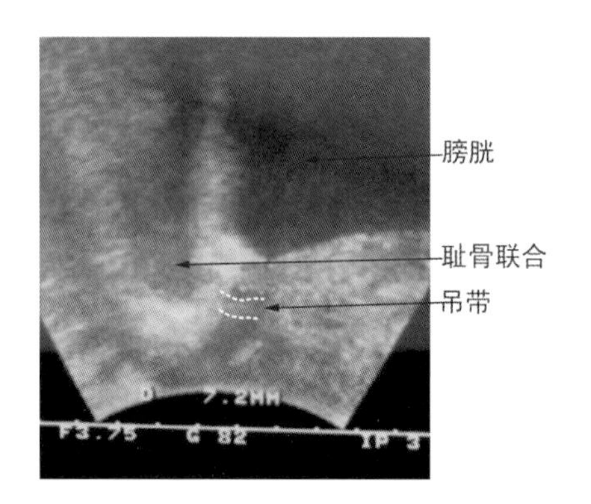

图 6-29 植入尿道中段的吊带的超声图像

显示为经过耻骨联合后面的不透声的条带。由于聚丙烯材料在超声中是不透声的，很容易进行定位。对于前部悬吊术后发生尿道梗阻需要剪除吊带的患者，该方法特别有用

6.1.4.3 阴道后部的超声评估

通过超声检查几乎都能显现所有使用侵入性较大和昂贵的技术诸如视频 X 线及 MRI 中所显示的结构，并且是动态的。检测时锚定关键的解剖结构，如会阴体、耻骨尿道韧带或子宫骶骨韧带，能深刻认识这些结构是如何维持盆底的几何形态和功能的。将探头位置更向后一些，还能显示出肛门和直肠。在直肠后面，有时能看到一块垂直的厚厚的肌肉，相当于肛门纵肌(LMA)的部位。

肛门纵肌与直肠(R)之间有一定的间隙，它将提肌板和肛门外括约肌连接在一起。将探头再向后移，水平方向的胶原纤维提示提肌板(LP)的位置及其与直肠后壁的附着点(图 6-33)。

对于一个正常女性，在用力和咳嗽时，提肌板向后向上移动，其前缘向下成角。如果会阴体(PB)松弛，则向上牵拉后可见瞬时的颤抖。用手指锚定会阴体，可以恢复提肌板前缘的向下成角。这些都令人信服地证明会阴体有助于锚定肛门外括约肌，是向下肌力(肛门纵肌)的附着点。

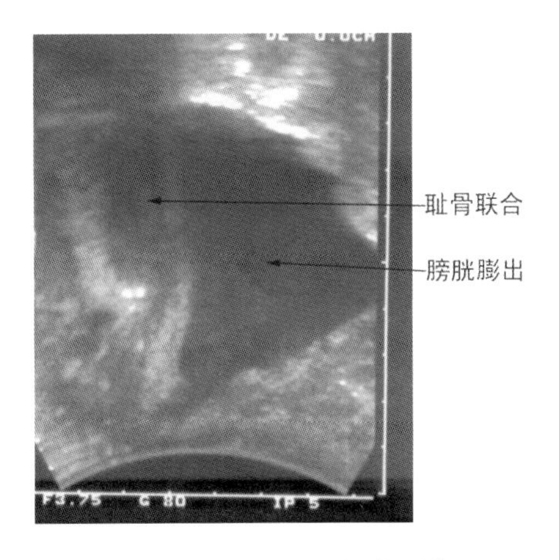

图 6-30　中部膀胱膨出的超声图像
3.75MHz 超声探头纵切面

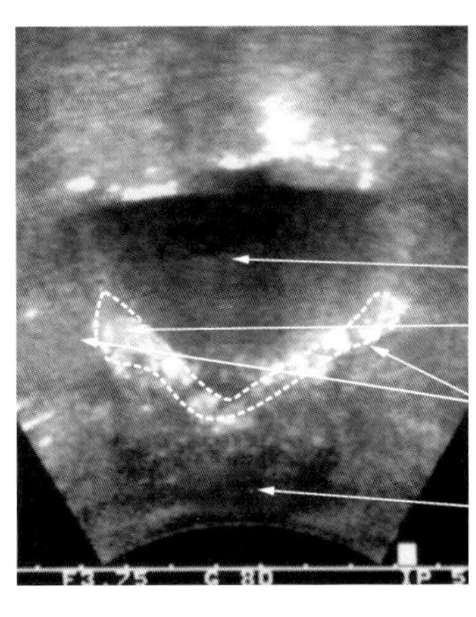

图 6-31　中部超声图像——网片的识别
3.75MHz 超声探头横切面

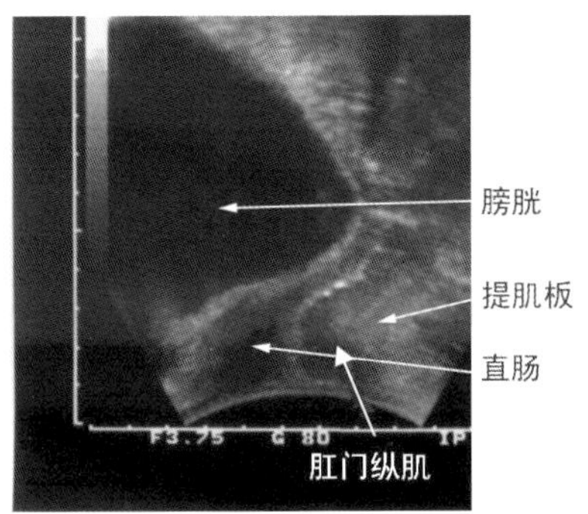

图 6-32　后部超声图像——超声探头纵切面

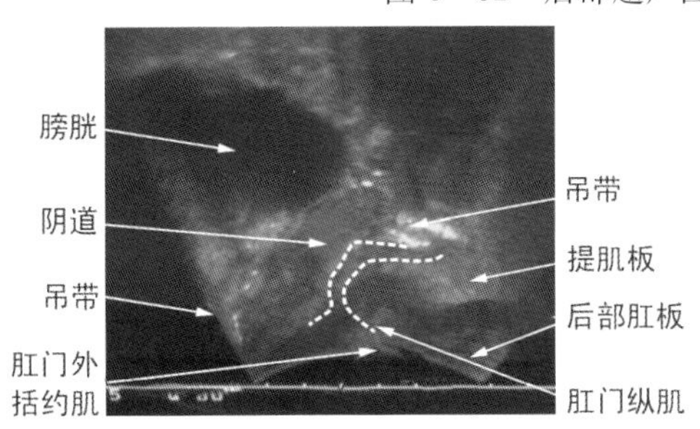

图 6-33　后部超声图像——超声探头纵切面

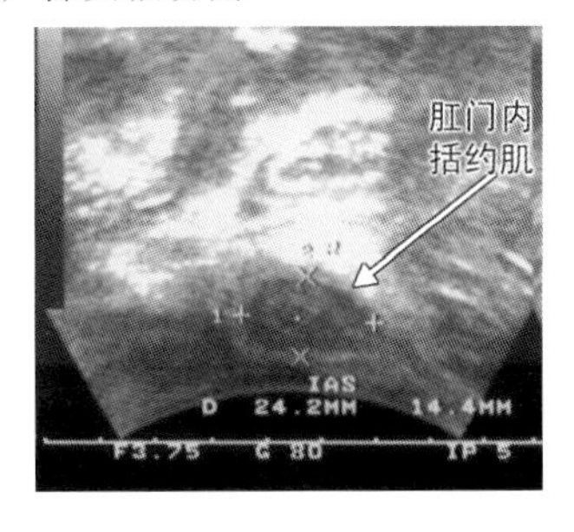

图 6-34　肛门内括约肌定位的超声图像——超声探头横切面

后部吊带"T"(图 6-33)的两个分支附着在阴道后壁"V"的顶点的后方，在超声图像中显现为两根粗短的不透声的线索，恰好位于直肠水平部分(虚线)的上方，并且指向提肌板(LP)的上表面。恰好在阴道末端的上面可见尿道中段吊带"T"。在"V"的正上方是轻度肠膨出(图 6-33)。

经会阴超声易于评估肛门内括约肌，最好使用5.5MHz探头。

超声探头放在会阴体并且向后转动(图6-34)，引起的疼痛要比使用直肠内探头少得多。此法可用于测量肛门内括约肌前、后部的厚度。

6.1.5 X线在诊断韧带和结缔组织缺陷中的作用

尽管X线大部分已被经会阴超声所替代，但将不透光的放射染料注入器官和提肌板中可以获得有关功能和功能障碍的有价值的信息。

6.1.5.1 阴道前部的X线图像

完好的耻骨尿道韧带(PUL)是在盆底肌作用下定向伸展阴道的先决条件。下面的X线显示了由于PUL不能锚定盆底肌力而造成的器官脱垂。

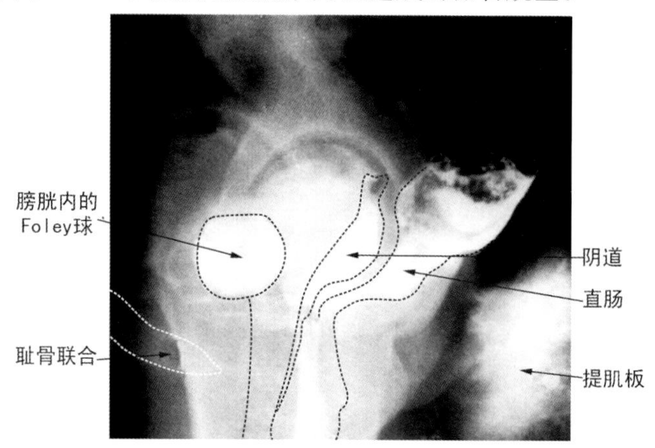

图6-35 静息时的X线图像

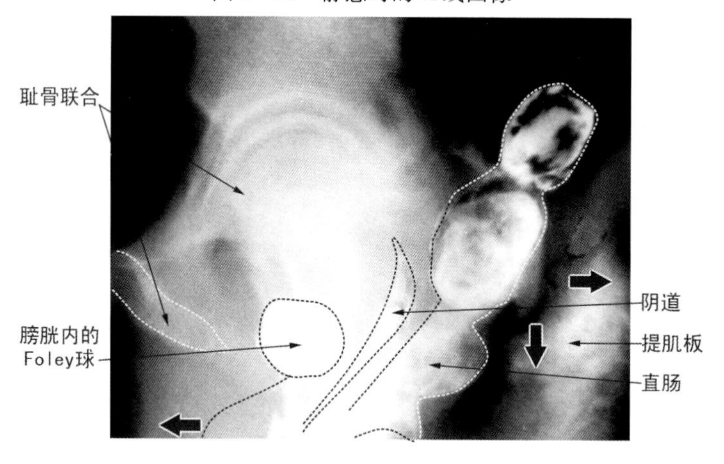

图6-36 用力时的X线图像——耻骨尿道韧带缺陷

注意阴道、膀胱底和直肠向下和向后明显的塌陷，然而，盆底3种定向肌力(箭头)似乎仍有正常功能。注意提肌板(LP)的向下成角

6.1.5.2　阴道中部和后部的 X 线图像

接下来的 X 线图表明了充分的结缔组织张力对维持盆底正常几何形态的作用，以及阴道不适成角是如何使中部和后部易于发生脱垂的。

正常女性：

正常女性的近端阴道(V)接近水平位(图 6 - 37)，用力时被紧紧地压在直肠(R)上(图 6 - 38)。

图 6 - 37 是一位正常未产妇女在静息时的站立、侧位 X 线，各解剖结构之间的关系基本正常。“1”、“2”和“3”描绘了盆底 3 个平面(即解剖断面)，角度“α”是近端阴道(V)与水平面之间的角度。

图 6 - 38 显示了阴道围绕会阴体(PB)和尿道中段向下的成角。注意，阴道和直肠明显地向后伸展，提肌板(LP)向下成角。当阴道近乎伸展到水平位置时，角度“α”几乎为零，并注意平面“2”的压缩。

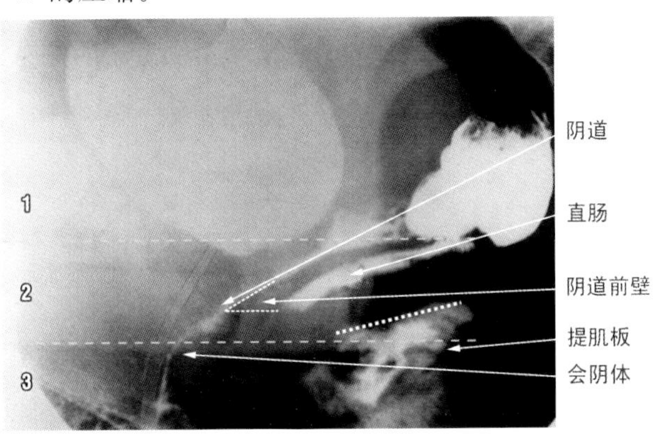

图 6 - 37　后部的作用——静息时的 X 线图像

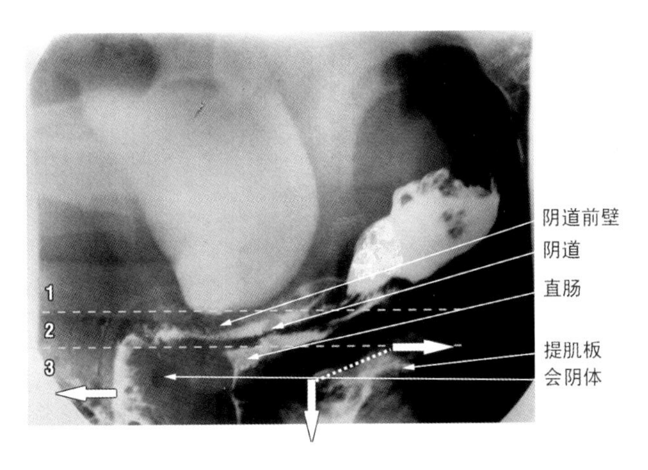

图 6 - 38　后部的作用——用力时的 X 线图像

6.1.5.3 阴道中部和后部解剖异常的X线图像

静息时处于异常垂直位置的阴道（图6-39）无法转变为用力时的水平位置（图6-40），腹腔内压和盆底肌力使已经薄弱的阴道扩张。

在图6-40中，Foley球向下和向后正常移动，3种定向的肌力（箭头所示）似乎在充分地发挥作用。然而，角度“*a*”稍微有些变化，并且阴道壁“V”的中心明显向下扭曲，提示阴道中部也有缺陷。

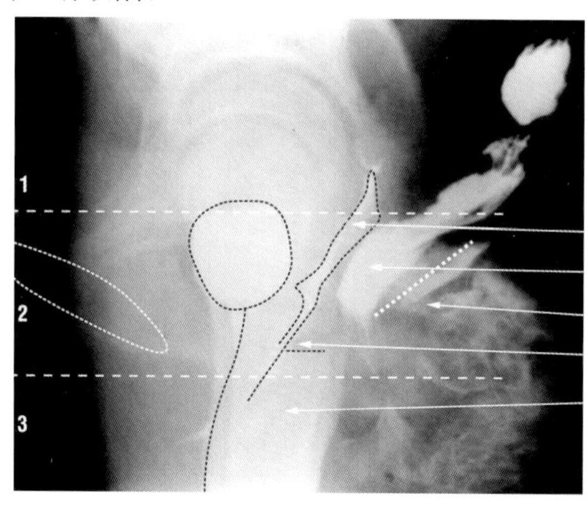

图6-39 静息时的X线图像

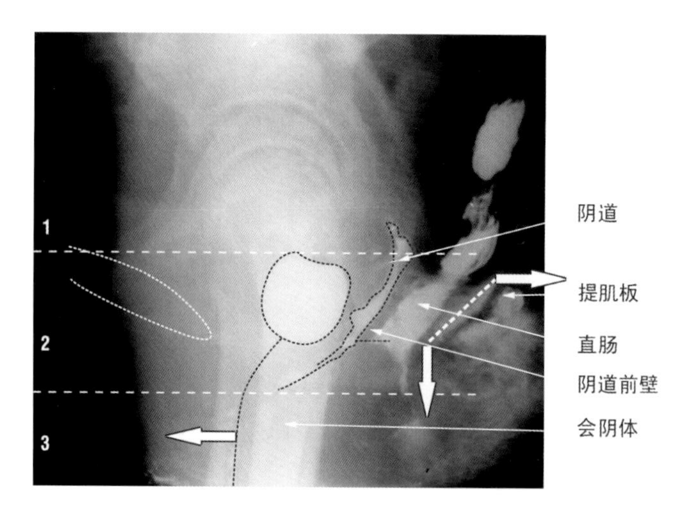

图6-40 用力时的X-线图像

平面“2”没有被压缩，假设3种定向肌力的功能近似正常，则解剖缺陷似乎存在于系统内的肌肉（提肌板）和阴道内，或许还有会阴体之间的结缔组织附着点。

显然，子宫骶骨韧带（USL）、直肠阴道筋膜（RVF）和会阴体（PB）的薄弱都可能导致这样的功能障碍。

6.2 “模拟操作”的动力学图解:临床范例

在整体理论框架中,诊断是为了检验临床评估途径或结构评估途径衍生出来的对损伤的预见性。依靠“模拟操作”的诊断试验尤其适用于那些患急迫症的患者,该症状缺乏“部位特异性”。如“蹦床模拟图”所示,任何一种韧带松弛了,都可能导致急迫症状。在“模拟操作”的方法学中,患者自身就被用作为“尿动力仪器”;也就是,用机械的方法支持特定结构,通过患者主诉急迫症状减轻的程度提供确诊的参照点。

下面的病例报告例证了“模拟操作”有助于诊断,强调在临床决策中所利用的仅仅是压力性或急迫性尿失禁症状的变化(图 6-41)。超声和尿动力学的变化只是强化了一个事实,即重建解剖可恢复功能。

6.2.1 临床病例的病史

患者,32 岁,主诉一生都有压力性和急迫性尿失禁症状,但是这些症状自分娩后就加重了。症状上,患者有压力性尿失禁、急迫性尿失禁,每天排尿 13～20 次、每晚夜尿 4～5 次、膀胱排空困难以及下腹部和骶背部疼痛。妇科检查时发现其尿道外韧带和尿道下阴道(吊床)明显松弛,有Ⅱ度子宫阴道脱垂、Ⅱ度肠膨出,以及Ⅱ度阴道旁缺陷。应用图示诊断法可以清楚地看出,这个患者阴道的 3 个部位都有解剖缺陷。在尿动力学检测时,患者出现感觉性急迫症,但无逼尿肌不稳定。患者的膀胱容量是 356ml,排空时间是 26s,最大尿流率是 50ml/s,残余尿 170ml。咳嗽压力试验(咳嗽 10 次)中,患者总的漏尿量是 5.1g,24h 尿垫试验中漏尿总量为 26g。

图示诊断法提示在患者阴道的 3 个部位中,结缔组织均有松弛。评估时患者的膀胱完全充盈,自述在仰卧位有强烈的急迫感。

6.2.2 干预——“模拟操作”

阴道 3 个部位的结构 1～6(图 6-41)依次被锚定,所有的结果都需经过两个观察者的同意才能被纪录。血管钳在一侧支撑尿道外韧带“1”和耻骨尿道韧带“2”。尿道下的阴道吊床“3”通过折叠一侧的阴道而被紧固。用卵圆钳锚定阴道旁“5”正对膀胱颈下方的两侧沟,也可以用于锚定子宫颈(子宫骶骨韧带“6”)以及支撑膀胱底“4”。在锚定的过程中注意不要阻断尿道,支撑的压力能固定结构但不致引起疼痛。以用力时经会阴超声能观察到膀胱颈漏斗形成以及咳嗽时闭合压为零作为参照点。应用 6 种相同的干预措施:

1) 仰卧静息状态

记录患者的结构 1～6 被干预时,急迫症状主观上被改善的百分比。

2) 仰卧位及反复剧烈咳嗽(最少 8 次)时

依次锚定结构 1～6，记录由两个观察者认可的漏尿量减少的百分比（图 6－41）。

3）仰卧位时

患者用力并同时作会阴超声监测。

依次锚定结构 1～6，观察尿道膀胱几何形态的改变，并摄像。

4）仰卧位及反复剧烈咳嗽（最少 8 次）

依次锚定结构 1～6，用电动牵出器将间隔 6cm 的双 Gaeltec 微型传感器从尿道内抽出，同时记录膀胱与尿道压。

注意：临床、尿动力和超声检查不能同时进行，相互间需要相隔几分钟。

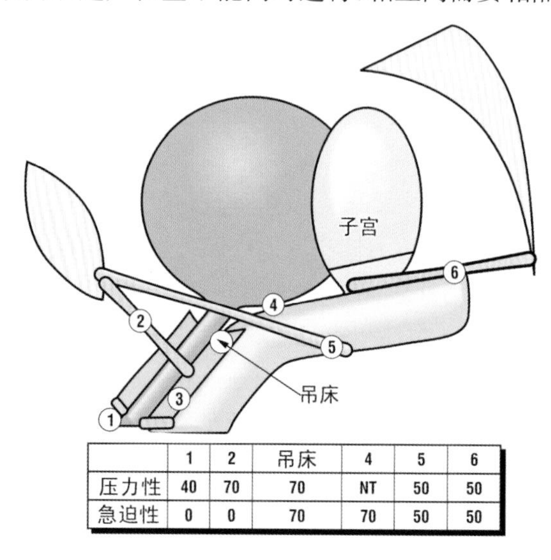

	1	2	吊床	4	5	6
压力性	40	70	70	NT	50	50
急迫性	0	0	70	70	50	50

图 6－41　压力性和急迫性尿失禁的变化

表中的数字表示依次锚定结构 1～6 后在咳嗽（“压力”）时所观察到的漏尿量减少的百分比和急迫症状（“尿急”）改善的百分比

6.2.3　干预后的结果——每次锚定一个结构

图 6－41（临床的）集中概括了干预后的结果，图 6－43 至图 6－48 记录了超声结果，闭合压记录在图 6－49 至图 6－55 中。

图 6－41 是阴道、膀胱底和尿道支持结构的矢状面示意图。“1”是尿道外韧带（EUL），“2”是耻骨尿道韧带（PUL），“H”或“3”是吊床，“4”是膀胱底，“5”是盆腱弓筋膜（ATFP），“6”是子宫骶骨韧带（USL）。这些结构被依次锚定，同时简要说明了压力性和急迫性尿失禁症状减轻的百分比。

6.2.4　干预后的结果——同时锚定两个结构

该患者提供了直接挑战整体理论观点的最佳时机，盆底所有的结构成分都在维持急迫和压力性尿自禁中发挥了协同作用。参照图 6－41 可知，紧固吊床“3”同时锚定尿道中段“2”时,可以百分之百地控制咳嗽时的漏尿。同时锚定子宫颈“6”和 ATFP 的“5”后,急迫症状减少至零。

图 6-42 至图 6-48 显示超声观察的支持效果。这些图例是用以强调应用诸如超声和尿动力学进行确证试验时,“模拟操作”的潜在价值。“模拟操作”技术也已应用于充盈时的膀胱测压(“逼尿肌不稳定”),并在使用压电式探头时确定对组织硬度的影响。

6.2.5 评 论

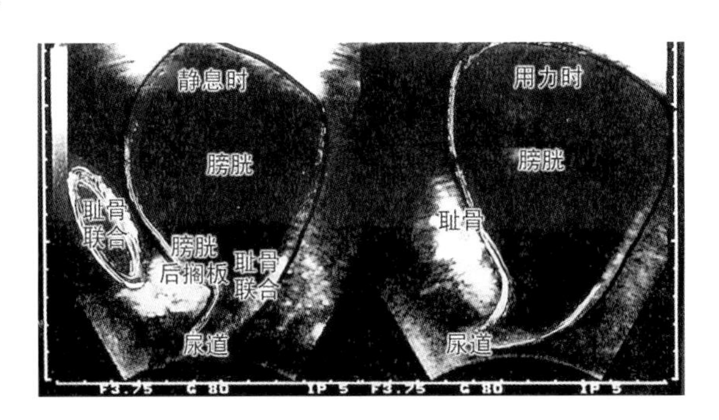

图 6-42(左图) 静息时的膀胱超声图像

图 6-43(右图) 用力时的膀胱超声图像

该图是所有干预的参照点。注意膀胱底的下降和近端尿道漏斗形成及用力时相关的漏尿。注意膀胱后搁板的消失

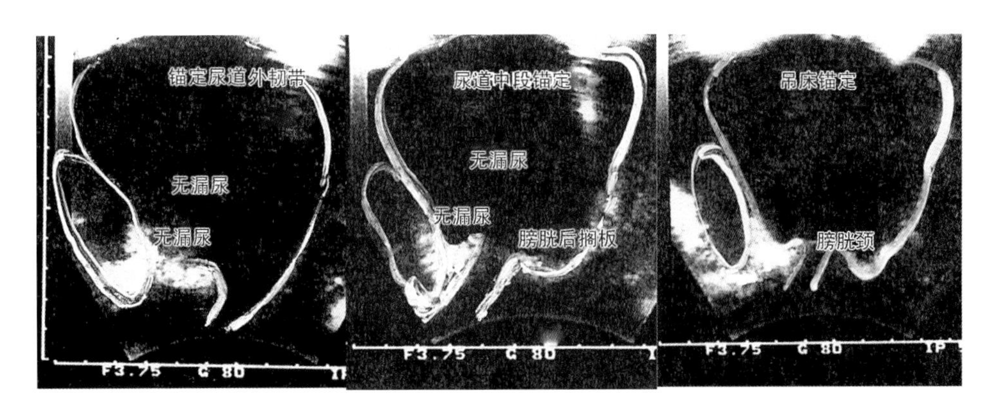

图 6-44(上图左) 尿道外韧带的超声图像

用力时锚定尿道外韧带。注意仍有膀胱底的下降和漏斗形成,但是膀胱前搁板已经恢复,用力时没有漏尿

图 6-45(上图中) 耻骨尿道韧带

用力时锚定耻骨尿道韧带。没有膀胱底的下降或漏斗形成,注意膀胱前后搁板的恢复,用力时没有漏尿

图 6-46(上图右) 吊床

用力时紧固吊床。没有膀胱底的下降或漏斗形成,注意膀胱前后搁板的恢复,用力时没有漏尿。

尿道膀胱连接部的角度、膀胱基底部的下降以及膀胱前后搁板(图 6-43 至图 6-48)的形态学改变均有其特殊的意义。膀胱“搁板”是由膀胱三角形成的。尿道压是用尿道远端和近端闭合压的变化来表示的。当锚定吊床、ATFP和子宫颈时，功能性尿道长度显著增加。反复剧烈地咳嗽时，锚定一个结构不能完全控制漏尿，锚定耻骨尿道韧带（“2”）或者吊床（“3”）时可控制70%的漏尿，同时锚定两个或者更多的结构才能完全控制漏尿。对于压力性尿失禁患者来说，同时紧固吊床和耻骨尿道韧带，即使是在强烈反复的咳嗽时也能完全控制漏尿。当ATFP和子宫颈同时被锚定时，才能完全控制急迫症状。

将如此两个“模拟操作”结合起来径直证实了在维持尿自禁中各种结构的协同作用。

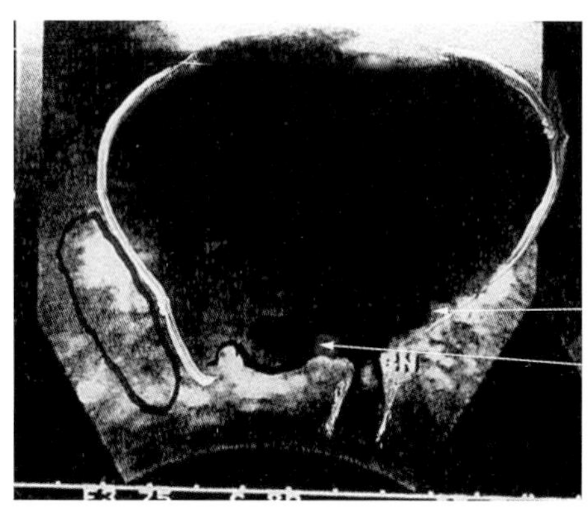

图6-47　应力时盆腱弓筋膜的超声图像

用力时支撑盆腱弓筋膜。没有膀胱基底部下降或漏斗形成，注意膀胱前后搁板的恢复，用力时没有漏尿

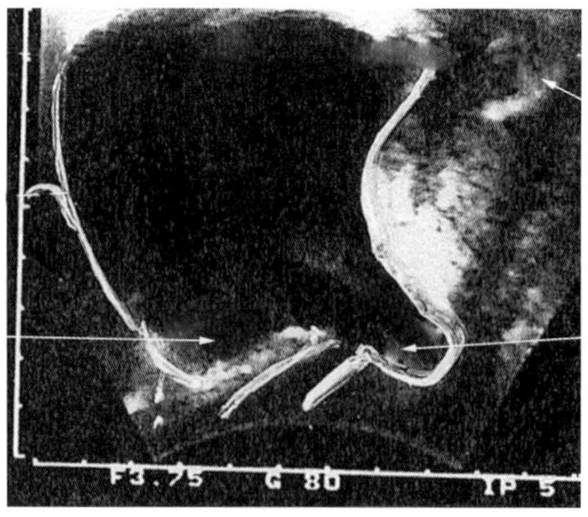

图6-48　应力时的子宫骶骨韧带

用力时锚定子宫颈。没有膀胱基底部下降或漏斗形成，注意膀胱前后搁板的恢复，用力时没有漏尿

闭合压的改变可以用压强公式来解释，即压强＝力/尿道管面积。压力时漏尿减少证明了闭合的改进，提示尿道内面积变窄，并导致尿道内压力升高。

锚定盆底肌肉的附着点类似蹦床的作用模式：即使一根弹簧的松弛就可能阻碍整个床面

张力的形成。修复受损的韧带(弹簧)才能允许盆底3种定向的肌力拉伸阴道隔膜(蹦床),这样就支撑了膀胱底,从而阻止了牵拉感受器的提前激活,并因此阻断了排尿反射(急迫感)。

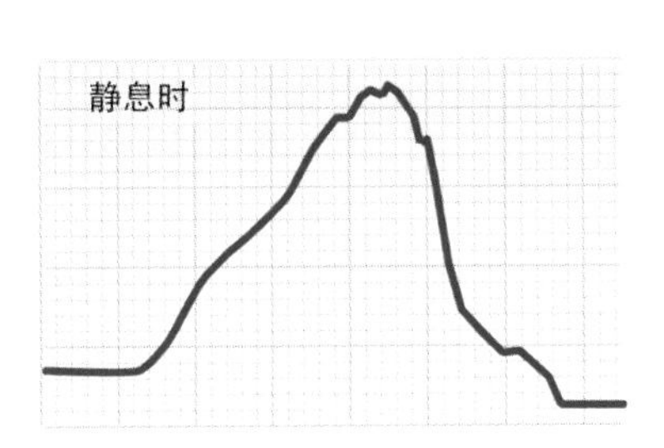

图6-49　静息时的尿道压

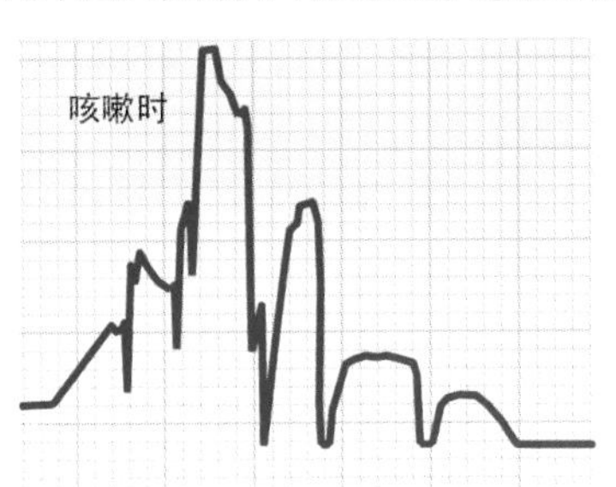

图6-50　咳嗽时的尿道闭合压

近端尿道的闭合压下降,远端尿道压降为零,这是所有后来的干预措施的参照点

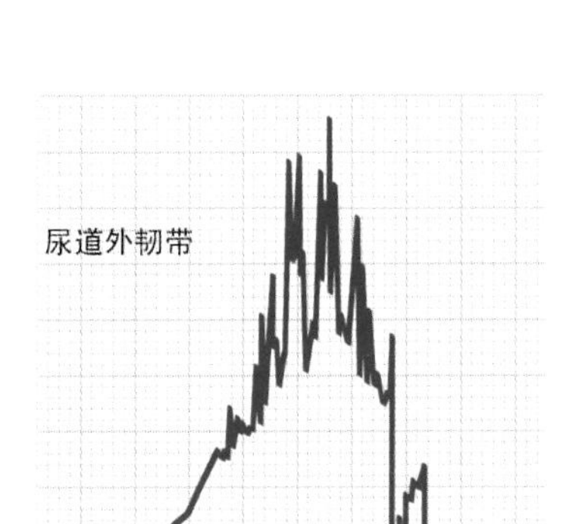

图6-51　咳嗽时的尿道闭合压
(咳嗽时锚定尿道外韧带)

尿道所有部分的闭合压显著升高

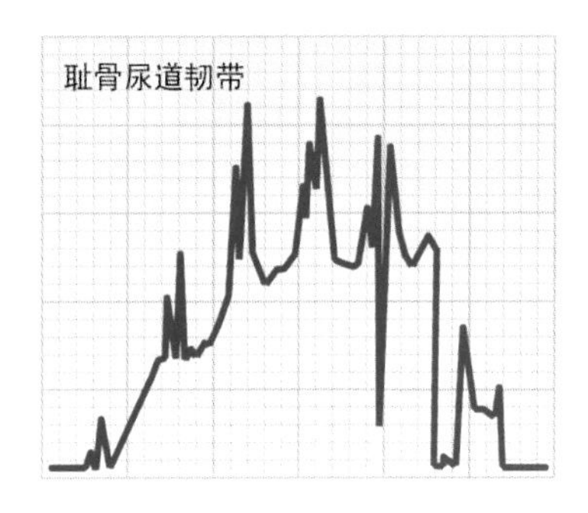

图6-52　咳嗽时的尿道闭合压锚定耻骨尿道韧带

尿道所有部分的闭合压都显著升高

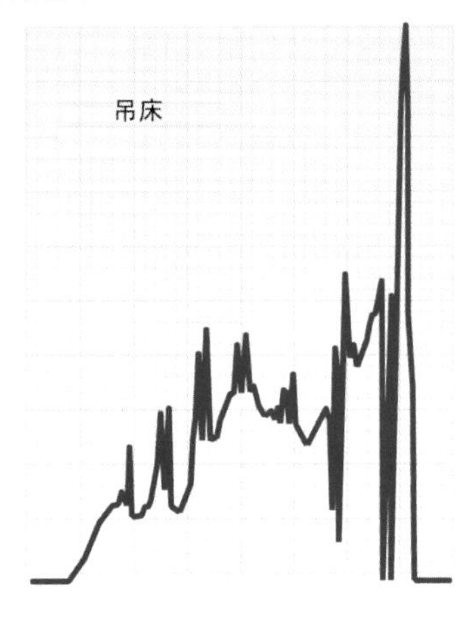

图6-53　咳嗽时的尿道闭合压(紧固吊床)

尿道所有部分的闭合压都显著升高,同时功能性尿道长度也增加

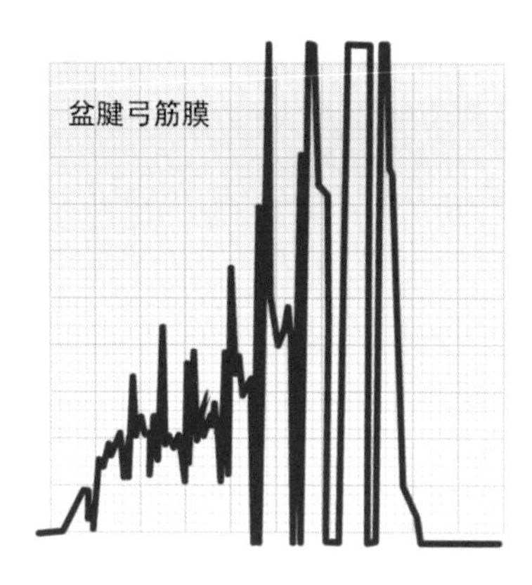

图 6-54 咳嗽时的尿道闭合压(锚定盆腱弓筋膜)

尿道任何部分的闭合压都没有明显升高,这是锚定耻骨尿道韧带时的增加

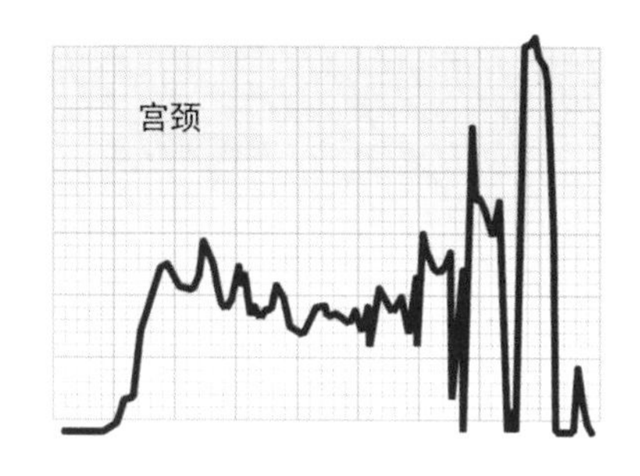

图 6-55 咳嗽时的尿道闭合压(锚定宫颈)

近端尿道的闭合压显著升高,而远端尿道的则没有升高

6.2.6 结论①

虽然以上所述只是初步的试验结果,却揭示了不同结构间的协同作用。很可能作用在一个部位的压力(吊床)也部分锚定了一个邻近的部位(耻骨尿道韧带)。由于两者均属于阴道前部结构,且两者均需要手术修复,所以在实际工作中不需要精确地予以区分。

尽管有这样的局限性,结果仍然强调不同结构对整个系统的共同作用,因而是对整体理论的支持。6 种干预措施的每一种都能产生症状或客观上的改变,但要完全控制压力性和急迫性尿失禁,需要同时锚定两种结构。

通过本研究,我们初步认识了自禁控制中多种盆底结构的协同作用。"模拟操作"似乎能更精确地决定何种韧带或结缔组织的缺陷导致了压力性或急迫性尿失禁症状,故不失为一种有用的技术。

6.3 本章总结

尿道阻力,特别是其伴随尿道开合机制引起的直径变化从而在幂数上变化(达四次幂),故作为尿动力学的真正基础而被提出,不仅与尿道内压力有关,也与尿流率有关。提前激活的排尿反射阐述了逼尿肌不稳定(DI)和"低顺应性"膀胱的发生机制。

本章介绍了开合机制的非线性控制概念,以及混沌理论对症状的变异性和不一致

① 致谢:笔者非常感谢在实验过程中得到了来自奥地利 科学院的教授 Dr. Med B. Abendstein 的帮助。

性的解释。参照真实的尿动力曲线图解释了 DI 的解剖基础。

使用超声检查、尿道压和患者自己对自身症状的感受作为各个患者的参考照点而绘制的阴道 3 个部位的“动力学图解”，证实了阴道 3 个部位在控制时急迫症状和咳嗽漏尿方面的协同特性。

第七章　当前和正在出现的研究问题

7.1　引言

盆底的肌肉、神经和韧带通过相互协同作用维持盆底的结构和盆腔器官正常的功能(开放和闭合)。就结构和功能而言,结缔组织是盆底中最容易受到损伤的部分。下面是整体理论中两个关键的概念:

(1) 即使轻微的韧带松弛也可能引起严重的盆底症状;

(2) 这些症状可能通过使用聚丙烯吊带来加强盆底韧带而得到治愈。

为治愈压力性尿失禁而施行的超过 500 000 次的前部吊带手术,证实了这种基本的手术概念的有效性。同样,后部吊带手术对于后部症状的治疗效果也逐渐被肯定。因此,不再认为这些症状是不能用手术治愈的。这种为理论所要求的最低限度的手术方法及其卓越的效果已经推动了手术技术与大量的递送器械及吊带的迅速发展。所有这些在手术方法方面的改进都是一种健康发展的象征,应该予以鼓励。

在整体理论框架中所发展起来的手术技术已显著地被精炼和简化了,但是,仍然存在一些尚未解决的重要问题,尤其是关于干预和植入材料的长期效果的问题。任何一个临床医师都必须根据自己的临床经验和其所接受的培训来决定选用何种手术方式、何种吊带及材料(同种的、异种的或人工合成的)。所有的选择都各有其风险与好处,具体的解答只能来源于在统计学上设计缜密的临床实验,而不是来源于轶事传说式的描述。任何科学的比较都必须分析所有的风险和好处,不能将注意力集中在单一的特定问题上。整体理论的倡导者所面临的最重要的挑战是:

(1) 要建立可靠而准确的诊断系统以查明哪些结构已经受损。

(2) 要精确说明每一种结构成分与特定功能障碍的关系。

随后的几节专门讨论当前和正出现的研究问题,分别以不同的标题来介绍。某些问题,如特发性粪失禁的治疗已经有许多文章资料;其他的问题,如间质性膀胱炎和外阴前庭炎,仅有极少病例报道,两者与盆底特定部位的特定症状的联系也只是一种假设。

第三个较为基础的问题是在微观水平上认识的进展,包括关于组织生物化学改变,即胶原交联的问题,等等。目前,尚不能用这种认识来评估某一特定结构。有临床和实验证据表明,在某些家族中,存在结缔组织的遗传性缺陷,这有助于解释在未产妇女中出现的异常症状。

尽管雌激素对症状的改善作用微乎其微,但有证据表明雌激素可以预防绝经后胶原的退化。

在手术方面，重要的是能够评估在外观正常的结构中存在的亚临床损伤。Shull (1992)报道了 30%以上的患者在一个特殊部位进行修补后，在阴道的其他部位却出现了“爆裂”。有高达 20%的患者形成疝，尤其如膀胱膨出这样的疝形成发生在阴道后部 IVS 手术后。加强了盆底一个部位，可能使盆底的力集中（或转移）到系统的另一个薄弱的部位，从而引起阴道隔膜另一处的“爆裂”。例如，作者已经看到在阴道后部 IVS 修补穹隆脱垂后数月又发生了压力性尿失禁的严重病例。在微观水平上，还需要做大量的工作以明确激素及其他影响结缔组织的因素，包括遗传、分娩和衰老的影响。

当前，还没有一种客观可靠的方法能精确测量结缔组织的张力和弹性。但是，较好地评估结缔组织的张力，以及较好地理解盆底结构的相互作用将改进诊断和处理的水平。

盆底结构间非线性的相互作用模式是这项工作中的主要障碍。特别是，即使最轻微的损伤变化也可以在不同患者中表现为极其不同的症状。这种变化可以呈极端状态，从无症状的严重损伤到有严重症状的轻微损伤。症状的表现形式完全依赖于盆底系统中所有组成因素（神经、肌力以及结缔组织）之间的平衡（参见第三章）。

设计一种组织弹力测量器，用它来“绘制”盆底器官及其悬吊韧带的物理特征（如张力和弹性），这将是向评估结缔组织的生物化学特征迈进的一个重要步骤。肌肉体积可由磁共振成像（MRI）和超声检查技术评定，由此可能推导出肌力。在探索建立膀胱颈开合的数学模型中，组织的生物化学特征以及作用在其上的肌力是关键因素。希望像建筑工程师用数学模型分析建筑结构上潜在的压力一样，能把一种成功的数学模型——“有限元模型”应用于分析盆底功能。

这种方法学的典型例子是西澳大利亚大学的 Bush 教授及其小组使用 ABAQUS 软件建立的排尿的非线性数学模型。这种模型检验（并确证）了整体理论中有关排尿的某些预言。该模型中使用的方法可能用于剖析在不同患者中产生的特定症状的解剖学原因，也有助于预测用手术加强盆底系统的一个部分是否会导致其他受损结构在临床上的失代偿①。如此复杂精密的分析将有赖于尿动力学和超声检查的改进应用，也需要使用能准确评估盆底各种结构状况的器械来评估组织结构（张力和弹力）、肌肉收缩的强度以及韧带锚定点的效力。这种分析将因一个广泛的、与特定症状和手术修补特定结构的临床结果有关的资料库的发展而得到加强，这将能为每一种情况计算出

---

① “女性尿道开放的机械模型”是由法国 Ecole 理工大学机械系的 Messner Pellenc L 和 Moron，以及西澳大利亚大学机械工程学院的 Mark Bush 教授建立的。最初只是用来自于膀胱收缩时的膨胀模仿尿道。利用来自于其他研究的关于尿道特征的具体数据，不能获得排尿时观察到的特征性的漏斗效应。此外，膨胀尿道所需要的力大于 $60cmH_2O$，提示从膀胱产生的内部压力尚不足以膨胀尿道。固定远端尿道，以及对近端尿道施加向下和向后的外力就能获得漏斗的形状。即使这样，为得到漏斗效应还需要在尿道前后壁形成刚性结点，即前部与 Gilvernet 韧带相连，后部与膀胱三角沿着尿道后壁的延伸部分相连。有关此方面完整的论述可检索国际互联网，网址：www.integraltheory.org

更精确的概率因素(图 1－12,图 3－11)。虽然目前即使对排尿模型,所需要的计算功率也是很大和费时的,但随着方法学的改进、计算机软件和硬件的改善,“有限元模型”将被实实在在地为未来的临床所用。

7.2 诊断决策途径的改进

整体理论将诊断分到 3 个可能损伤的部位来作出,这是一种简单而有效的起点,但需要在实践中不断精化和改进。尤为重要的是在诊断过程中如何减少或排除变异和误差。

“损伤部位”的诊断涉及的决策途径,是以出现的症状或检验结果的概率分布为基础的。概率分析的精化是计算机辅助诊断最理想的应用。作者应用整体理论诊断支持体系(ITDS)已证实可显著减少术前的诊断误差。已经计划将 ITDS 作为动态工具,当资料库随着时间而扩大时,它将改进诊断的准确性。

随着资料库的扩大,反馈的诊断信息将使临床医师能更准确地说明每一个现有参数被使用的权重,而且也为临床医生提供增加新参数的能力。为此,需要上万份病例的资料。该策略是要建立一个系统,该系统可为数百位临床医师提供经国际互联网传递共用资料的服务。

7.3 整体理论的诊断支持体系(ITDS)

整体理论的诊断支持体系(ITDS)是结构诊断系统的计算机化版本,并具有资料库的功能。将问卷表中的资料输入计算机,能形象地描绘出阴道 3 个部位中的解剖缺陷。输入阴道检查资料以及超声波和尿动力学检查资料后,诊断可得到改进。

ITDS 必需的资源包含在一个压缩的光盘中,可通过伴随本书而建立的网站订购(www.integraltheory.org)。为了方便使用,问卷表、检查和尿动力学表格都被编成条形码。需要强调的是,ITDS 的诊断部分仅仅是一种支持工具,最终对诊断和处理负责的永远是主治手术医师。

7.4 可能的临床联系

整体理论中的许多发现是通过将可能与症状相关的联系列成表格,然后用演绎法随访这些联系而得到的。已有充分的资料证明在图示诊断法中提示的症状与解剖缺陷的联系已被用在诊断中。还有其他一些以这些联系为基础的情况没有很好的资料予以证明,这些都是重要的潜在研究方向。

7.4.1　外阴前庭炎(外阴疼痛)

外阴前庭炎属于阴道后部症状，这是一种丧失功能的状况，它发生在15%的18～64岁的妇女中，以阴道入口处极度的性交不适为其特征。在处女膜环和尿道外口周围用棉花棒轻触前庭，若患者感到极其不适，则可作出诊断。

罹患前庭炎的妇女遭受难以忍受的疼痛感。目前，最有效的治疗包括前庭切除术或盆底肌肉锻炼。这样的治疗达到的治愈率分别为85%和50%（Marinoff，1991）。外阴前庭炎的病因至今还不能被阐明。在与以色列海法的Jacob Bornstein教授的联合研究中，作者已经连续观察到3个罹患外阴前庭炎的患者，采用植入后部吊带以加强阴道后部并获得完全治愈。

后穹隆综合征的其他症状，如尿急、尿频、夜尿症和膀胱排空异常等在这些患者中也得到了改善。由此可以假设，外阴前庭炎的疼痛是子宫骶骨韧带中的无髓鞘传入神经纤维缺乏有效的韧带支持所致。尽管至今只评价了3例罹患外阴前庭炎的妇女，并且只随访了6个月，但结果是令人鼓舞的。

以上的假设已经被进一步验证。在连续10例已确诊为外阴前庭炎的患者的阴道后穹窿处，将2%的利多卡因2ml注射入两侧的子宫骶骨韧带中，5min后再测试。8例患者对两位独立的检查者诉说阴道口的敏感性完全消失；另有2例患者，直接测试证实其一侧的异样(过度敏感)疼痛已经消失，而另一侧仍有疼痛。30min后对这些患者的再测试显示阻滞效果消失。

阴道口疼痛的短期消失，尤其在一侧疼痛的短期消失，进一步证实了以下的假设：外阴疼痛可能是因松弛的子宫骶骨韧带不能支持韧带内的传入疼痛神经纤维而引起的。

7.4.2　间质性膀胱炎

3例患有间质性膀胱炎(interstitial cystitis，IC)的患者，采用聚丙烯吊带重建阴道后部韧带后，症状的改善达到80%以上。尽管对这3例患者的结果尚不足以下结论，但有助于对已知的间质性膀胱炎病例开始调查。

在加拿大间质性膀胱炎协会的秘书Sandy McNicol的帮助下，笔者将设计好的整体理论问卷表(附件Ⅰ)发送给会员，在2000年完成了136份问券的填写，其中130份问券有两个或两个以上的参数与后部韧带松弛相符合(Petros PE，未发表资料)。众所周知，外阴前庭炎与间质性膀胱炎是有关系的。此外，尿急和盆腔疼痛也是阴道后部缺陷患者的重要症状。尽管在这期间假设了所有的因果关系，但这些联系还需要进一步的研究。

7.4.3　未解决的夜间遗尿和日间尿失禁

1992年，曾经评估两个年龄分别为14岁和17岁的年轻女性，两人都进入青春后期，两人都存在从婴儿起至今未解决的夜间遗尿和日间尿失禁，17 岁的女孩还伴有粪失禁，Foley 球囊导尿管和阴道显影的立位 X 线片证实 Foley 球囊过度旋转和下降，类似于图 6 - 36 中所示；采用 IVS 手术重建耻骨尿道韧带后，两人的夜间遗尿均完全治愈，术后 X 线片显示，在用力时，尿道膀胱的几何形态得到恢复。需要强调的是，两个患者还存在尿急和压力性尿失禁，是一种不同于在大多数夜间遗尿病例中看到的类型。在此后的 10 多年期间，专门调查了患者在青春期夜间遗尿消失或改善的情况，这样的患者共发现 50 多例，多数患者的尿床在青春期得到改善，但尿失禁持续存在，直到采用阴道前部吊带手术才被治愈。这种情况几乎都有家族史，代代相传，无论男女。

对于像夜间遗尿和膀胱-尿液返流这样的情况，解剖学上作出的解释与儿科泌尿学是交叉的。儿童的解剖学结构和功能与成人比较，不是完全不同的，因此，基于对结缔组织的锚定点与肌力的考虑，重新审视女性小儿泌尿学中长期持有的某些观点可能是有帮助的。

7.4.4 膀胱-输尿管返流

一位 42 岁的患者，具有膀胱-输尿管返流的典型症状和影像学证据，采用阴道前部尿道中段吊带在临床上治愈了她的症状。用涉及尿道膀胱闭合的肌性弹力模型可以解释患者症状的改善(图 2 - 14)。输尿管穿过膀胱壁后到达膀胱三角，因为膀胱三角依赖于牢固的韧带附着(如此，膀胱三角才能被盆底横纹肌充分牵拉)，若韧带松弛可使膀胱三角松弛，从而导致尿液返流。

尽管只有一例个案报道，但是对该病例的分析可以引导出有关这种情况的新的研究和治疗方向。

7.5 粪失禁

1985 年，Swash 等提出了有关阴部神经传导延迟的证据(Swash 等，1985)。研究者的注意力遂转向同时存在的尿失禁和粪失禁(FI)以及受损肌肉在发生原因中的作用。尽管这是个重要的科学发现，却没有解释为什么未产妇或者无盆底肌肉损伤证据的患者也可以发生粪失禁。

1988 年，在用最初的原型 IVS 手术治疗压力性尿失禁(SI)的患者中，有 90%的患者同时治愈了 FI。随后，在 FI 伴有后部症状但不伴明显 SI 症状的患者中，观察到阴道后部 IVS 手术也可同时治愈 FI。因为这些手术仅修补了结缔组织，故推断受损的结缔组织最可能是引起 FI 的重要原因。

1993 年，Sultan 等证实了肛门内括约肌(IAS)损伤与 FI 之间的关系。他们通过肛门内超声检查发现 11 例患者有 IAS 损伤的证据，其中 10 例发生 FI。该研究提示，IAS 的损伤是 FI 的一个重要原因。但该观念与作者和其他同事运用整体理论体系所获得的资料相反，对此，需要进行进一步的研究。

迄今，关于肛门直肠功能和功能障碍的肌性弹力假设在整体理论的框架中已经形成概念（Petros，1999）。已设计用以下节段中描述的序列观察研究逐一检验这些不同的假设。

首先，进行了一系列的放射学和超声研究，然后提出一个病例报道证实用尿道中段锚定可控制咳嗽时的 FI。

为了评价 IAS 损伤与 FI 之间的关系，在连续 50 例患者中进行了前瞻性的肛门内超声研究。然后，在反射性刺激提肌板（LP）后观察肛门内压以证实在肛门直肠闭合中 LP 是否收缩或不收缩。随后的 1 例个案报道证实，在一个“异常收缩”的患者中，结缔组织在维持肛门直肠闭合肌间的平衡中起着作用。最后，在重建阴道前部或后部韧带的手术前后，测定阴部神经传导的时间和肛门内压力，以直接验证肌肉损伤的假设。

本节引用了科学研讨会上提出的、但尚未发表的资料，包括那些阐明和支持本书早些时候提出的关于肛门直肠功能和功能障碍的观念的资料。

文中关于粪失禁病因的神经损伤和结缔组织的假设

整体理论的假设强调粪失禁病因中结缔组织的作用，以及依赖盆底肌产生肛门直肠的闭合力。因此，肌肉受损必然危及闭合。然而，很难将产伤引起的神经损害归为 FI 的主要病因学因素（Swash 等，1985），因为在 25 例患者的系列手术中，30%的患者从未妊娠过（Parks，1977）。

这些患者中，65%以过度应变为其特征（Parks，1977）。这一发现与松弛的直肠前壁可被向内压扁的认识相一致。肛门的特征犹如一种中空的管道，需要在其弹性范围内被牵拉，从而使肛门变得十分刚性，成为粪便的光滑通道，并有效地闭合。

产伤既可以导致结缔组织的损伤，又可以造成神经的损害。这可以解释在压力性尿失禁患者中发现的神经传导时间延迟（Swash 等，1985），也同样可以解释在子宫阴道脱垂而一点都没有压力性尿失禁的患者中发现的这种情况（Smith，1989）。

将盆底肌肉的作用视为容纳腹腔内容物的横隔膜来理解，就很容易解析手术治愈伴有神经损害患者的 FI（研究 6）所引起的明显矛盾。盆底肌的这一功能的发挥比关闭肛门直肠需要更强的力量。修复这些肌肉的锚定点可使其更有效地收缩以发挥闭合肛管的功能。

关于未产妇的粪失禁，其结缔组织的松弛可能是先天性的，这与松弛的前部韧带阻止向后和向下的闭合力相符合。

7.5.1　研究 1——在肛门直肠闭合及排便过程中的肌动图观察影像资料

研究匹配的两组患者，一组同时患有粪失禁（FI）和尿失禁（$n=27$），另一组仅患有尿失禁（$n=20$），另外还有 4 例能自控排尿和排便的妇女，在静息状态和应变时摄录阴道肛门肌肉的 X 线影像图；作会阴超声检查、体表肌电图（EMG）以及盆底触诊。对 FI 患者作肛门内超声检查和排便时的肛门肌动图研究；用双重传感器 Gaeltec 导尿管（直径 2.7mm）放在尿道中段和膀胱内，同时作 EMG，在应变和“缩夹”时测定尿道压力。

7.5.1.1 结果

这些患者都没有肛门外括约肌缺陷。在26%的粪失禁患者中可见肛门内括约肌变薄。体表EMG证实了应变时阴道口和后穹窿的变化。X线观察结果在下面介绍。经会阴超声检查证实了图7-3中显示的3种定向肌力的运动。在某些患者中,提肌板似乎过度地向后和向上运动,提肌板前缘向下成角仅瞬间而已。锚定会阴体似能限制提肌板向后向上的过度运动,并恢复提肌板的向下成角。"缩夹"动作引起的膀胱压力升高(平均2.45cmH_2O,范围4～92cmH_2O)与应变时相当(平均29.75cmH_2O,范围0～72cmH_2O)。

7.5.1.2 研究结论

无论是X线还是超声研究似乎都证实了同样的3种定向肌力不仅在尿道闭合,而且在肛门直肠闭合中发挥着作用。耻骨尿道韧带是所有这3种定向肌力的有效附着点。

在尿道下3cm(大约)有结缔组织与阴道致密连接(图7-1),此外,阴道与会阴体和肛门又致密连接,因此,任何与尿道和阴道附着的悬吊结构(如耻骨尿道韧带等)也将锚定肛门。向下的肛门纵肌(LMA)力在肛门直肠闭合中的动力学变化是复杂的。LMA向下牵拉LP的前缘,与此同时,它也向下牵拉嵌入提肌板的、已被伸展的直肠阴道筋膜(RVF),而RVF又与子宫骶骨韧带(USL)致密连接。因此,USL就成为向下肌力的有效锚定点。

在比较了图7-2和图7-4后,假设的肌性弹力机制这一概念就很明白了。就像一根橡皮管一样,中空的器官只要在其弹性范围内能充分地伸展,就能通过该机制关闭。在图7-4中,明显可见肛门直肠这个"橡皮管"不能充分地伸展。

应变时,正常妇女的肛门是非常狭窄的(图7-2),但粪失禁患者的肛门则是开放的(图7-4)。结缔组织松弛使肌肉收缩削弱,这又可导致肛门直肠闭合不充分。这种概念也符合症状的分类:气体、液体和固体失禁严重程度依次递增。很明显,在液体漏出之前先漏气,在固体漏出之前先漏出液体,这取决于肌力关闭肛门直肠腔的紧固程度。

根据假设,就像图7-5中"缩夹"的作用一样,肛门后修补和股薄肌移位的作用是使肛门固定不动。正如已经提及的,通过向下向后牵拉直肠而使肛门直肠闭合,固定不动的肛门则是必要的先决条件。已经证实,缩夹时盆底器官被抬高,应变时下降。然而,在做这些动作时,也可观察到类似的膀胱压升高。这一观察结果似乎排除了腹腔内压升高为器官闭合的主要因素,腹腔内压不能在同一时间内使盆底器官抬高或下降。

该假设预示排便开始时肛门外括约肌将收缩,以便锚定肛门纵肌的附着点,但当粪块下降使肛门扩张时,肛门外括约肌必须放松。在分娩损伤的基础上叠加年龄相关的结缔组织变性可解释迟发的粪失禁。

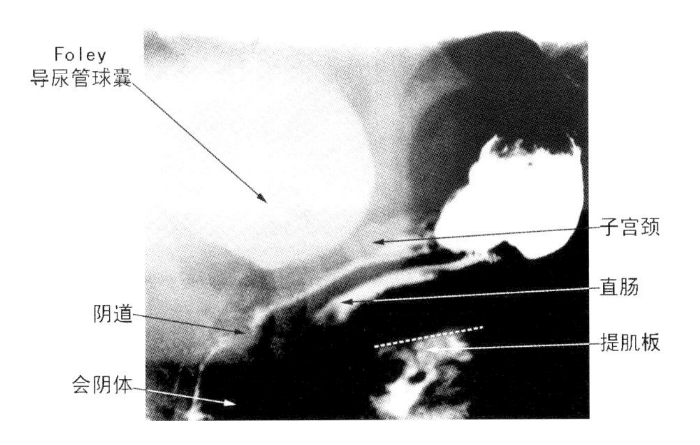

图 7-1　静息状态下的盆底器官——无症状的未产妇患者

静息状态坐着的侧位 X 线图，在 Foley 导尿管球囊、阴道、直肠和提肌板内注入 10ml 放射显影剂。在“阴道”左侧的骨的阴影是股骨，用作盆底器官运动的参照点

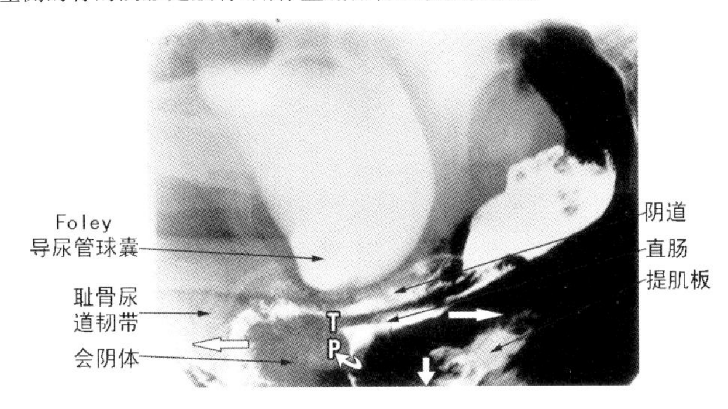

图 7-2　肛门直肠闭合

与图 7-1 是同一个患者，用力状态。近端阴道和直肠已被 LP 向后牵拉（向后的箭头），通过向下的矢量（向下的箭头）在对应于 PUL 和 PB 的平面上向下旋转，并与 LP 前部向下成角有关。弯箭头“P”表示耻骨直肠肌作用的平面。T＝会阴深横肌假定的锚定点，P＝耻骨直肠肌的作用平面

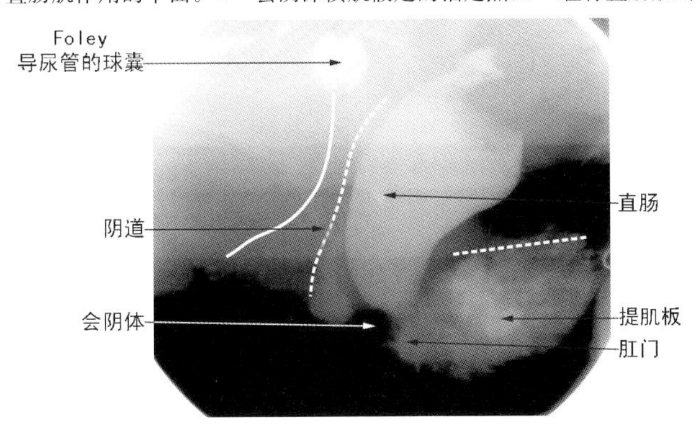

图 7-3　静息状态排便的直肠影像图

粪失禁患者，坐位。参照图 7-1 和图 7-2，这里阴道和直肠均呈垂直位

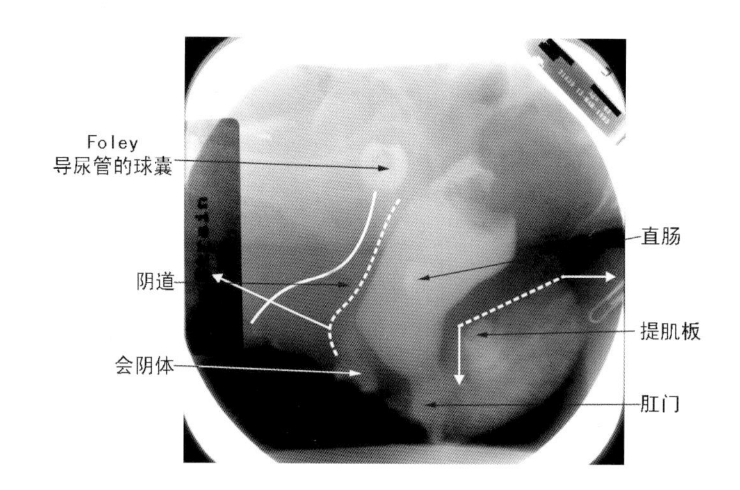

图 7-4 肛门直肠闭合

与图 7-3 相同的患者，用力时。与图 7-1 和 7-2 相同的 3 种矢量似乎在起作用，但不够紧固。注意肛门后壁明显地被锚定，可能因耻骨直肠肌的收缩。阴道远端和肛门前壁似乎已被向前牵拉。同样注意直肠明显地向后伸展和 LP 前缘向下成角。与图 7-1 和 7-2 中显示的情况比较，肛门被扩张，提示关闭不充分

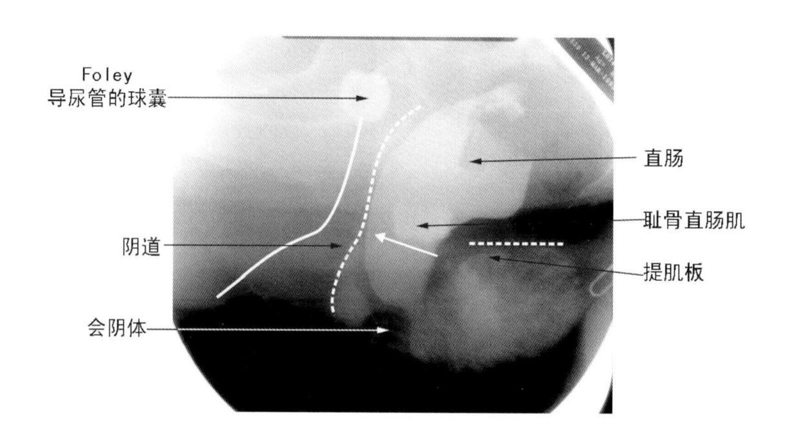

图 7-5 “缩夹”时(与图 7-3 为同一患者)

提肌板和肛门直肠角两者可能因耻骨直肠肌(PRM)的收缩从下方被向前和向上牵拉。与图7-4相比，肛门是狭窄的，肛门直肠连接部的角度更明显。所有这些似乎都证实了 PRM 在肛门直肠闭合中的重要作用

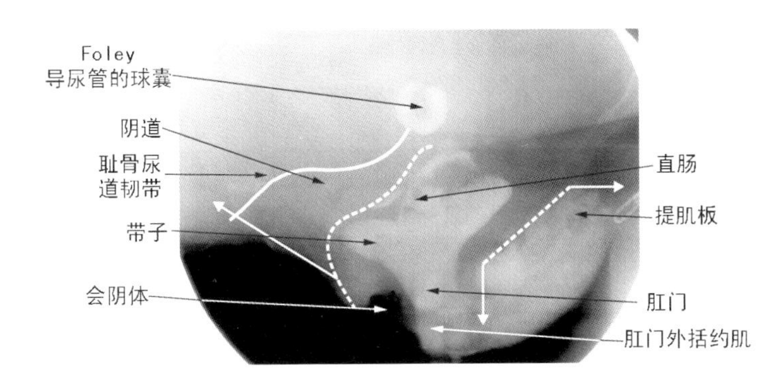

图 7-6　排便(与图 7-3 为同一患者)

与图 7-2 和 7-1 比较，直肠的前壁与后壁被向外牵拉；肛门直肠角已经被展开，显然是因 LP 向后牵拉(后面的箭头)以及其前缘向下成角；直肠似乎锚定在 T(会阴深横肌附着部位)，阴道远端和肛门前壁似乎已被向前牵拉(向前的箭头)。由于 PRM 不得不放松，唯有 PCM 的收缩可以解释这种牵拉作用。在“T”之上，似乎有直肠膨出。向后的矢量(向后的箭头)似乎对应于尿道中段的 PUL 附着部位而发挥作用。注意，与图 7-2 和 7-4 一样，该图中也有 3 种同样的矢量

7.5.2　研究 2——锚定尿道中段预防咳嗽压力性粪失禁(1 例报道)

1 例患者具有在咳嗽或应变时不随意地漏出固体粪便的长期病史，用卵圆钳在尿道中段的一侧施压可立即控制咳嗽或应力时的漏粪；移开卵圆钳，应力时漏粪再次出现；粪块被推回到直肠中，再用卵圆钳施压，泄漏立即停止。

这一过程重复了数次，每次都得到相同的结果。该病例报道直接证实了健康的耻骨尿道韧带在控制粪失禁中的作用，耻骨尿道韧带是作为提肌板收缩时的锚定点而发挥作用的。

7.5.3　研究 3——在肛门直肠闭合中提肌板的作用

研究 3 的目的是为了检验在反射性提肌板收缩时肛门的压力是否升高。研究 1 的观察表明，提肌板(LP)在肛门直肠的闭合中可能起重要的作用。从解剖学上看，LP 附着到直肠后壁，但是，现有的知识不能确定 LP 在肛门直肠闭合中究竟起什么样作用。

本研究的解剖学基础是 LP 附着于直肠的后壁，以及刺激阴道可引起反射性的提肌板收缩(Shafik，1995)。本研究是为了检验“阴道的任何伸展都将引起肛门内压的升高”这一推断的准确性。

检验 10 例粪失禁与 10 例无粪失禁(FI)的配对对照患者，平均年龄分别是 65 岁(FI 组)和 61.5 岁(非 FI 组)。两组患者的年龄、绝经和激素状况相匹配。在尿道中段部位的阴道前壁施加向前的指压，肛管中放置 Gaeltec 微型传感器测量应变前后的肛门内压力。

10 例 FI 患者与 10 例对照者的肛门压力有显著的差异(Student“t”检验，$p=$

0.034)。在对照组，施加在阴道前壁的向前的指压引起的肛管内压力平均升高 47cmH_2O；而 FI 组肛管内的压力平均升高 30cmH_2O。

7.5.3.1 研究 3 的结论

本研究的结果支持肌性弹力机制的假设，即在肛门直肠闭合中，LP/LMA 的收缩是主要的因素(图 7-2)。

7.5.4 研究 4——在粪失禁病因中肛门内括约肌的作用

肛门内括约肌(IAS)在维持粪自禁中的确切作用尚未被很好地理解，关于受损的 IAS 是否会引起 FI 这一问题还存在争议。Shafik(1990)认为肛门内括约肌的作用局限在维持静息时正常的肛门张力，且受损的 IAS 本身不会引起粪失禁。但 Sultan 等(1993)认为受损的 IAS 可能是粪失禁的主要原因，这是根据肛门内的超声研究证实 127 例阴道分娩后的患者中有 49 例 IAS 损伤与分娩相关而得出的结论。11 例患者中有 10 例括约肌损伤与粪失禁相关，暗示括约肌损伤是 FI 的原因，但内括约肌与外括约肌损伤的确切比例没有详细说明。这些资料与笔者以往的经验很不一致(Petros，1999)。因此，笔者开始前瞻性地调查 FI 与 IAS 损伤的关系，调查对象是一组患粪、尿双重失禁的患者，她们被指定在第三级盆底诊所就诊。本研究中描述的粪失禁主要为"特发"性。

经直接和超声评估，所有患者的肛门外括约肌(EAS)都是完整无损的。肛门内括约肌(IAS)损伤定义为完全断裂或变薄，即内括约肌某部分的厚度少于 2mm。调查发现，1 例患者内括约肌完全断裂，另有 17 例为损伤(共占总数的 36%)，其余 64%的患者内括约肌正常。共有 3 例患者是未产妇，IAS 和 EAS 均正常。故仅有 36%的患者有 IAS 损伤的证据。进一步分析发现，Sultan 等于 1993 年的超声研究结果与赞成 IAS 只是与 FI 相关的因素而不是其主要的原因更为一致。在 Sultan 等研究中报道的 IAS 损伤的 49 例患者中，只有 11 例患者确实存在粪失禁，而 11 例中有 1 例患者根本没有 IAS 或 EAS 损伤。

笔者的研究中有 3 例未产妇发生 FI，证实了以前关于 7 例未产妇发生 FI 的报道(Parks 等，1977)。在未产妇中，IAS 或横纹肌的损伤不会引起 FI，而是先天性结缔组织缺陷引起 FI 的假设可以解释这些结果。结缔组织缺陷的假设进一步被如下报道证实，粪、尿双重失禁的患者中 90%可以用手术治愈，这些患者都用尿道下悬吊带治疗压力性尿失禁(Petros，1999)。

研究 4 的结论

本质上，肛门内括约肌的损伤不太可能是直接引起粪失禁的主要原因，至少在"特发型"患者中如此。Shafik 等认为肛门内括约肌的作用是维持静息时正常的肛门张力，这种看法是十分吸引人的。这一作用类似于尿道周围的马蹄铁形横纹括约肌封堵尿道黏膜。

7.5.5 研究5——耻骨直肠肌的异常收缩

7.5.5.1 引言

肛门直肠的闭合肌LP、LMA和耻骨直肠肌(PRM)在平衡的状态起作用，由结缔组织松弛造成的平衡失调可引起如前所述的PRM的"异常收缩"。

如图2-38所示，因为LP/LMA依赖于牢固的PUL和USL的附着点才能向后向下牵拉直肠；松弛的PUL和USL使肌力削弱，足以引起系统结构上的失衡，即使一次PRM收缩也可以形成如图7-7中所示的非常尖锐的肛门直肠角。

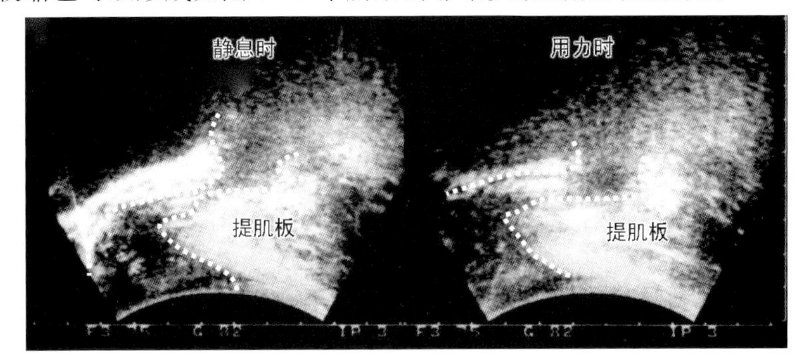

图7-7 会阴超声图像显示耻骨直肠肌的"异常收缩"

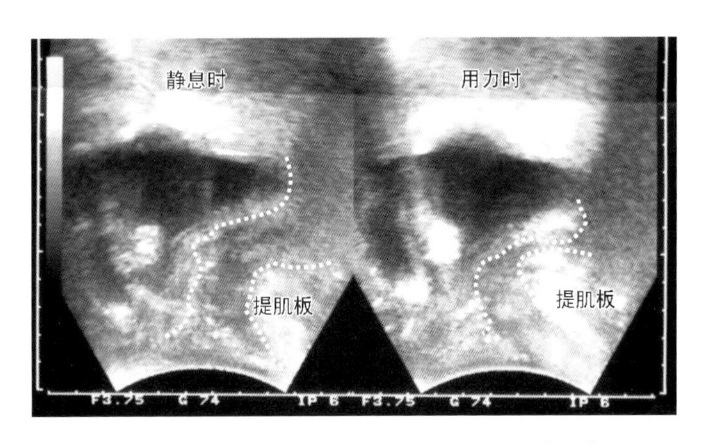

图7-8 手术后在静息和用力时的会阴超声图像

用8mm聚丙烯吊带重建耻骨尿道韧带、子宫骶骨韧带、直肠阴道筋膜和会阴体(与图7-7是同一患者)

7.5.5.2 临床表现

图7-7中的患者既有排便困难，又有粪失禁。排便的直肠影像图提示耻骨直肠肌痉挛。注意静息时尖锐的肛门直肠角，应变时尤其明显(图7-7)。该患者有Ⅱ度阴道顶部脱垂、直肠阴道筋膜松弛和明显的会阴体缺陷。

7.5.5.3 手术

该患者施行了后部 IVS 手术，用聚丙烯吊带重建子宫骶骨韧带，修补直肠阴道筋膜和会阴体，加上前部 IVS 手术重建耻骨尿道韧带。这 3 种结缔组织结构形成关键性的锚定点，使肛门闭合肌 PCM、LP 和 LMA 达到最佳的收缩状态，在图 7－7 的检查中明显可见。

7.5.5.4 结果

手术后，患者的粪失禁得到治愈，也能够正常排便。参见手术后的会阴部超声检查（图 7－8），静息时的耻骨直肠肌的“异常收缩”明显消失，肛门直肠角也基本正常。

7.5.5.5 研究 5 的结论

图 7－8 中所示的解剖学上的恢复与向前（耻骨直肠肌，PRM）和向后（提肌板，LP）的肌力之间达到平衡的概念是一致的。参见图 7－7 可以假设，耻骨尿道韧带、直肠阴道筋膜和会阴体、子宫骶骨韧带这 3 种结构的缺陷可阻止 LP 向后牵拉直肠，从而使系统失衡足以使 PRM 过度向前牵拉直肠，从而使系统失衡，甚至在静息时也可形成尖锐的肛门直肠角（图 7－7）。在应变时，这一变化将更加明显。

7.5.6 研究 6——盆底韧带的重建和粪失禁的治愈而不改变肛门压力或阴部神经传导时间

7.5.6.1 引言

尽管最初关于 FI 的报道（Petros，1999）主要与压力性尿失禁相关，但该组患者中有 3 人后来出现了与后部症状相关的 FI 复发，并全部经阴道后部 IVS 治愈。研究 6 的设计是为了确定健康的耻骨尿道韧带、子宫骶骨韧带在维持粪自禁中的重要性。本研究中关于 FI 的假设基本上与尿失禁相同，因此，关于手术部位（即在盆底的哪个部位）的指导意见，是从图示诊断法（图 1－12）获得的。

本研究是在佩思皇家医院的结直肠外科的参与下进行的，以下研究结果（$n=27$）在墨尔本的 IUGA（2001）上提出。结直肠外科测定阴部神经传导时间、肛门压力，并独立评估了患者术后的情况。

27 例患者，平均年龄 59.5 岁，均表现为尿失禁和粪失禁两种症状。所有患者均作肛门内超声、肛门直肠压力测量及阴部神经传导时间（PNCT）的测定。

7.5.6.2 手术

用于指导尿功能障碍的解剖学分类同样用于指导手术。前部 IVS 手术用于修复前部受损的韧带（$n=2$），后部 IVS 手术用于修复后部受损的韧带（$n=9$），余 16 例患者同时施行了前部和后部 IVS 手术。15 例患者术后重复了肛门直肠压力测量和 PNCT 测定。

7.5.6.3　结果

只报道了 FI 的结果。平均评价时间为 16 个月(范围 6～24 个月)。术后的平均肛门压、缩夹的压力或 PNCT 在统计学上均没有显著变化。

20 例患者的 FI 完全治愈,2 例的治疗效果超过 80%,5 例没有治愈。没有发现肛门压低下、阴部神经损伤、肛门内括约肌损伤和手术结果之间的相关性。在 5 例手术失败的患者中,2 例经另一次针对后部韧带的手术治愈了粪失禁和尿失禁。在治愈的患者中,2 例在 12 个月后病情恶化。一般地讲,虽然尿失禁和粪失禁似乎可同时被治愈或者同时复发,但是有 2 例患者仅治愈了尿失禁而没有治愈粪失禁。

表 7-1　27 例 FI 患者的手术前测试

神经损伤	$n=16$
低静息压(40cmH_2O)	$n=14$
低“缩夹”压(100cmH_2O)	$n=19$
IAS 部分损伤	$n=13$

7.5.6.4　研究 6 的结论

总体上,81%的患者治疗效果可达到 85%以上。若仅修补结缔组织,则肛门压或神经传导时间在统计学上没有显著变化。尿失禁和粪失禁的发生似乎是关连的。手术治愈的原因可能是恢复了上述 3 种定向肌力的韧带附着点,而这 3 种定向肌力可向后向下牵拉膀胱底以关闭尿道。

可以推断,结缔组织损伤最可能是特发性粪失禁的主要原因。肌肉损伤的患者能够被治愈可以用这样的事实来解释,即与关闭一个器官比较,盆底肌肉包容腹腔内器官需要的力量要强得多。因此,若肌肉的附着点得到恢复,即使该肌肉受到损伤也有足够的强度去充分发挥功能。

第八章　结　论

本书介绍的概念、方法和技术，受到当今迅猛发展的科学方法学和哲学的深刻影响。特别是数字技术及其支持的在生物学方法中的非线性思想的发展，对本书所描述的诊断和手术方案已经产生了重大的影响。

混沌理论对非线性方法学的贡献，及其诠释微观领域和宏观领域接合的能力是众所周知的。对初始状态(微观领域)的一个微小变化可引起严重后果(宏观领域)的这种“蝴蝶效应”。混沌理论提供了理论上的解释。因此，混沌理论提供了一个框架，借此可以解释无论多么轻微的结缔组织损伤，都可以引发严重的症状。从“蝴蝶效应”直接发展了最低限度手术技术的理论框架。最低限度手术技术意味着较少的并发症，也就是说，即使对身体虚弱的患者，外科矫正也是适用的。

整体理论在 1990 年得到初步发展，从而为此项工作提供了良好的起点。更为重要的是在解剖学上的观点以及静态和动态的差别，为进一步探索肌肉、韧带和器官间的关系开辟了道路。结缔组织在盆底功能和功能障碍中的重要作用不能过分地强调，结构和形态的相互关系以及盆底功能的平衡和失衡才是关键的概念。这一概念是根据功能的恢复需要结构和形态的修复得出的。

本书中呈现的重要发展是关于盆底功能“机械学“和“神经学”因素的差异，以及这两个因素怎样受到结缔组织损伤的影响。集中对神经学因素的动力学研究，有助于解释为什么盆腔疼痛、膀胱不稳定等如此严重的症状可由轻微的结缔组织损伤引起。

本书中的关键部分是图示诊断法。它以“损伤部位”为基础，使用结构评估途径找出需要手术矫正的受损的结缔组织。

图示诊断法的应用使一些新的手术方法可用于治疗脱垂和一些以往被认为是“无法治愈”的症状。实际上，盆底功能中某些严重的症状可能只需要很小的矫正手术就能使它消失。诸如压力性尿失禁、尿频、尿急、夜尿症、盆腔疼痛、膀胱和肠的排空异常，甚至特发性粪失禁等症状，通过重建受损的韧带和筋膜可得到改善，成功的概率是 80%。

本书介绍的手术方法是“无张力”的吊带技术，以及更新的、侵袭性更小的并可在直视下施行的“组织固定系统”。

该系统未来发展所面临的主要挑战是怎样提高评估诊断系统识别引起盆底功能障碍的结缔组织结构的概率的精确性。整体理论诊断支持体系(ITDS)提供了初步的探索，有望在交互式国际互联网网站上不断加强（　www.integraltheory.org)。这将是盆底科学持续发展的重要工具，因为它可分享研究结果、相关信息、新观点和在以往难以想象的范围内的协作。这种方法能够合并不具名的资料收集系统，使每位手术医师都有机会成为数据库的提供者。提供关于结构修补的信息、记录症状和客观检查的变化，这些有助于提供评价每一种结构及其对特定功能及功能障碍所起作用的概率改进情况。美国食品药品管理局（FDA）已经创建了关于阴道前部悬吊带手术的“Maude”网站，该网站记录了使用各种递送器械所引起的并发症，包括 TVT、IVS、Sparc 和 Monarc。该网站的 URL 是：http://www.accessdata.fda.gov/scripts/cdrh/cfdocs/cfMAUDE/search.cfm 。在网站上，医生只要输入器械名称就能检索到任何已记录的与该器械有关的“事件”，包括所有记录在网站上的并发症。

对于机密的、通过密码可访问的国际互联网站，还有其他的一些作用：

※ 可以迅速显示与某一特定手术操作有关的并发症的资料；

※ 请求帮助。对于一个困难病例的治疗，可以在一个机密的“聊天室”的环境中讨论；

※ 提供协助诊断的有益线索，不断积累与广泛传播手术技术。

的确，由国际互联网对正在进行的国际性的“交互式”研究和协作所提供的机会，在医学史上是史无前例的。

理论在创立科学进步的框架中起着重要的作用。我们已经很好地将整体理论用在这方面。整体理论中，关于结缔组织损伤观点的进一步发展，已经显著拓宽了盆底功能障碍的可治愈范围，尤其是盆腔疼痛、不稳定膀胱、肛门直肠功能障碍和括约肌内在缺陷等。正如 Richardson 博士在序言中的心曲：“最初的整体理论现已发展成熟，成为重要的医学典范”。目前，这一理论、方法和技术对于盆底功能障碍的诊断和处理已经是一个完整的工作系统了。

在本书出版前，还没有一个完整的关于整体理论的理论上和实践上的说明，以解释该理论在临床实践中的各类细节问题。衷心希望读者能像著者一样，对女性盆底科学与实践的未来发展前景充满乐观，只有这样，这种新理论才能得到更广泛的应用。

附录1　患者问卷表和其他诊断资源工具

患 者 问 卷 表

患者自己填写

第一部分：個人信息

姓名：　　　　　　　　　　　　日　　期：____________

地址：　　　　　　　　　　　　出生日期：

体重：____________ kg　　　　　电　　话：

阴道分娩次数(　　)

剖宫产次数(　　)

第二部分：症状

用你自己的话描述你与泌尿有关的主要症状和持续时间：

____

____

____

____

所有部分均在相应的□内打"√"，如果方便请注明其他的情况：

A. 压力性尿失禁症状(SI)	无	有(有时)	有(50%或更多)
您在以下情况漏尿吗：			
(A)　打喷嚏	□	□	□*
(A)　咳嗽	□	□	□*
(A)　锻炼	□	□	□*
(1)步行	□	□	□
(A)　(2)弯腰、下蹲或从椅子上站起来	□	□	□
(P,M) 不完全的排空症状			
(3)你是否感到膀胱没有完全排空？	□	□	□
(3)你开始排尿时一直有困难吗？	□	□	□

续表

A. 压力性尿失禁症状(SI)	无	有(有时)	有(50%或更多)
(3)尿流缓慢吗?	□	□	□
(3)尿流会不知不觉地开始和停止吗?	□	□	□

* 请医生注意:筛选标准"50%或更多"(第三组方框)已证实 SI 是由前部缺陷所引起的对于其他所有的症状,"有时"这一栏的选项就足以确定症状发生的特定部位。"A","M"和"P"提示发病的部位,以及在诊断汇总表(图 3-3)中该症状应该被转换的地方。括号里的数字指的是问卷表末尾的注解。

急迫症状		无	有(有时)	有(50%或更多)
你一直有难以控制的排尿欲望吗?		□	□	□
如果有,你会在到达厕所前尿湿吗?		□	□	□
如果有,你一天有几次尿湿?(写下次数)				
	当日情况较好	____	____	____
	当日情况较差	____	____	____
尿湿量有多少?	几滴		无	是
	满满一茶匙		无	是
	一大汤勺或更多		无	是
(4)排尿时会伴有疼痛吗?			无	是
(P)夜里起来排尿有几次?		____	____	____
白天排尿几次?		____	____	____
(A,M)(5)早晨一起床就会尿湿吗?		□	□	□
(A)(5a)你在儿童时尿床但青春期后就消失了吗?			无	是
(P)(5b)你的症状是在青春期后不久出现的吗?			无	是
(P)(5c)你的症状在经期前加重了吗?			无	是

肠 症 状		
(A,P)(6a)你有排便困难吗？	无	有
(A,P)(6b)你常弄脏自己吗？(粪便)		
气体	无	有
液体排泄物	无	有
固体排泄物	无	有

社交不便		
(A,P)(7)你经常会被尿“浸湿”吗？	无	有
(8) 你会将尿滴在地板上吗？	无	有
你会在夜间尿床吗？	无	有
你外出时带尿垫吗？(画圈)	从来没有/有时会/总是有	
如果这样，你每天需要多少尿垫？(写下数字)	—— ——	

先前的手术史：(将对应的答案画圈)		
(P)(9) 你有子宫切除史吗？	无	有
如果有，何时？(写下日期) ________		
(10) 你曾经手术治疗过失禁吗？	无	有
如果有，何时？(写下日期) ________		
手术后是改善了还是严重了？(画圈)	严重	改善
(10) 你曾经做过阴道手术吗？	无	有
如果有，何时？(写下日期) ________		

(P)(11)盆腔疼痛	无	有(有时有)	有(50%或更多)
你在性交时有深部疼痛吗？	□	□	□
你有骶尾部坠痛吗？	□	□	□
你有下腹部坠痛吗？	□	□	□
(12)你有阴道口疼痛吗？	□	□	□

生活质量分级

请在 1～5 之间圈出一个等级来描述失禁对于你的正常活动的影响。1 是轻度影响,5 严重影响。

1＝正常

2＝轻微,不影响生活方式

3＝外出时不能喝水,必须找到厕所

4＝总需要尿垫,社交非常受限制

5＝完全不能离家外出

为医生解释标记——“50％筛选”的重要性(第三组方框)

由于症状的控制是一种“机械学”和“神经学”之间交互作用的非线性现象,使得症状是可变的。因此,将问卷表中反应的资料转换到诊断汇总表(图 3－3)时,“有时”这一栏的反应被视为阳性指征。但压力性尿失禁是例外(第三组方框)。因为已证实了 50％筛选与尿垫试验的相关性,故尿垫试验阳性的患者则必须在第三组方框内打“√”。对于其他症状来说,50％筛选的意义也已经在统计学上被检验。

对问卷表中前缀数字的注解

(1) 该症状通常由于尿道压低下(low urethral pressure, ISD)造成,但也可能因后部松弛引起。

(2) 如果咳嗽时出现轻微的压力性尿失禁,即为“异常漏尿”。在 70 岁以上的老年女性中,该症状通常是由于耻骨尿道韧带(PUL)缺陷造成的,在有前阴道手术史的患者中,如果膀胱颈有瘢痕,则需排除阴道束缚综合征。

(3) 子宫骶骨韧带(USL)引起的膀胱膨出,但也可出现在膀胱颈过度抬高后,或者尿道下悬吊过紧。

(4) 排除 UTI、衣原体等感染。

(5) 该症状通常由于前次手术致耻骨尿道韧带(PUL)的缺陷引起,但若膀胱颈的瘢痕紧固,需排除阴道束缚综合征。

(5a) 这种情况出现在家族里,提示先天性的耻骨尿道韧带薄弱。

(5b) 和(5c) 子宫颈变软允许经血排出,同时使得子宫骶骨韧带的附着点变得薄弱。

(6a) 后部缺陷(会阴体/直肠膨出/子宫骶骨韧带),有时是耻骨尿道韧带缺陷。

(6b) 耻骨尿道韧带或者子宫骶骨韧带的缺陷,和(或)肛门黏膜脱垂(会阴下降综合征)。

(7) 尿道压低下——通常由于尿道下阴道的松弛(80％)引起,但也可能由后部松弛(20％)引起。

(8) 该症状可能由于耻骨尿道韧带的缺陷引起,但也可能由子宫骶骨韧带缺陷引起。

(9) 估计存在后部缺陷，在 60 岁以上的女性中可能性更大。

(10) 对问题“5”和“2”作正面回答，并在膀胱颈处有紧固或瘢痕的患者应考虑阴道束缚综合征。

(11) 阴道后部缺陷。

(12) 可能由阴道后部缺陷所引起的外阴前庭炎。

完整的 24h 排尿日记 *

姓名____________　　　　日期____________

该表格记录你在 24 小时内所摄入的液体量、排尿量和漏尿量(尿失禁)。请在就诊前完成该表格,起床后第一次如厕时开始记录。你需用使用一个塑料计量壶。

1. 记录所有摄入液体、排尿和漏尿的时间。
2. 测量液体摄入量。
3. 测量排尿量。
4. 描述你在漏尿时所做的事情。
5. 根据第五栏的等级(1,2,或 3)评估漏尿量。
6. 如漏尿前有急迫排尿,写“是”;如果漏尿发生时没有急迫的感觉,则写“无”。

注明:当日情况较好(　),当日情况正常(　),当日情况较差(　)。

1. 时间	2. 摄入液体量	3. 排出液体量/ml	4. 活动如厕、咳嗽等	5. 漏尿量 1=滴湿(仅有几滴); 2=尿湿短裤或尿垫; 3=浸湿尿垫并沿着腿流下	有尿急吗?无/有

注意:排尿日记用于验证患者问卷表中反应的一致性,对决策树没有直接的影响,并应该与 24 小时尿垫试验同时完成。

* 作者:经过澳大利亚昆士兰州的 David Browne 授权使用。

“客观”检查

尿垫试验

(A) 咳嗽×10 次	(　　)克
洗手试验(30s)	(　　)克
*24h 尿垫试验	(　　)克
*用“√”说明：	
当日情况较好(　)　当日情况正常(　)　当日情况较差(　)	
会阴超声检查	
(A) 膀胱颈下降	(　　)mm
(A) 漏斗形成	无/有
(A) 用尿道中段锚定试验阻止漏斗形成	无/有
尿动力学检查	
膀胱容量	(　　)ml
(M)(P)排空时间(>60s)	(　　)s
(M)(P)残余尿(>30ml)	(　　)ml
逼尿肌不稳定	无/有
(A)最大尿道关闭压(MUCP)	(　　)

A=前部;M=中部;P=后部

尿垫试验方法说明:尿垫在 1000 克的数字台秤上称重。

24h **尿垫试验**

该试验用来估量漏尿的严重程度,包括压力性和不稳定性漏尿。已称重的尿垫连续使用并收集 24 小时尿道。

让患者购买一包月经垫,并留下一片干燥的垫子,称重。

尿垫一旦弄湿就放进一个密封的塑料袋中。由于相同类型的月经垫在干燥时的重量差别很小,湿的尿垫的总量减去相同数量干燥尿垫的重量就能得到漏尿的重量。除非是很严重的压力性尿失禁,24 小时大量的漏尿一般都意味着患者主要的问题是膀胱不稳定。

快速激惹尿垫试验

10 次咳嗽特别应用于压力性尿失禁患者(前部缺陷)。让患者观察咳嗽停止后是否继续漏尿,如果是,则很容易就诊断出“咳嗽诱发的不稳定”。

30s 的洗手试验通过激活排尿反射,即伴急迫感的漏尿,来客观地检验膀胱不稳定。

可变性

就所有的客观试验而言，漏尿可能每天都有明显的不同，这是由于身体的控制机制是复杂的和非线性的，通过询问患者试验的当天是“较好”、“正常”或者“较差”可以获得较可靠的结果。

治疗后的问卷表

姓名____________　日期___/___/___　出生日期___/___/___

用法说明

在与适当的回答相应的方括号内打“√”。除非另有说明，每一个问题只选择一个答案。

第一部分：在你最后一次手术前具有的症状

手术前你的主要症状有哪些？在一个或多个方括号内打“√”。

重点：如果下面的任何症状是在手术后开始出现的，就在方括号内写“新”。

Q1[　] 在用力或咳嗽时漏尿

Q2[　]“不能控制”——到达厕所前尿湿

Q3[　]“经常上厕所排尿”

Q4[　]“夜里起来排尿”

Q5[　]“不能充分排空膀胱”

Q6[　] 下腹部或盆腔疼痛

Q7[　]“脱垂”(阴道内有块状物)

Q8[　] 排空肠道

Q9[　] 肠道粪便污染

第二部分：手术后的症状

这一部分的目的是为了评估手术后症状是否已经改善，只要回答那些与你的病情有关的问题就可以了。

Q1：在用力或咳嗽时漏尿，手术后这种症状有改善吗？

较好	加重	无变化	估计改善的百分比(%)
[　]	[　]	[　]	[　　]

Q2：确良“不能控制”——在到达厕所前就尿湿了，手术后这种症状有改善吗？

较好	加重	无变化	估计改善的百分比(%)
[　]	[　]	[　]	[　　]

Q3："经常上厕所排尿"，手术后这种症状有改善吗？

较好	加重	无变化	估计改善的百分比(%)
[ ]	[ ]	[ ]	[ ]

现在你一天能控制多少小时不排尿？[ ](写下数字)

Q4："夜里要起来上厕所排尿"，手术后这种症状有改善吗？

较好	加重	无变化	估计改善的百分比(%)
[ ]	[ ]	[ ]	[ ]

现在你一个夜晚要起来几次上厕所排尿？[ ](写下数字)

Q5："不能充分排空膀胱"，手术后这种症状有改善吗？

较好	加重	无变化	估计改善的百分比(%)
[ ]	[ ]	[ ]	[ ]

Q6：下腹部或盆腔疼痛，手术后这种症状有改善吗？

较好	加重	无变化	估计改善的百分比(%)
[ ]	[ ]	[ ]	[ ]

Q7："脱垂"(阴道内有块状物)，手术后这种症状有改善吗？

较好	加重	无变化	估计改善的百分比(%)
[ ]	[ ]	[ ]	[ ]

Q8：肠道排空，手术后这种症状有改善吗？

较好	加重	无变化	估计改善的百分比(%)
[ ]	[ ]	[ ]	[ ]

Q9：肠道粪便污染，手术后这种症状有改善吗？

较好	加重	无变化	估计改善的百分比(%)
[ ]	[ ]	[ ]	[ ]

Q10：总的来说，你将怎样估计你的手术效果？

症状得到了 90%以上的改善[ ]

症状得到了 70%以上的改善[ ]

症状得到了 50%的改善 [ ]

症状无改变 [ ]

症状比手术前加重了 [ ]

Q11：了解了所有你现在所了解的情况后，你还会选择这样的手术吗？

是[ ] 否[ ]

Q12：你会将这个手术推荐给自己的朋友吗？

是[ ] 否[ ] 不确定[ ]

备注

如有其他感受，请在以下空白处补充。

附录 2　参考文献和进一步阅读文献

下面列出的参考文献按照它们在本书中出现的方式分几部分编排。每一章中的参考文献分为两个种类:"正文参考文献"和"进一步阅读文献"。文中涉及作者工作的文献列在各章名下,与主题观点相关的文献列在"各章进一步阅读文献"下。

第二章:盆底功能和功能障碍的解剖学和动力学

[1]Brown JS, Sawaya G, Thorn DH Grady D Hysterectomy and urinary incontinence: a systematic review, Lancet (2000) 356:535-539

[2]Bush MB, Petros PEP, Barrett- Lennard BR On the flow through the human urethra Biomechanics (1997) 30: 967-969.

[3]Courtney H Anatomy of the pelvic diaphragm and ano-rectal musculature as related to sphincter preservation in ano-rectal surgery. American Journal Surgery, (1950), 79:155-173.

[4]Creed K. Functional diversity of smooth muscle. British Med. Bulletin, (1979), 3:243-247

[5]De Lancey J O L Structural support of the urethra as it relates to stress incontinence: the hammock hypothesis Am J Obst Gynecol (1994) 170: 1713-1723.

[6]Huisman AB. Aspects on the anatomy of the female urethra with special relation to urinary continence. Contr Gynecol & Obstets. , (1983) 10:1-31.

[7]Ingelman-Sundberg A The pubovesical ligament in stress incontinence. Acta Obstets & Gynecol Scandinavica, (1949), 28:183-188.

[8]Jeffcoate TNA Principles of Gynaecology. (1962), (2nd Ed.) Butterworths, London.

[9]Lose G and Colstrup H, Mechanical properties of the urethra in healthy and stress incontinent females: dynamic measurements in the resting urethra, J Urol. , (1990) 144: 1258-1262.

[10]Netter F Atlas of Human Anatomy (1989) CIBA-Geigy Corp Ardsley USA

[11]Nichols DH & Randall CL Vaginal Surgery. (1989), 3rd Ed, Williams Wilkins, Baltimore. 1-46.

[12]Parks AG, Swash M and Urich H Sphincter Denervation in ano-rectal incontinence and rectal prolapse. Gut; (1977) ;18: 656-665.

[13]Petros PE and Ulmsten U. Urethral pressure increase on effort originates from within the urethra, and continence from musculovaginal closure, Neurourology and Urodynamics, (1995), 14:337-350

[14]Petros PE and Ulmsten U Urethral and bladder neck closure mechanisms' Am J Obst Gynecol. (1995) 173: 346-347

[15]Petros PE and Ulmsten U Role of the pelvic floor in bladder neck opening and closure: I muscle forces, Int J Urogynecol and Pelvic Floor, (1997) 8: 74-80

[16]Petros PE and Ulmsten U Role of the pelvic floor in bladder neck opening and closure: II vagina. Int J Urogynecol and Pelvic Floor, (1997) 8: 69-73

[17]Petros PE The pubourethral ligaments-an anatomical and histological study in the live patient, Int J Urogynecology (1998) 9: 154-157.

[18]Petros PE, Von Konsky B Anchoring the midurethra restores bladder neck anatomy and continence, Lancet (1999) 354:997-998

[19]Petros PE Cure of urinary and fecal incontinence by pelvic ligament reconstruction suggests a connective tissue etiology for both. International Journal of Urogynecology (1999);10:356-360

[20]Petros PE ltr Influence of hysterectomy on pelvic floor dysfunction Lancet (2000), 356 :1275.

[21]Petros PE The anatomy of the perineal membrane: its relationship to injury in childbirth and episiotomy, Aust. NZ J Obstet. Gynaecol (2002) 42:577-8

[22]Swash M, Henry MM, Snooks SJ Unifying concept of pelvic floor disorders and incontinence. Journal of the Royal Society of Medicine, (1985),78: 906-911.

[23] Yamada H. Aging rate for the strength of human organs and tissues. Strength of Biological Materials, Williams & Wilkins Co, Balt. (Ed) Evans FG. (1970); 272-280.

[24]Zacharin RF A suspensory mechanism of the female urethra. Journal of Anatomy, (1963), 97:423-427.

第二章:进一步阅读文献

[25]Ayoub SF Anterior fibres of the levator ani muscle in man. Journal of Anatomy, (1979), 128:571-580.

[26]Berglas B & Rubin IC Study of the supportive structures of the uterus by levator myography. Surgery Gynecol & Obstets. , (1953), 97:667-692.

[27]DeLancey J Correlative Study of Paraurethral Anatomy. Obstet. Gynecol. (1986); 68:91-97.

[28]Denny-Brown D & Robertson E Physiology of micturition. Brain, (1933), 56:149-191.

[29]Dickinson RL The vagina as a hernial canal. American Journal Obstets Dis Women & Child. (1889), 22:692-697.

[30]Dickinson RL Studies of the levator ani muscle. American Journal Obstets Dis Women & Child. (1889), 22:898-917.

[31]Downing SJ & Sherwood OD The physiological role of relaxin in the pregnant rat 1V The influence of relaxin on cervical collagen and glycosaminoglycans, Endocrinology. (1986), 118:471-479

[32]Falconer C, Ekman-Orderberg G, Malmstrom A and Ulmsten U Clinical outcome and changes in connective tissue metabolism after Intravaginal Slingplasty in stress incontinent women, Int Urogynecol J (1996) 7: 133-137.

[33]Fothergill WE Pathology & the operative treatment of displacements of the pelvic viscera. Journal of Obstets & Gynaecol of the British Empire, (1907), 13: 410-419.

[34]Gosling JA Dickson JS & Humpherson JR Gross & microscopic anatomy of the urethra II. Functional Anatomy of the Urinary Tract, (1983), Churchill Livingstone, Edinburgh. 5. 1-5. 20.

[35]Gosling JH, Dixon JS & Critchley HOD A comparative study of the human external sphincter & periurethral ani muscles. British Journal Urology, (1981), 53: 35-41.

[36]Gosling JA Structure of the lower urinary tract and pelvic floor. Gynaecological Urology, (1985), 12: 285-294. Ed Raz S, WB Saunders & Co London.

[37]Kovanen V, Suominen H, Risteli J & Risteli L Type IV collagen and laminin in slow and fast skeletal muscle in rats - effects of age and life-time endurance training. Collagen Rel Res. (1988), 8:145-153.

[38]Milley PS & Nicholls DH The relationship between the pubourethral ligaments and the urogenital diaphragm in the human female. Anat Rec. (1971), 170: 281-283.

[39]Nichols DH & Randall CL Massive eversion of the vagina, in Vaginal Surgery. (1989), 3rd Ed, Eds Nichols DH & Randall CL, Williams Wilkins, Baltimore. 328-357.

[40]Nordin M Biomechanics of collagenous tissues, in Basic Biomechanics of the Skeletal System. (1980), Eds, Frankel VH & Nordin M. , Lee & Febiger, Philadelphia. P87-110.

[41]Olesen KP & Walter S Bladder base insufficiency. Acta Obstets & Gynecol Scandinavica, (1978), 57:463-468.

[42]Paramore RH Some further considerations on the supports of the female pelvic viscera, in which the intra-abdominal pressure is still further defined. Journal of Obstets & Gynaecol of the British Empire, (1908), 14:172-187.

[43]Paramore RH The supports in chief of the female pelvic viscera. Journal of Obstets & Gynaecol of the British Empire, (1908), 30: 391-409.

[44]Peacock EE Structure, synthesis and interaction of fibrous protein and matrix. Wound Repair. (1984), 3rd Edition, Publishers WB Saunders Co, Philadelphia. 56-101.

[45]Petros PE A cystocele may compensate for latent stress incontinence by stretching the vaginal hammock, Gynecol and Obst Investigation (1998); 46: 206-209.

[46]Petros PE Vault prolapse 1: dynamic supports of the vagina, Int J Urogynecol and pelvic floor (2001) 12:292-295.

[47]Porter NH A physiological study of the pelvic floor in rectal prolapse. Journ R. Coll. of Surg England, (1962). 31: 379-404.

[48]Power RM Embryological development of the levator ani muscle. American Journal of Obstets & Gynecol. , (1948), 55:367-381

[49]Rud T, Asmussen M, Andersson KE, Hunting A & Ulmsten U Factors maintaining the intra-urethral pressure in women. Investigative Urology, (1980), 17: 4, 343-347.

[50]Sultan AH, Kamm MA, Hudson CN, Thomas JM and Bartram CI Anal-sphincter disruption during vaginal delivery, N Eng J Med (1993); 329: 1905-11

[51]Tanagho EA The anatomy & physiology of micturition. Clinics in Obstets & Gynecol, (1978), 5: 1:3-26.

[52]Tanagho EA & Miller ER Initiation of voiding. British Journal of Urology, (1970), 42:175-180.

[53]Tanagho EA, Myers FH, Smith DR Urethral resistance: its components and implications, No 2. striated muscle component. Investigative Urology, (1969), 7:195

[54]Wendell-Smith, CP & Ulsen PM The musculature of the pelvic floor. Scientific

[55]Foundation of Obstets & Gynaecol. (Eds) Philipp EE, Barnes J & Newton M, William Heinemann Medical Books Ltd, London, (1977), 78-84.

[56]Walter JB & Israel MS (Eds) Inflammatory Reaction, in Walter & Israel Pathology, 5th Ed. , Churchill and Livingstone, Edin, (1979) 71-85.

[57]Wilson PD Posterior pubourethral ligaments in normal and genuine stress incontinent women. Journal of Urology (1982), 130:802-805.

[58]Woodburne RT Structure and function of the urinary bladder. Journal of Urology, (1960), 84:79-85.

[59]Zacharin RF Pelvic floor anatomy and cure of pulsion enterocoele. Springer-Verlag, Wien, (1985).

第三章:结缔组织损伤的诊断

[60]Abrams P, Blaivas J, Stanton S and Andersen J Standardisation of Terminology of Lower Urinary Tract Function. Scand J. Urol Nephrol. (1988), Suppl. 114.

[61]Bates P, Bradley WE, Glen E, Hansjorg M, Rowan D, Sterling A and Hald T International Continence Society First Report on the Standardisation of Terminology of Lower Urinary Tract Function (1975)

[62]Bates CP The unstable bladder , Clinics in Obstetrics and Gynaecology (1978) 5: 1:109 - 122.

[63]Black N, Griffiths J, Pope C, Bowling A and Abel P Impact of surgery for stress incontinence on morbidity: cohort study. Brit. Med J (1997), 315: 1493-8.

[64]Creed K Functional diversity of smooth muscle. British Med. Bulletin, (1979), 3:243-247

[65]Kelly HA & Dumm WM Urinary incontinence in women without manifest injury to the bladder. Surgery Gynecol & Obstets. , (1914), 18:444-450.

[66]Mayer R, Wells T, Brink C, Diokno A and Cockett A Handwashing in the cystometric evaluation of detrusor instability, Neurourology and urodynamics, (1991). 10: 563-569.

[67]Petros PE and Ulmsten U An Integral Theory of Female Urinary Incontinence. Acta Obstetricia et Gynecologica Scandinavica (1990), 69: Suppl 153 :1-79.

[68]Petros PE and Ulmsten U Pinch test for diagnosis of stress urinary incontinence. Acta Obstetricia et Gynecologica Scandinavica, (1990) , 69: Suppl 153: 33-35.

[69]Petros PE and Ulmsten U Urge incontinence history is an accurate predictor of urge incontinence. Acta Obstetricia et Gynecologica Scandinavica, (1992) 71: 537-539.

[70]Petros PE and Ulmsten U An analysis of rapid pad testing and the history for the diagnosis of stress incontinence. Acta Obstetricia et Gynecologica Scandinavica, (1992), 71: 529-536.

[71]Petros PE and Ulmsten U Bladder instability in women: A premature activation of the micturition reflex. Neurourology and Urodynamics (1993);12: 235-239

[72]Petros PE and Ulmsten U . An Integral Theory and its method for the diagnosis and management of female urinary incontinence. Scand J Urol Nephrol, (1993). 27: Suppl 153, 1-93

[73]Petros PE and Ulmsten U The posterior fornix syndrome: a multiple symptom complex of pelvic pain and abnormal urinary symptoms deriving from laxity in the posterior fornix. Scand. J Urol. and Nephrol. , (1993) , 27: Supp. No 153 89-93.

[74]Petros PE (letter) Is detrusor instability a premature variant of a normal micturition reflex? Lancet (1997) 349: 1255-6.

[75]Petros PE and Ulmsten U "Urethral pressure increase on effort originates from within the urethra, and continence from musculovaginal closure", Neurourology and Urodynamics, (1995). 14:337-350

[76]Petros PE and Ulmsten U An anatomical classification- a new paradigm for management of lower female urinary dysfunction, European Journal of Obstetrics & Gynecology and Reproductive Biology (1998) 80:87-94.

[77]Petros PE Symptoms of defective emptying and raised residual urine may arise from ligamentous laxity in the posterior vaginal fornix, Gynecol and Obst Investigation , (1998), 45: 105-108.

[78]Petros PE and Ulmsten U An anatomical classification- a new paradigm for management of urinary dysfunction in the female Int J Urogynecology (1999) 10: 29-35.

[79]Petros PE, Von Konsky B Anchoring the midurethra restores bladder neck anatomy and continence, Lancet (1999) 354:997-998

[80]Petros PE Application of Theory to the management of pelvic floor dysfunction, Pelvic Floor (2001) Eds. Swash

[81]Petros PE Changes in bladder neck geometry and closure pressure following midurethral anchoring suggest a musculoelastic mechanism activates closure, Neurourol. and Urodynamics (2003) 22:191-197

[82]Richardson AC, Edmonds PB & Williams NL Treatment of stress urinary incontinence due to paravaginal fascial defect. Obstets & Gynecol, (1980), 57: 357

[83]Zacharin RF & Gleadell LW Abdominoperineal urethral suspension. American Journal Obstets & Gynecol. , (1963), 86: 981.

第三章:进一步阅读文献

[84] Farnsworth BN Posterior Intravaginal Slingplasty (infraccocygeal sacropexy) for severe posthysterectomy vaginal vault prolapse- a preliminary report, Int J Urogynecol (2002)13:4-8

[85]Hukins WL & Aspden R Composition and properties of connective tissues. Trends in Biochemical Sciences, (1985) 7,10: 260-264.

[86] Krantz KE Anatomy of the urethra and anterior vaginal wall. American Journal Obstets & Gynecol. , (1950), 62:374-386.

[87]Lose LG Study of urethral closure function in healthy and stress incontinent women. Neurology and Urodynamics, (1992) ;11:55-8.

[88]Pilsgaard K. Mouritsen L Follow-up after repair of vaginal vault prolapse with abdominal colposacropexy. Acta Obstetricia et Gynecologica Scandinavica. (1999) 78:66-70,

[89]Rechberger T, Uldbjerg N & Oxlund H Connective tissue changes in the cervix during normal pregnancy and pregnancy complicated by a cervical incompetence Obstets & Gynecol. , (1988), 71:563-567.

[90]Thonar EJMA & Kuettner KE Biochemical basis of age related changes in proteoglycans. Biology of Protoeglycans. (1987), Editors Wight TN & Mecham RP, Academic Press Inc. 211-246.

[91]Uldbjerg N and Ulmsten U The physiology of cervical ripening and cervical dilatation and the effect of abortifaciunt drugs, in Induction of abortion, Bailliere′s Clinical Obst and Gynaecol, (1990) Ed Bygdeman M, Baillere Tindall Lond . 263-281.

[92]Yamauchi M, Woodley DT & Mechanic GL Aging and cross-linking of skin collagen. Biochemical and Biophysical Research Communications, (1988), 152: 898-901.

第四章:整体理论和盆底重建手术

[93]Amid, PK Classification of biomaterials and their related complications in abdominal wall hernia surgery, Hernia (1997) 1: 15-21

[94]Black N, Griffiths J, Pope C, Bowling A and Abel P Impact of surgery for stress incontinence on morbidity: cohort study. Brit. Med J (1997), 315: 1493-8.

[95]Brown J, Seeley D, Grady D, Ensrud K & Cummings S Hysterectomy: The effect on prevalence of urinary incontinence. International Urogynecology Journal, (1994), 5: 370.

[96]De Lancey J O L Structural support of the urethra as it relates to stress incontinence: the hammock hypothesis Am J Obst Gynecol (1994) 170: 1713-1723.

[97]Delorme E, La Bandelette transobturatrice: un procede mininvasif pour traiter l'incontinence urinaire d'effort de la femme. Progres en Urologie, 11; 1306-1313, 2001.

[98]Falconer C, Ekman-Orderberg G, Malmstrom A and Ulmsten U Clinical outcome and changes in connective tissue metabolism after Intravaginal Slingplasty in stress incontinent women, Int Urogynecol J (1996) 7: 133-137.

[99]Farnsworth BN Posterior Intravaginal Slingplasty (infraccocygeal sacropexy) for severe posthysterectomy vaginal vault prolapse- a preliminary report , Int J Urogynecol (2002) 13 :4-8.

[100]Gleick J "Inner Rhythms" in Chaos- making a new science,(1987) Cardinal, Penguin, England, 275-300.

[101]Harrison JH, Swanson DS & Lincoln AF. A comparison of tissue reactions to plastic materials. AMA Archives of Surgery, (1956), 139-143.

[102]Iglesia CB, Fenner DE and Brubaker L The use of mesh in gynaecologic surgery, Int Urogyne Surgery (1997) 8:105-115

[103]Jeffcoate TNA Genital Prolapse, in Principles of Gynaecology. , Ed Jeffcoate TNA, (1962), (2nd Ed.) Butterworths, London, 282-30

[104]Kelly HA & Dumm WM Urinary incontinence in women without manifest injury to the bladder. Surgery Gynecol & Obstets. , (1914), 18:444-450.

[105]Koelbl H, Stoerer S, Seliger G, Wolters M Transurethral penetration of a tension-free vaginal tape, BJOG: (2001) 108; 7 763

[106]Lim YN, Rane A Suburethral vaginal erosion and pyogenic granuloma formation: an unusual complication of intravaginal slingplasty (IVS). , Int Urogynecol J Pelvic Floor Dysfunct. (2004);15(1):56-8. Lim YN, Muller R, Corstiaans A, Dietz HP, Barry C, Rane A. Suburethral slingplasty evaluation study in North Queensland, Australia: the SUSPEND trial. Aust N Z J Obstet Gynaecol. (2005); 45(1):52-9

[107]Milani R, Salvatore S, Soligo S, a Pifarotti P, Meschia M, Cortese M, Functional and anatomical outcome of anterior and posterior vaginal prolapse repair with prolene mesh BJOG: An International Journal of Obstetrics & Gynaecology 112

(1), 107-111.

[108]Nichols DH & Randall CL Vaginal Surgery. (1989), 3rd Ed, Williams Wilkins, Baltimore.

[109]Papadimitriou JM, Ashman RB (1989) Macrophages: current views on their differentiation, structure and function, Ultrastruct Path 13: 343-358

[110]Papadimitriou J and Petros PEP, Histological studies of monofilament and multifilament polypropylene mesh implants demonstrate equivalent penetration of macrophages between fibrils, Hernia,(2005) 9: 75-78.

[111]Peacock EE Structure, synthesis and interaction of fibrous protein and matrix. Wound Repair. (1984), 3rd Edition, Publishers WB Saunders Co, Philadelphia. 56-101.

[112]Petros PEP, Richardson PA, Midurethral Tissue Fixation System sling a micromethod' for cure of stress incontinence preliminary report, ANZJOG, (2005); 45: 372 375

[113]Petros PEP, Richardson PA, Tissue Fixation System posterior sling for repair of uterine/vault prolapse A preliminary report. ANZJOG, (2005); 45: 376 379

[114]Petros PE, Ulmsten U And Papadimitriou J The Autogenic Neoligament procedure: A technique for planned formation of an artificial neo-ligament. Acta Obstetricia et Gynecologica Scandinavica, (1990), 69: Suppl. 153: 43-51.

[115]Petros PE and Ulmsten U Pinch test for diagnosis of stress urinary incontinence. Acta Obstetricia et Gynecologica Scandinavica, (1990), 69: Suppl 153:33-35.

[116]Petros PE & Ulmsten U The tethered vagina syndrome, post surgical incontinence and I-plasty operation for cure. Acta Obstetricia et Gynecologica Scandinavica, (1990) 69: Suppl. 153, 63-67.

[117]Petros PE and Ulmsten U The development of the Intravaginal Slingplasty procedure: IVS II- VI Scandinavian Journal of Urology and Nephrology (1993); 27: Suppl. 153 ; 61-84

[118]Petros PE & Ulmsten U The free graft procedure for cure of the tethered vagina syndrome, Scandinavian Journal of Urology and Nephrology (1993) 27: Suppl. 153 ; 85-87

[119]Petros PE The Intravaginal Slingplasty Operation, a minimally invasive technique for cure of urinary incontinence in the female, Aust NZ J Obst and Gyn (1996); 36: 463-461

[120]Petros PE New ambulatory surgical methods using an anatomical classifica-

tion of urinary dysfunction improve stress, urge, and abnormal emptying, Int J Urogynecology (1997) 8: 270-278.

[121]Petros PE Development of generic models for ambulatory vaginal surgery: a preliminary report, Int J Urogynecology (1998) 9:19-27.

[122]Petros PE Development of the Intravaginal Slingplasty , and other ambulatory vaginal procedures' Doctor of Surgery thesis University of Western Australia (1999)

[123]Petros PE Medium-term follow up of the Intravaginal Slingplasty operation indicates minimal deteroration of continence with time. Aust. NZ J Obstet. Gynaecol. (1999) 39:354-356.

[124]Petros PE Cure of urinary and fecal incontinence by pelvic ligament reconstruction suggests a connective tissue etiology for both. International Journal of Urogynecology (1999);10:356-360

[125]Petros PE ltr Influence of hysterectomy on pelvic floor dysfunction Lancet (2000), 356 :1275.

[126]Petros PE Vault prolapse II: Restoration of dynamic vaginal supports by the infracoccygeal sacropexy, an axial day-care vaginal procedure, Int J Urogynecol and pelvic floor (2001) 12:296-303

[127]Petros PE The split labium minus flap graft technique, Int J Urogyne (2004) (in press)

[128]Rechberger,T Rzezniczuk K, Skorupski P, Adamiak A,Tomaszewski J et al. A randomized comparison between monofilament and multifilament tapes for stress incontinence surgery. Int J Urogyne (2003) 14; 432-436

[129]Richardson AC, Edmonds PB & Williams NL Treatment of stress urinary incontinence due to paravaginal fascial defect. Obstet & Gynaecol. (1981), 57: 357-362

[130]Shull BL, Capen CV, Riggs MW and Kuehl TJ Preoperative and postoperative analysis of site-specific pelvic support defects in 81 women treated with sacrospinous ligament suspension and pelvic reconstruction, J Obstet Gynecol (1992); 166; 1764-71.

[131]Ulmsten U, Johnson P, and Petros P Intravaginal Slingplasty, Zentralblatt fur Gynakologie, (1994);116: 398-404.

[132]Ulmsten U, Henriksson L, Johnson P, and Varhos G An ambulatory surgical procedure under local anesthesia for treatment of female urinary incontinence, Int Urogynecol J (1996); 7: 81-86.

[133]Van Winkle W & Salthouse TN Biological response to sutures and principles of suture selection monograph. Ethicon, (1976).

[134]White GR An anatomical operation for cure of cystocele JAMA (1909) 53: 113

[135] Yamada H Ageing rate for the strength of human organs and tissues. Strength of Biological Materials, (1970) Williams & Wilkins Co, Balt. (Ed) Evans F. 272-280.

[136]Zacharin RF A suspensory mechanism of the female urethra. Journal of Anatomy, (1963), 97:423-427.

第四章:进一步阅读文献

[137]Bailey AJ, Bazin S & De Launey A Changes in the nature of collagen during development and restoration of granulation tissue. Biochemica et Biophysica Acta, (1973), 328:383-390.

[138]Bailey AJ, Sims TJ, Le Lous M & Bazin S Collagen polymorphism in experimental granulation tissue. Biochem & Biophysical Research Communications, (1975), 66:1160-1165.

[138]Douglas DM The healing of aponeurotic incisions. British Journal of Surgery, (1952), 40:79-84.

[140]Farnsworth BN A multicentre trial of the Intravaginal Slingplasty procedure with critical analysis of results, surgical methodology and complications thereof , Int J Urogynecol (2001)12 16.

[141]Goff BH Secondary reconstruction of damaged pelvic floor, practical consideration of the damaged pelvic floor with the technique for its secondary reconstruction. Surgery Gynecol & Obstets. ,(1928), 46:855-866.

[142]Harrison JH et al. Synthetic Materials as vascular prosthesis. American Journal of Surgery, (1958), 95:16-24.

[143]Leibovich SJ & Ross R The role of the macrophage in wound repair. A study with hydrocortisone and antimacrophage serum. American Journal of Pathology, (1975), 78:71-91.

[144]Madden JW & Peacock EE Dynamic metabolism of scar collagen and remodelling of dermal wounds. Annals of Surgery, (1971), 174:p511.

[145]Muller HK Mechanism of clearing injured tissue. Handbook of Inflammation No 3 Tissue Regeneration and Repair, (1981), 145-175.

[146]Osterburg D Influence of capillary multifilament sutures on the antibacteri-

al action of inflamatory cells in infected wounds. Acta Chir Scandinavica, (1983), 149:751-57.

[147]Peacock EE Structure, synthesis and interaction of fibrous protein and matrix. Wound Repair. (1984), 3rd Edition, Publishers WB Saunders Co, Philadelphia. 56-101.

[148]Petros PE and Ulmsten U The combined intravaginal sling and tuck operation. An ambulatory procedure for stress and urge incontinence. Acta Obstetricia et Gynecologica Scandinavica, (1990); 69: Suppl. 153:53-59.

[149]Petros PE and Ulmsten U The tuck procedure: A simplified vaginal repair for treatment of female urinary incontinence. Acta Obstetricia et Gynecologica Scandinavica, (1990), 69: Suppl 153: 41-42.

[150]Petros PE and Ulmsten U Cure of urge incontinence by the combined intravaginal sling and tuck operation. Acta Obstetricia et Gynecologica Scandinavica, (1990), 69: Suppl 153: 61-62.

[151]Petros PE and Ulmsten U Non-stress non-urge incontinence- diagnosis and cure- preliminary report. Acta Obstetricia et Gynecologica Scandinavica, (1990), 69: Suppl 153: 69-70.

[152]Petros PE and Ulmsten U The combined intravaginal sling and tuck operation. An ambulatory procedure for stress and urge incontinence Acta Obstetricia et Gynecologica Scandinavica, (1990), 69: Suppl 153: 53-59.

[153]Petros PE and Ulmsten U Surgical principles deriving from the Integral Theory, Scandinavian Journal of Urology and Nephrology (1993) 27: Suppl. 153 - PART III: 41-49.

[154]Petros PE and Ulmsten U An anatomical basis for success and failure of female incontinence surgery, Scandinavian Journal of Urology and Nephrology (1993) 27:

[155]Suppl. 153 - PART IV: 53-60.

[156]Petros PE Tissue reaction to implanted foreign materials for cure of stress incontinence (letter) American Journal of Obstetrics and Gynecology (1994); 171: 1159

[157] Petros PE Ambulatory incontinence and vaginal surgery. Aust Med J (1994) 161: 171-172.

[158]Postlethwaite RW, Schauble JF, Dillon ML & Morgan J Wound healing. II An evaluation of surgical suture material. Surgery Gynaecol & Obstets, (1959), 555-566.

[159]Postlethwaite RW Longterm comparative study of non-absorbable sutures. Archives of Surgery，(1970)，101:489.

[160]Postlethwaite RW，Willigan DVM & Ulin AW Human tissue reaction to sutures. Annals of Surgery，(1975)，181:144-152.

[161]Richardson DA，Bent EA，Ostergard D et al. Delayed reaction to the dacron buttress suture used in urethropexy. Journal of Reproductive Medicine，(1984)，29:689-692.

[162]Salthouse TM Biological response to sutures. Otolaryngol Head Neck Surgery，(1980)，88:658-664.

[163]Salthouse T Some aspects of macrophage behaviour at the implant interface. Journal of Biomed Material Res.，(1984)，18:395-401

[164]Shull BL，Capen CV，Riggs MW，Kuehl TJ. Preoperative and postoperative analysis of site-specific pelvic support defects in 81 women treated with sacrospinous ligament suspension and pelvic reconstruction. J Obstet Gynecol. 1992; 166: 1764 1771.

[165]Ulmsten U and Petros PE Surgery for female urinary incontinence. in Current Science (1992). 4:456-462

[166]Van Winkle W &Hastings JC Considerations in the choice of suture material for various tissues，Surgery，Gynecology and Obstetrics，(1972) 135: 113-126.

第五章:盆底康复

[167] Appell RA，Bourcier A La Torre F (1998) Eds Textbook of Pelvic Floor Dysfunction

[168]Bo，K Pelvic floor muscle exercise for the treatment of female stress urinary incontinence: III. Effects of two different degrees of pelvic floor muscles exercises. Neurourol Urod，，(1990). 9: 489-502.

[169]Kegel AH Progressive resistant exercise in the functional restoration of the perineal muscles. Am. J. Obstets & Gynecol.，(1948)，56:238-248.

[170]Petros PE and Skilling PM The physiological basis of pelvic floor exercises in the treatment of stress urinary incontinence. Br J Obstet Gynaecol (1999) 106: 615-616

[171]Petros PE and Skilling PM Pelvic floor rehabilitation according to the Integral Theory of Female Urinary Incontinence- First report，，European Journal of Obstetric s& Gynecology and Reproductive Biology (2001) 94: 264-269.

[172]Skilling PM and Petros PE Synergistic non-surgical management of pelvic

floor dysfunction: second report, Int J Urogyne (in press)

第六章:盆底结缔组织功能障碍的动力学图解

[173]Abrams P, Blaivas J, Stanton S and Andersen J Standardisation of Terminology o Lower Urinary Tract Function. Scand J. Urol Nephrol. (1988), Suppl. 114.

[174]Bates CP The unstable bladder , Clinics in Obstetrics and Gynaecology (1978) 5: 1: 109 - 122.

[175]Bates P, Bradley WE, Glen E, Hansjorg M, Rowan D, Sterling A and Hald TInternational Continence Society First Report on the Standardisation of Terminology of Lower Urinary Tract Function (1975)

[176]Bush MB, Petros PEP, Barrett- Lennard BR On the flow through the human urethra Biomechanics (1997) 30: 967-969.

[177]Constantinou CE and Govan DE Contribution and timing of transmitted and generated pressure components in the female urethra. Female Incontinence, (1981), Alan R Liss New York, 113-120.

[178]Constantinou CE Resting and stress urethral pressures as a clinical guide to the mechanism of continence,in Clinics in Obstetrics and Gynaecology Ed Raz S, WB Saunders Co London (1985), 12: 343-356.

[179]Creed K Functional diversity of smooth muscle. British Med. Bulletin, (1979), 3:243-247

[180]Enhorning G Simultaneous recording of intravesical and intraurethral pressure. Acta Chir Scandinavica, (1961), Supplement No 27:61-68

[181]Farnsworth BN Posterior Intravaginal Slingplasty (infraccocygeal sacropexy) for severe posthysterectomy vaginal vault prolapse- a preliminary report , Int J Urogynecol (2002) 13 :4-8.

[182]Gleick J "Inner Rhythms" in Chaos- making a new science,(1987) Cardinal, Penguin, England, 275-300.

[183]Jeffcoate TNA Principles of Gynaecology. (1962), (2nd Ed.) Butterworths, London.

[184]Lose G Impact of changes in posture and bladder filling on the mechanical properties of the urethra in healthy and stress incontinent women, Neurourology and Urodynamics (1990). 9:459-469

[185]Lose G Simultaneous recording of pressure and cross-sectional area in the female urethra. A study of urethral closure function in healthy and stress incontinent

women Neurourol Urodyn (1992);11: 55-89

[186]Lose G and Colstrup H Mechanical properties of the urethra in healthy and stress incontinent females: dynamic measurements in the resting urethra, J Urol., (1990) 1258-1262.

[187]Marinoff, SC, Turner, MLC Vuvar vestibulitis syndrome: an overview. Am J Obstet Gynecol (1991); 165:1228-33.

[188]Mayer R, Wells T, Brink C, Diokno A and Cockett A Handwashing in the cystometric evaluation of detrusor instability, Neurourology and urodynamics, (1991). 10: 563-569

[189]Power RM Embryological development of the levator ani muscle. American Journal of Obstets & Gynecol., (1948), 55:367-381.

[190]Petros PE and Ulmsten U Bladder instability in women: A premature activation of the micturition reflex. Neurourology and Urodynamics (1993). 12, 235-239

[191]Petros PE and Ulmsten U"Urethral pressure increase on effort originates from within the urethra, and continence from musculovaginal closure", Neurourology and Urodynamics, (1995). 14:337-350

[192]Petros PE The effect of urethral pressure variation in women (letter) Int Urogynecol J and Pelvic Floor (1996) 7: 274.

[193]Petros PE Severe chronic pelvic pain in women may be caused by ligamentous laxity in the posterior fornix of the vagina, Aust NZ J Obstet Gynaecol. 1996; 36:3: 351-354.

[194]Petros PE New ambulatory surgical methods using an anatomical classification of urinary dysfunction improve stress, urge, and abnormal emptying, Int J Urogynecology (1997) 8: 270-278.

[195]Petros PE A cystocele may compensate for latent stress incontinence by stretching the vaginal hammock. Gynecol and Obst Investigation (1998); 46; 206-209

[196]Petros PE Change in urethral pressure during voluntary pelvic floor muscle contraction and vaginal stimulation Int J urogynecology (1998) 8:318.

[197]Petros PE and Bush MB A mathematical model of micturition gives new insights into pressure measurement and function, Int J urogynecology (1998) 9: 103-107.

[198]Petros PE The sign of stress incontinence, should we believe what we see? Aust NZ J Obstet Gynaecol. (1998);38:352-353

[199]Petros PE Detrusor instability and low compliance may represent different levels of disturbance in peripheral feedback control of the micturition reflex. Neurou-

rol and Urod (1999) 18:81-91.

[200]Petros PE, Von Konsky B Anchoring the midurethra restores bladder neck anatomy and continence, Lancet (1999) 354: 997-998

[201]Petros PE Finite element models a template for future urodynamics. Neurourol &Urodynamics (2001) 20: 231-233

[202]van Doorn, van Waalwijk ESC, Remmers A, Jaknegt RA Conventional and extramural ambulatory urodynamic testing of the lower urinary tract in the female, J Urol (1992), 147: 1319-1325

第六章:进一步阅读文献

[203]Kauffman SA The Origins of Order, Oxford Uni Press, NY (1993), 173-235.

[204]May RM Simple mathematical models with very complicated dynamics. Nature (1976)261:459-467.

[205]Molloy WBM Targeted treatment of female urinary dysfunction, Lancet (2002)vol 358;9308, p800

[206]Petros PE and Ulmsten U Cough transmission ratio: An indicator of suburethral vaginal wall tension rather than urethral closure? Acta Obstetricia et Gynecologica Scandinavica, (1990), 69:Suppl. 153: 37-39.

[207]Petros PE Doctoral thesis University of Uppsala, Sweden,(1993) Detrusor Instability - a Critical Analysis'

[208]Petros PE and Ulmsten U Tests for detrusor instability in women. These mainly measure the urethral resistance created by pelvic floor contraction acting against a premature activation of the micturition reflex. Acta Obstetricia et Gynecologica Scandinavica, (1993): 72: 661-667.

[209]Petros PE and Ulmsten U Natural volume handwashing urethrocystometry - a physiological technique for the objective diagnosis of the unstable detrusor. Gynecol Obstet Investigation, (1993), 36 : 42-46.

[210]Petros PE A cystocele may compensate for latent stress incontinence by stretching the vaginal hammock, (1998) Gynecol and Obst Investigation (1998); 46; 206-209.

[211]Petros PE The Art and Science of Medicine, Lancet (2001) 358:1818-1819

[212]Petros PE Non-linearity in Clinical Practice, Journal for Evaluation in Clinical Practice (2002) (in press)

[213]Popper KR Theories. Falsifiability. The Logic of Scientific Discovery.

(1980), Unwin, Hyman, London, 27-146

[214]Schaer GN, Koechli OR, Schuessler B, Haller U Perineal ultrasound for evaluating the bladder neck in urinary stress incontinence. Obstet Gynecol (1995); 85:224-229.

[215]Shafik A A new concept of the anatomy of the anal sphincter mechanism and the physiology of defecation, Acta Anat (1990); 138:359-363.

[216]Swash M, Henry MM,Snooks SJ Unifying concept of pelvic floor disorders and incontinence. Journal of the Royal Society of Medicine,(1985),78:906-911.

第七章:当前和正在出现的研究问题

[217]Bornstein J, Petros PEP, 'Vulvodynia- a referred neuropathic pain originating within the uterosacral ligaments' ANZJOG 2005,in press

[218]Parks AG, Swash M and Urich H Sphincter Denervation in ano-rectal incontinence and rectal prolapse. Gut; (1977) ;18: 656-665.

[219]Petros PE Development of the Intravaginal Slingplasty, and other ambulatory vaginal procedures' Doctor of Surgery thesis University of Western Australia (1999)

[220]Petros PE Medium-term follow up of the Intravaginal Slingplasty operation indicates minimal deteroration of continence with time. Aust. NZ J Obstet. Gynaecol. (1999) 39:354-356.

[221]Petros PE Cure of urinary and fecal incontinence by pelvic ligament reconstruction suggests a connective tissue etiology for both. International Journal of Urogynecology (1999);10:356-360

[222]Petros PE, Bornsetin J, Vulvodynia may be a referred pain originating from laxity in the uterosacral ligaments, Aust NZ J Obstet Gynaecol (2004) 44: 483 486

[223]Shafik A A new concept of the anatomy of the anal sphincter mechanism and the physiology of defecation, Acta Anat (1990), 138:359-363.

[224]Shafik A Vagino-levator reflex: description of a reflex and its role in sexual performance, European J Obstet &Gynecol and Reprod Biology (1995); 60: 161-164.

[225]Smith ARB, Hosker GL & Warrell DW The role of partial denervation of the pelvic floor in the aetiology of genito-urinary prolapse and stress incontinence of urine: a neurophysiological study. British Journal of Obstets & Gynaecol. , (1989a), 96:24-28.

[226]Smith A, Hosker G and Warrell D The role of pudendal nerve damage in the aetiology of genuine stress incontinence in women. British Journal Obstet. and Gynaecol. ,(1989b),96:29-32.

[227]Sultan AH, Kamm MA, Hudson CN, Thomas JM and Bartram CI Anal-sphincter disruption during vaginal delivery, N Eng J Med (1993); 329: 1905-11

第七章:进一步阅读文献

[228]Bergeron S, Binik YM, Khalife S, Pagidas K, Glazer HI, Meana M, Amsel R A randomized comparison of group cognitive-behavioral therapy, surface electromyographic biofeedback, and vestibulectomy in the treatment of dyspareunia resulitng from vulvar vestibulitis. Pain (2001);91;297-306.

[229]Duthie GS, Bartolo DCC, faecal continence and defaecation, in Coloproctology and the Pelvic Floor, (1992), 2nd Ed, Eds Henry MM and Swash M, Butterworth Heinemann Oxford, 86-97.

[230] Henry MM and Swash M (Eds) Coloproctology and the Pelvic Floor (1992) 2nd Edn. Butterworth Heineman Oxford .

[231]Lotery HE, McClure N, Galask RP Vulvodynia. Lancet 2004; 363: 1058-60

[232]Marinoff, SC, Turner, MLC Vuvar vestibulitis syndrome: an overview. Am J Obstet Gynecol (1991); 165:1228-33.

[233]Shull BL, Capen CV, Riggs MW and Kuehl TJ Preoperative and postoperative analysis of site-specific pelvic support defects in 81 women treated with sacrospinous ligament suspension and pelvic reconstruction, J Obstet Gynecol (1992); 166; 1764-71.

[234]Shafik A A new concept of the anatomy of the anal sphincter mechanism and the physiology of defaecation IV, Colo-proctology (1982),1: 49-54.

[235]Snooks SJ Badernock DF, Tiptaft RC & Swash M. Perineal nerve damage in genuine stress urinary incontinence: an electrophysiological study. British Journal of Urology, (1985), 57:422-426.

[236]Swash M, Henry MM, Snooks SJ Unifying concept of pelvic floor disorders and incontinence. Journal of the Royal Society of Medicine, (1985),78: 906-911

索　引

24h 排尿日记　145,210
Gilvernet 宫颈前弧　16
Martius 皮瓣　124,126,127,241
半程分类系统　49,56,58
膀胱感觉　72
膀胱三角　16,17,38,99,100,163,185,191,194
膀胱训练　1,153
逼尿肌"痉挛"　29
逼尿肌排尿压　170
逼尿肌收缩无力　73
闭孔窝　91
便秘　2,44,45
残余尿　2,9,56,67,72,151,156,159,183,210
肠功能障碍　2,34
肠套叠　45,129,131—133
耻骨后纤维化　105
耻骨联合　3,5,14,16,21,43,58,101,102,105,108,178
充溢性尿失禁　41,73
穿孔　77,86,94—96,101,102,104,106,112,117,118,137,144
传入冲动　30,31,69—71,73,165,166
低膀胱容量　31,40,41,70,106,171
窦道　96,97,145
帆船模拟　32,33,41
反馈控制　174,175
非线性系统　171
分娩损伤　41,196
肛门功能障碍　44
肛门直肠闭合　43,44,64,195—200
肛门直肠功能障碍　44,205
肛门直肠开放　42,44
肛门直肠开合　42—44
关键弹性区　3,9,37,47,65,75,107,122—125,128
横向皱褶　108
后部筋膜　129
后部缺陷　9,41,42,49,65,66,70—73,135,155,159,169,193,209
后部组织固定系统　141
后穹窿综合征　13,61,135
蝴蝶效应　1,2,6,57,74,170,204
患者问卷表　2,49,52,53,73,210,220
混沌理论　1,2,6,14,74,75,165,166,170,171,175,188,204
基底　118,120,171,177,185,186
激素替代治疗　155
急迫性尿失禁　1,11,13,39,48,52,54,63,71,75,77,170,171,183,184,188
加速神经核　29,171
间质性膀胱炎　2,190,193
浆膜层脱位　45
结缔组织松弛　20,35,36,39,41,44,45,61,73,106,121,168
结构的协同作用　6,186,188
结构评估途径　6,14,47—50,52,56,57,73,182,204

筋膜薄片　90
筋膜的抗张强度　82
静水压　29,31,33,39,40,159,165,174
凯格尔锻炼　153
咳嗽传导比　2,72
咳嗽压力性尿道外韧带　199
快颤肌纤维　29,37
快速咳嗽压力试验　53
括约肌内在缺陷　2,9,13,33,38,39,64,65,72,73,95,98,100,205
临床检查简表　53,55,56,61
临床评估途径　47,49,50,182
流出梗阻　168,169
慢颤关闭肌　33
慢颤肌收缩　37
慢颤纤维　23,26,27,33,64,65,71,98,147,153
慢性盆腔疼痛　2,9
泌尿生殖道组织　81
“模拟操作”的动力学图解　1,182
尿道扩张　2,150,168
尿道内阻力　37,159,170,171
尿道腔　24,101
尿道松弛　167
尿道压缩　81,106
尿垫试验　49,52,53,61,62,73,156,183,209—211
尿流中断　41
盆膈　105,153,159
片状伪足　87,88
评估概率　62
前部 TFS 悬吊　104
前部横纹肌　29
前部韧带缺陷　70
前部悬吊带　150,205
桥式修补　83,92,93,114,115,122,142,145
球海绵体肌　22,23,100
褥式缝合　105,112,125,126,137,139,142,144
三种定向肌力　24,154,196
疝形成　81—83,113,114,191
失代偿　145—148,191
顺应性　71,72,171,174,175,188
外部的横纹肌力　27
外部开放机制　40,71
外阴前庭炎　53,190,192,193,209
外阴痛　2
尾骨下骶骨固定术　136,137
无力排泄　44
无髓鞘神经纤维　33,41
吸引子　165,166,174
纤丝间空隙　88
性交困难　75,81,94,95
异常排空　151
阴道的纤维肌性支持　129,130
阴道旁缺陷　55,93,106—108,110,113,114,117,177,183
阴道拭样　98
阴道束缚　9,47,55,60,65,70,77,94,117,118,121—124,127,128,147,151,209
阴道脱垂　19,33,34,75,130,131,133,183,195
有限元模型　191,192
运动急迫症　98
折叠试验　162,164
诊断汇总表　49,52—54,56,61—63,68,209,221

真性压力性尿失禁 2,25,41,56,72
整体理论诊断系统 1,14,47,49,61,145
整体理论诊断支持体系 14,49,56,192,204
直肠浆膜 144
直肠排空 45
直肠膨出 35,55,81,83,87,92,129—131,134,135,144,199,209
直肠阴道间隙 134,135
中心缺陷 8,55,107,110,111,117
潴留囊肿 93,142,145
主动闭合 5,159
自体筋膜 142
组织固定系统修补 118,119
最大尿道关闭压 3,56,210
坐骨海绵体肌 22,23,100
坐骨棘 2,16,108,113,117,136,137
坐骨直肠窝 78,137,144